轻松搞定
家装水电选材用材

QINGSONG GAODING
JIAZHUANG SHUIDIAN XUANCAI YONGCAI

阳鸿钧 等 编著

内 容 提 要

如何快速地学习和掌握一门技能？有重点地、身临其境地学习实践性知识是最有效的。本书以全彩图文精解的方式介绍了家装水电工需要掌握的水电用材，主要内容包括强电、管工与弱电等材料的选材用材知识与技巧，帮助读者打下扎实理论，掌握家装水电、选材用材的方法和细节，从而精通水电工技能，培养灵活应用的变通能力。

本书对城镇与新农村家装水电用材均进行了介绍，适合装饰装修水电工、物业水电工、建筑水电工、家装工程监理人员及广大业主，还可作为职业院校或培训学校的教材和参考读物。

图书在版编目（CIP）数据

轻松搞定家装水电选材用材 / 阳鸿钧等编著. —北京：中国电力出版社，2016.11

ISBN 978-7-5123-9574-9

Ⅰ. ①轻… Ⅱ. ①阳… Ⅲ. ①房屋建筑设备–给排水系统–建筑安装–装修材料②房屋建筑设备–电气设备–建筑安装–装修材料 Ⅳ. ①TU821②TU85

中国版本图书馆CIP数据核字（2016）第167648号

中国电力出版社出版、发行

（北京市东城区北京站西街19号 100005 http://www.cepp.sgcc.com.cn）

北京九天众诚印刷有限公司印刷

各地新华书店经售

*

2016年11月第一版 2016年11月北京第一次印刷

880毫米×1230毫米 32开本 9.375印张 351千字

印数0001-3000册 定价 **49.00** 元

PREFACE

家是人们生活的港湾，安全、健康的家离不开好的家装。本书以全彩图文精讲方式介绍了家装水电工需要掌握的水电用材，具体包括强电用材、弱电用材、管工用材、其他用材等知识与技巧。希望本书能够为读者打下扎实理论，掌握家装水电选材用材的有关知识与技巧，精通水电技能、了解细节与培养灵活应用的变通能力提供有力支持。

本书对城镇家装水电用材与新农村家装水电用材均进行了介绍，各章主要内容如下：

第 1 章主要介绍了强电用材，主要包括装修用线、PVC 线材、接线盒、暗盒、开关、插座、空白面板、底盒、灯具、排插、插头等选材、用材知识与技能。

第 2 章介绍了管工用材，主要包括卫生陶瓷产品与附件、面盆、便器、水箱、水槽、常见管材、给水管、PP-R 管、排水管、不锈钢水管、铜管道、PE 管、连接管、水龙头等选材、用材知识与技能。

第 3 章介绍了弱电用材，主要介绍弱电开关插座与底盒、插头、常用的音频线材、接口、线管等选材、用材知识与技能。

第 4 章介绍了其他用材，主要包括建筑其他用材、安装与辅助用材等选材、用材知识与技能。

本书编写过程中，得到了许多同志的帮助和支持，参考了相关技术资料、技术白皮书和一些厂家的产品资料，在此向提供帮助的朋友们、资料文献的作者和公司表示由衷的感谢和敬意！

由于编者的经验和水平有限，书中存在不足之处，敬请读者不吝批评、指正。

编者

2016 年 11 月

CONTENTS

第1章

强电用材

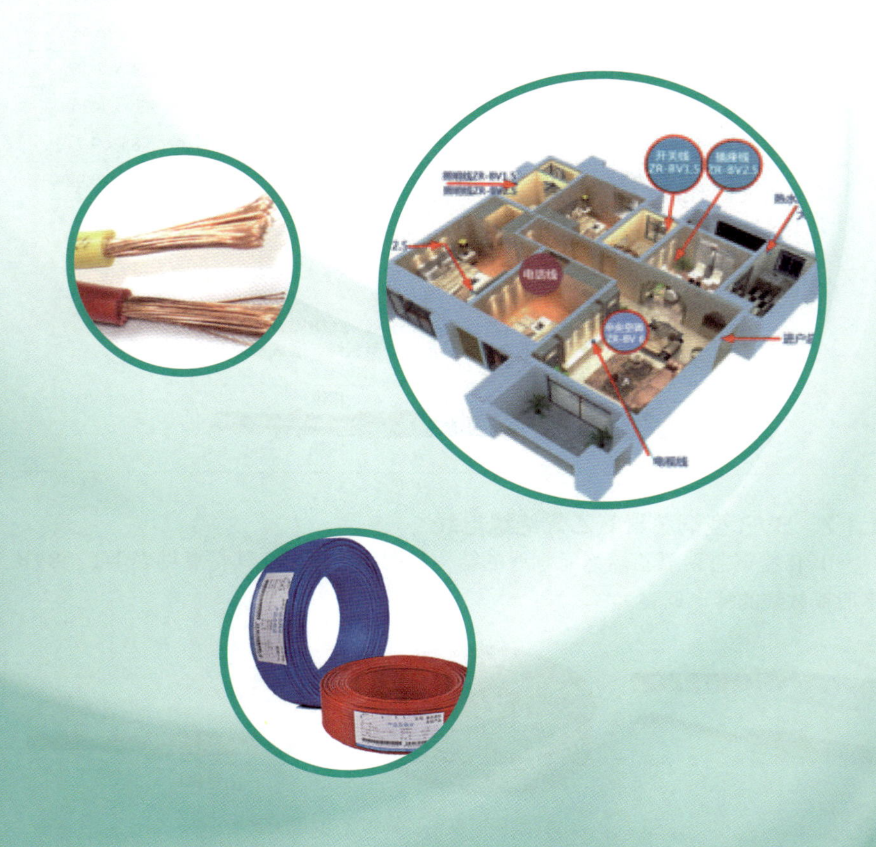

1.1 装修用线

1.1.1 BVVB 型护套变形电缆

BVVB 型护套变形电缆的结构如图 1–1 所示，其特点见表 1–1。

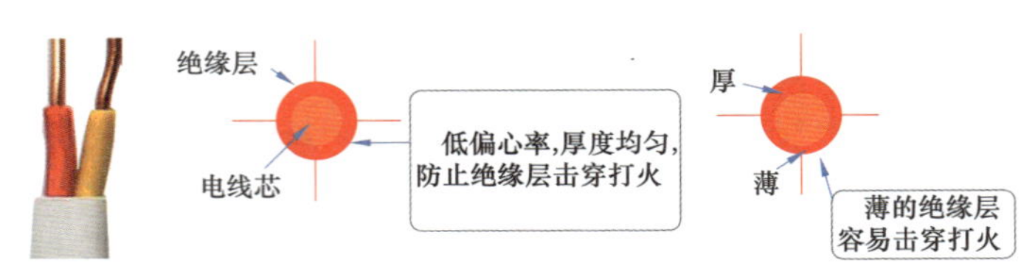

图 1–1　BVVB 型护套变形电缆的结构

表 1–1　BVVB 型护套变形电缆的特点

截面（mm^2）	导体结构（根 /mm）	绝缘厚度（mm）	护套厚度（mm）	标称外径（mm）
2 × 0.75	2 × 1/0.97	0.6	0.9	3.97 × 6.14
2 × 1.0	2 × 1/1.13	0.6	0.9	4.13 × 6.46
2 × 1.5	2 × 1/1.38	0.7	0.9	4.58 × 7.36
2 × 2.5	2 × 1/1.78	0.8	1.0	5.39 × 8.76
2 × 4	2 × 1/2.25	0.8	1.0	5.85 × 9.7
2 × 6	2 × 1/2.76	0.8	1.1	6.56 × 10.92

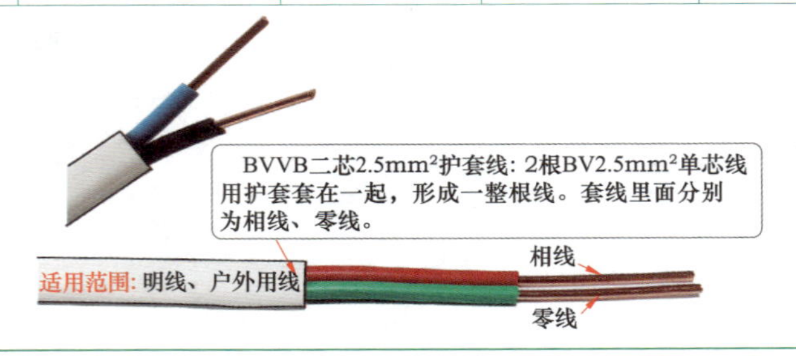

1.1.2 BVR 型铜芯聚氯乙烯绝缘电线

BVR 型铜芯聚氯乙烯绝缘电线的结构如图 1–2 所示，其特点见表 1–2。BVR 多股铜软线的特点见表 1–3。

图 1–2　BVR 型铜芯聚氯乙烯绝缘电线的结构

表 1–2　　BVR 型铜芯聚氯乙烯绝缘电线的特点

额定电压（V）	标称截面（mm^2）	导体结构（根 /Fmm）	绝缘厚度（mm）	标称外径（mm）	平均外径上限（mm）
450/750	2.5	19/0.41	0.8	3.65	4.1
450/750	4	19/0.52	0.8	4.20	4.8
450/750	6	19/0.64	0.8	4.80	5.3
450/750	10	49/0.52	1.0	6.68	6.8
450/750	16	49/0.64	1.0	7.76	8.1
450/750	25	98/0.58	1.2	10.08	10.2
450/750	35	133/0.58	1.2	11.1	11.7
450/750	50	133/0.68	1.4	13.00	13.9
450/750	70	189/0.68	1.4	15.35	16.0

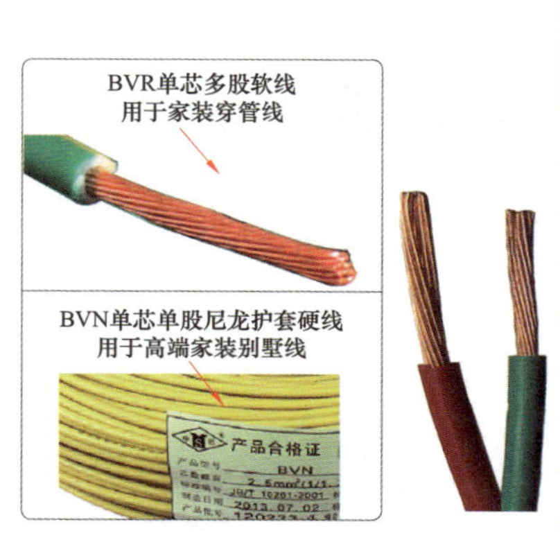

表 1–3　　BVR 多股铜软线的特点

导体标准截面（mm^2）	根数 / 线径（mm）	20℃时导体最大电阻（Ω/km）	70℃时最小绝缘电阻（MΩ/km）
2.5	19/0.41	7.41	0.011
4	19/0.52	4.61	0.009
6	19/0.64	3.08	0.0084
10	49/0.52	1.83	0.0072
16	49/0.64	1.15	0.0062
25	98/0.58	0.727	0.0058
35	133/0.58	0.524	0.0052
50	133/0.58	0.524	0.0052

1.1.3　BV 型一般用途单芯硬导体无护套电缆

BV 型一般用途单芯硬导体无护套电缆的结构、特点如图 1–3~ 图 1–7 所示，见表 1–4、表 1–5。

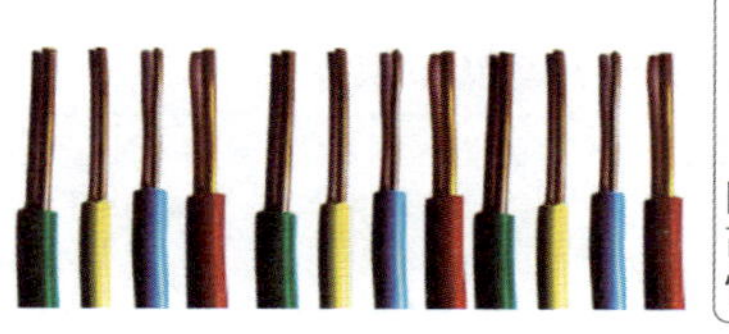

无氧铜

采用无氧铜，电阻小，导电效率更高，减少无功损耗，性能稳定

图 1–3　BV 型一般用途单芯硬导体无护套电缆的结构

图 1–4 BV 型电缆使用特性

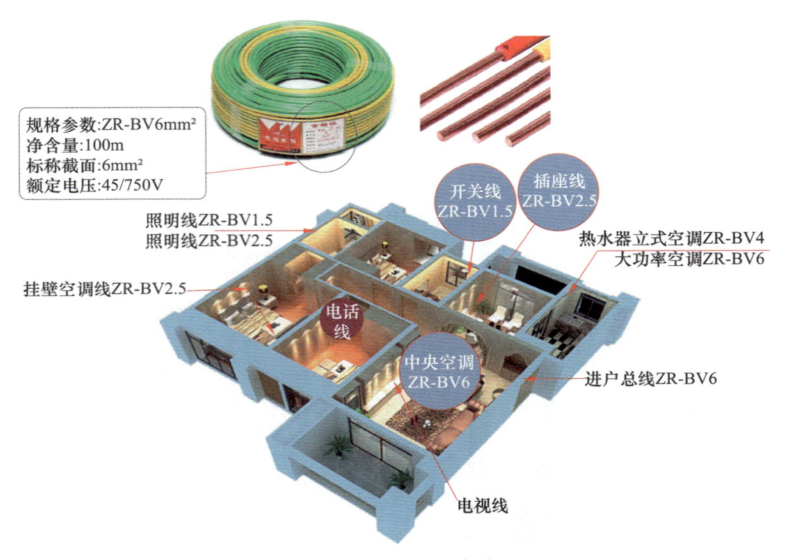

图 1–5 BV 型电线

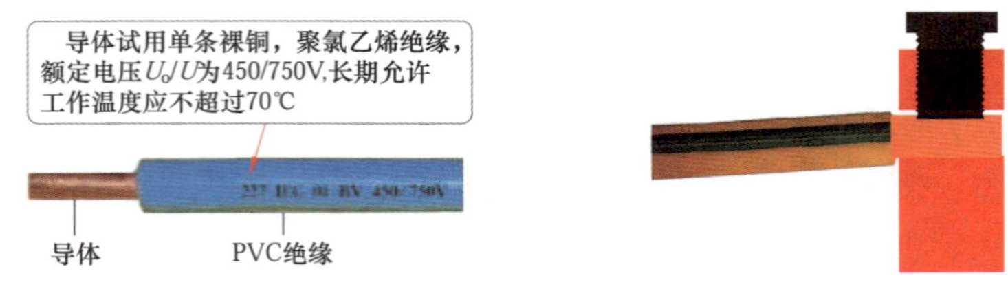

图 1–6 单芯硬铜电线

图 1–7 单芯硬铜电线的压接

表 1–4 内部布线用导体温度为 70℃的单芯铜导体无护套电缆的特点

额定电压（V）	标称截面（mm^2）	导体结构（根 /Fmm）	绝缘厚度（mm）	标称外径（mm）	平均外径上限（mm）	参考质量（kg/km）
300/500	0.75	7/0.37	0.6	2.31	2.6	11.97
	1.0	7/0.43	0.6	2.49	2.8	14.97

表 1–5　一般用途单芯硬铜导体无护套电缆的特点

额定电压（V）	标称截面（mm^2）	导体结构（根 /Fmm）	绝缘厚度（mm）	标称外径（mm）	平均外径上限（mm）	参考质量（kg/km）
300/500	0.5	1/0.80	0.6	2.00	2.4	8.44
	0.75	1/0.97	0.6	2.17	2.6	11.02
	1	1/1.13	0.6	2.33	2.8	13.85

一般用途单芯硬导体无护套电缆 BV 型使用于交流额定电压 450/750V 及以下或直流电压 1000V 及以下的电气装置、仪表、电信设备、动力照明等线路。

ZC–BV 6mm^2 阻燃型硬线可以用于空调用线。

BV 型一般用途单芯硬导体无护套电缆使用特性如下：

（1）电缆的额定电压。额定电压的相电压 / 线电压一般为 450/750V 与 300/500V。用于直流系统时，标称电压应不大于电缆额定电压的 1.5 倍。

（2）行业标准规定电缆的敷设温度应不低于 0℃，外径（*D*）小于 25mm 电缆的允许弯曲半径应不小于 4*D*。外径（*D*）为 25mm 及以上电缆的允许弯曲半径应不小于 6*D*。

1.1.4　BBTRZ 线的特点

BBTRZ 线的特点如图 1–8 所示。

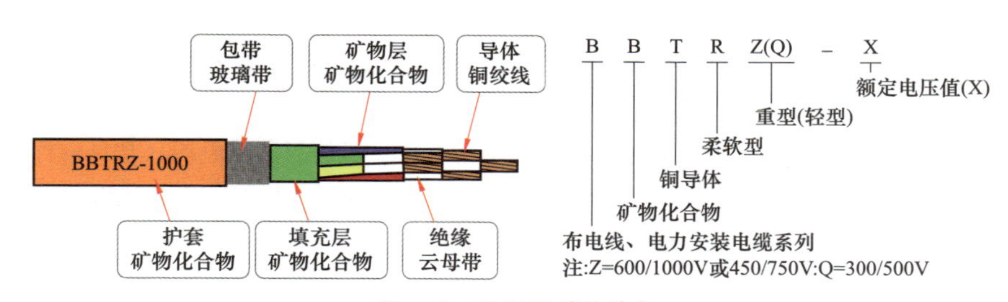

图 1–8　BBTRZ 线的特点

1.1.5　RVV 普通型聚氯乙烯护套软线

RVV 普通型聚氯乙烯护套软线如图 1–9 所示。

低电压普通型聚氯乙烯护套软线（RVV）属于低电压（300/300V、300/500V）配电电线电缆。其为软导体结构、聚氯乙烯护套，主要用于供电设备、电源间的连接。例如智能楼宇防盗报警系统的多心控制、高层楼宇的对讲系统、家用电器的电源连接等可以选择该类型的电线。

型号规格	导体线数/线径(mm)	绝缘直径(mm)
60277 IEC 52(RVV)	16/0.2BC	2.0
60277 IEC 53(RVV)	42/0.15BC	2.4
60277 IEC 53(RVV)	24/0.2BC	2.4
60277 IEC 53(RVV)	32/0.2BC	2.6
60277 IEC 53(RVV)	48/0.2BC	3.0
60277 IEC 53(RVV)	78/0.2BC	3.7
60277 IEC 53(RVV)	16/0.2BC	2.0
60277 IEC 53(RVV)	24/0.2BC	2.4
60277 IEC 53(RVV)	32/0.2BC	2.6
60277 IEC 53(RVV)	48/0.2BC	3.0
60277 IEC 53(RVV)	78/0.2BC	3.7
60277 IEC 53(RVV)	24/0.2BC	2.4
60277 IEC 53(RVV)	32/0.2BC	2.6
60277 IEC 53(RVV)	48/0.2BC	3.0

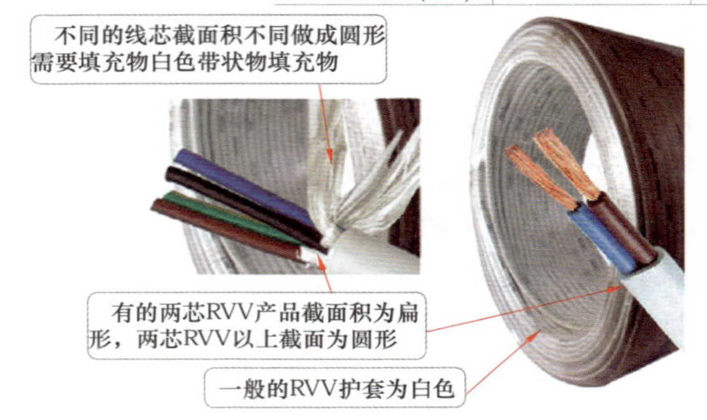

图 1-9　RVV 普通型聚氯乙烯护套软线

1.1.6　ZR-RVS 铜芯聚氯乙烯绝缘绞型连接用软电线

ZR-RVS 型电线结构、特点及额定功率如图 1-10~ 图 1-12 所示。

ZR-RVS 铜芯聚氯乙烯绝缘绞型连接用软电线主要适用于家用电器、一般电源的连接。常用的 ZR-RVS 铜芯聚氯乙烯绝缘绞型连接用软电线额定电压为 300/300V、额定温度为 70℃。

ZR-RVS 铜芯聚氯乙烯绝缘绞型连接用软电线一般是双芯软电线，常见的标称截面为 $2 \times 1\text{mm}^2$、ZR-RVS4 × 2.5 等。选择的 ZR-RVS 铜芯聚氯乙烯绝缘绞型连接用软电线不能够太硬，应具有柔软的手感。

ZR-RVS4 × 2.5—— 一般家用电器、小型电动工具、仪表仪器与动力照明用线。

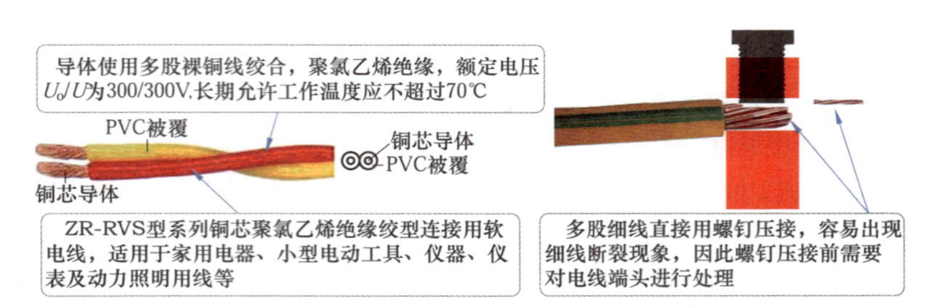

图 1-10　ZR-RVS 型铜芯聚氯乙烯绝缘绞型连接用软电线的结构

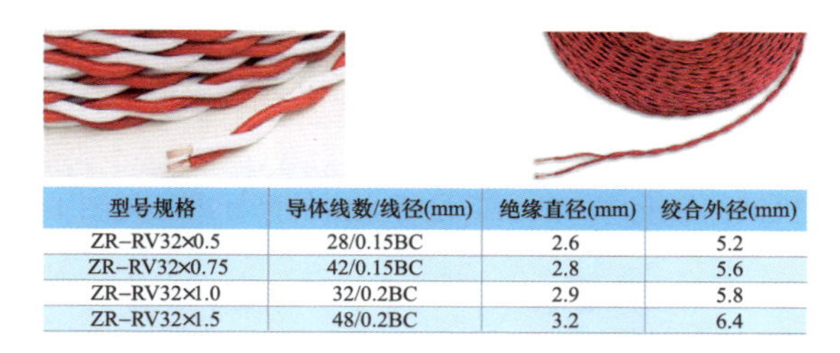

型号规格	导体线数/线径(mm)	绝缘直径(mm)	绞合外径(mm)
ZR-RV32×0.5	28/0.15BC	2.6	5.2
ZR-RV32×0.75	42/0.15BC	2.8	5.6
ZR-RV32×1.0	32/0.2BC	2.9	5.8
ZR-RV32×1.5	48/0.2BC	3.2	6.4

图 1-11 ZR-RVS 铜芯聚氯乙烯绝缘绞型连接用软电线的特点

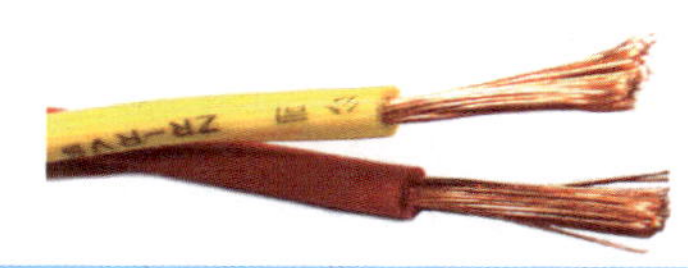

截面(mm²)	220V(W)	380V(W)	截面(mm²)	220V(W)	380V(W)
1(13A)	2900	6500	6(44A)	10000	22000
1.5(19A)	4200	9500	10(62A)	13800	31000
2.5(26A)	5800	13000	16(85A)	18900	42000
4(34A)	7600	17000			

注意：以上功率均为极限功率，根据使用环境不同会有误差。选购时预留20%预量作为缓冲

图 1-12 ZR-RVS 额定功率

ZR-RVS2 × 1.5—— 一般家用照明用线。

ZR-RVS3 × 2.5—— 一般用于插座等用线。

1.1.7 电线优劣的判断

下面以 BV2.5mm^2 为例，介绍电线优劣的判断（见表 1-6）。

表 1-6 电线优劣的判断

项目	劣质电线	优质电线	性能差别
绝缘层	再生料绝缘皮，弹性差、强度低、用手易撕断。另外耐腐蚀性、耐高温性能差	采用优质原生聚氯乙烯电缆料，具有良好的绝缘，阻燃好，抗老化性好	再生料绝缘皮使用寿命是原生料的 1/5 以下，容易老化开裂，导致绝缘损坏，出现漏电、打火
绝缘厚度	严重偏薄或偏厚，厚薄不均、偏心	没有明显的偏心	厚度偏心或偏薄，电线绝缘层最薄点易受破坏，导致漏电甚至击穿而发生放电打火
每圈长度	长度严重不足，一般为 65~95m	一般为（100±0.5）m	实际长度差别大
铜导体	杂铜或黑杆铜，铜芯为紫黑色或偏黄或偏白，杂质多，机械强度差，韧性不佳	优质无氧铜，铜芯为紫红色，有光泽，手感软	杂铜电导率减小，电阻增大，以及电线截流量减小，易过热
铜导体线径	严重偏细，一般为 ϕ1.4~1.6mm	一般为 ϕ（1.78±0.02）mm	劣质电线减少用铜 30% 甚至更多，导体电阻也相应偏大同等比例，电线截流量减小，易过热
重量	长度不足造成质量较轻，或者因铜芯杂质过多而超重	用料充足，质量较重	质量上有差别

1.1.8 家装电线的标准

家装电线常见的标准有 GB、JB。其中，GB 代表国家标准，一般而言是国家最低标准。

JB 代表国家机械部标准，一般而言是行业中的高标准（见图 1–13）。

图 1–13 家装电线的标准

许多 BV 电线具有 GB 标准，而 BVR 电线具有 GB 与 JB 双重标准。

1.1.9 家装纯铜铜芯电线与杂铜铜芯电线的比较

家装纯铜铜芯电线与杂铜铜芯电线的比较如图 1–14 所示。

一般而言，音响线越粗越好。强电用线也是越粗越好。

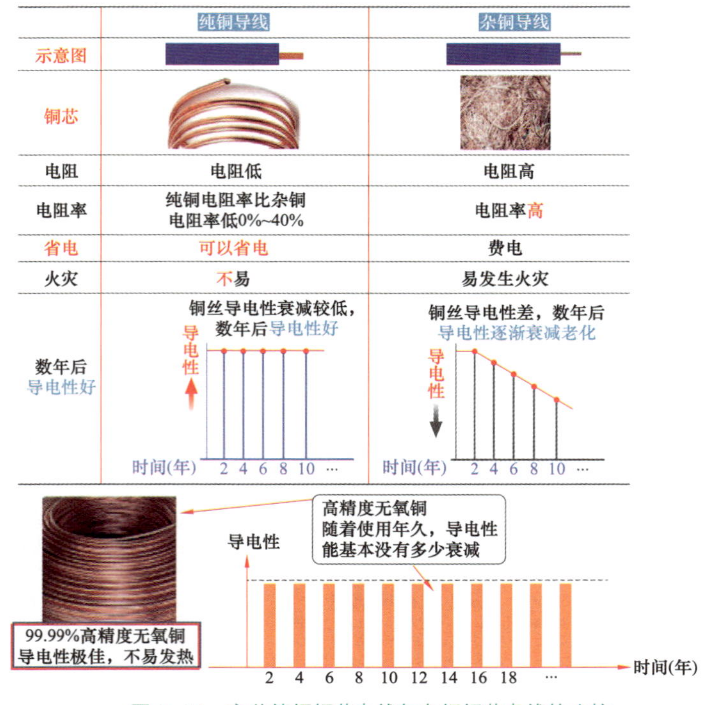

图 1–14 家装纯铜铜芯电线与杂铜铜芯电线的比较

1.1.10　阻燃电线与普通电线的差异

阻燃电线是指在规定试验条件下试样燃烧，撤去试验火源后，电线火焰的蔓延仅局限在一定的范围内，残焰或残灼在一定的时间内能够自行熄灭的一种电缆。尽管阻燃电线能够在火灾情况下有可能被烧坏而不能运行，但是，其可以阻止火势的蔓延，保住其他设备，避免造成更大损失。阻燃电线可以分为 ZA、ZB、ZC 等级，其中 ZA、ZB 具有阻燃级别高、电阻大，一般应用重大公共装饰工程中。家装用线一般选择 ZC 等级，这样耗电量小也安全。ZC 等级电线一般在电线绝缘层印有 ZC 字样（见图 1–15）。

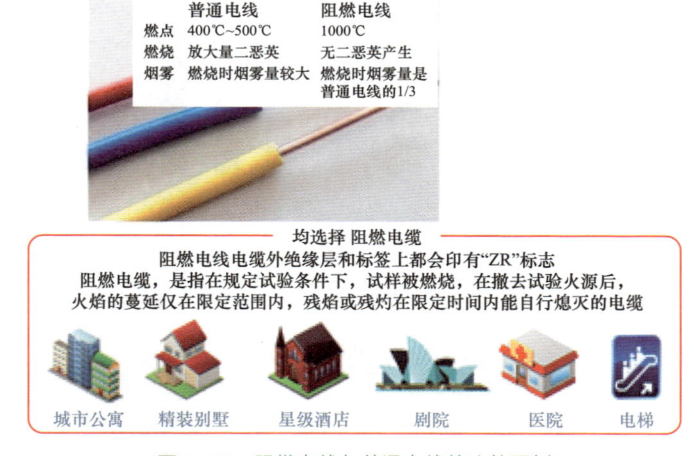

图 1–15　阻燃电线与普通电线的比较图例

阻燃电线与普通电线的判断方法：阻燃电线用打火机燃烧，烟雾少。普通电线用打火机燃烧，烟雾多。

1.1.11　BV、RV 与 BVR 家装电线

BV、RV 与 BVR 家装电线的比较（见图 1–16）：

（1）BV 是 1 根或者 7 根铜丝的单芯线，比较硬，因此也称为硬线。

（2）BVR 是 19 根或者 19 根以上铜丝绞在一起的单芯线，比 BV 软，因此也称为软线。

（3）RV 是 30 根以上铜丝绞在一起的单芯线，比 BVR 更软，家装中一般不选择 RV 线。

（4）BVVB 是硬护套线，即是 2 根或者 3 根 BV 线用护套套在一起。

（5）RVV 是软护套线，即是 2 根或者 3 根或者更多的 RV 线用护套套在一起。

BV、BVR、RV 的判断，可以从硬度上来区别：BV 的硬度 > BVR 的硬度 > RV 的硬度。

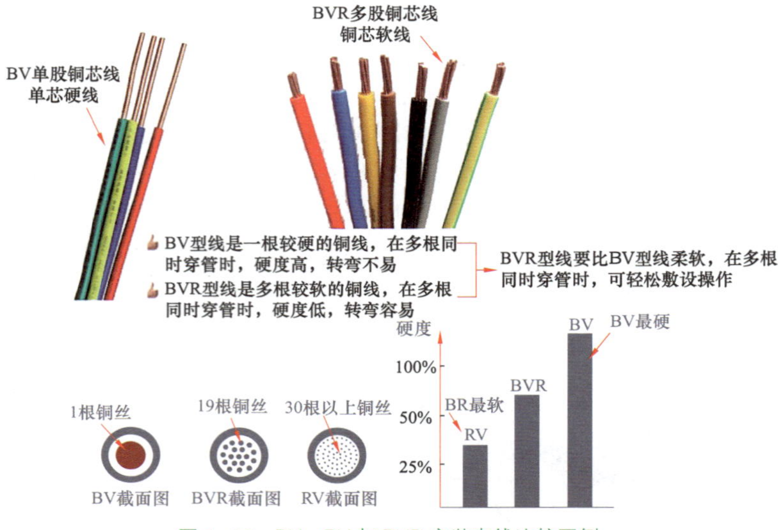

图 1-16 BV、RV 与 BVR 家装电线比较图例

家装电线暗敷设一般选择 BV、BVR。家装电线临时明敷设可以选择 BVVB。家装电线功率见表 1-7，其特点见表 1-8，应用如图 1-17 所示。

表 1-7 家装 BV、BVR 电线功率

截面（mm^2）	220V（W）	380V（W）	截面（mm^2）	220V（W）	380V（W）
1 平方（13A）	2900	6500	6 平方（44A）	10000	22000
1.5 平方（19A）	4200	9500	10 平方（62A）	13800	31000
2.5 平方（26A）	5800	13000	16 平方（85A）	18900	42000
4 平方（34A）	7600	17000	25 平方（110A）	24400	55000

说明：以上功率均为极限功率，根据使用环境的不同会有误差，选购时需要预留 20% 的余量作为缓冲。

表 1-8 家装电线的特点

区别 项目 / 型号	导体	绝缘	作用	截面图
BV	单根较硬铜线	单层绝缘	适合穿墙走直路管	
BVR	多根较软铜线	单层绝缘	适合转弯穿管	
BVV	单根较硬铜线	绝缘 + 护套	适合穿墙走直路穿管	
BVVB	二根较硬铜线 二根单芯线	绝缘 + 护套	装满明线	

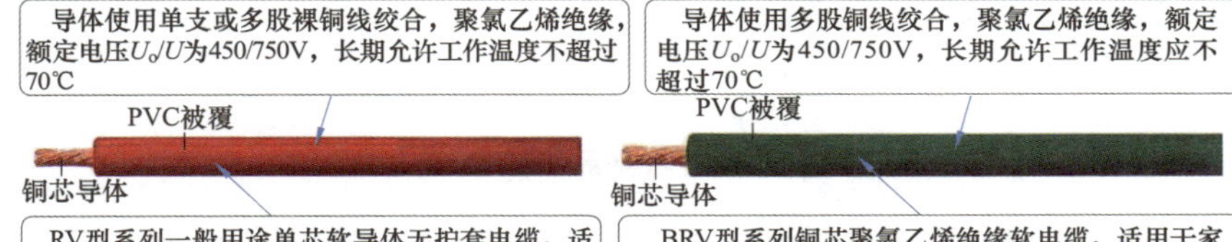

图 1–17　家装电线的应用

1.1.12　家装电线颜色的选择

家装电线颜色的选择如图 1–18、图 1–19 所示。

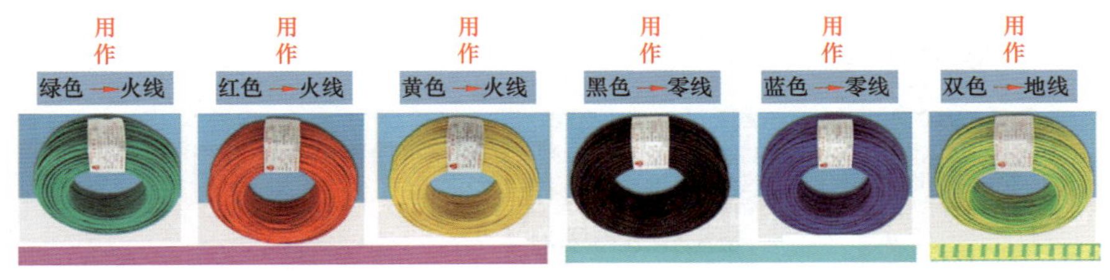

图 1–18　家装电线颜色的选择

家装电线颜色巧记：

双色用作接地线
黑蓝用作接零线
黄蓝红作接相线

解说：接地线用黄绿双色的电线。

零线用黑色或者蓝色的电线。

相线用黄色或绿色或红色的电线。

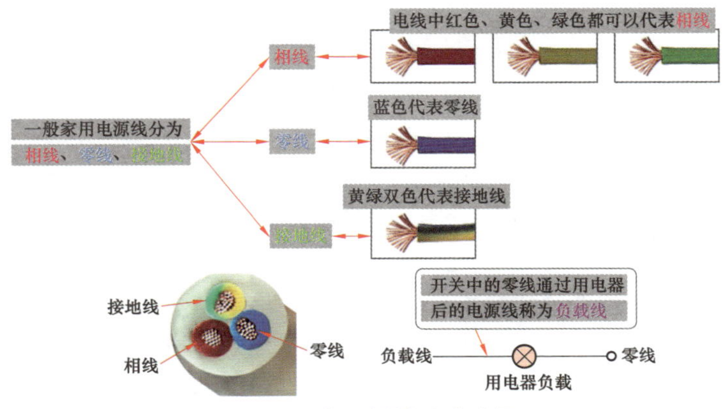

图 1–19　家装电线颜色的选择

1.1.13 家装电线规格的选择

家装电线规格的选择如图 1-20、图 1-21 所示。

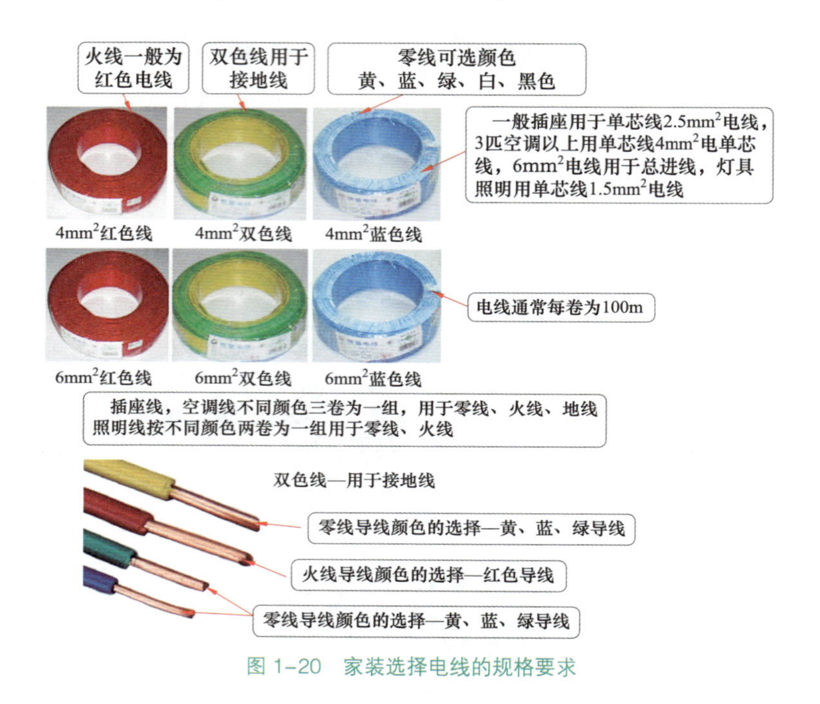

图 1-20 家装选择电线的规格要求

选择电线的规格的要求：

（1）单芯电线 1.5mm² 电线——家居灯具照明用线。

（2）单芯电线 2.5mm² 电线——家居插座用线。

（3）单芯电线 4mm² 电线——家居 3 匹以上空调用线。

（4）单芯电线 6mm² 电线——家居总进线用线。

（5）二芯、三芯护套电线——家居明线使用，工地上施工用线。

（6）三芯护套电线 2.5mm²——可用于柜式空调用线。

家装电线一般是暗敷，属于隐蔽工程。如果出现异常，则可能会连带涉及墙面、地面等，造成诸多影响。因此，家装电线尽量做到墙内不损，墙外损。线中不损，线端损。

1.1.14 家装电线合格的判断

家装电线如图 1-22 所示。家装电线合格的判断，可以参考以下几点数据：

（1）一卷电线长度一般是 100m 左右。如果所用的电线长度缩水了，则说明电线质量值得怀疑。

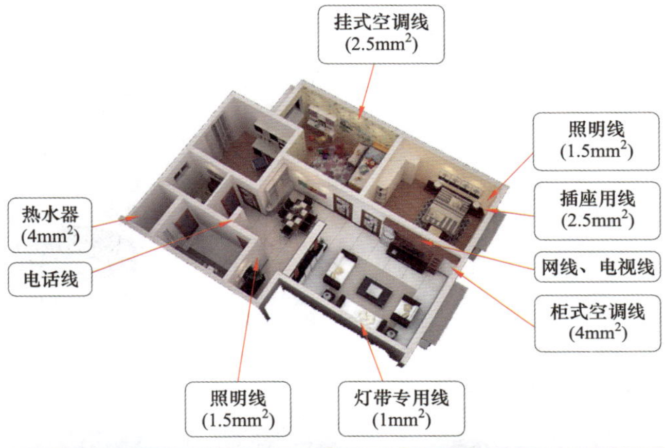

型号	规格/型号	用途
BV单股铜芯硬线	$1mm^2$	照明
	$1.5mm^2$	照明、插座连接线
	$2.5mm^2$	空调、插座用线
	$4mm^2$	热水器、立式空调
	$6mm^2$	中央空调、进户线
	$10mm^2$	进户总线
BVR单股铜芯硬线	$1mm^2$	照明
	$1.5mm^2$	照明、插座连接线
	$2.5mm^2$	空调、插座用线
	$4mm^2$	热水器、立式空调
	$6mm^2$	中央空调、进户线
	$10mm^2$	进户总线
通信用线	HUYV	电话线
	SYWV、RG–6	电视线
	UTP	网线
	SP	音箱线

图 1–21　家装电线的一般选择

（2）BVR2.5mm^2 的电线一般大于或者等于 19 根导线，如果导线根数少于 19 根，则说明电线质量值得怀疑。

（3）BVR2.5mm^2 的电线一般绝缘外径大于 4.1mm，如果小于该数值，则说明电线质量值得怀疑。

（4）BVR2.5mm^2 的电线一般铜线直径大于或者等于 0.41mm，如果小于该数值，则说明电线质量值得怀疑。

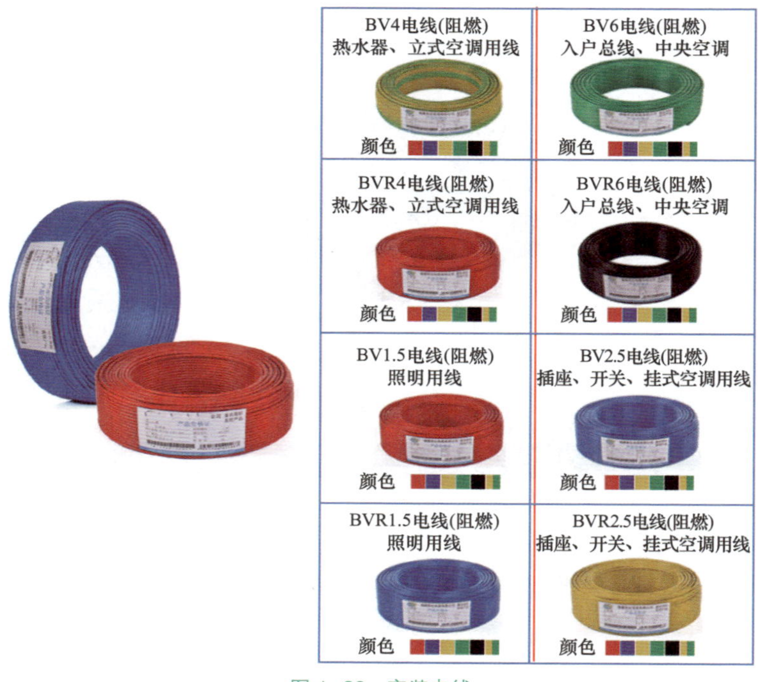

图 1-22　家装电线

（5）BVR2.5mm^2 的电线一般铜线质量为 32kg/km，如果小于该数值，则说明电线质量值得怀疑。

（6）绝缘平均厚度大于或者等于 0.8mm，如果小于该数值，则说明电线质量值得怀疑。

（7）绝缘最薄点厚度大于或者等于 0.62mm，如果小于该数值，则说明电线质量值得怀疑。

（8）导线直流电阻小于或者等于 7.41Ω/km，如果大于该数值，则说明电线质量值得怀疑。

（9）表面质量颜色均匀、平整、没有气孔，如果与这些相反，则说明电线质量值得怀疑。

（10）印刷标志耐擦 10 次，字迹清晰，如果容易擦掉，则电线质量值得怀疑。

（11）家装电线耐压一般是 450/750V，如果达不到要求，则电线质量值得怀疑。

1.1.15　家装电线用量的估计

家装电线用量的估计见表 1-9。

表 1–9 家装电线用量的估计

类型与面积	电线用量
一室一厅 （30~50m²）	100m BV1.5mm² 单色铜芯线的 2 卷（相线、零线各 1 卷，灯具照明用）。 BV2.5mm² 单色铜芯线 100m 的 3 卷（相线、零线、地线各 1 卷，插座用）。 高清电视线 30m。电脑线 30m
二室一厅 （50~70m²）	100m BV1.5mm² 的单色铜芯线 2 卷、50m 的 2 卷（相线、零线各 2 卷，灯具照明用）。 100mBV2.5mm² 的单色铜芯线 3 卷、50m 的 3 卷（相线、零线、地线各 2 卷，插座用）。 高清电视线 50m。电脑线 50m
三室一厅 （70~100m²）	100m BV1.5mm² 的单色铜芯线 4 卷（相线、零线各 2 卷，灯具照明用）。 BV2.5mm²100m 的单色铜芯线 6 卷（相线、零线、地线各 2 卷，插座用）。 高清电视线 50m。电脑线 50m

三室二厅

二室一厅

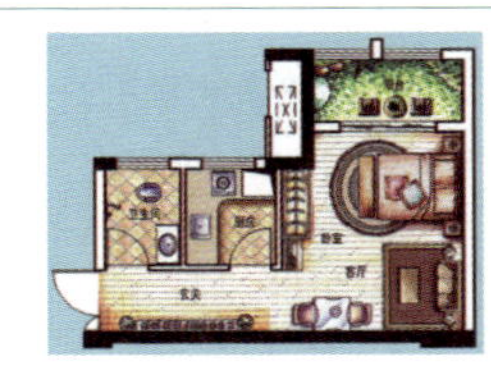

一室二厅

1.1.16 相关装修电线的选择

相关装修电线的选择需要根据电源电压来选择，需要根据用途来选择，需要选择电线的颜色，需要选择电线的截面等（见表 1–10）。

表 1–10 相关装修电线的选择

项目	解说
根据电源电压选择	一般使用的电源有单相 220V、三相 380V。无论是 220V 供电电源，还是 380V 供电电源，电线均需要采用耐压 500V 的绝缘电线，耐压 250V 的聚氯乙烯塑料绝缘软电线（也就是俗称的胶质线或花线），只能够用作吊灯用电线，不能用于布线
根据不同的用途选择	电线的用途，可以根据其型号来识别： □□□□□—□ 用途或特征代号（B为固定敷设，R为软线，A为安装线） 导体代号（T为铜，可省略；L为铝；G为钢铁） 绝缘层代号（X为橡皮，F为复合物，V为聚氯乙烯） 保护层代号（H为普通橡胶，V为聚氯乙烯，无表示为纱编织） 形状和特性代号（B为平型，S为绞型，P为屏蔽） 特殊和派生产品代号
选择电线截面	（1）电线的截面一般以 mm² 为单位，俗称平方。 （2）在同样的使用条件下，铜电线比铝电线可以小一号。 （3）选择电线截面时，主要根据电线的安全载流量来选择电线的截面。 （4）电线的截面越大，允许通过的安全电流就越大。 （5）选择电线时，还需要考虑电线的机械强度。 （6）有些负荷小的设备，虽然选择很小的截面就能够满足允许电流的要求，但是还必须查看是否满足电线机械强度所允许的最小截面，如果达不到要求，则需要根据电线机械强度所允许的最小截面来选择

敷设导线时，相线 L、零线 N 与保护零线 PE 需要采用不同颜色的电线，也就是涉及电线颜色的选择（见表 1–11）。

表 1–11　　电线颜色的相关规定

类别	颜色标志	线别	备注
一般用途电线	黄色 绿色 红色 浅蓝色	相线——L1 相 相线——L2 相 相线——L3 相 零线或中性线	U 相 V 相 W 相
保护接地（接零）、中性线（保护零线）	绿 / 黄双色	保护接地（接零） 中性线（保护零线）	
二芯（供单相电源用）	红色 浅蓝色	相线 零线	
三芯（供单相电源用）	红色 浅蓝色（或白色） 绿 / 黄色（或黑色）	相线 零线 保护零线	
三芯（供三相电源用）	黄、绿、红色	相线	无零线
四芯（供三相四线制用）	黄、绿、红色 浅蓝色	相线 零线	

相线——可以使用黄色、绿色、红色中的任一种颜色。不允许使用黑色、白色、绿 / 黄双色的电线。

零线——可以使用黑色电线。没有黑色电线时，可以用白色电线。零线不允许使用红色电线。

保护零线——需要使用绿 / 黄双色的电线。如果没有该种颜色电线，也可以选择黑色的电线，这时零线则需要使用浅蓝色，或白色的电线。保护零线不允许使用除绿 / 黄双色线、黑色线以外的其他颜色的导电线。

电线的应用如图 1–23 所示，常用电线如图 1–24 所示。

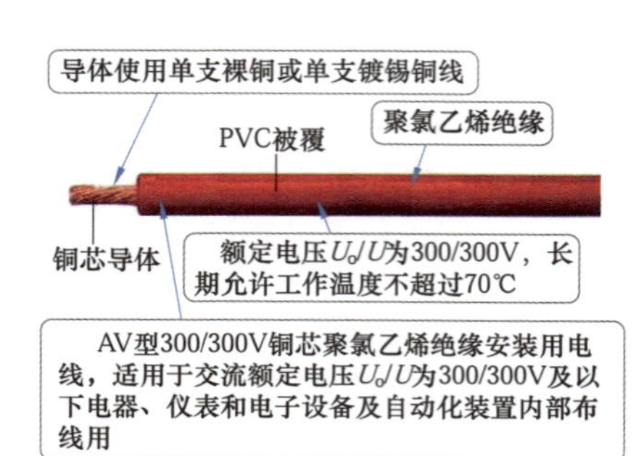

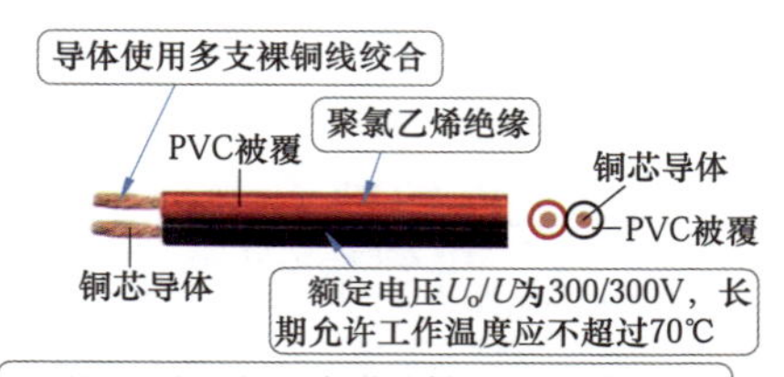

图 1–23　电线的应用

图 1-24　电线

固定布线常用电缆：

BV 型 450/750V 一般用途单芯硬导体无护套电缆。

BV 型 300/500V 内部布线用导体温度 70℃的单芯用途单芯实心电缆。

BVR 型 450/750V 铜芯聚氯乙烯绝缘软电缆。

BVV 型 300/0500V 铜芯氯乙烯绝缘氯乙烯护套圆形电缆。

RV 型 450/750V 一般用途单芯软导体无护套电缆。

RV 型 300/500V 内部部线用导体温度 70℃的单芯软导体无护套电缆。

RVB 扁型无护套软线。

RVV 轻型 300/300V 聚氯乙烯护套软线。

RVV 普通型 300/500V 聚氯乙烯护套软电缆。

RVS 型 300/300V 铜芯聚氯乙烯绝缘绞型连接用软电线。

1.2 PVC 线材

1.2.1 PVC 电线管

PVC 电线管如图 1-25 所示。PVC 电工套管如图 1-26 所示、见表 1-12。

PVC 管材也就是聚氯乙烯树脂，经挤出成形的。PVC 管是一个大类，其可以细分为 PVC 排水管、PVC-U 给水管、PVC 电工套管、PVC 波纹管等。

根据 PVC 电线管管壁的薄厚，PVC 电线管可以分为轻型管——205（L 型）、中型管——305（M 型）、重型管——405（H 型）。轻型管主要用于挂顶，中型管主要用于明装或暗装，重型管主要用于埋藏混凝土中。家庭装修主要选择轻型与中型管。

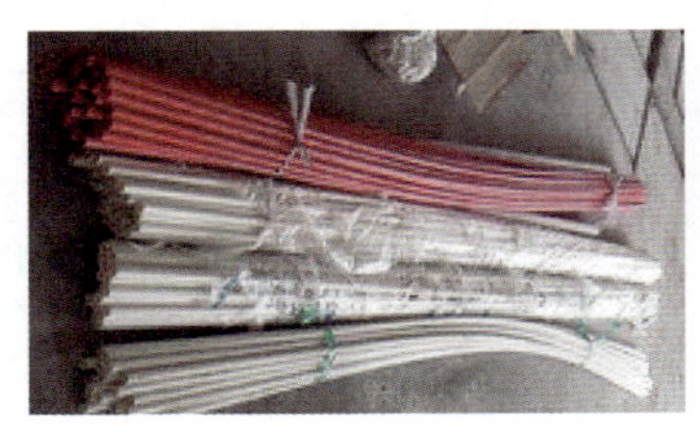

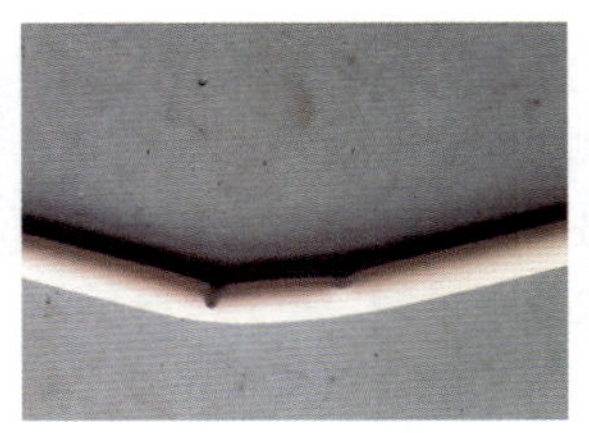

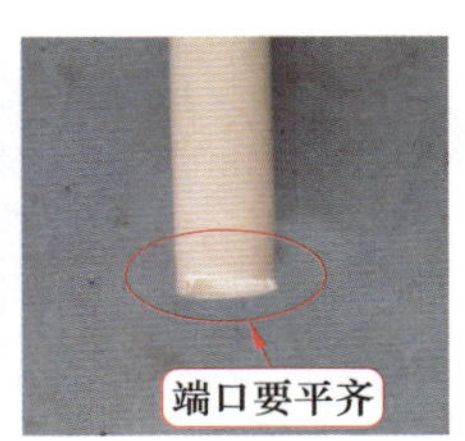

图 1-25　PVC 电线管的外形

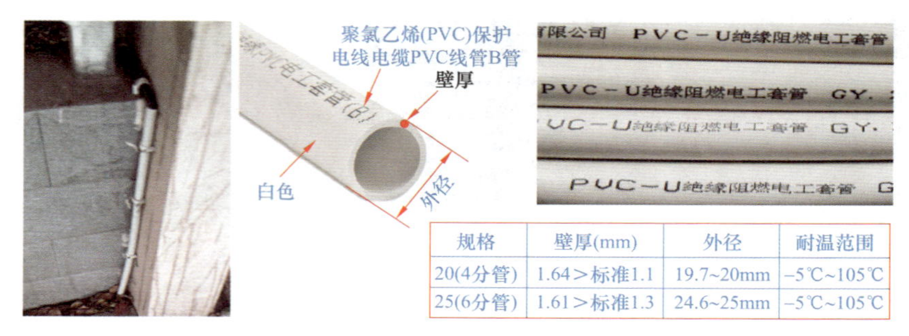

规格	壁厚(mm)	外径	耐温范围
20(4分管)	1.64＞标准1.1	19.7~20mm	-5℃~105℃
25(6分管)	1.61＞标准1.3	24.6~25mm	-5℃~105℃

图 1-26　PVC 电工套管

表 1-12　　PVC 电工套管

轻型管型号	规格	中型管型号	规格	重型管型号	规格
SGZH15/16	D16 × 0.85	SGZM15/16	D16 × 1.3	SGZL15/16	D16 × 1.6
SGZH15/20	D20 × 1.0	SGZM15/20	D20 × 1.35	SGZL15/20	D20 × 1.8
SGZH15/25	D25 × 1.2	SGZM15/25	D25 × 1.6	SGZL15/25	D25 × 2.0
SGZH15/32	D32 × 1.35	SGZM15/32	D32 × 1.9	SGZL15/32	D32 × 2.3
SGZH15/40	D40 × 1.55	SGZM15/40	D40 × 2.0	SGZL15/40	D40 × 2.4
SGZH15/50	D50 × 1.65	SGZM15/50	D50 × 2.2	SGZL15/50	D50 × 2.8

PVC 电工套管的外径有 16、20、25、32、40mm 等规格：

（1）16mm 外径的轻、中、重型管厚度分别为：1.00mm（轻，允许差 +0.15mm）、1.20mm（中，允许差 +0.3mm）、1.6mm（重，允许差 +0.3mm）。

（2）20mm 外径的中、重型管（没有轻型的）厚度分别为：1.25mm（中，允许差 +0.3mm）、1.8mm（重，允许差 +0.3mm）。

（3）25mm 外径的中、重型管（没有轻型的）厚度分别为：1.50mm（中，允许差 +0.3mm）、1.9mm（重，允许差 +0.3mm）。

（4）32mm 外径的轻、中、重型管厚度分别为：1.40mm（轻，允许差 +0.3mm）、1.80mm（中，允许差 +0.3mm）、2.4mm（重，允许差 +0.3mm）。

（5）40mm 外径的轻、中、重型管厚度分别为：1.80mm（轻、中型，允许差 +0.3mm）、2.0mm（重，允许差 +0.3mm）。

PVC 电工套管常规尺寸米制与英制对照：

（1）电线管直径 16mm 的对照英制 3 分管。

（2）电线管直径 20mm 的对照英制 4 分管。

（3）电线管直径 25mm 的对照英制 6 分管。

（4）电线管直径 32mm 的对照英制 1 寸管。

不过，常称的四分管、六分管是水管规格，而不是 PVC 电工管标准规格。PVC 电工管，家居装饰多用 16mm、20mm 的电工管。

PVC 电力管规格有 ϕ16、ϕ20、ϕ25、ϕ32、ϕ40、ϕ50、ϕ60、ϕ75、ϕ110、DE160、DE200 等。

PVC 电工套管有长度为 4m 一根的，也有长度为 3.7m 一根的。

1.2.2　PVC 电线管套件与附件

PVC 电线管套件外形见表 1-13。

表 1-13　　PVC 电线管套件外形图例

名称	图例	名称	图例
45° 弯头		异径接头	
螺接（杯梳）		三通	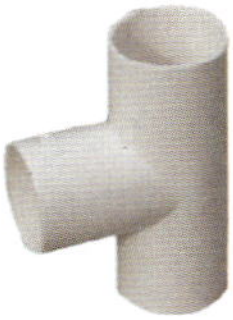
90° 弯头	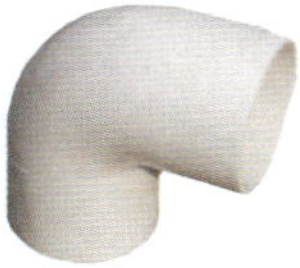	大弯头	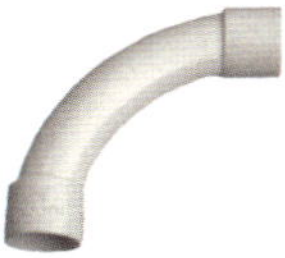
大弯头	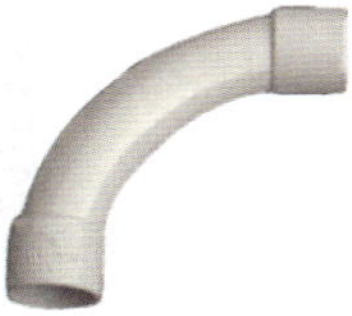	直接（束节）	
管卡	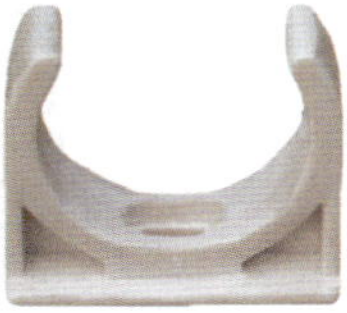	边卡（线卡）	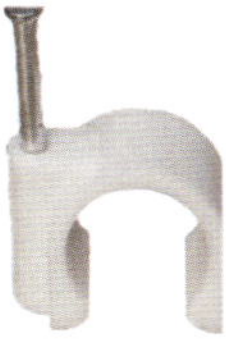

1.2.3 PVC 彩色电工套管与附件

PVC 彩色电工套管　利用红、蓝两种颜色进行区分强弱电，便于识别及维护，避免触电危险。应选择具有酸碱性能好，同时管内不含增塑剂，也就是无虫害的电工套管。以及选择防火阻燃性好、易弯曲、剪接方便等特性的电工套管。PVC 彩色电工套管外形如图 1–27 所示。

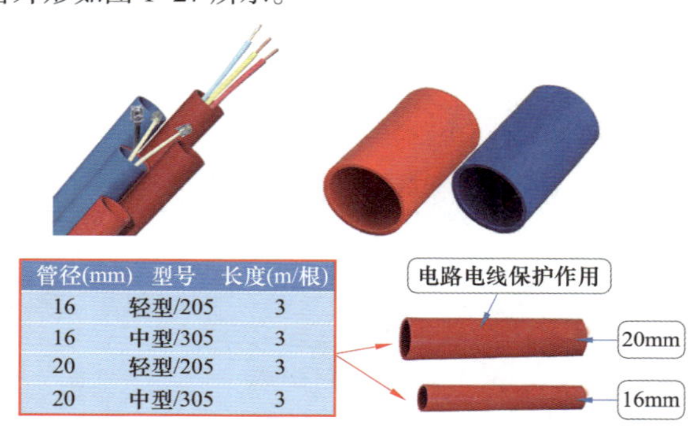

管径(mm)	型号	长度(m/根)
16	轻型/205	3
16	中型/305	3
20	轻型/205	3
20	中型/305	3

图 1–27　PVC 彩色电工套管外形

红色、蓝色轻型 PVC 彩色电工套管的规格有 16、20、25mm。红色、蓝色中型 PVC 彩色电工套管的规格有 16、20、25mm。红色、蓝色重型 PVC 彩色电工套管的规格有 16、20、25mm。PVC 彩色电工套管附件种类与外形见表 1–14。

强电与弱电的区别：强电主要就是指 220V 以上高电压、高电流的线路部分，包括空调线、照明线、插座线及面板之类的，建议使用红色电工套管。

弱电就是传输信号一类的，如网络线、电话线、有线电视线等，直流电压一般在 24V 以内，属于安全电压。建议使用蓝色电工套管。

表 1–14　PVC 彩色电工套管附件种类与外形

名称	图例	名称	图例
PVC–u 彩色线管红色杯疏		PVC–u 彩色线管红色开关盒	
PVC–u 彩色线管红色八角线盒		PVC–u 彩色线管红色迫玛	

续表

名称	图例	名称	图例
PVC-u 彩色线管红色弯头		PVC-u 彩色线管蓝色八角线盒	
PVC-u 彩色线管蓝色开关盒	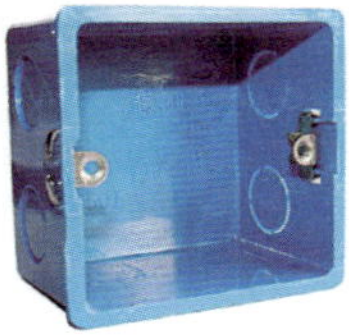	PVC-u 彩色线管蓝色杯疏	
PVC-u 彩色线管蓝色束节		PVC-u 彩色线管蓝色弯头	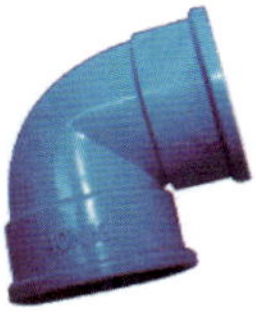
PVC-u 彩色线管蓝色三通	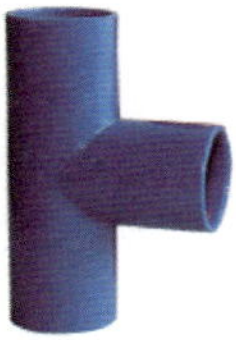	PVC-u 彩色线管蓝色迫玛	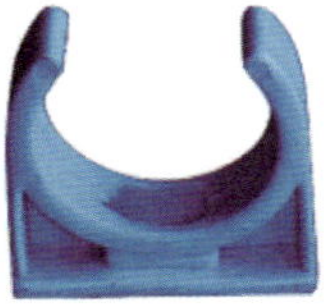

1.3 接线盒、暗盒

1.3.1 概述

接线盒是电工辅料之一，在电线的接头部位需要采用接线盒作为过渡用，从而使电线管与接线盒连接，线管里面的电线在接线盒中连起来。可见，接线盒起到保护电线与连接电线的多重作用。接线盒的种类与外形见表 1-15。

一般国内的接线盒是 86 型的，尺寸为 100mm × 100mm 左右。接线盒需要配接线盒盖（或者直接配开关和插座面板），一般是 PVC 和白铁盒材质。

接线板与接线盒作用相类似，只是形状上不相同。常用暗盒（接线盒）的尺寸见表 1-16。

安装底盒分为明装底盒和暗装底盒，材料有金属和塑料。底盒的深度一般有 35、40、50mm 几种规格。

表 1–15　接线盒的种类与外形

名称	解说	名称	解说
开关盒		86 开关盒	
86 双联盒	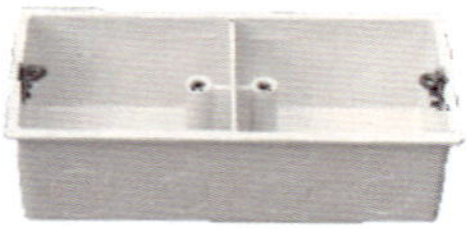	86 八角盒	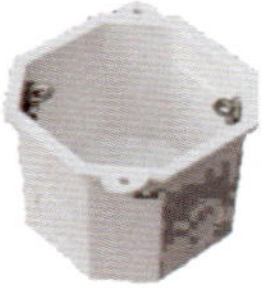
明装盒		圆盒（单叉）	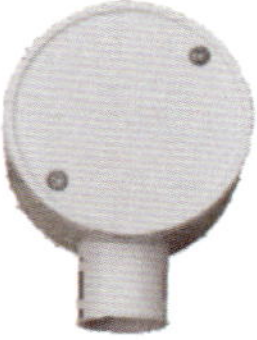
圆盒（曲叉）	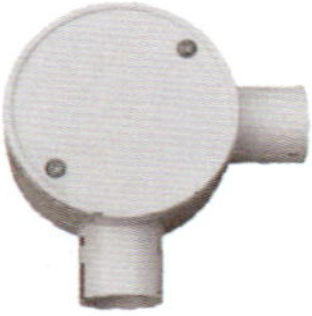	圆盒（三叉）	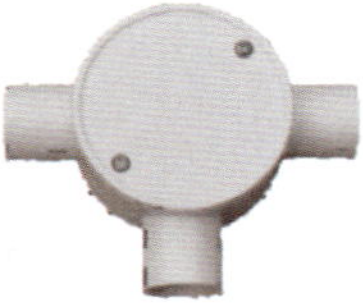
圆盒（四叉）	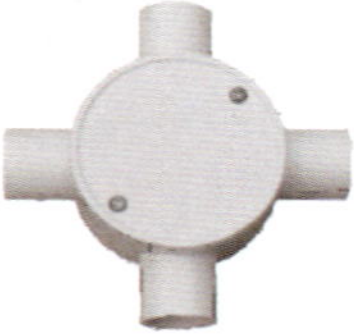	高深圆盒（单叉）	
高深圆盒（曲叉）		高深圆盒（三叉）	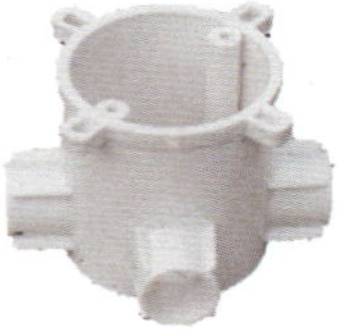
高深圆盒（四叉）			

表 1–16　　常用暗盒（接线盒）的尺寸

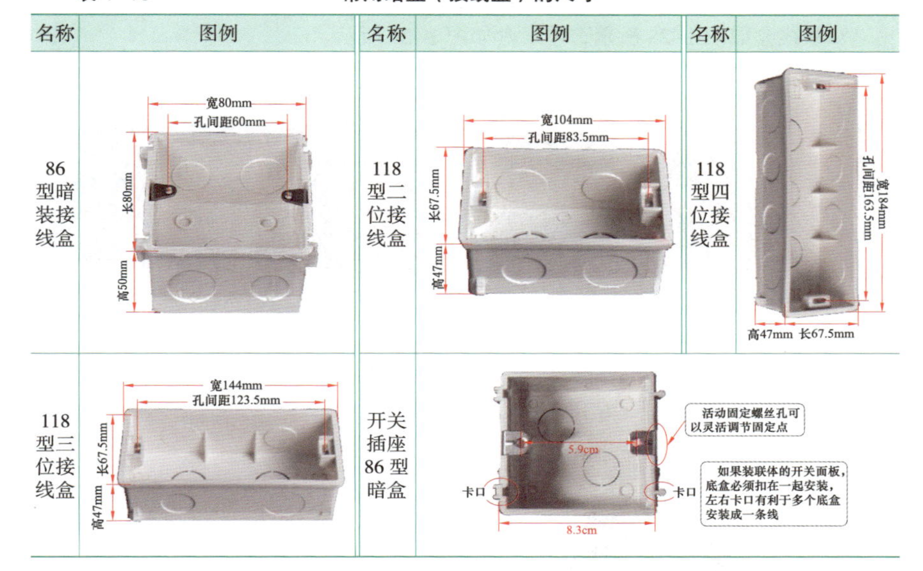

名称	图例	名称	图例	名称	图例
86 型暗装接线盒	宽80mm 孔间距60mm 长80mm 高50mm	118 型二位接线盒	宽104mm 孔间距83.5mm 长67.5mm 高47mm	118 型四位接线盒	宽184mm 孔间距163.5mm 高47mm 长67.5mm
118 型三位接线盒	宽144mm 孔间距123.5mm 长67.5mm 高47mm	开关插座 86 型暗盒	活动固定螺丝孔可以灵活调节固定点 5.9cm 卡口 卡口 如果装联体的开关面板，底盒必须扣在一起安装，左右卡口有利于多个底盒安装成一条线 8.3cm		

质量差的暗盒可能是使用劣质的再生塑料生产的，太脆易断裂、太软易变形，暗盒的固定螺钉的螺孔容易掉落，上螺钉时容易拧坏。

暗盒可以任意组合成多位一体。采用具有活动固定螺钉孔的暗盒，可以灵活调节固定点。

1.3.2　安装工程中接线盒与开关盒的区别

接线盒与开关盒的区别：

（1）接线盒与开关盒均属于电气安装工程中的辅料，但在单独的接线盒、开关盒安装工程中常划入主材。

（2）接线盒与开关盒有金属盒、PVC 塑料盒等类型，在安装工程中，均普遍采用 H86 型盒。

（3）开关盒、插座底盒、灯具盒也就是安装开关、插座、灯具时的终端底盒，即安装开关、插座、灯具时安装固定面板以及在盒内接线用的盒子。

（4）需要接线盒的情况如下：

1）管线长度、管线弯头超过规定的距离与弯头个数。

2）管路有分支时，需要设置的过路过渡盒。

3）管线配到负载终端需要预留的盒，以便穿线、分线、过渡接线。

（5）计算接线盒时，灯头盒、插座盒、开关盒是根据设计来计算。

（6）分接线盒是根据管路分支或者返管时的过渡、管路直线距离、弯头数量超过规定的要求时需要增设的接线盒，进行据实计算的。

双联线盒如图 1–28 所示，单线盒如图 1–29 所示。

图 1–28　双联线盒

图 1–29　单线盒

1.3.3　暗盒的概述

暗盒及其选择如图 1–30、图 1–31 所示。

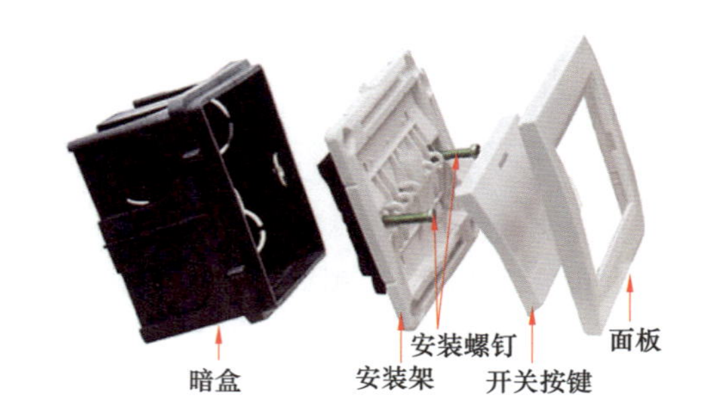

名称	外形尺寸	安装孔距
小号暗盒(一二位)	宽:105mm,高:68mm,深:52mm	77~88mm
中号暗盒通(三位)	宽:147mm,高:68mm,深:52mm	120~128mm
大号暗盒通(四位)	宽:185mm,高:68mm,深:52mm	156~166mm

图 1–30　暗盒

暗盒一般是一次性的，以后坏了也不好换，因此需要买质量好一点的。如果再生塑料（一般是黑色或灰色）的暗盒，就需要注意质量了。

应选择高阻燃、高强度、可以随意组合暗盒连接片的暗盒。暗盒分为 PVC 暗盒、尼龙暗盒、金属暗盒、PC 暗盒、PP 暗盒、86 型、118 型、116 型、120 型等。PC 暗盒比 PVC 暗盒耐摔抗压。

暗盒可以用于安装开关、插座、走线等功能。选择暗盒应选择上下、左右、低部五方均具有线管穿入孔（敲落孔），并且各方敲落孔至少需要两种孔，以便安装。

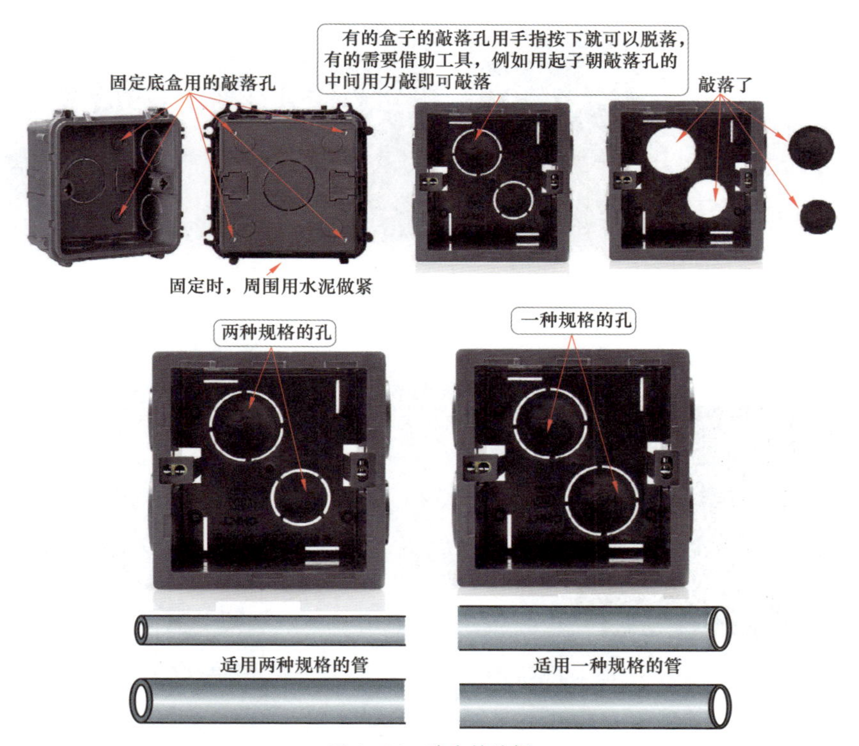

图 1–31 暗盒的选择

1.3.4 86 型暗盒（底盒）

86 型暗盒如图 1–32~ 图 1–34 所示。尽量选择具有螺钉防堵塞的 86 型暗盒，可以有效避免沙石等进入螺钉孔引起堵塞现象。

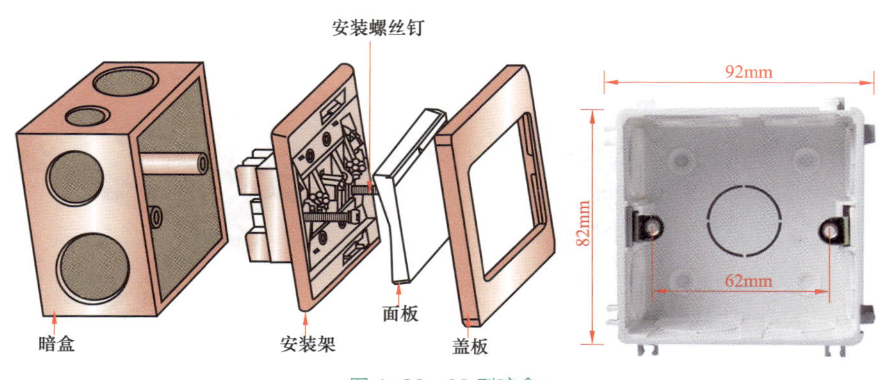

图 1–32 86 型暗盒

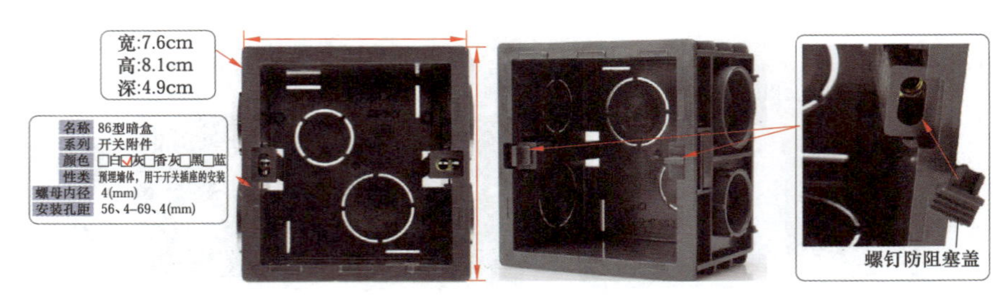

图 1-33　加强 86 型

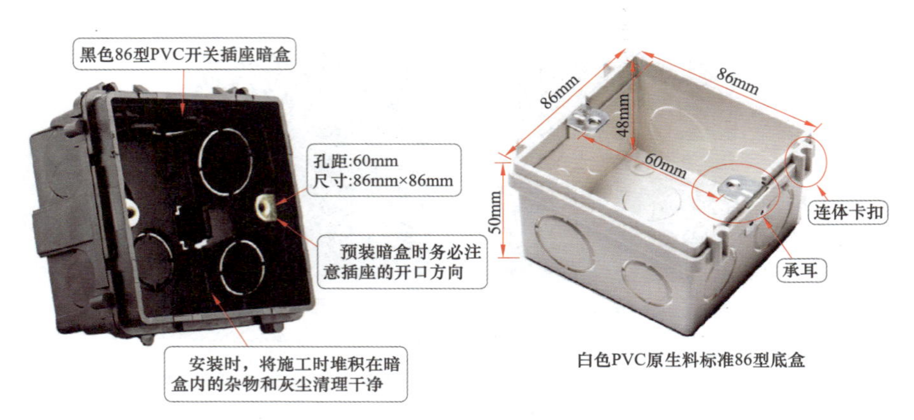

图 1-34　86 型通用暗盒

86 型通用暗盒有的是承耳、有的是安装孔柱（见图 1-35）。一般而言安装孔柱因螺钉螺纹啮合长，因此固定性好一些。但是，其距离调整性差。为此，有一种一边是固定的安装孔柱，一边是承耳金属安装片。安装孔柱能够完全封闭安装螺钉，避免安装螺钉与电线接触（见图 1-36）。特别是底盒装满了线，拧动安装螺钉，有时候，安装螺钉会损坏电线。

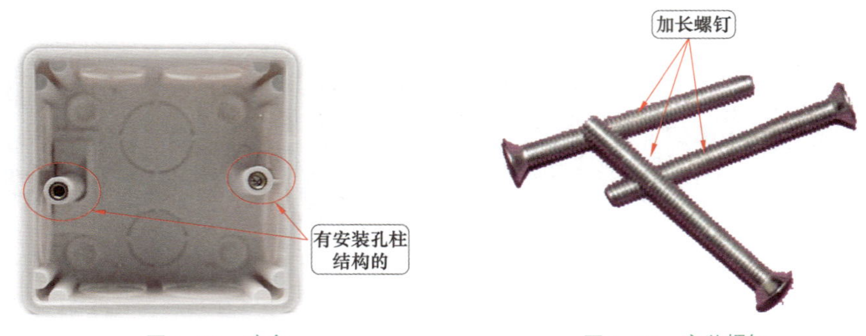

图 1-35　暗盒　　图 1-36　安装螺钉

另外，承耳安装片结构一定要选择镀锌防锈结构的，否则底盒承耳安装片损坏了，维修重新布设底盒非常不方便。

有的暗盒做双暗盒连接使用时需要加装连接片，可是两个暗盒又可以直接插接并联，但不能安装双面板，所以双暗盒直插连接功能没有任何用途，浪费了空间和材料（见图 1–37、图 1–38）。希望以后暗盒内部空间做得大一些，可以容纳不同的 86 插座、开关。

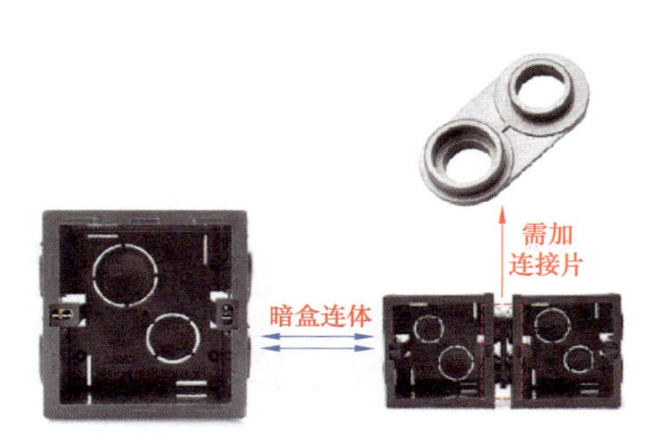

图 1–37　双暗盒连接

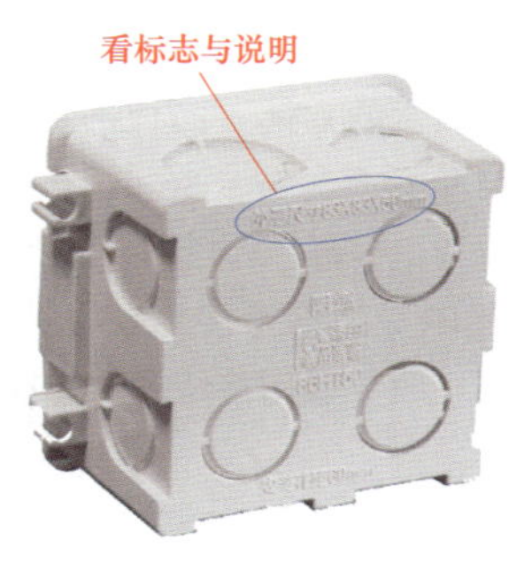

图 1–38　暗盒标志

安装插座、开关面板时，采用加长的螺钉，安装会比短螺钉轻松一些。另外，螺钉应选择镀锌、镀铜的。不要选择铁制的螺钉。

1.3.5　118 型暗盒（底盒）

开关插座 118 型暗盒也就是墙壁开关插座 118 型底盒（见图 1–39）。

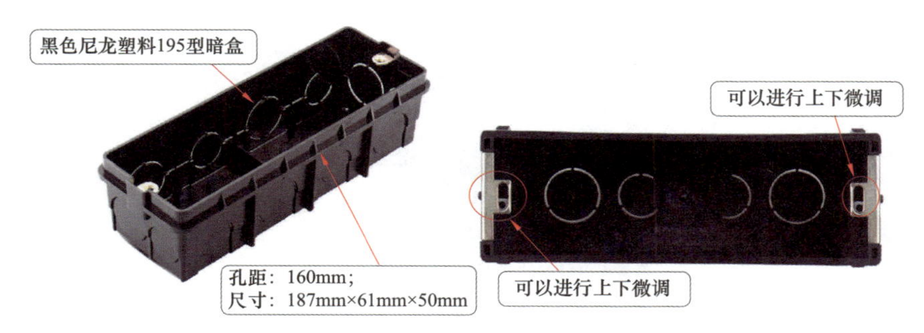

图 1–39　开关插座 118 型暗盒

有时采用小连体底盒，但若连体质量不好，会影响开关或者插座面板的安装。为此，可以选择长型底盒，避免使用小连体底盒（见图 1–40）。

说明：连体，不需要外加连体片的暗盒，往往具有卡扣结构，便于两只暗盒的卡扣成体。为了便于安装，还需要选择横向、竖向多能够成体的（具有卡扣结构）的暗盒。

图 1-40　暗盒连体

1.3.6　明盒

明盒的盒体、面板都是突出墙体的（见图 1-41、图 1-42）。因此，明盒的尺寸与暗盒有差异。86 型明盒的宽度为 86mm、厚度为 3mm、两螺钉间距为 6cm、高度为 3.5cm。选择时，需要考虑好明盒的敲落孔是圆的还是方的，圆的，则需要与 PVC 圆管连接。方的，则需要与 PVC 线槽连接。固定螺钉一般是用 4mm 的螺钉。四位通用接线盒有 194mm × 73mm 的。

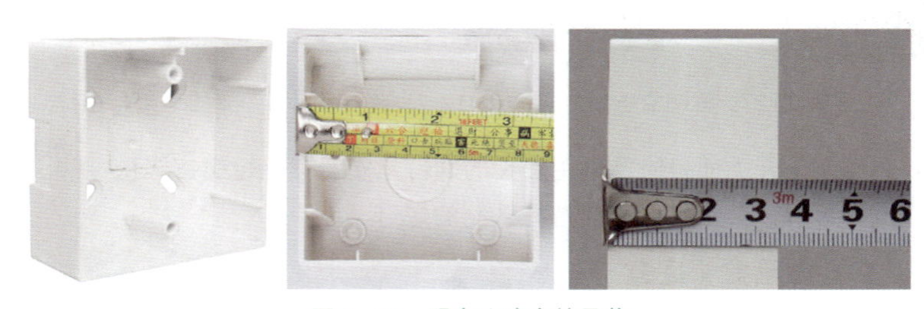

图 1-41　明盒比暗盒就是薄

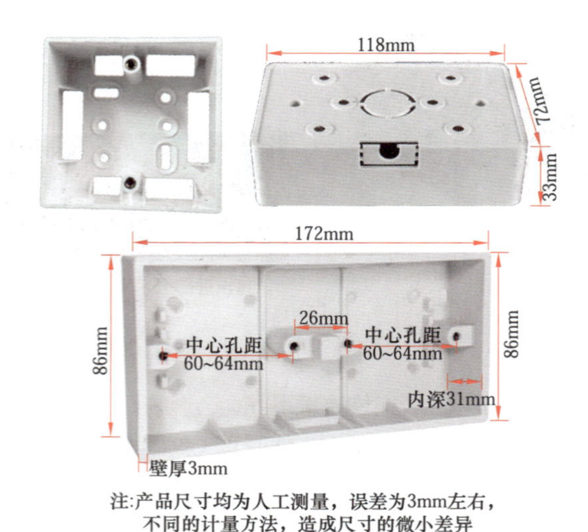

图 1-42　多种类型的明盒

明装开关插座面板一般不需要明盒，直接把明装开关插座面板配套的盒固定好，再扣好面板即可（见图 1–43）。

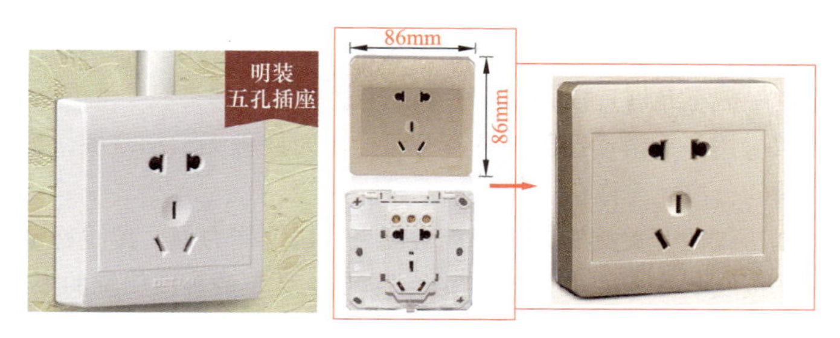

图 1–43 明装开关插座面板

明装开关插座面板没有一定要配明盒的要求，这一点与暗装开关插座面板一定要配暗盒不同。

1.4 开关

1.4.1 电工产品常见材料

电工产品常见材料的特点见表 1–17。

表 1–17 电工产品常见材料的特点

名称	解说
PC 料	PC 料又称防弹胶，学名为聚碳酸酯。具有强度高、抗冲击性很好、抗老化的能力强、表面光洁细腻、抗紫外线照射、不易褪色、耐高温等特点
ABS 料	ABS 材料是由丙烯腈、丁二烯、苯乙烯共同组成的聚合材料。ABS 材料具有染色性好，阻燃性能好、韧性差、抗冲击能力弱、使用寿命短、长期使用产品表面会出现裂纹等特点
尼龙 66	尼龙是指聚酰胺类树脂构成的塑料，其可以分为尼龙 4、尼龙 6、尼龙 7、尼龙 66 等几种。尼龙 66 又称 PA66，是尼龙塑料中机械强度最高，但其有异味、硬度不足、阻燃性差
锡磷青铜	锡磷青铜产品代号是：QSn6.5–0.1。6.5——锡含量是 6%~7%，0.1——磷含量是 0.1%~0.25%，Q——青铜，Sn——锡。其进行了抗氧化处理，载流件表面呈紫红色，具有耐腐蚀、耐磨损、强度高、导电性能好、不易发热、抗疲劳强等特点 锡磷青铜 无铆接技术

1.4.2 开关的结构

开关本身是开启、关闭的意思。后来，一种能够使电路接通与中断的电气设备称为开关。装修用的开关常见的是墙壁开关。墙壁开关是安装在墙壁上，用来接通与断开电路，控制灯具与电器的一种开关。墙壁开关可以分为强电墙壁开关与弱电墙壁开关（见图 1–44）。

墙壁开关的尺寸常见的有 86 型、118 型。其中 86 型墙壁开关安装孔距一般为 60mm 左右。开关、插座面板安装必须端正、牢固，不允许有松动，而且必须全部有底盒。一般不允许直接装在木头木板上。

有的开关采用了无滑动跷板，具有开关通断时跷板无滑动摩擦，动、静触点实现点对点瞬间分离、无拖拉、不易起弧等特点。

黄铜螺钉压线的开关接头，具有接触面大，压线能力强，接线稳定可靠等特点。有的单孔接线铜柱开关接头，具有接线容量大，不受导线粗细的限制等特点，如图 1–45 所示。双孔压板接线既可靠又不损坏导线，导线接触面积增加，保证载流能力。

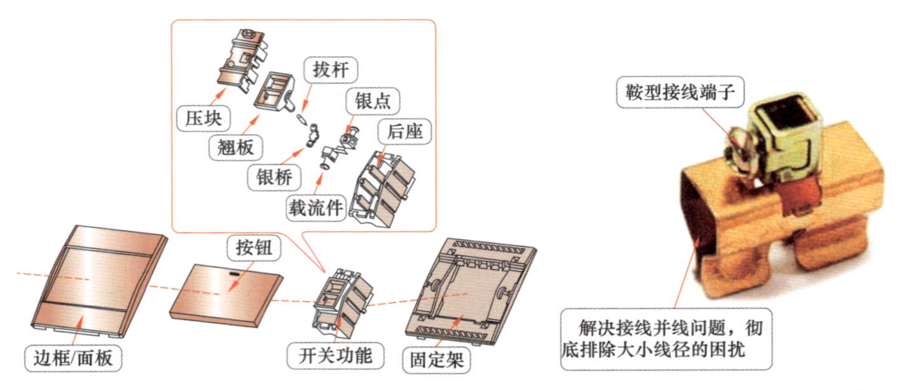

图 1–44　开关的结构分解　　图 1–45　黄铜螺钉压线的开关接头

另外，有的开关为内部连线一线通，即开关一线进入，内部连通，可出多线。这样安装方便，减少接线点数，避免隐患。

1.4.3　开关的种类

开关可以分为拉线开关、墙壁开关、按钮开关、夜光开关等（见图 1–46）。家装中，广泛采用的是墙壁开关，尤其是大翘板墙壁开关。

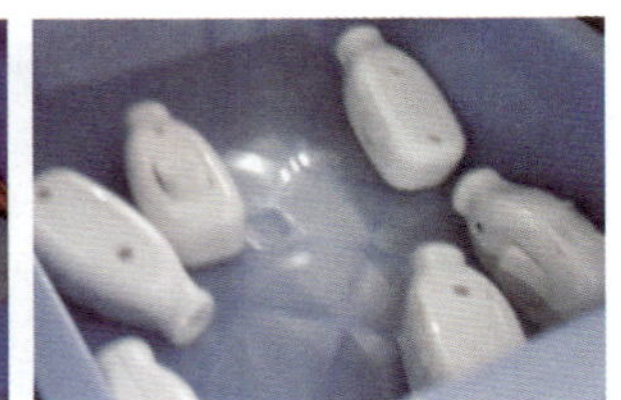

图 1–46　适合明装的开关

说明：使用小按键开关没有跷板开关安全。拉灯开关的绳子容易拉断。

大翘板开关与小按钮开关的比较：

（1）分断幅度。小按钮开关与大翘板开关在同样的按压幅度，大翘板开关能给活动部件以更大的分断幅度。小按钮开关要实现相近的分断幅度，其内部弹簧的扭度将比大翘板开关更高，也容易出现卡住等问题。

（2）降低使用时漏电危险。小按钮开关一般只有手指大小，如果用户手为潮湿状态，手指与按钮充分接触的同时，也接触到了按钮与面板之间的缝隙。如果开关质量差，可能产生开关内部导体接触到水分而漏电，对使用者造成威胁。大翘板开关的按压空间比较大，可以减少此方面的风险。

（3）接线数量限制。小按钮占用开关面板空间较少，因此，小按钮开关能够提供 4 位以上的开关，则相应的开关后部的接线过多会塞满暗盒，并且影响散热问题以及电线容易脱扣等问题。大翘板开关一般在 4 位以下，限制了后部的接线数量，保证了开关暗盒内有充足的空间。

开关根据连接方式可以分为单极开关、双控开关、双极开关。根据安装方法可以分为明装式开关、暗装式开关、半暗装式开关等（见表 1–18）。

墙壁开关的发展经历了拉线开关、拇指开关、中翘板、大翘板（见图 1–47）。常用开关的特点与应用见表 1–19。

表 1–18　　常用开关的分类

分类	解说
开关的启动方式	拉线开关、倒扳开关、按钮开关、跷板开关、触摸开关等
开关的连接方式	单控开关、双控开关、双极双控开关等
规格尺寸	86 型开关、118 型开关、120 型开关等
地域分布	国内大部分地区使用 86 型开关，一些地区使用 118 型开关，很少地区使用 120 型开关
功能	一开单（双）控开关、两开单（双）控开关、三开单（双）控开关、四开单（双）控开关、声光控延时开关、触摸延时开关、门铃开关、调速（调光）开关、插卡取电开关等
与插座的关联	单独开关、插座开关
接线	螺钉压线开关、双板夹线开关、快速接线开关、钉板压线开关等
其他	根据材料、品牌、风格、外形特征等又可以分为具体不同的名称、种类开关。开关的风格之一如下图： 银色开关风格

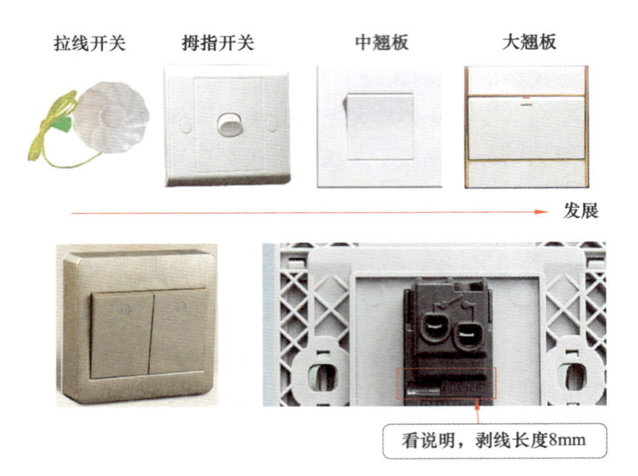

图 1–47　开关的发展过程

表 1–19　　常用开关的特点与应用

名称	解说
86 型开关	86 型墙壁开关 86 型开关是国际标准开关，是装饰工程中最常见的一种开关，因其外形尺寸为 86mm × 86mm 而得名。 86 型的开关最多有 4 开
118 型开关	118 型开关一般指的是横装的长条开关。118 型开关一般是自由组合式样的：在边框里面卡入不同的功能模块组合而成。118 型开关一般用小盒、中盒、大盒来表示，其长尺寸分别为 118、154、195mm，宽度一般都是 74mm。118 型开关插座的优势就在于它能够可以根据实际需要与用户喜好调换颜色，拆装也方便。118 型开关可以配到 8 开
120 型开关	120 型开关常见的模块是以 1/3 为基础标准的，即在一个竖装的标准 120mm × 74mm 面板上，能安装下三个 1/3 标准模块。模块根据大小可以分为 1/3、2/3、1 位。 120 型开关的外形尺寸有两种，一种是单连 120 型开关，尺寸为 74mm × 120mm，可配置一个单元、二个单元或三个单元的功能件。另外一种是双连 120 型开关，尺寸为 120mm × 120mm，可配置四个单元、五个单元或六个单元的功能件
146 型开关	146 型开关的宽是普通开关插座的 2 倍，有些四位开关、十孔插座等应用，其面板尺寸一般为 86mm × 146mm 或类似尺寸，安装孔中心距为 120.6mm 注意：146 型开关需要长型暗盒才能安装

续表

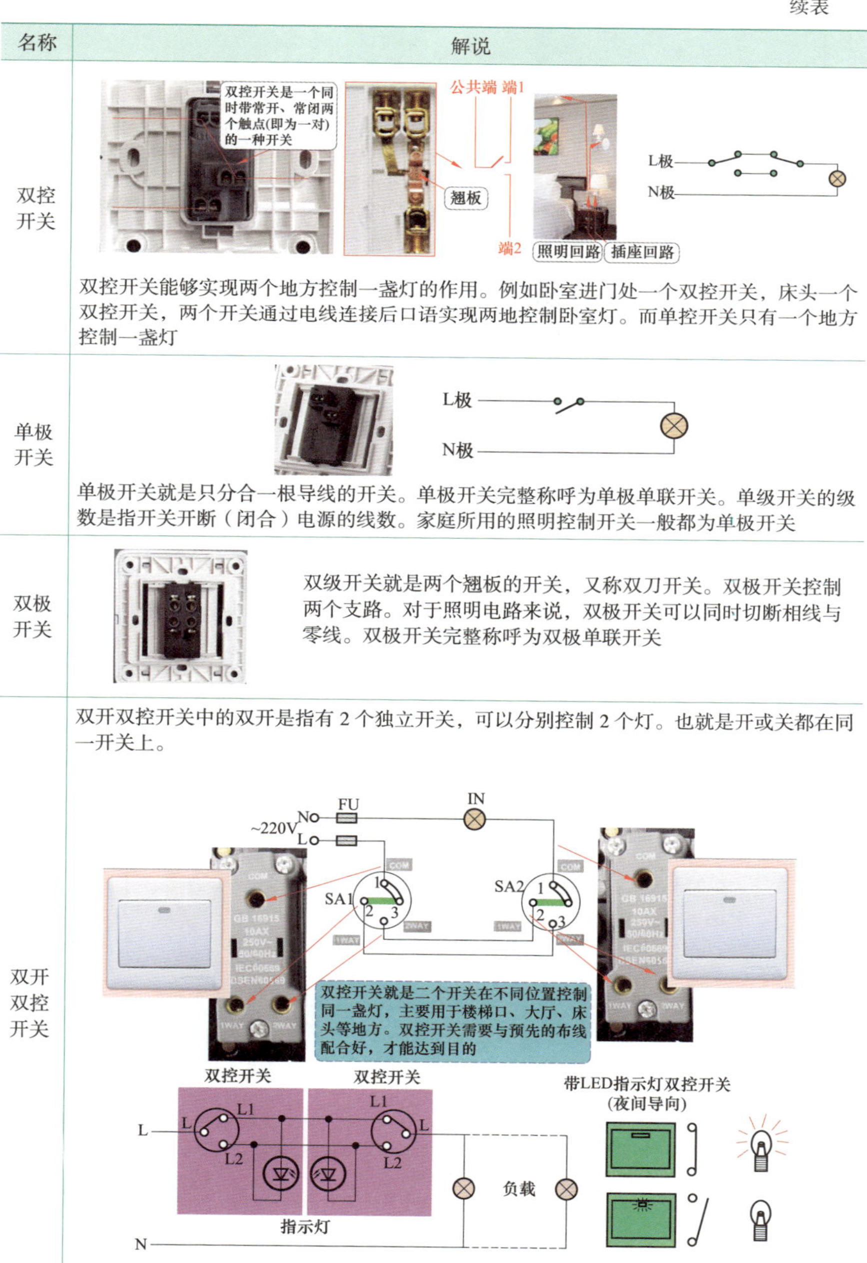

名称	解说
双控开关	双控开关能够实现两个地方控制一盏灯的作用。例如卧室进门处一个双控开关，床头一个双控开关，两个开关通过电线连接后口语实现两地控制卧室灯。而单控开关只有一个地方控制一盏灯
单极开关	单极开关就是只分合一根导线的开关。单极开关完整称呼为单极单联开关。单级开关的级数是指开关开断（闭合）电源的线数。家庭所用的照明控制开关一般都为单极开关
双极开关	双级开关就是两个翘板的开关，又称双刀开关。双极开关控制两个支路。对于照明电路来说，双极开关可以同时切断相线与零线。双极开关完整称呼为双极单联开关
双开双控开关	双开双控开关中的双开是指有 2 个独立开关，可以分别控制 2 个灯。也就是开或关都在同一开关上。 双控带 LED 指示开关接线原理

续表

名称	解说
双开双控开关	双开双控开关中的双控是指 2 组这样的配合可以互不影响的控制 1 个灯。也就是可任意在其中一个上实现开或关。 双控开关的接线：双控开关一般有三个接线桩（端），中间一个往往是公共端公共点接相线（即进线），另外两个接线桩（端）控制点一根线分别接在另一个开关的接线桩上（不是公共端接相线桩）。另外一只开关的中间接线桩（端）接连接到灯头的接线。零线接在灯头的另一个接线桩（端）上。有的双控开关还用于控制应急照明回路需要强制点燃的灯具，则双控开关中的两端接双电源，一端接灯具，即一个开关控制一个灯具 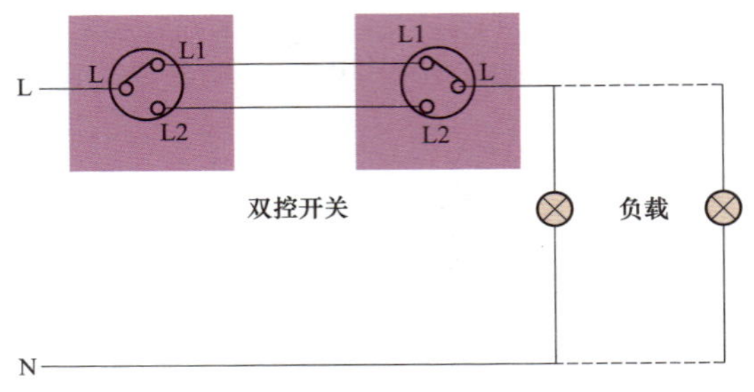 双控荧光指示开关接线原理
调光开关	调光开关是指让灯具渐渐变亮与渐渐变暗，可以让灯具调节到相应的亮度的一种开关 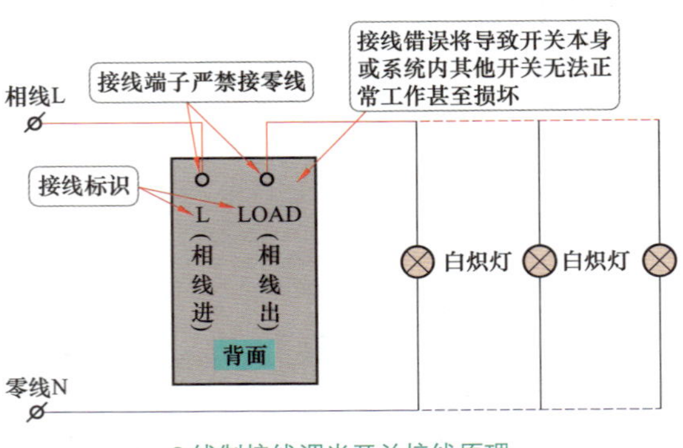 2 线制接线调光开关接线原理
调光遥控开关	调光遥控开关是指在调节光功能的基础上可以配合遥控功能，实现遥控器与开关一起操作的特点
触摸开关	触摸开关是一种只需点触开关上的触摸屏即可实现所控制电路的接通与断开的开关。触摸开关的安装、接线与普通机械开关基本相同。 一般触摸开关：采用单线制接线，与普通开关接线方法是一样的，相线进入线接一端，另外一端接灯具。 三线触摸开关：两根相线进开关，其中一根为消防相线，一根为电源相线。另外一根为控制相线从开关出来到灯头

续表

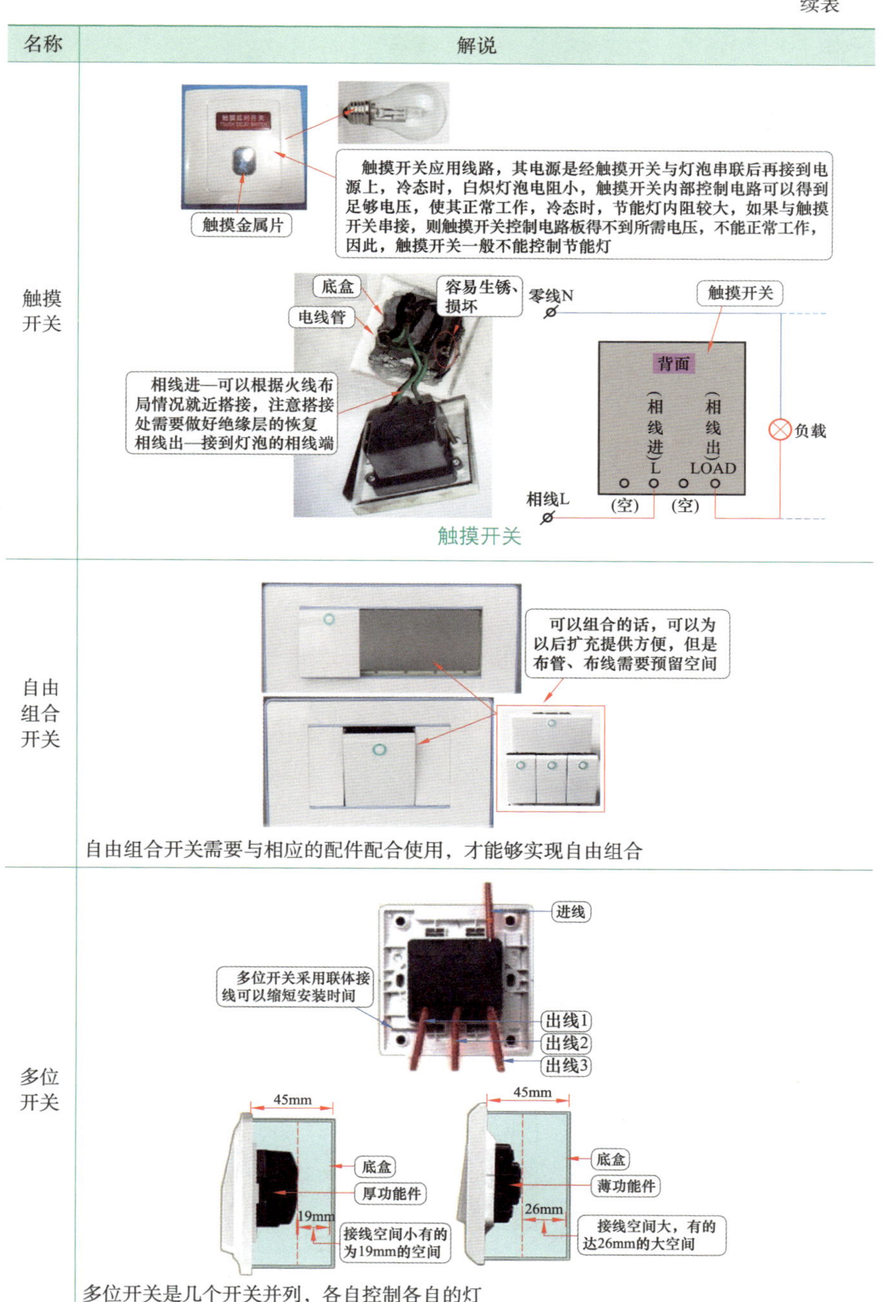
名称
解说
触摸开关
触摸金属片
触摸开关应用线路，其电源是经触摸开关与灯泡串联后再接到电源上，冷态时，白炽灯泡电阻小，触摸开关内部控制电路可以得到足够电压，使其正常工作，冷态时，节能灯内阻较大，如果与触摸开关串接，则触摸开关控制电路板得不到所需电压，不能正常工作，因此，触摸开关一般不能控制节能灯
底盒
容易生锈、损坏
电线管
相线进—可以根据火线布局情况就近搭接，注意搭接处需要做好绝缘层的恢复
相线出—接到灯泡的相线端
零线N
触摸开关
背面
(相线进)L
(相线出)LOAD
负载
相线L
(空)
(空)
触摸开关
自由组合开关
可以组合的话，可以为以后扩充提供方便，但是布管、布线需要预留空间
自由组合开关需要与相应的配件配合使用，才能够实现自由组合
多位开关
进线
多位开关采用联体接线可以缩短安装时间
出线1
出线2
出线3
45mm
底盒
厚功能件
19mm
接线空间小有的为19mm的空间
45mm
底盒
薄功能件
26mm
接线空间大，有的达26mm的大空间
多位开关是几个开关并列，各自控制各自的灯

续表

<table>
<tr><th>名称</th><th>解说</th></tr>
<tr><td>夜光开关</td><td>翘板开关，开关操作面大，大翘板开关与小翘板开关比较，一般而言，大翘板开关具有更好的安全性。有夜光灯指示，在黑暗中易找。尽量采用大口径接线端。
夜光开关就是开关上带有荧光或微光指示灯，便于夜间寻找位置</td></tr>
<tr><td>单控开关</td><td>单控开关是指能够实现在一个地方控制一盏灯的开关</td></tr>
<tr><td>荧光开关、LED开关</td><td>荧光开关就是利用荧光物质发光，使得在黑暗处能够看到开关的位置，便于开启的一种开关。该类型的开关，也就是带有荧光指示灯的开关。
LED 开关就是其位置指示灯是采用 LED 灯的开关。

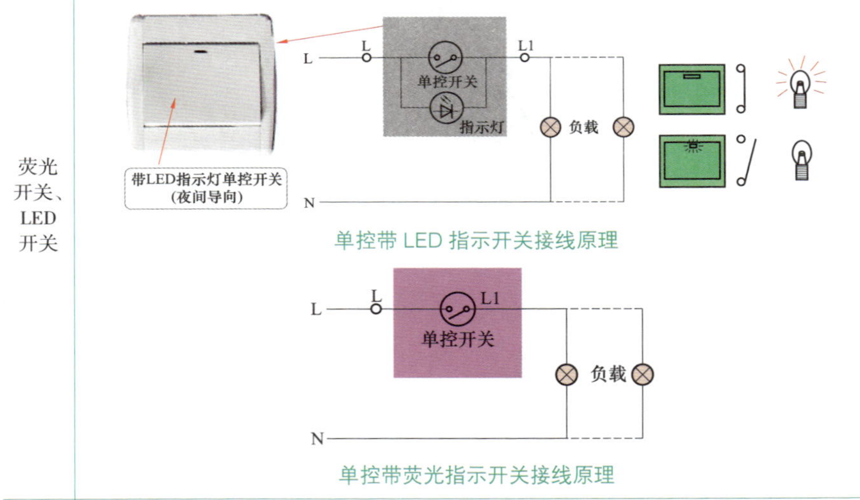

单控带 LED 指示开关接线原理
单控带荧光指示开关接线原理</td></tr>
<tr><td>调速开关</td><td>调速开关一般是调节电动机的速度的一类型开关，例如调节吊扇的开关一般采用调速开关。调光开关与调速开关不能够代替使用。如果用调光开关来调速，则容易损坏电动机。如果用调速开关来调光，不但调光效果差，调节范围也窄。

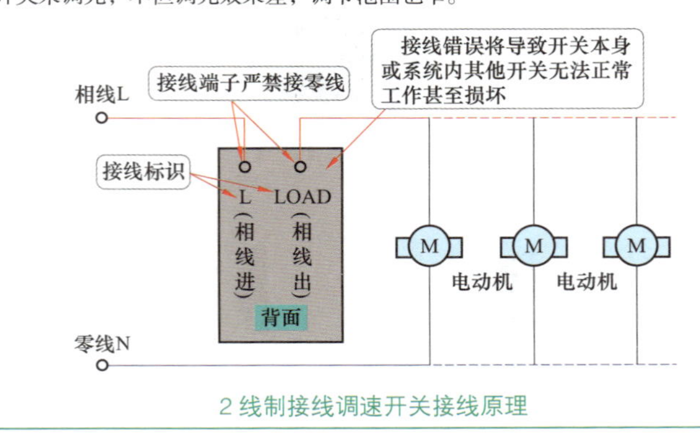

2 线制接线调速开关接线原理</td></tr>
</table>

续表

名称	解说
延时开关	延时开关是在开关中安装了电子元件达到延时功能的一种开关。延时开关又分为声控延时开关、光控延时开关、触摸式延时开关等类型
中间开关	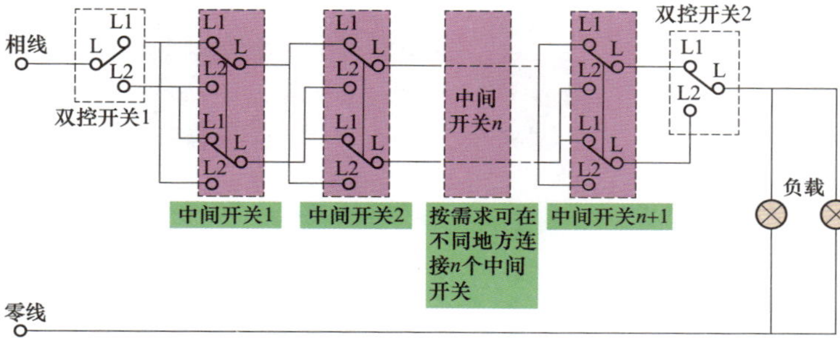 中间开关接线原理
插卡取电开关	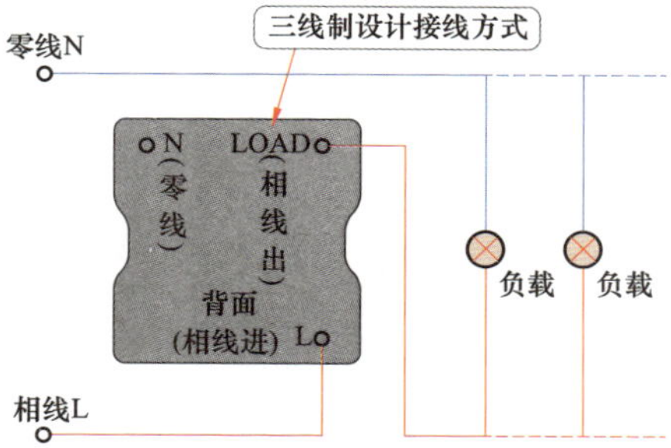 插卡取电开关接线原理
门铃开关	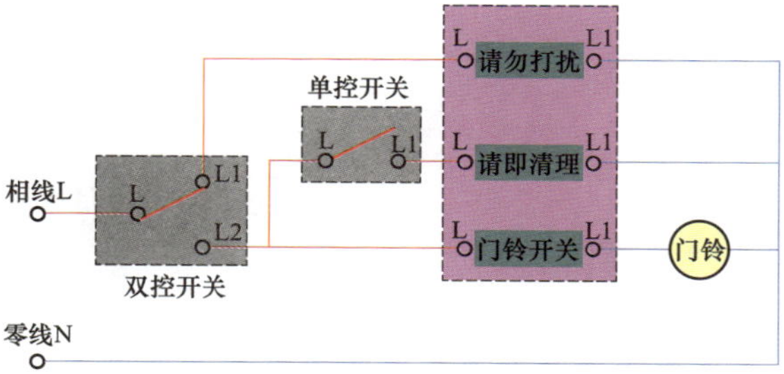 门铃开关带“请勿打扰”“请即清理”接线原理

续表

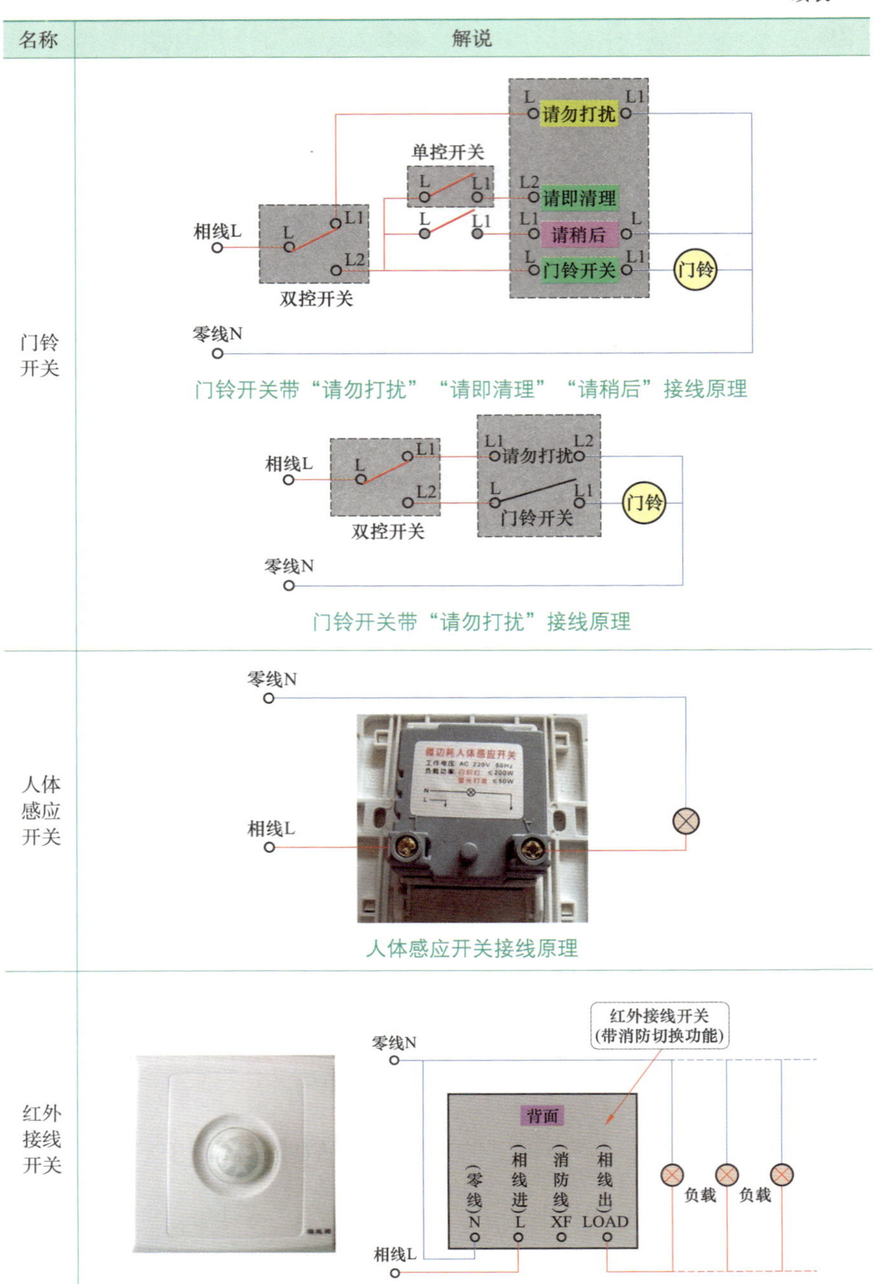

名称	解说
门铃开关	门铃开关带“请勿打扰”“请即清理”“请稍后”接线原理 门铃开关带“请勿打扰”接线原理
人体感应开关	人体感应开关接线原理
红外接线开关	

续表

<table>
<tr><th>名称</th><th>解说</th></tr>
<tr><td>红外接线开关</td><td>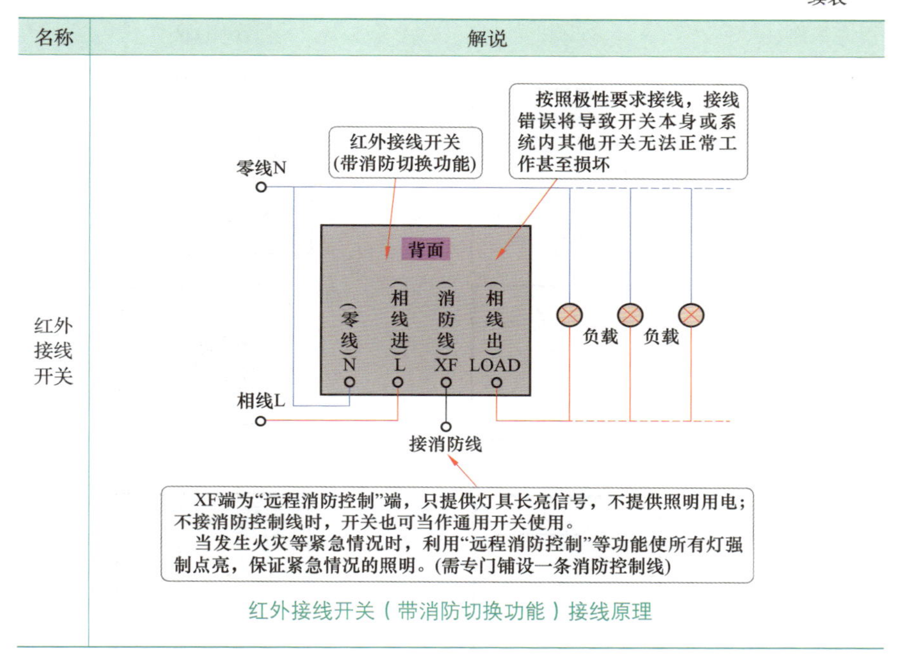

红外接线开关（带消防切换功能）接线原理</td></tr>
</table>

家装照明开关一般选择带荧光条的宽版式单控开关、双控开关，这样便于夜间清晰看到开关。单控开关与双控开关的区别：

（1）看外观。单控开关与双控开关的正面没有什么区别，反面有一些区别：即看接线端子。单一单控开关反面一般只有 2 个接线端子，而单一双控开关必须要具有 3 个接线端子。

（2）看功能。单控开关指能够一个地方控制一盏灯，而双控开关可以实现 2 处地方控制一盏灯。也就是单控开关是“一控一”功能，双控开关是“二控一”功能。

（3）看代换。单控开关不能够代替双控开关使用，双控开关可以代替单控开关使用。

为了使一些场所开关简洁、美观，应使用多联开关。使用多联开关的一些要求与方法如下：

（1）使用多联开关时，一定要有逻辑标准，或按照灯方位的前后顺序，一个一个渐远。

（2）厨房的排风开关如果也需要接在多联开关上，则一般放在最后一个，中间控制灯的开关不要跳开。

常用开关的正面与背面的特点见表 1–20。

表 1-20　　常用开关的正面与背面的特点

名称	正面	背面接线
一开单控	 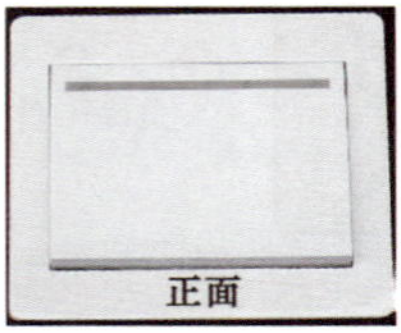 正面	 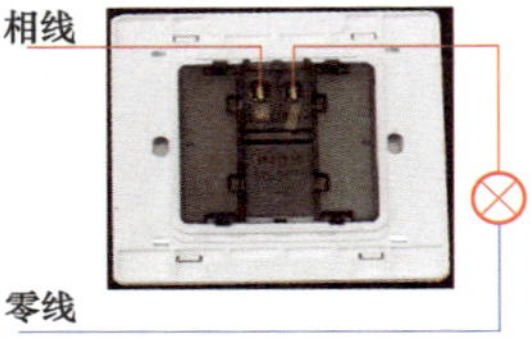 相线 零线
墙壁开关/荧光一开双控开关		
触摸延时开关		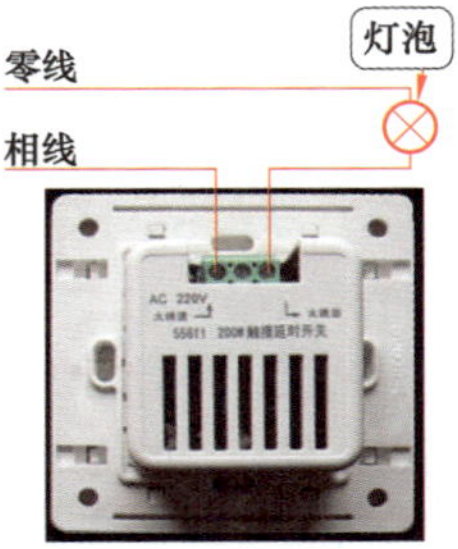 灯泡 零线 相线
触摸延时开关带指示	 指示	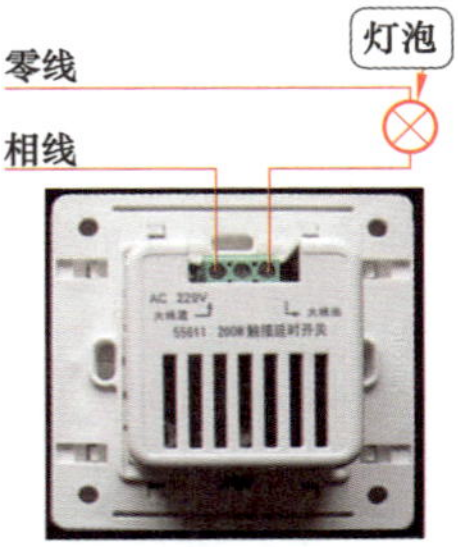 灯泡 零线 相线

续表

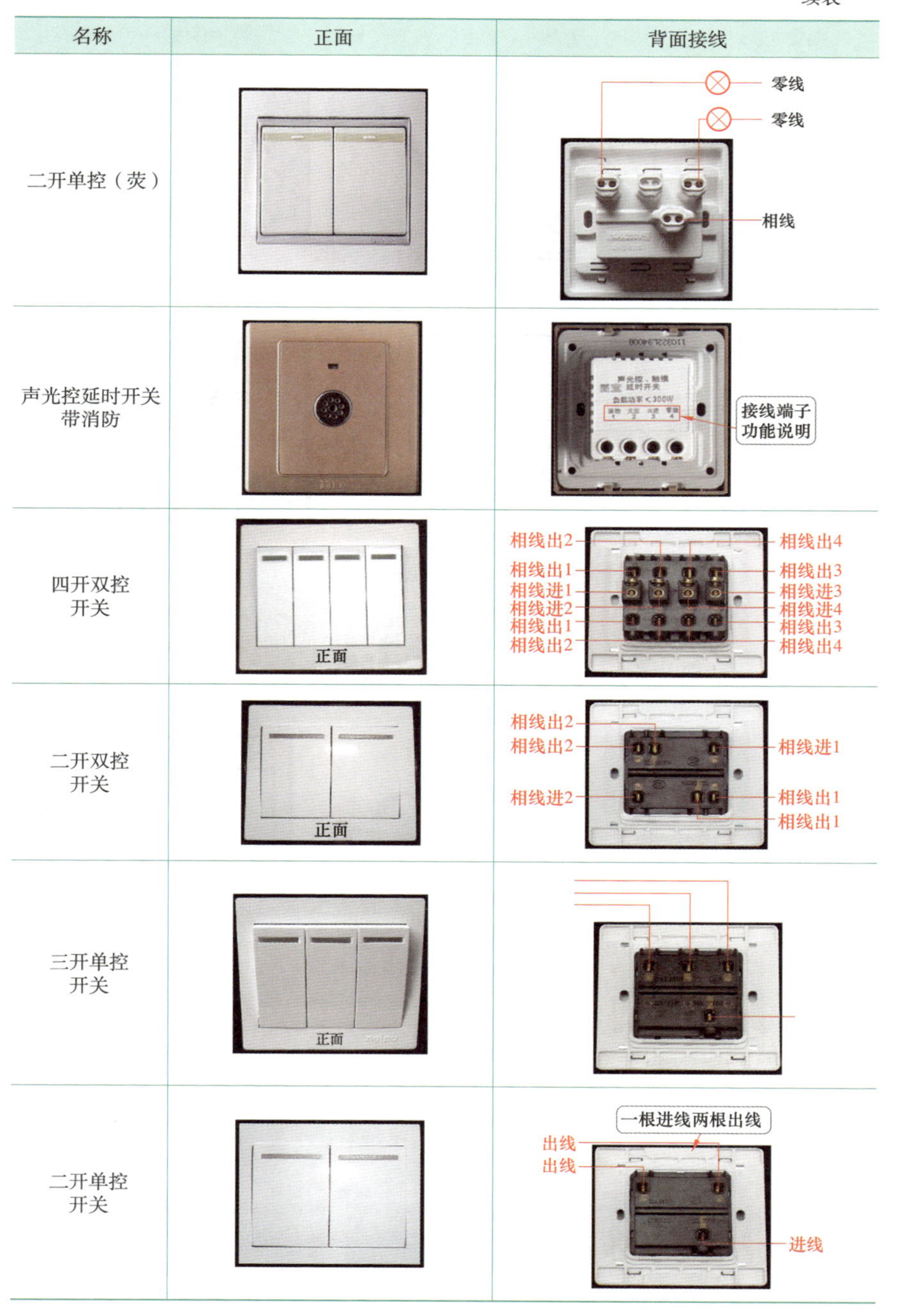

名称	正面	背面接线
二开单控（荧）		零线 零线 相线
声光控延时开关带消防		接线端子功能说明
四开双控开关	正面	相线出2 相线出1 相线进1 相线进2 相线出1 相线出2 相线出4 相线出3 相线进3 相线进4 相线出3 相线出4
二开双控开关	正面	相线出2 相线出2 相线进2 相线进1 相线出1 相线出1
三开单控开关	正面	
二开单控开关		一根进线两根出线 出线 出线 进线

续表

名称	正面	背面接线
调速开关	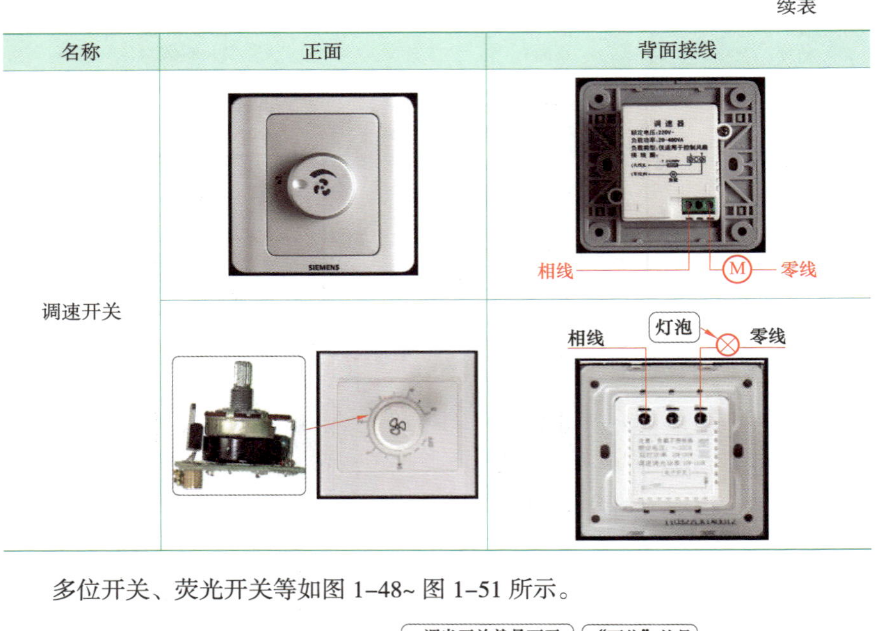	

多位开关、荧光开关等如图 1–48~ 图 1–51 所示。

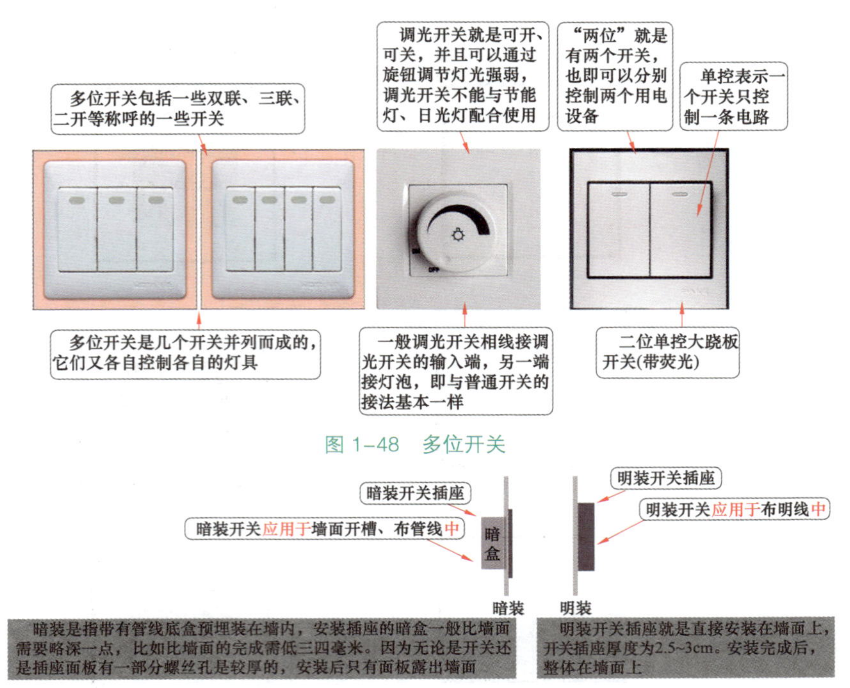

图 1–48　多位开关

图 1–49　明装开关与暗装开关的区别

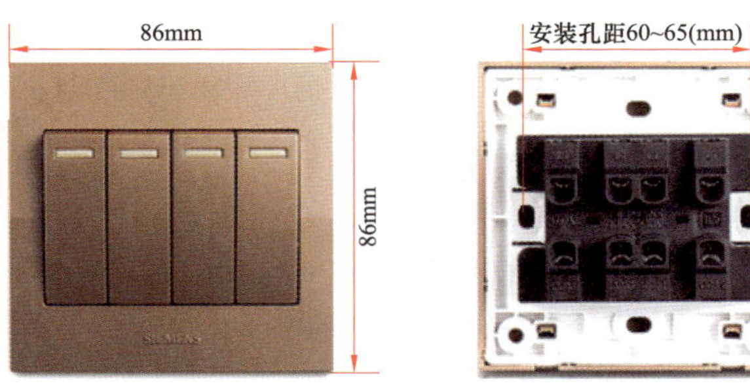

图 1-50　四开单控带荧光开关

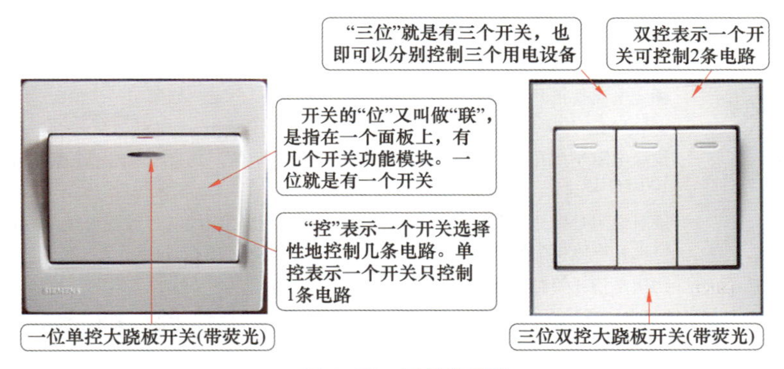

图 1-51　开关的解说

1.4.4　开关同步动作按钮装置的特点

开关同步动作按钮装置，英文为 iso-motion-press，其能够确保开关并保持同一位置，只需要简单的动作即可进行稳定的操作。无论开打开还是关闭，按板保持同样的位置。家居装饰一般选择 250V 的开关同步动作按钮装置（见图 1-52）。

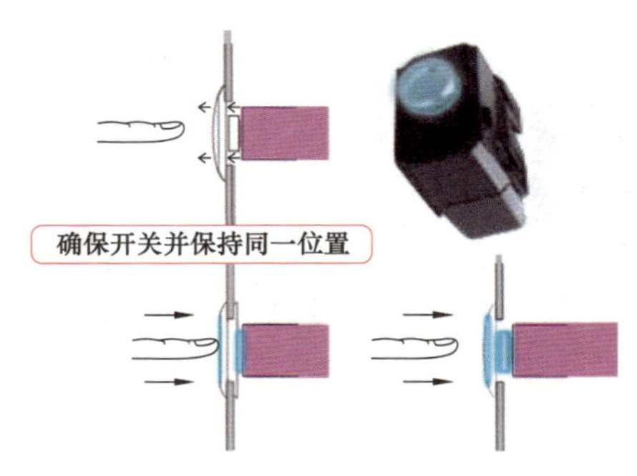

图 1-52　开关同步动作按钮装置

1.4.5 开关的标识与主要参数

开关常见的标识与含义如图 1–53 所示。开关的常见标识与含义见表 1–21。

N	L	⏚	V	A	IN	OUT
零线	相线	地线	额定电压（220V、380V等）	额定电流（10A、16A等）	弱电进线	弱电出线

图 1–53 开关常见的标识与含义

表 1–21 开关的主要参数

名称	解说
额定电压	额定电压是指开关在正常工作时所允许的安全电压。如果加在开关两端的电压大于该值，会造成开关触点间打火击穿
额定电流	额定电流是指开关接通时所允许通过的最大安全电流。如果超过该值时，开关的触点会因电流过大而烧毁
绝缘电阻	绝缘电阻是指开关的导体部分与绝缘部分的电阻值。其绝缘电阻值一般应在 100MΩ 以上
接触电阻	接触电阻是指开关在开通状态下，每对触点间的电阻值。其一般要求在 0.1~0.5Ω 以下。该值越小越好
耐压	耐压是指开关对导体及地间所能承受的最高电压
寿命	寿命是指开关在正常工作条件下，能操作的次数。开关寿命一般要求在 5000~35000 次

普通开关的接线：一只普通开关一般有两个接线端，其中一端接相线，另外一端接灯具相线端。

1.4.6 开关、插座的双孔与大孔

开关、插座的双孔与大孔如图 1–54、图 1–55 所示。

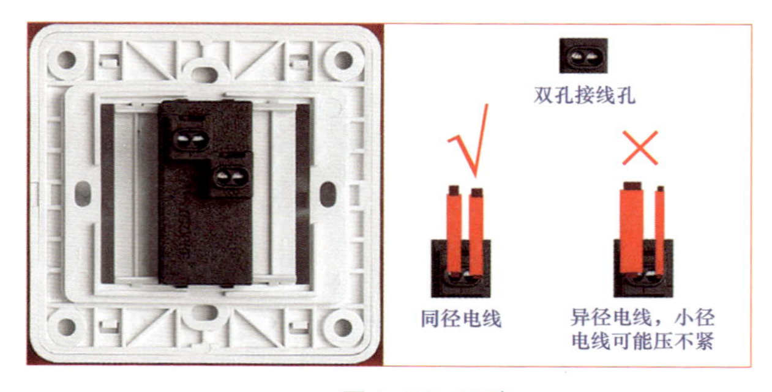

图 1–54 双孔

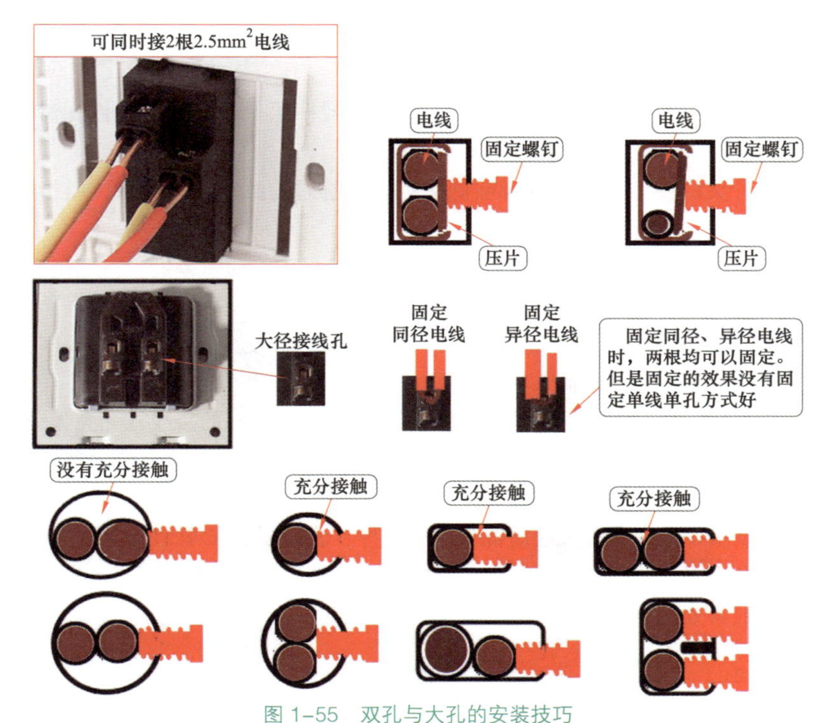

图 1–55　双孔与大孔的安装技巧

1.4.7　86 型面板

86 型面板的特点尺寸为 86mm × 86mm、安装孔距一般 60mm、安装方式一般标准 86 暗盒螺钉孔上下安装。

86 型面板一般需要与底盒配合使用，它们是独立选购。

86 型面板可以是开关 86 型面板、插座 86 型面板、空白 86 型面板等(见图 1–56~图 1–58)。因此，选择时需要分清楚是哪种 86 型面板。

图 1–56　空白 86 型面板

图 1–57　开关 86 型面板

图 1–58　插座 86 型面板

说明：其他规格的面板，空白型面板是一整块，而开关面板、插座面板也是通过 86 型面板来组合的。

1.4.8 开关的选择

开关的选择方法：

（1）看表面，质量差的表面粗糙，有气泡或凹陷。质量好的表面光滑，无气泡或凹陷。

（2）开关的开启和闭合有无明确标示。质量差的没有明确标示，质量好的有明确标示。

（3）开关接线柱的相线、零线、地线有无明确标识。质量差的没有明确标示，质量好的有明确标示。

（4）开关手感情况，质量好的轻巧，声音清脆，反应灵敏，并且插座自带保护门，插拔顺畅，手感插入时有点紧。

（5）看接线柱，质量差的接线柱有锈痕不光亮，质量好的接线柱光亮无锈痕。

（6）接线时拧动螺钉的感觉，质量差的有阻滞感，拧紧后有松动现象。质量好的有无阻滞感，拧紧后不松动。

（7）质量好的每个开关底座都刻印有商标、合格证、3C 认证标志。

（8）开关安到墙面的效果，质量差的不平整倾斜，质量好的平整不倾斜。

开关的参数见表 1–22。

表 1–22　开关的参数

类型	种类	外形尺寸	安装尺寸
四开单控带荧光开关	86 类	86mm × 86mm	60~65mm
一开开关	异 86 类	86mm × 90mm	60~65mm

（9）选择抑制火花设计的产品，从而可以起到安全，以及延长开关使用寿命（见图 1–59）。

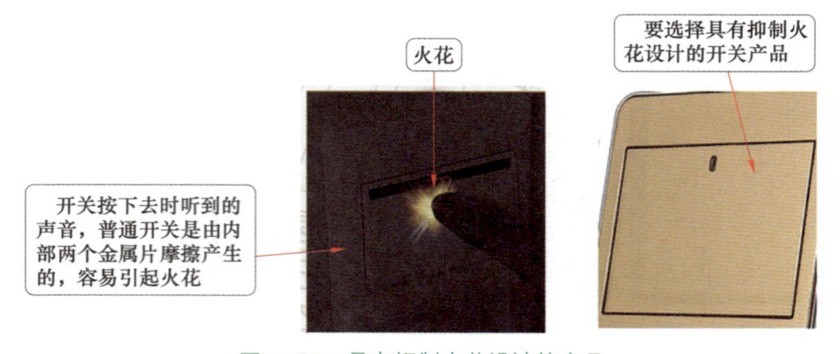

图 1–59　具有抑制火花设计的产品

（10）选择不含铬、铅等重金属，从而保障环境和人体的安全健康。

（11）选择具有工作指示与暗环境指示功能的开关，并且要求指示不耗电功能，从而可以轻松、方便掌握开关的状态与所在位置，并且没有额外经济负担（见图 1-60）。

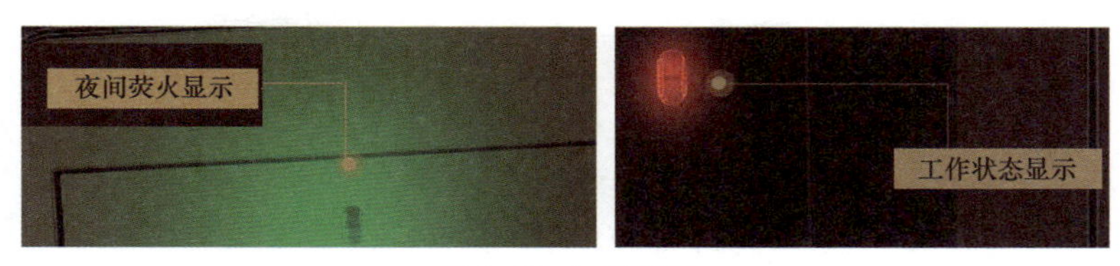

图 1-60　开关指示

（12）选择纯平的，可以避免开关藏灰现象。边缘采用阶梯设计的，也可以避免边缘藏灰（见图 1-61）。

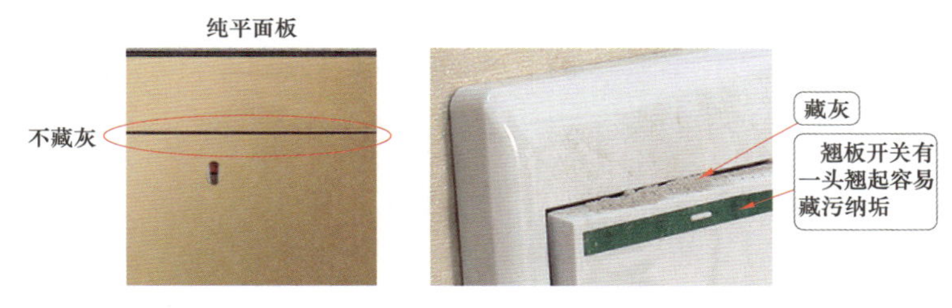

图 1-61　开关藏灰

（13）开关双径接线孔中大径有利于电线绝缘层的放置，小径有利于电线导体的放置（见图 1-62）。

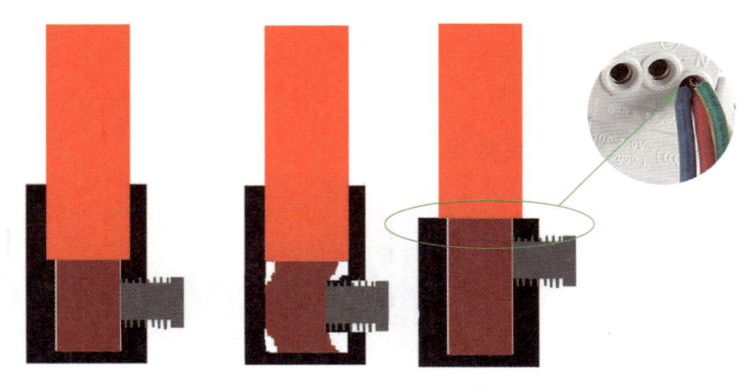

图 1-62　开关双径接线孔

1.4.9　一室一厅常见开关数量

一室一厅常见开关数量见表 1-23。

表 1-23 一室一厅常见开关数量

名称	数量
一开单控	3
二开单控	1
一开双控	2
三开单控	1
五孔	14
空调 16A	2
电视插座	1
电话	2

1.4.10 二室一厅常见开关数量

二室一厅常见开关数量见表 1-24。

表 1-24 二室一厅常见开关数量

名称	数量
一开单控	3
二开单控	2
一开双控	4
三开单控	1
五孔	20
五孔 + 开关	3
空调 16A	3
电视插座	2
电话	2
电脑	2

1.4.11 二室二厅常见开关数量

二室二厅常见开关数量见表 1-25。

表 1-25 二室二厅常见开关数量

名称	数量	配置
一开（荧光）	2	阳台 1、厨房 1
一开双（荧光）	4	主卧室 2、次卧室 2
二开（荧光）	2	卫生间 1、餐厅 1
三开（荧光）	1	客厅 1
16A 三孔（空调）	3	主卧 1、次卧 1、客厅 1

续表

名称	数量	配置
三孔	2	抽油烟机 1、电冰箱 1
五孔	22	阳台 1、主卧 5、次卧 4、客厅 5、餐厅 2、厨房 4、卫生间 1
电视	2	主卧 1、客厅 1
电话	1	客厅 1
电脑	1	客厅 1

注　适合建筑面积 60~80m^2 所需开关插座。

1.4.12　开关、插座面板

开关、插座面板的类型与特点见表 1-26。

表 1-26　开关、插座面板的类型与特点

名称	解说
面板	亮金面板　沙金面板　亮银面板　沙银面板　白色面板 根据面板颜色、材质可以分为多种不同的面板
面板模块	2模块　3模块　2×2模块　6模块 面板模块可以分为 2、3 等多种不同组合方式的面板

1.5 插座

1.5.1　插座的概述

插座是指可以实现电路接通的可插入的座。插座有开关插座、连接插座等类型。装修中常见的插座有电源开关插座、电视连接插座、网络连接插座、信号连接插座等，也就是常见的插座有强电插座与弱电插座。强电用材主要是指强电插座。明装插座、暗装插座如图 1-63~ 图 1-65 所示。

图 1-63　明装插座（一）

图 1-64　明装插座（二）

图 1-65　暗装 25A 三相四线插座外形

插座的分类如下：

（1）根据插孔形状与要求插座可以分为二极扁圆插、三极扁插、三极方插、五孔等。

（2）根据负载插座可以分为 10A 二极圆扁插座、16A 三极插座、13A 带开关方脚插座、16A 带开关三极插座等。

（3）根据强电、弱电的概念（强弱电是以人体的安全电压来区分的，36V 以上的电压称为强电，弱电是指 36V 以下的电压）分为弱电插座、强电插座。电话插座、电脑插座、网络数据插座属于弱电插座。

插座的种类见表 1–27，插座的结构、与插头的适应对照、排插如图 1–66~ 图 1–68 所示。

表 1–27　插座的种类

名称	解说
漏电保护插座	漏电保护插座是指具有对漏电流检测与判断，以及能够切断回路的一种电源插座。其额定电流一般为 10A、16A，漏电动作电流 6 ~ 30mA
25A 三相四线插座	25A 三相四线插座一般在办公等场所采用，家装一般是单相电源，因此，不能选择
多功能插座	多功能插座是一种适用国标、美式、英式、德式等几乎所有国家的插头能够插入的一种插座

面盖
插套
后座
保护门
插座功能件
边框/面板
插座功能件
固定架

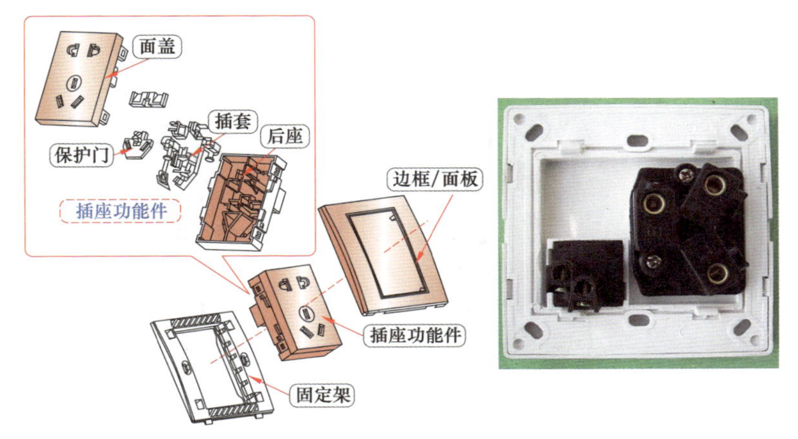

图 1-66　插座结构分解图例

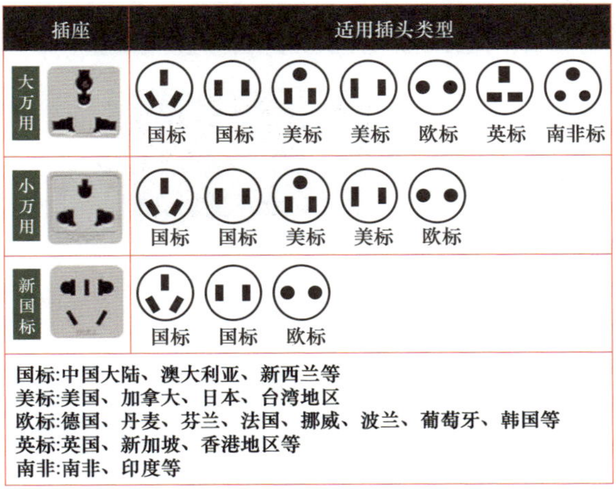

插座
适用插头类型
大万用
国标 国标 美标 美标 欧标 英标 南非标
小万用
国标 国标 美标 美标 欧标
新国标
国标 国标 欧标
国标:中国大陆、澳大利亚、新西兰等
美标:美国、加拿大、日本、台湾地区
欧标:德国、丹麦、芬兰、法国、挪威、波兰、葡萄牙、韩国等
英标:英国、新加坡、香港地区等
南非:南非、印度等

图 1-67　插座与插头适应对照

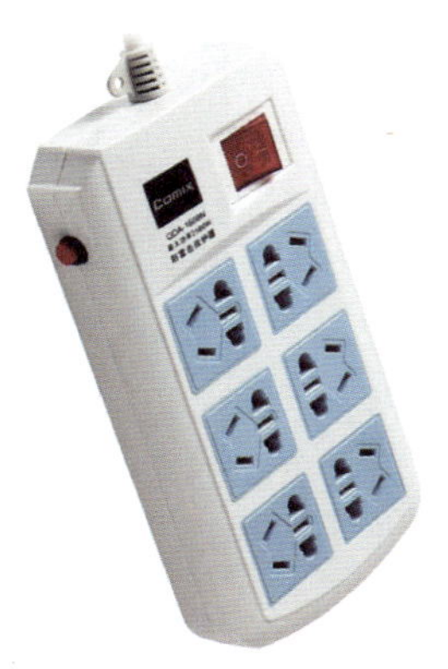

图 1-68　排插：临时、移动用

1.5.2　插座的特点

常用插座的特点见表 1-28。

表 1-28　　常用插座的特点

名称	特点
86 型插座	（1）86 型插座的宽为 86mm，长为 86mm。 （2）10A 250V 单相二、三极连体插座的含义为：10A 表示额定电流为 10A，250V 表示额定电压为 250V。 （3）常见的插座应用是家用及类似用途。 （4）判断插座喷涂质量好坏的方法：首先取一张白纸，将喷涂色彩的开关一角在纸上划一下。如果质量好的插座留下的颜色痕迹非常浅，开关角上也不会显出白色。质量差的插座会在白纸上留下明显的色痕，划的角也会直接露出里面的白色

续表

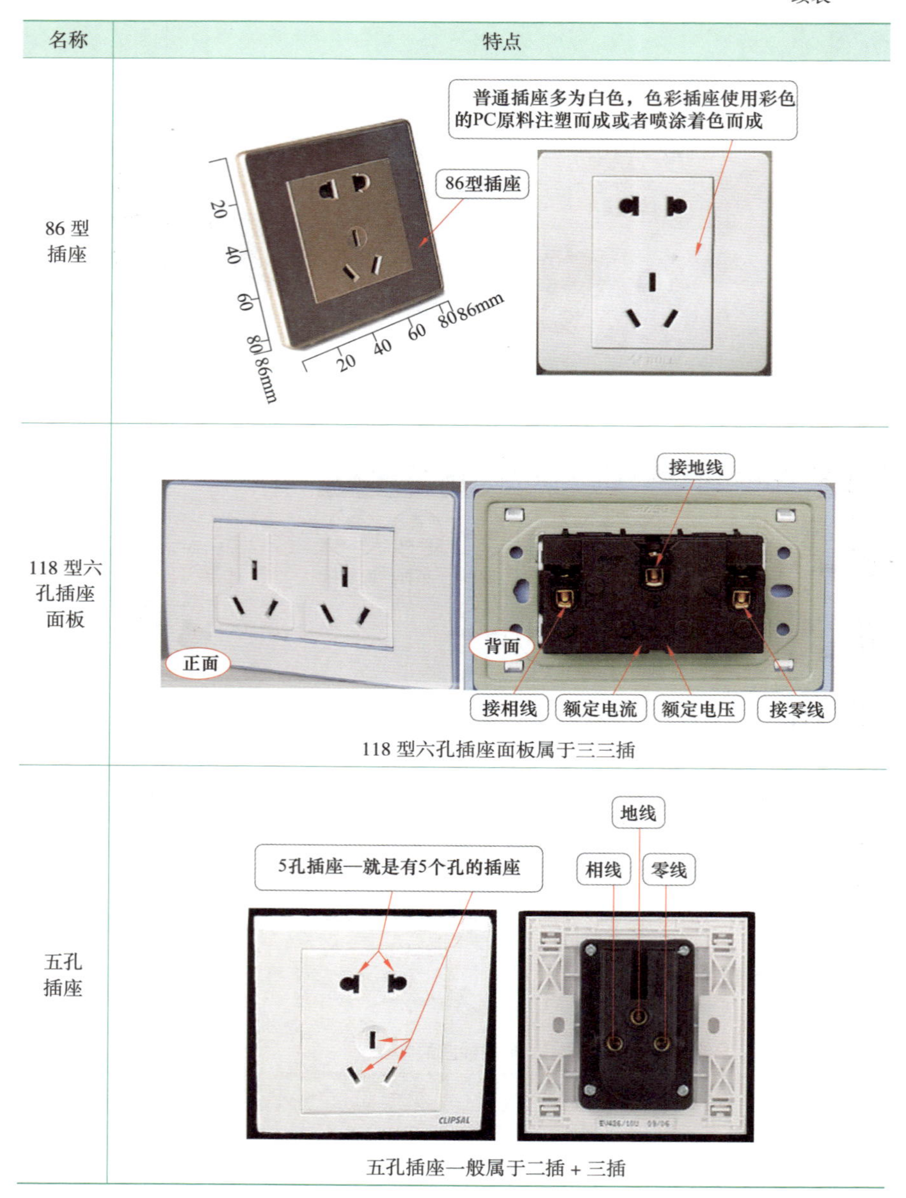

名称	特点
86 型插座	
118 型六孔插座面板	118 型六孔插座面板属于三三插
五孔插座	五孔插座一般属于二插 + 三插

1.5.3 插座的正面与背面接线

常用插座的正面与背面接线的方法见表 1–29。

表 1–29 常用插座的正面与背面接线的方法

名称	正面	背面接线
10A 三孔插座		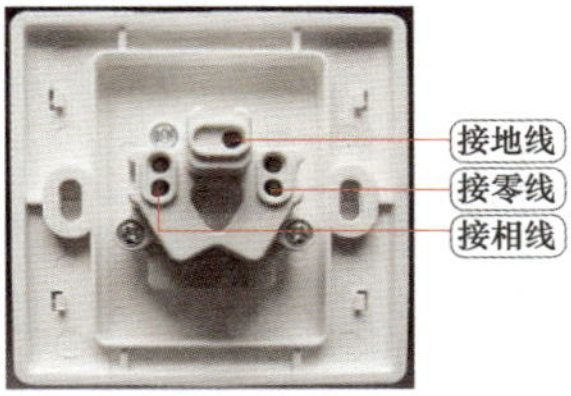 接地线 接零线 接相线
16A 三相四线开关插座		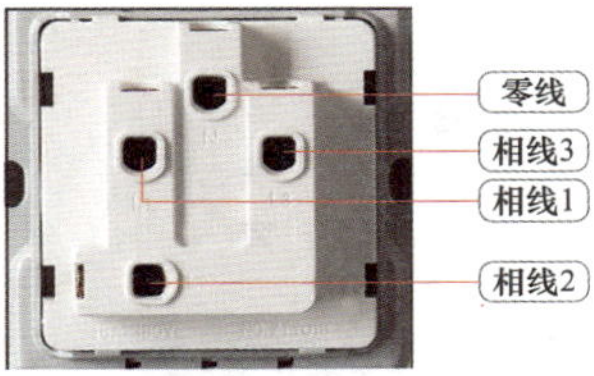 零线 相线3 相线1 相线2
20A 三孔柜机空调插座		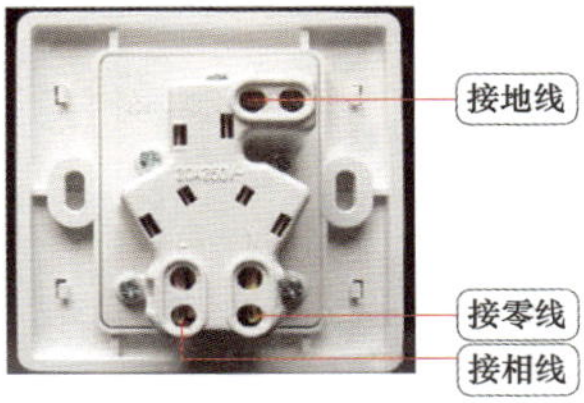 接地线 接零线 接相线
四孔插座	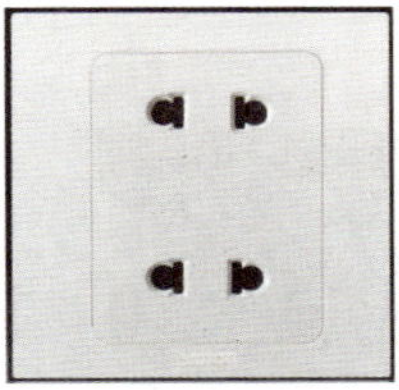	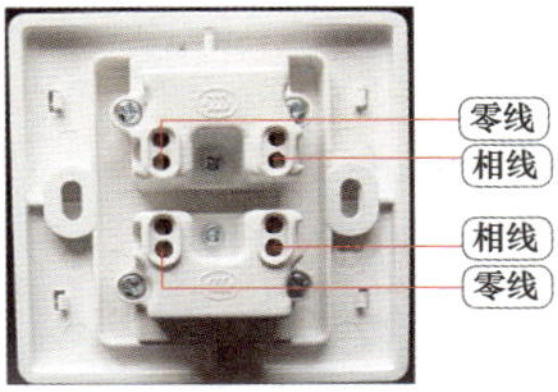 零线 相线 相线 零线
五孔加双控开关	 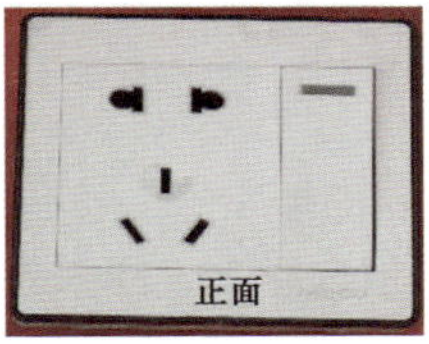 正面	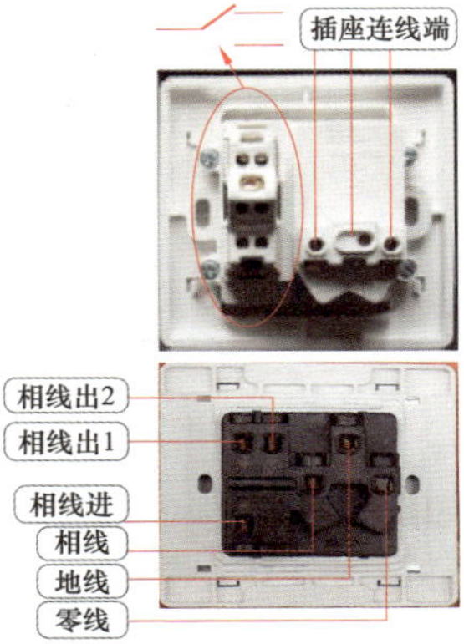 插座连线端 相线出2 相线出1 相线进 相线 地线 零线

续表

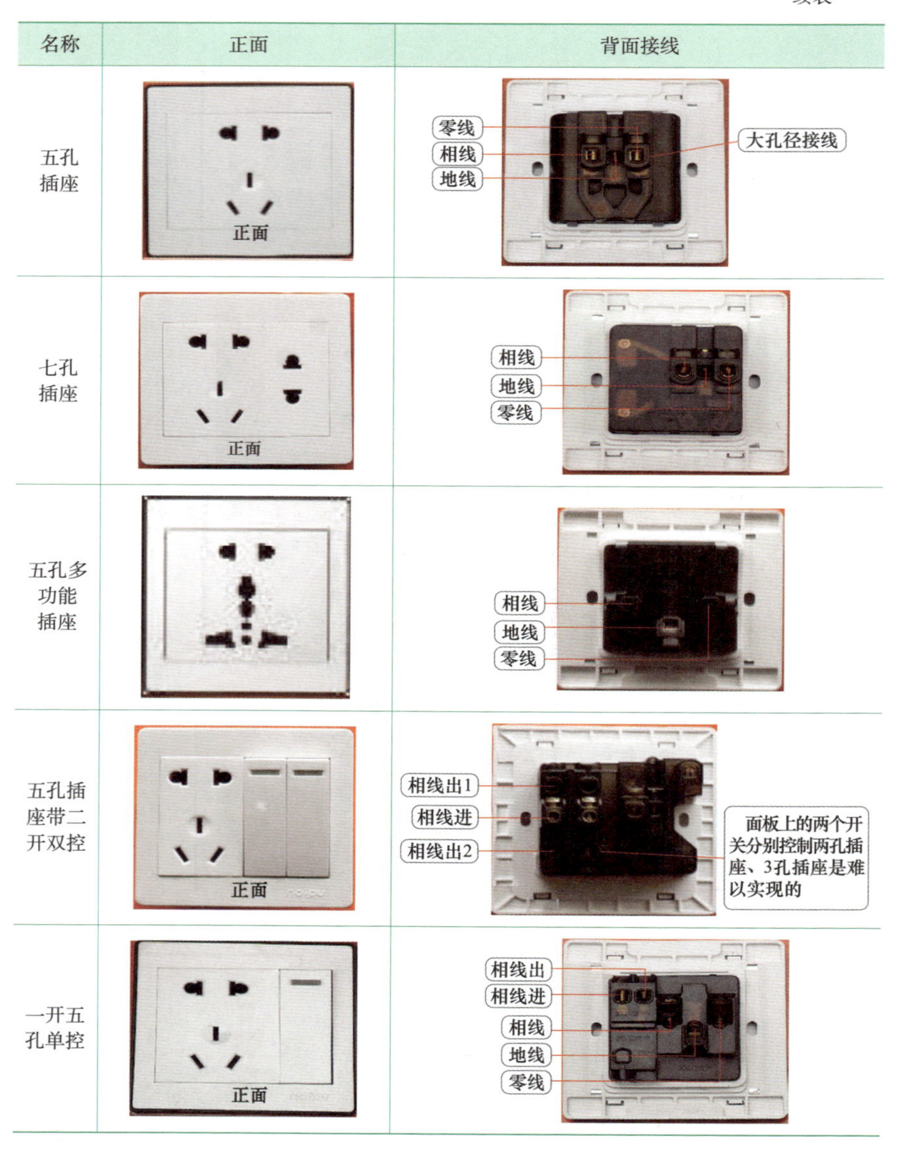

名称	正面	背面接线
五孔插座	正面	零线；相线；地线；大孔径接线
七孔插座	正面	相线；地线；零线
五孔多功能插座		相线；地线；零线
五孔插座带二开双控	正面	相线出1；相线进；相线出2；面板上的两个开关分别控制两孔插座、3孔插座是难以实现的
一开五孔单控	正面	相线出；相线进；相线；地线；零线

插座的选择：电冰箱或空调等大功率家电使用的插座（一般不设开关），通常选用电流值大于10A的单插座。三匹柜式空调一般选择20A和32A插座。一般的挂机空调选择16A插座。如图1-69~图1-71所示。

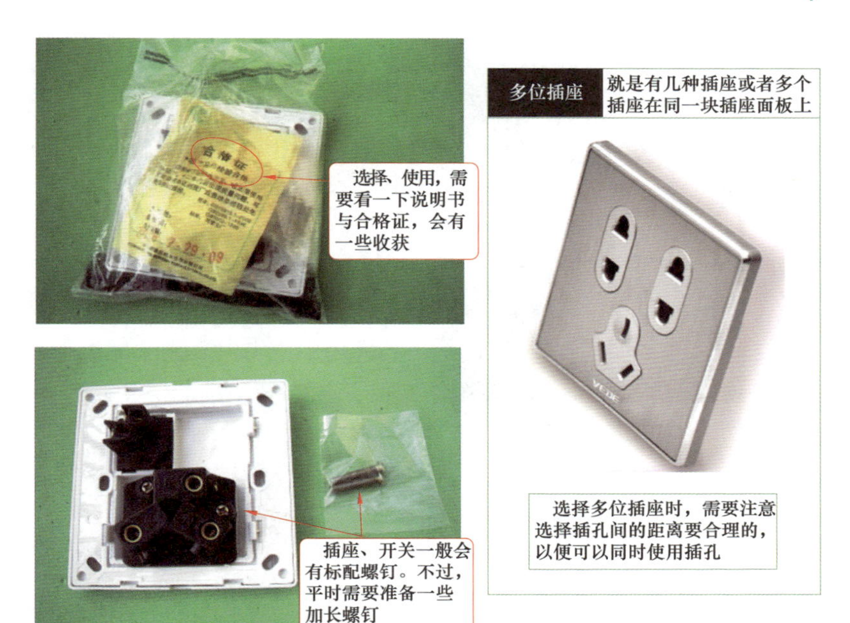

图 1–69　插座的选择

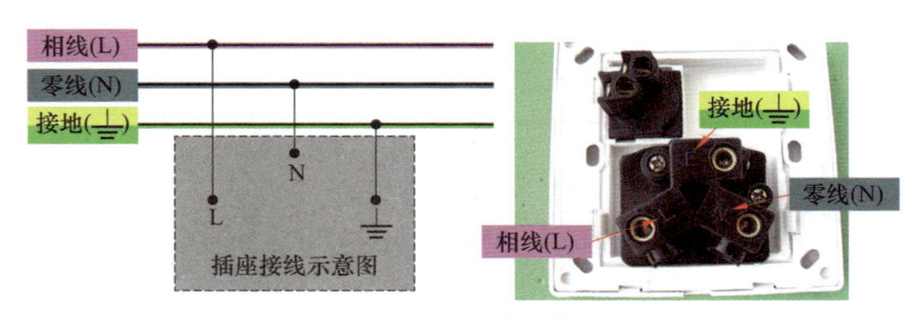

图 1–70　插座接线基本原理

特色装饰：需要选择不同颜色面板的插座，一般情况下只选择白色的面板插座即可。

墙壁插座一般采用的是螺钉锁线，但也有锁线方式采用的是卡线。86 型插座的尺寸就是其宽度为 86mm × 86mm。

1.5.4　三圆脚插座转换器

把三圆脚插座器插入非标插孔内，可以转换出万能通用三孔。转换出的插孔为万能插孔，适用于多国插头（见图 1–72）。

为了满足对各种特殊转换（制式、电压、插孔数量、时间等）的需要，有的三圆脚插座不带变压功能，有的带变压功能。

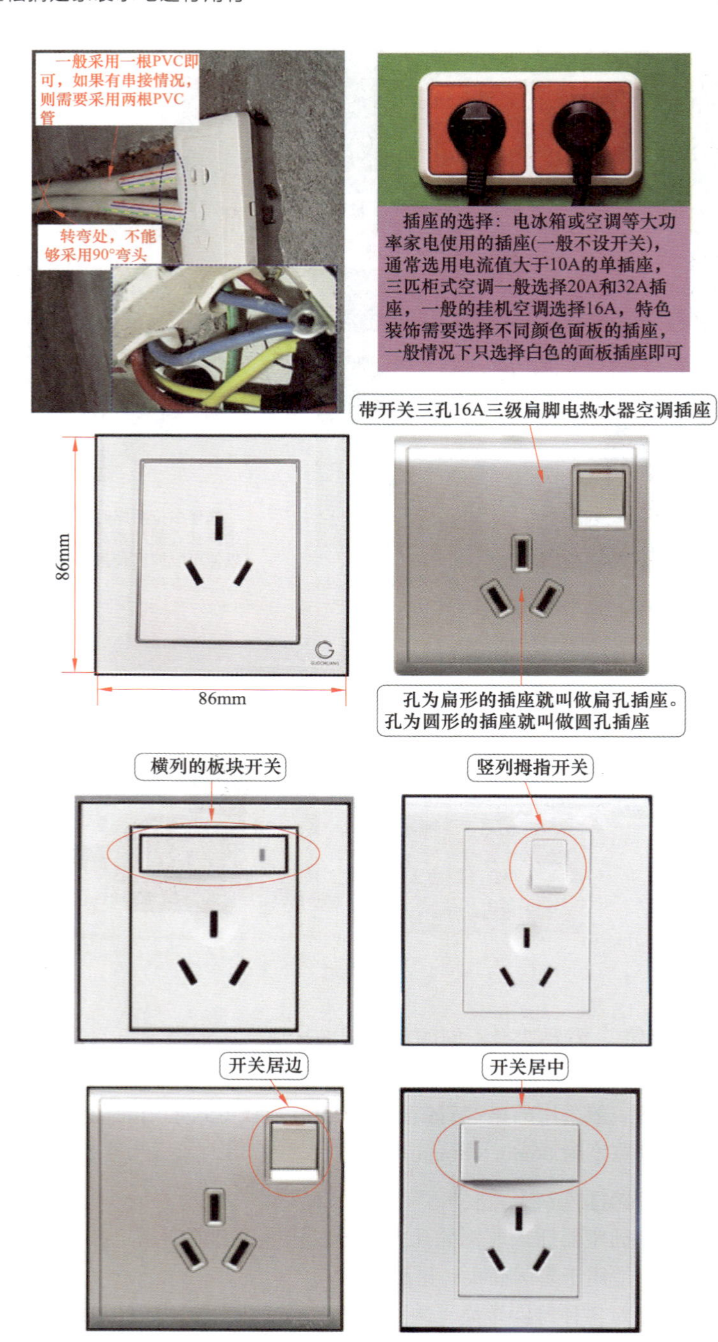
一般采用一根PVC即可，如果有串接情况，则需要采用两根PVC管
转弯处，不能够采用90°弯头
插座的选择：电冰箱或空调等大功率家电使用的插座(一般不设开关)，通常选用电流值大于10A的单插座，三匹柜式空调一般选择20A和32A插座，一般的挂机空调选择16A，特色装饰需要选择不同颜色面板的插座，一般情况下只选择白色的面板插座即可
带开关三孔16A三级扁脚电热水器空调插座
86mm
86mm
孔为扁形的插座就叫做扁孔插座。孔为圆形的插座就叫做圆孔插座
横列的板块开关
竖列拇指开关
开关居边
开关居中

图 1–71　带开关的插座

图 1–72　三圆脚插座转换器

说明：三圆脚插座是南非等国家或者地区的标准插孔。三圆脚插座转换器有时又称三圆脚插座。因此，需要注意是单独的插座，还是具有转换功能的插座。

1.5.5　英式转换插头三方脚 / 转换插座转换器

把英式转换插头三方脚 / 转换插座转换器插入英标插孔内，能够转换出万能通用三孔，转换出的插孔为万能插孔，适用于多国插头（见图 1–73）。

英标转换插头适用范围：英国、爱尔兰、中国香港、马尔代夫、冈比亚、科威特、印度、巴基斯坦、新加坡、马来西亚、巴林群岛、不丹、文莱、印度尼西亚、博茨瓦纳、塞浦路斯、也门、加纳、肯尼亚、卡塔尔、坦桑尼亚、津巴布韦、阿联酋等。

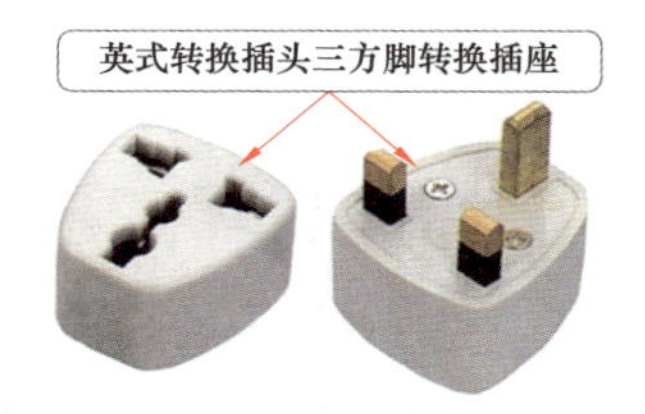

图 1–73　英式转换插头三方脚 / 转换插座转换器

说明：英式转换插头三方脚 / 转换插座转换器有时又称英式转换插头三方脚 / 转换插座。因此，需要注意是单独的插座，还是具有转换功能的插座。

1.5.6　明装小插座

明装小插座需要与所用的插头配套，如果没有把握，就选择“万能”的明装小插座，可以适应多数插头的使用（见图 1–74）。

1.5.7　空调插座与插头

空调插座有很多种，如 68 型二位双 16A 空调扁插座、明装三圆扁空调插座、墙壁插座等。如果二位双 16A 空调扁插座配套插头可能需要换方向，则需要选择三眼插座可变换方向安装的插座（见图 1–75）。

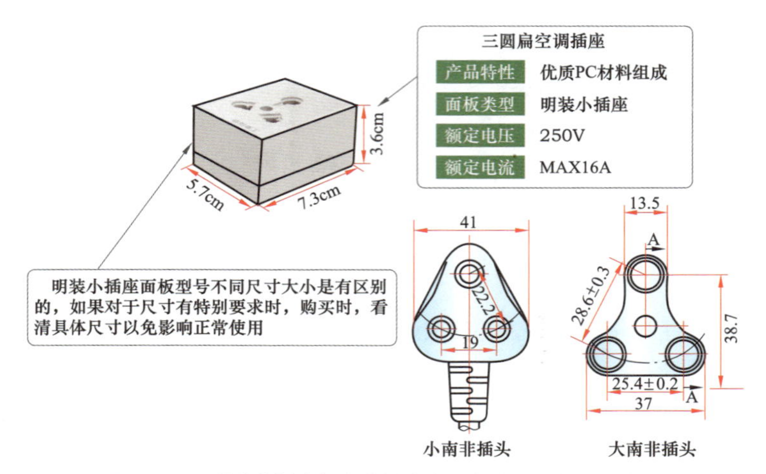

图 1-74　明装小插座与南非插头（大南非、小南非插头）

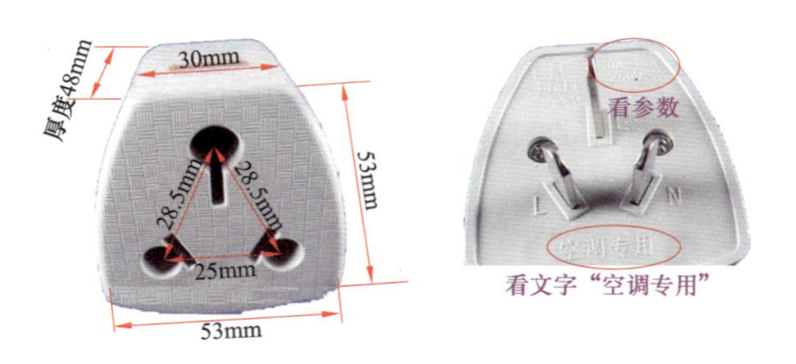

图 1-75　大功率空调插座与空调插头就是与普通的插座与插头有差异

说明：空调与电热水器插头插座选择方法基本一样（见图 1-76）。

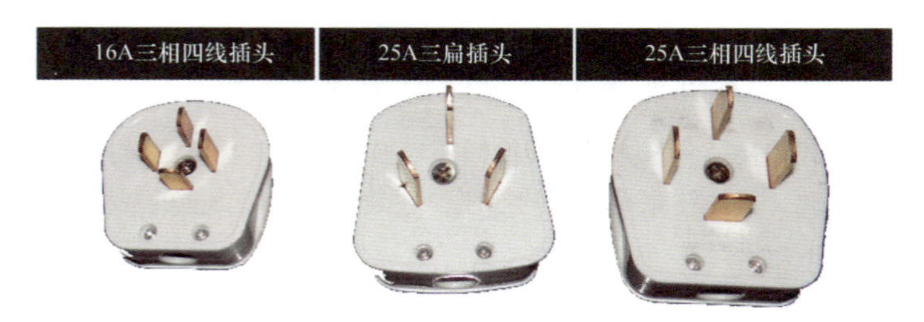

图 1-76　空调插头

1.5.8　地面插座

地面插座就是安装在地面上的插座。地面插座的材质是指表面材质，一般是合金表面处理。地面插座盒的材质有铜合金地面插座、锌合金地面插座、不锈钢地插座等种类。

根据打开方式不同，地面插座可以分为弹起式地面插座、开启式地面插座、螺旋式地面插座。根据大小不同，地面插座可以分为单联地面插座、双联地面插座。单联地面插座可以分为三位、六位地面插座。地面插座模块的应用具有多元化，常用功能有 120 模块与 118 模块（见图 1–77）。

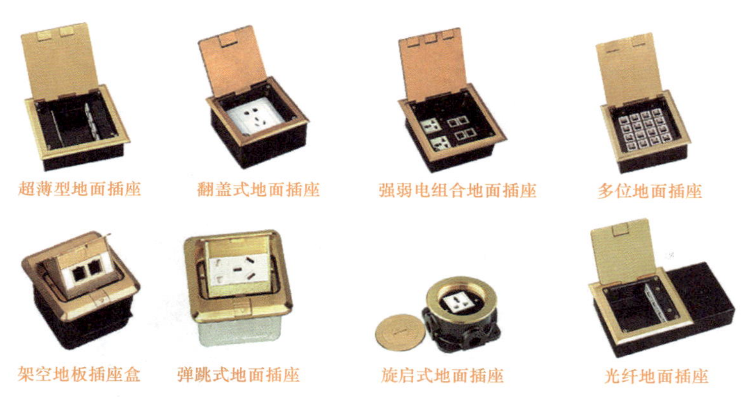

图 1–77　地面插座的外形

地面插座内装功能件模块化，可以根据实际要求安装强电类插座或弱电类插座（见图 1–78）。

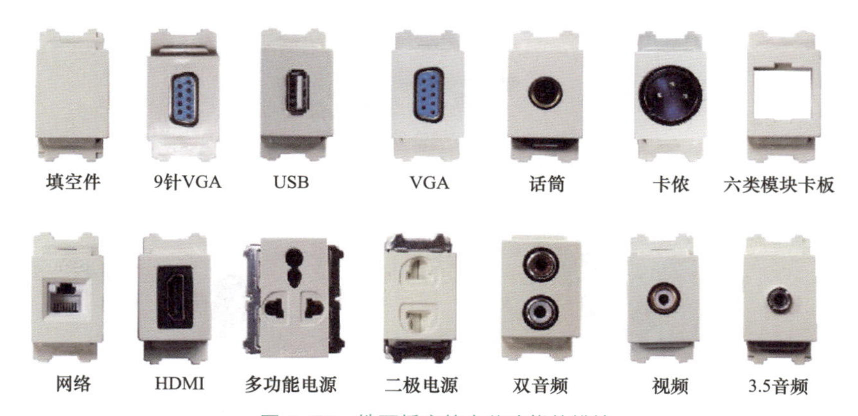

图 1–78　地面插座的内装功能件模块

地面插座一般是由底盒与上盖两部分组成。地面插座的安装工作首先需要将地面插座的底盒固定，并且与线管进行可靠的连接。

地面插座连接管径也有差异，例如有 ϕ20、ϕ25、ϕ32、$\phi 50 \times 25$、$\phi 70 \times 25$、$\phi 100 \times 25$mm 等规格。

常用地面插座的参数见表 1–30。

表 1-30 常用地面插座的参数

类型	面板尺寸（mm）	底盒尺寸（mm）
三位弹起式地面插座	120 × 120	100 × 100 × 55
六位弹起式地面插座	125 × 125	100 × 100 × 50
六位开起式地面插座	146 × 146	132 × 132 × 65
十二位开起式地面插座	270 × 146	260 × 135 × 65

1.5.9 使用、选择开关插座

选择开关、插座的技巧如图 1-79 所示。

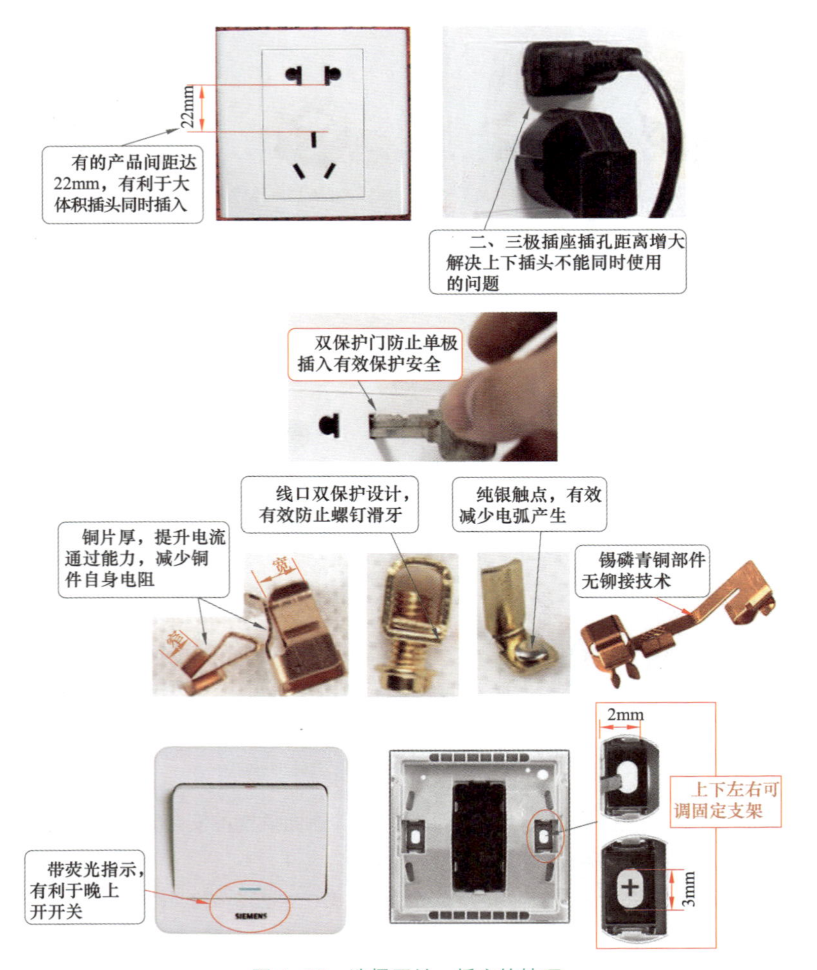

图 1-79 选择开关、插座的技巧

（1）功率较小的灯具可以选择单联开关控制。
（2）要实现两地来控制小功率灯具，则需要选择双控开关。
（3）要实现三地控制小功率灯具，则需要选择多控开关。
（4）对功率较大的灯具可选择两开、三开或四开进行分组。
（5）普通空调插座一般选择三极 16A 插座。
（6）客厅柜式空调可选择三极 20A 插座。
（7）功率较小且不常移动的用电器需要选择带开关的插座。

1.6 空白面板

空白面板就是暂时需要盖住或者永远需要盖住的接线盒、暗盒。选择的空白面板的颜色一定要与装饰面风格协调，并且连接面没有缝隙（见图 1-80）。

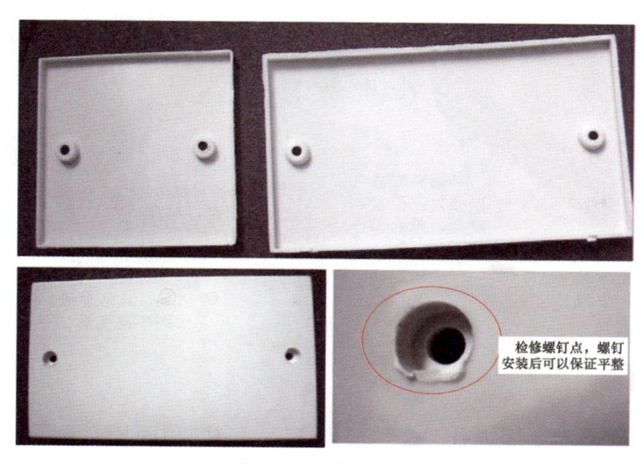

图 1-80　空白面板

1.7 底盒

1.7.1　底盒与暗盒的概述

底盒就是插座、开关面板后面的用于盛电线，实现连接与起保护作用的盒子（见图 1-81、图 1-82）。底盒可以分为 86 型、118 型、116 型、146 型、双 86 型号等。通用 86 型底盒外形尺寸为 86mm × 86mm，通用 146 型底盒外形尺寸为 146mm × 86mm。底盒还可以分为塑料底盒、金属底盒。底盒根据安装方式可以分为暗装底盒、明装底盒。电线底盒根据材料，可以分为防火底盒、阻燃类底盒。家装中一般选择阻燃型底盒。底盒的深度有 35、40、50mm 等几种规格。

无论是开关还是插座均需要底盒。底盒是固定开关、插座面板的盒子，以及连接电线，各种电气线路的过渡，保护线路安全等作用。在暗装工艺中，底盒就

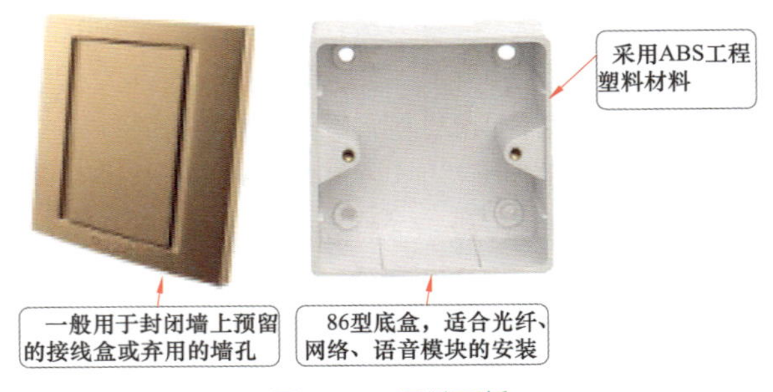

图 1–81　开关面板

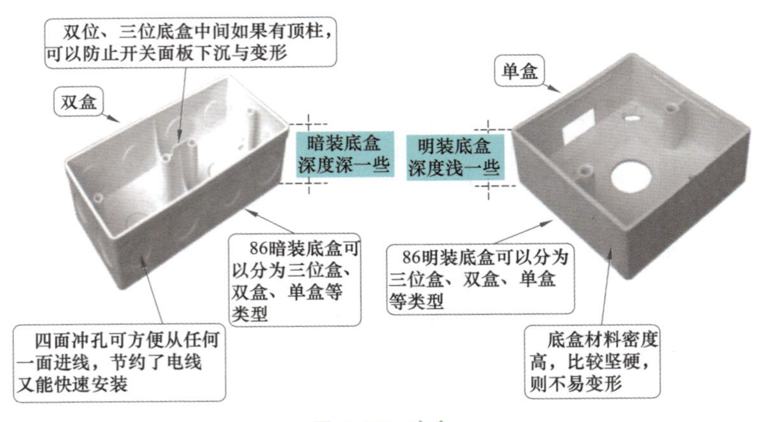

图 1–82　底盒

是暗盒。如果底盒上不固定开关、插座面板，而是空白面板，盒子里只实现电线的连接，则底盒就是接线盒（见图 1–83）。

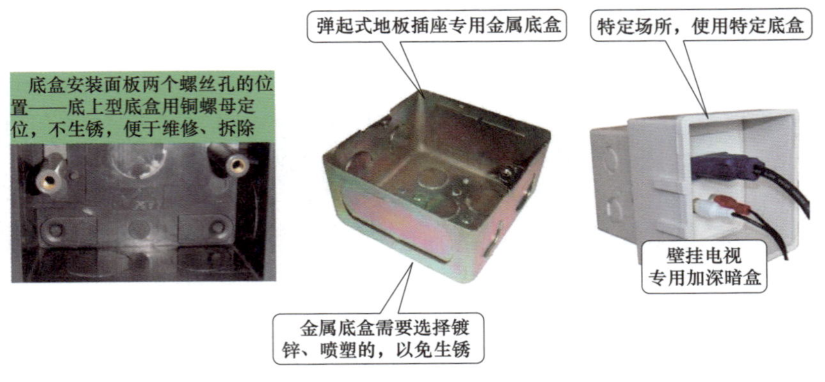

图 1–83　底盒与暗盒

明装工艺中，开关、插座、接线也需要底盒，只是明装中的底盒一般比暗装中的底盒薄一些。

有时候底盒专指开关、插座的底盒。接线用的底盒称为接线盒。接线盒的作用：用于接线、连线处的盒子，也就是遮住、保护连接点。

常见暗盒的特点、作用如图 1-84~ 图 1-86 所示、见表 1-31。

暗盒就是暗埋的盒子，常用的接线暗盒有 86 型、120 型、八角暗盒，以及其他特殊作用的暗盒。还有一些电器暗设箱体，也可以称为接线暗盒。接线暗盒根据制造材质可以分为金属材质暗盒、PVC 材质暗盒等。施工时根据不同环境选用不同材质的暗盒。

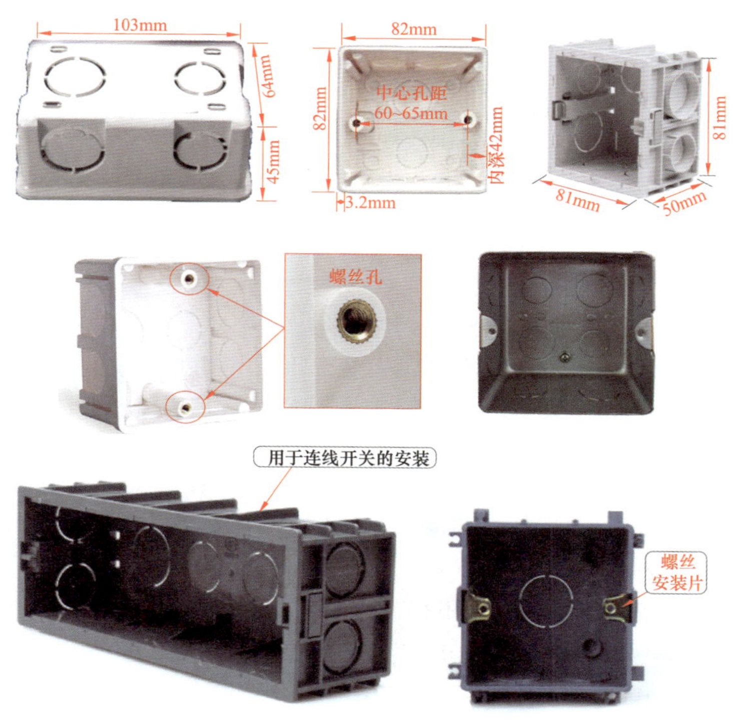

图 1-84　常见暗盒的外形特点

图 1-85　接线盒的作用

图 1-86 空白面板

表 1-31 常见暗盒的特点

名称	解说
86 型	86 型暗盒的尺寸约为 80mm × 80mm，面板尺寸约 86mm × 86mm。其是使用的最多的一种接线暗盒，因此，暗盒 86 型又称通用暗盒。86 型面板还分单盒，多联盒（由两个及两个以上单盒组合）
120 型	120 型接线暗盒分为 120/60 型与 120/120 型。120/60 型暗盒尺寸约为 114mm × 54mm，面板尺寸约为 120mm × 60mm。 120/120 型暗盒尺寸约为 114mm × 114mm。面板尺寸约为 120mm × 120mm
八角形暗盒	八角形暗盒通常用于建筑灯头线路的驳接过渡使用。有八个“角”，所以称为八角盒
特殊暗盒	特殊作用暗盒主要用于线路的过渡连接。另外，还有一些生产厂家特制的专用暗盒也属于特殊暗盒

底盒安装面板两个螺钉孔的位置有两侧型、底上型。如果遇到墙里有钢筋，需要把盒子底切掉，则一般选择两侧型底盒。另外，最好选择螺钉孔可以调节的底盒。质量差的底盒容易软化、老化。如果选择质量差的底盒，则可能影响螺钉孔以及开关安装的稳定性。

底盒常与开关、插座面板配套使用外，还可以与白板配套使用。空白面板 + 底盒：面板下面有线路接头，空白面板起盖住、安全、美观、预留等作用。

1.7.2 暗盒的选择

（1）选择暗盒一定要选择通用的暗盒，这样可以与大多数面板相吻合。如果选择非通用的，则后面工作可能会遇到一些麻烦。

（2）选择暗盒尽量选择深度深一些的暗盒，因为深度深的暗盒可以预留的线长一些，有利于安装面板时顺利进行，而不需要为螺钉旋具旋转没有空间、螺钉看不到，或者一个开关安装上几十分钟，甚至个把小时而带来的问题。

（3）选择暗盒尽量选择带螺钉防堵塞功能的，如果选择带螺钉防堵塞功能的，那么安装面板时，就会顺利一些。因为，没有带螺钉防堵塞功能的暗盒，在墙面粉刷时，水泥块等可能会粘到螺钉孔里，造成堵塞（见图 1-87）。

（4）选择暗盒尽量选择带微调面板上下或者左右距离的暗盒，这样，可以避免尺寸误差带来安装困难或者可以弥补粉刷、瓷砖铺贴配合的缝隙不对。

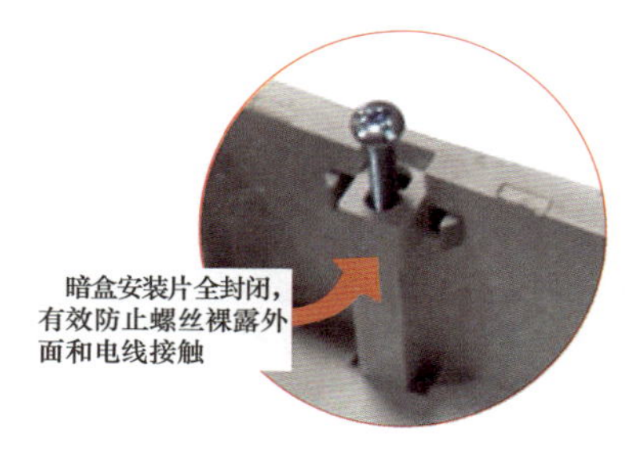

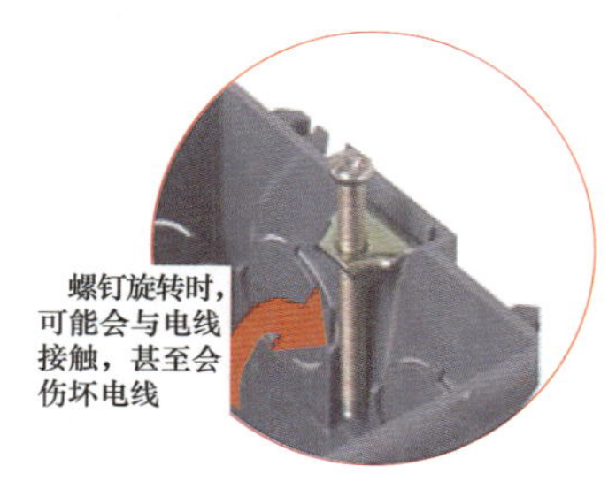

图 1-87　螺钉

（5）选择暗盒尽量选择四周以及底部具有敲漏口的暗盒，并且至少具有两种口径。这样安装暗盒时，就不需要考虑这方面考虑那方面。

（6）选择暗盒尽量选择具有连接扣的暗盒，这样可以为连接多个暗盒时达到“拿来就用”，如果，没有连接扣的暗盒，需要连接多个暗盒时，则必须考虑它们间的距离，这样面板安装才会顺利进行。

（7）市场上很多暗盒多会比标准的严格一些，功能特点周全一些，对于安装来说有时候尺寸不是完全统一的，因此，可以安装前确定具体的暗盒，然后根据尺寸开暗盒孔（见图 1-88、图 1-89）。

图 1-88　金属暗盒

图 1-89　八角暗盒

（8）金属材质的暗盒具有可以接地、能防火、硬度好等特点。PVC 材质的暗盒具有绝缘性好等特点。因此，需要根据实际情况来选择暗盒的材质类型。

1.7.3　暗盒的使用

使用暗盒的注意事项：

（1）不同材质的接线暗盒不宜进行混合使用。

（2）使用中，尽量不破坏暗盒的结构。因为暗盒结构的破坏会容易导致预埋的盒体变形，从而对面板的安装造成不良影响。

（3）同时穿管、穿线施工时，需要注意暗盒的预留孔对电线等造成的损伤。

（4）暗盒电线头袒露，不利于安全，并且带电的线头外露有可能造成火灾或触电事故。因此，水电改造时的线盒的线头需要做好必要的保护。

（5）暗盒电线需要预留一定的长度，以能够在暗盒中留 2 圈即可。

（6）暗盒的深度只要框的表面与墙壁面平整即可。

（7）暗盒上的水泥块需要清理干净，特别是安装螺钉的孔需要清理干净，以免影响面板安装。

（8）暗盒里的线管穿入口需要装锁扣。因此，线管槽的深浅最好要根据暗盒穿入口的高度来考虑，这样可以避免线管影响面板的安装。

（9）暗盒需要与选择的开关、插座面板配套。

（10）所有线盒、暗盒（开关、插座、灯具等的暗盒）必须安装牢固、端正（见图 1–90、图 1–91）。

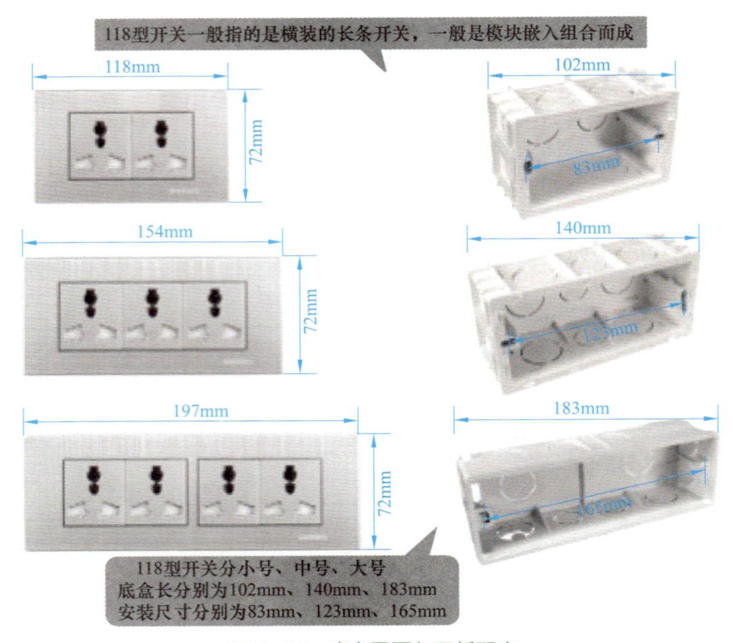

图 1–90 暗盒需要与面板配套

图 1–91 暗盒的安装

1.8 灯具

1.8.1 灯具的分类

（1）根据安装方式，灯具可以分为嵌顶灯、吸顶灯、落地灯、吊灯、壁灯、活动灯具等（见图 1-92~ 图 1-96）。

图 1-92 灯具

图 1-93 吊灯

图 1-94 吸顶灯

图 1-95 落地灯

图 1-96 壁灯

（2）根据光源可以分为白炽灯、荧光灯、高压气体等。

（3）根据使用场所可以分为民用灯、建筑灯、工矿灯、车用灯、船用灯、舞台灯等。

（4）根据配光情况可分为直接照明型、半直接照明型、全漫射式照明型、间接照明型等。

1.8.2 灯种与光源的代号

民用灯具的灯种代号：B——壁灯；L——落地灯；T——台灯；C——床头灯；M——门灯；X——吸顶灯；D——吊灯；Q——嵌入式顶灯。

光源的代号：G——汞灯；Y——荧光灯；X——氙灯；H——混光光源；L——卤钨灯；N——钠灯。

1.8.3 灯具有关术语与单位

灯具有关术语与单位见表 1–32，灯具的效果如图 1–97 所示。

表 1–32　　灯具有关术语与单位

符号	名称	解说
W	瓦特（消耗能源数量）	瓦特（W）是功率单位。瓦数并不代表亮度，它只衡量消耗的能量。如果想知道灯泡的亮度，就需要看流明或烛光的数值
Lm	流明（光量）	流明用于测量灯泡向各方发出的光亮。亮度越大，流明数值也就越高。瓦特转化为流明，就是功率值乘以 10 得到的数值大概就是流明值
Cd	烛光	烛光是用于衡量向一个方向照射的灯光。亮度越大，烛光数值也越高
K	开尔文	开尔文是用于衡量光的色温，也就是光看起来有多红（暖）或多蓝（冷）。开尔文值越高，光就越蓝
IP	灯具防护等级	用于浴室或户外的所有灯具需要保护，以防固体或水造成损坏。IP 系统使用两个数字来代表防护程度。该值越大，保护程度越高

图 1–97　灯具的效果

1.8.4 灯泡包装上符号的意义

灯泡包装上符号的意义如图 1–98 所示。

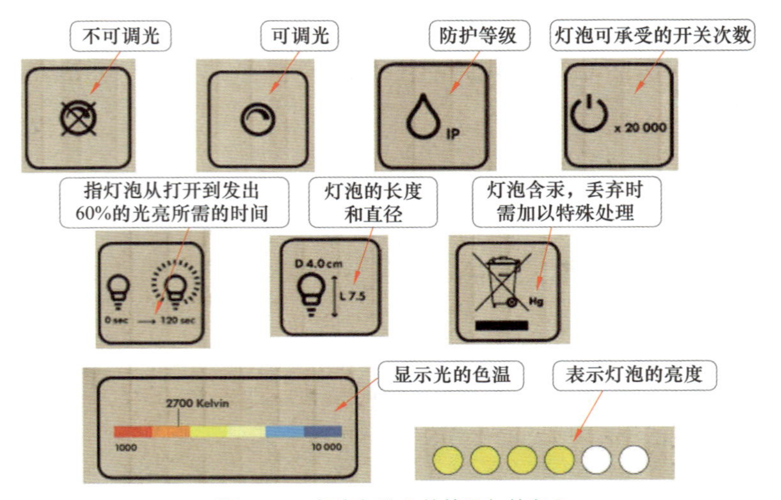

图 1–98　灯泡包装上的符号与其意义

1.8.5　灯泡的种类

常见灯泡的种类见表 1–33。

表 1–33　　常见灯泡的种类

名称	图例	名称	图例	名称	图例
GU10灯泡	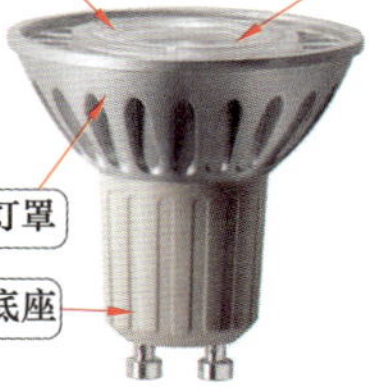 聚碳酸酯塑料反射器 不可调光 铝灯罩 聚酯底座	E14反射灯泡	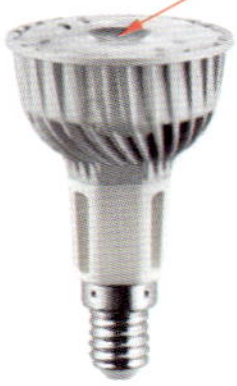 不可调光	G4灯泡	 玻璃
G9灯泡	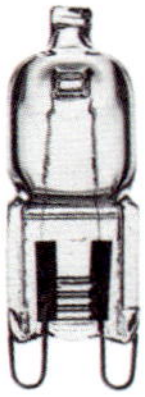	GU5.3灯泡	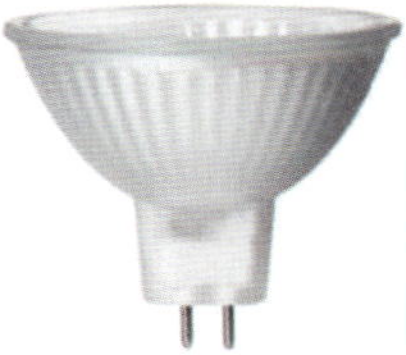	E27节能灯泡	
螺旋灯泡	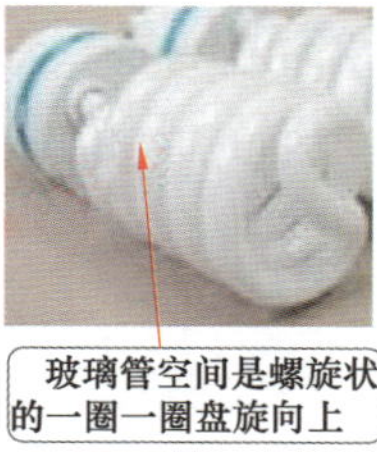 玻璃管空间是螺旋状的一圈一圈盘旋向上	U形节能灯	 玻璃管外形像字母“U”,几个U就叫几U管	LED灯泡	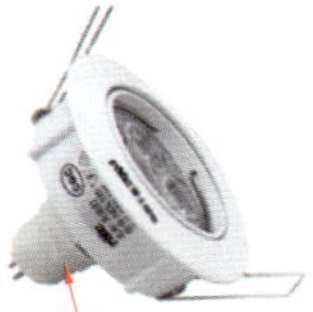 灯头规格：MR16 工作电压：220V 50~60Hz 尺寸规格：开孔70~75mm 外径83mm 高度5mm 安装方式：嵌入式安装 适用范围：家居空间、商业空间等室内场所
E14小螺口LED拉尾灯泡	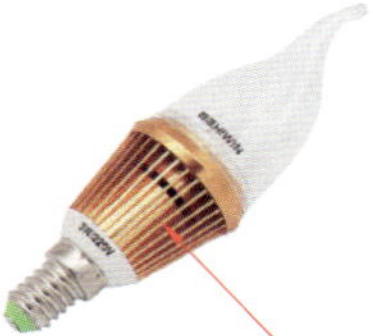 适用范围: 水晶灯首选、E14灯头	MR16射灯大功率灯泡	 适用场所：客厅、餐厅、卧室、过道、商场、酒店、办公室、展柜		

1.8.6 灯罩与底盘材质的比较

灯罩与底盘材质的比较如图 1-99 所示。

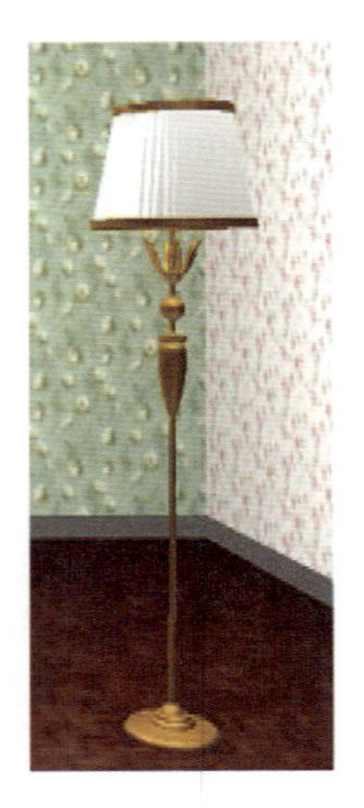

灯罩材质	亚克力	玻璃	仿羊皮纸	普通塑料
材质优点	复合，普通亚克力，透光好，材质轻，进口亚克力防紫外线和静电，耐高温，耐腐蚀	钢化玻璃硬度高，破碎后不易割伤；磨砂玻璃光效柔和不伤眼	可塑性强	普通
材质缺点	有使用年限	较重、易碎	硬度差、易老化	耐热性差，易变形，易老化
建议使用寿命	复合亚克力：2~3 年 普通亚克力：3~5 年 进口亚克力：8 年以上	非外力影响情况下使用寿命长	普通：3~5 年 优质：6~8 年	2~3 年
价格	价格中高	价格中高	价格较高	价格便宜

图 1-99　灯罩与底盘材质的比较

1.8.7 灯管颜色的区分

灯管颜色的区分如图 1-100 所示。

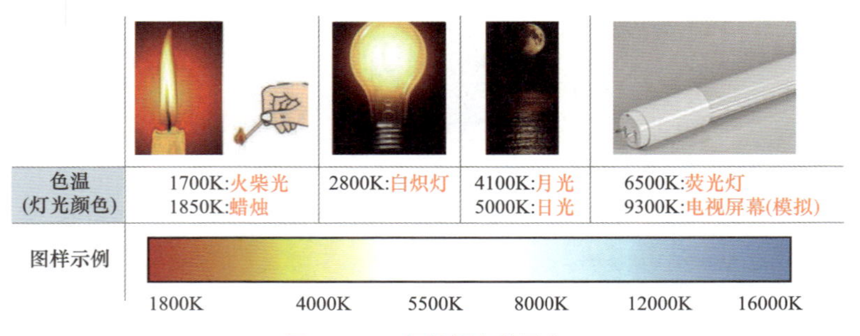

图 1-100　灯管颜色的区分

1.8.8 筒灯的尺寸

常用筒灯的规格及尺寸见表 1-34。

1.8.9 LED 灯的特点

LED 灯的特点、结构与应用如图 1-101、图 1-102 所示。

1.8.10 节能灯

在家居中，筒灯、吊灯、吸顶灯等灯具中一般都能安装节能灯。节能灯一般不适合在高温、高湿环境下使用。因此，浴室、厨房应尽量避免使用节能灯。

表 1–34　　常用筒灯的规格及尺寸

名称	图例	名称	图例	名称	图例
小 2U/小全螺(3~5W)迷你小半螺(5W)	9.6cm 10.2cm 2.5寸筒灯 【开孔尺寸】直径 7.5cm	小2U(5W)	10cm 11.6cm 3寸筒灯 【开孔尺寸】直径 8.5cm	小2U/迷你小半螺(5W)	11.5cm 11.8cm 3.5寸筒灯 【开孔尺寸】直径 9.5cm
小 2U(7~9W)小半螺(20W)	14cm 14.3cm 4寸筒灯 【开孔尺寸】直径 11.5cm	LED筒灯	外径尺寸:100mm 高:110~130mm 【开孔尺寸】直径 80~85mm 【功率】1W × 3		

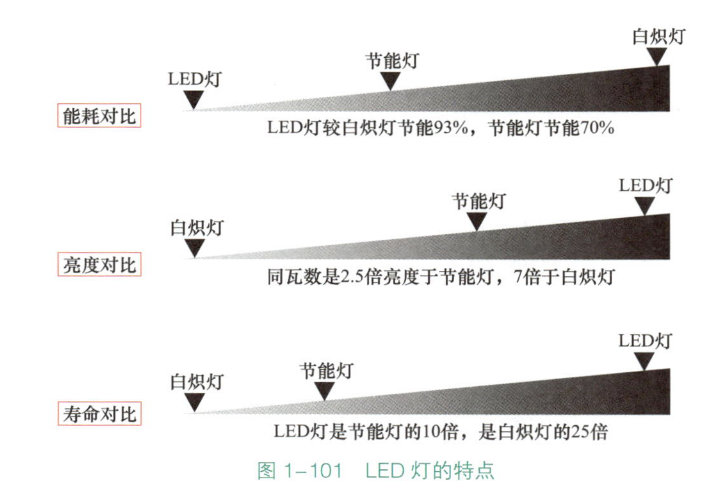

图 1–101　LED 灯的特点

使用节能灯的注意事项：

（1）不可使用装有调光开关的灯具。

（2）更换节能灯时，需要避免手握灯管，以及需要在断电的情况下更换。

（3）电源电压要稳定，并且需要与灯的标称额定电压相符。

节能灯的参数及尺寸见表 1–35。

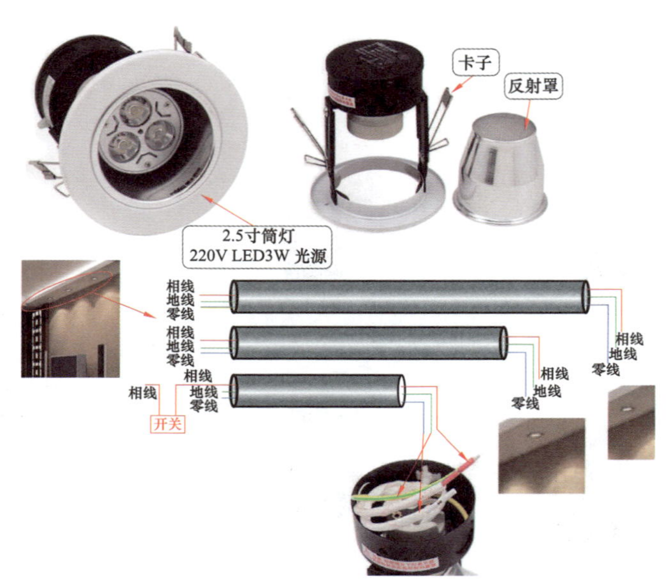

图 1-102 LED 筒灯的结构与应用图例

表 1-35 节能灯的参数及尺寸

使用面积	参数及尺寸	使用面积	参数及尺寸
3~6m²	整灯长度 17.7cm 15W大2U节能灯 E27(螺口) 【色　温】6400K（日光色）	6~10m²	整灯长度 19.8cm 30W中半螺节能灯 E27(螺口) 【色　温】6400K（日光色）
4~6m²	整灯长度 14.1cm 20W小半螺节能灯 E27(螺口) 【色　温】6400K（日光色）	1~3m²	整灯长度 11.5~13.7cm 5W/7W/9W小2U节能灯 E27(螺口) 【色　温】6400K（白光）
1~2m²	整灯长度 9.5cm 3W/5W小全螺节能灯 E27(螺口) 【色　温】6400K（日光色）	1~2m²	整灯长度 10.8cm 5W小半螺节能灯 E27(螺口) 【色　温】6400K（日光色）

节能灯代替其他灯的参考数据如图 1-103 所示。

灯笼形节能灯

型号 (8U)	功率 (W)	可代替光源(W) 白炽灯	汞灯	全卤灯	钠灯
CY-8U-200	200	1000	600	450	450
CY-8U-150	150	900	500	400	400
CY-5U-105	105	600	350	175	175
CY-4U-85	85	500	300	150	150

4U直管型节能灯（防爆灯使用型）

型号 (8U)	可代替光源(W) 白炽灯	汞灯	全卤灯	钠灯
CY-4U-65	400	250	150	150
CY-4U-55	350	250	100	100
CY-4U-45	250	160	70	70

图 1-103 节能灯代替其他灯的参考数据

1.8.11 其他灯尺寸

其他灯的结构与相关尺寸见表 1-36。

表 1-36 其他灯的结构与相关尺寸

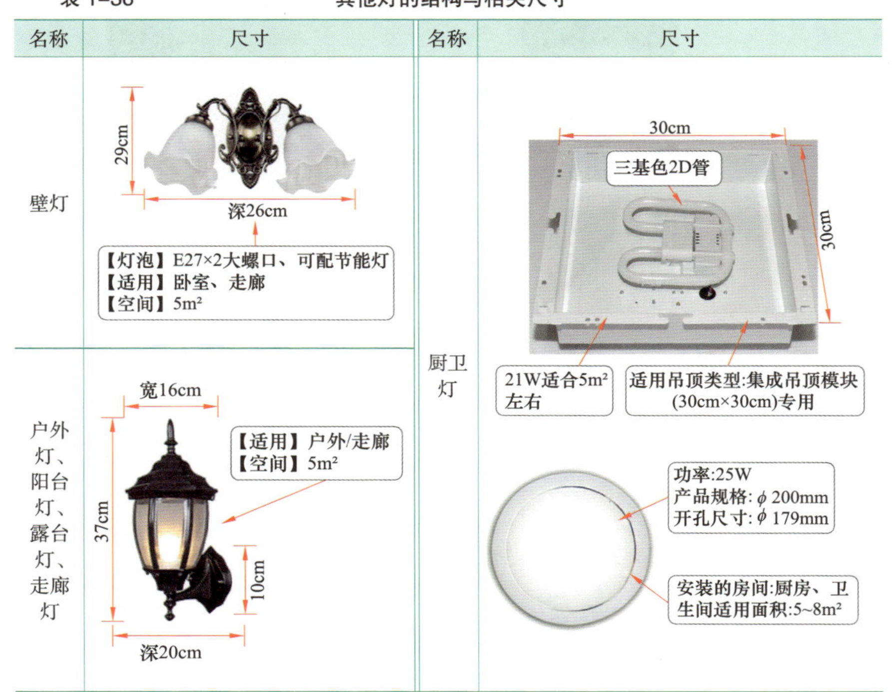

名称	尺寸	名称	尺寸
壁灯	29cm；深26cm；【灯泡】E27×2大螺口、可配节能灯 【适用】卧室、走廊 【空间】5m²	厨卫灯	30cm；30cm；三基色2D管；21W适合5m²左右；适用吊顶类型:集成吊顶模块(30cm×30cm)专用
户外灯、阳台灯、露台灯、走廊灯	宽16cm；37cm；10cm；深20cm；【适用】户外/走廊 【空间】5m²		功率:25W 产品规格: ϕ 200mm 开孔尺寸: ϕ 179mm；安装的房间:厨房、卫生间适用面积:5~8m²

1.8.12 镜前灯

镜前灯是装在卫生间里，需要能防水、防雾，因此，常选择带罩子的灯（见图 1-104）。镜前灯不仅作一般照明用，而且还要多用于化妆。因此，对镜前灯光源的显色性要求较高。镜前灯的安装高度一般比镜子高 30~40cm。镜前灯一般为 1.9m 高。

图 1-104 镜前灯与水池边上的插座的安装与效果

总之，镜前灯的高度与镜柜、吊柜的高度、用户的身高有一定关系。

镜前灯可以荧光灯、节能灯、白炽灯、普通灯泡、卤素灯管、灯珠、LED 灯等种类。

有的镜前灯是自带开关的，有些是不带开关的。装修中需要布线，并且要有用开关插座。

有的镜前灯的接线常有四根线，两根为 LED 灯的相线、地线，两根为节能灯的相线、地线。

1.8.13 吊灯

吊灯的选择与位置要求见表 1-37。

1.8.14 灯泡座

灯泡座就是安装灯泡的座子。带有灯罩等装饰与多功能的灯具本身带有灯泡座，无需额外使用灯泡座连接灯泡（见图 1-105）。

表 1–37　　吊灯的选择与位置要求

项目	图例	
吊灯的选择	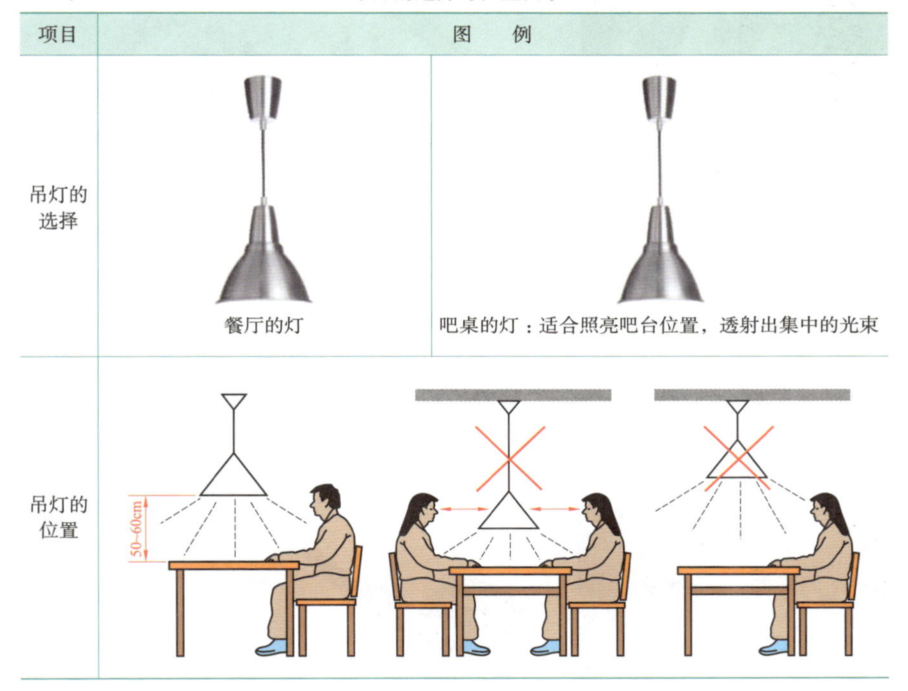 餐厅的灯	吧桌的灯：适合照亮吧台位置，透射出集中的光束
吊灯的位置		

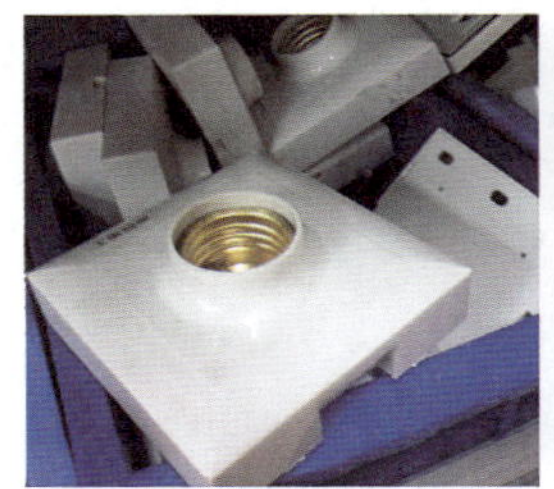

图 1–105　明装灯泡座

1.9 排插

排插上负载不要超排插的要求值，以免烧坏排插。选择排插尽量选择自带保护功能的排插。排插自己连接时，红线是接 L 相极，黄绿相间是接地极，蓝线接 N 零极。螺钉要拧好，盖子要盖好。多股连接线需要镀锡或者安装接线耳（见图 1–106~ 图 1–108）。

图 1–106　不带线的排插

图 1–107　带线的排插

图 1–108　带开关的排插

1.10 插头

插头是一种插入式配件。自己连接时，红线是接 L 相极，黄绿相间是接地极，蓝线接 N 零极。螺钉要拧好，盖子要盖好。多股连接线需要镀锡或者安装接线耳（见图 1–109~ 图 1–111）。

图 1–109　不带线的插头

图 1–110　带线的插头——称为插线

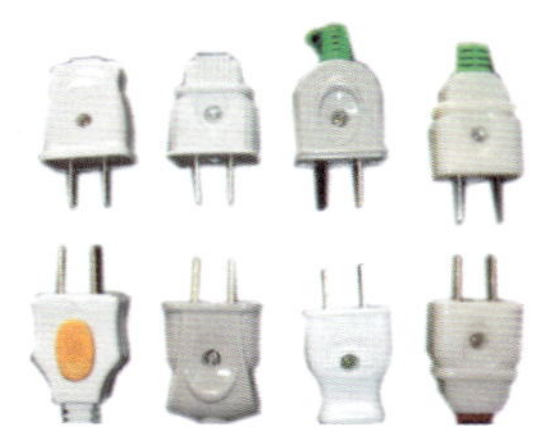
图 1–111　插头有多种类

1.11 断路器

1.11.1　小型断路器及漏电开关、空气开关

断路器又称为空气开关、自动开关、低压断路器、保护器、漏电保护器（见图 1–112）。其基本原理为：如果工作电流超过其额定电流，以及发生短路、失压等情况下，断路器会自动切断电路。常用的断路器是当漏电电流超过 30mA 时，漏电附件会自动关闸，保护人体安全。

家居用电根据照明回路、电源插座回路、空调回路分开布线，这样其中一个回路出现故障时，其他回路仍可正常供电。断路器的结构与特点如图 1–113 所示。因此，各回路通过安装漏电开关、小型断路器，达到各回路的控制与保护作用：

（1）采用双极或 1P+N（相线 + 中性线）断路器，当线路出现短路或漏电故障时，可以立即切断电源的相线和中性线，确保人身安全以及用电设备安全。

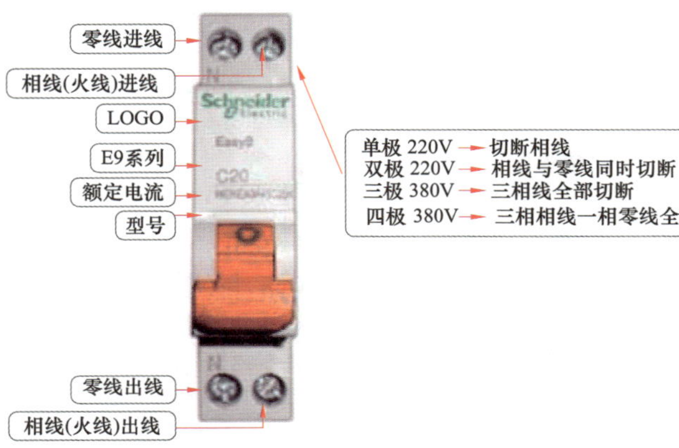

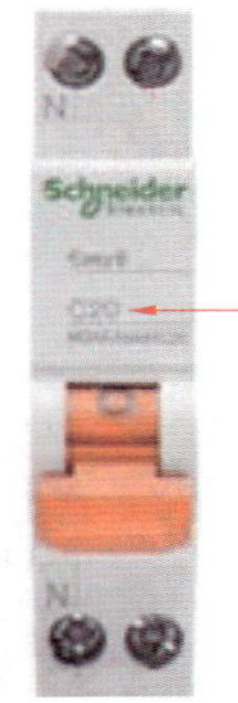

图 1-112 常见的小型断路器外形

图 1-113 断路器的结构与特点

（2）家居住户配电箱总开关一般选择 32~63A 小型断路器或隔离开关。

（3）插座回路一般选择 16~20A/30mA 的漏电保护器。

（4）照明回路一般选择 10~16A 小型断路器。

（5）空调回路一般选择 16~25A 小型断路器。

（6）目前家居有使用 DZ 系列的空气开关，常见的型号 / 规格有 C16、C25、C32、C40、C60、C80、C100、C120 等，其中 C 表示脱扣电流，即起跳电流。例如 C16 表示起跳电流为 16A。一般安装 6500W 热水器要用 C32 空气开关。一般安装 7500W、8500W 热水器要选择 C40 的空气开关。

断路器有单相的断路器、三相的断路器，家装断路器基本上选择单相的断路器。单相断路器额定电流有 6、10、16、20、25、32、40、50、63A 等。额定电压有 AC 230V、AC 400V 等。接线能力 $I_n \leqslant 32A$ 一般适用于 10mm^2，$I_n \geqslant 40A$ 一般适用于 25mm^2。

家装单相断路器属于小型断路器，常选择照明配电系统（C 型）的，用于交流 50Hz/60Hz，额定电压 400V 或者 230V 的。另外，家装单相断路器也可以在正常情况下不频繁地通断电器装置与照明线路（见图 1–114）。

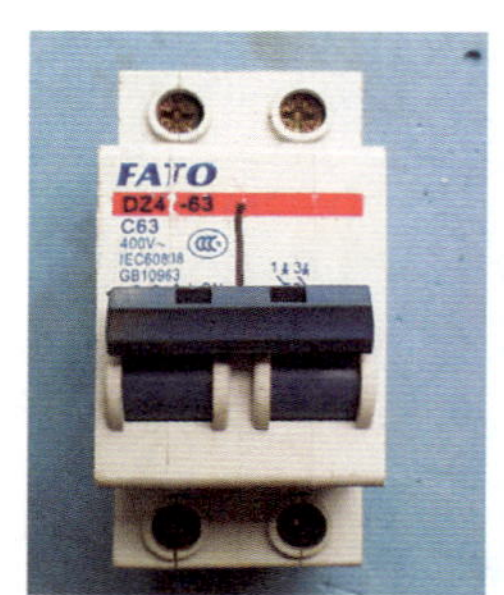

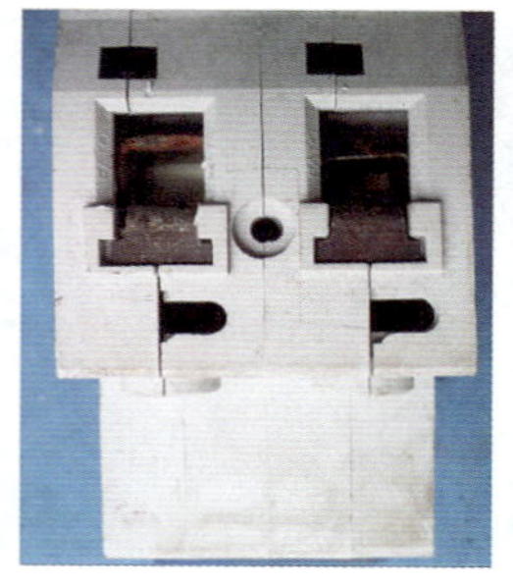

图 1–114　小型断路器的安装

小型断路器安装方式一般是按 35mm 轨宽安装。

1.11.2　断路器的分类

断路器的分类如图 1–115 所示。

1P 断路器与 2P 断路器的区别：1P 断路器是相线单独进断的断路器，零线不进不分断。2P 是双进双出断路器，也就是相线与零线同时进断路器，发生异常时，能够同时切断相线与零线。2P 断路器的宽度比 1P 断路器宽一倍。

1.11.3　断路器的识读

实物断路器如图 1–116 所示。

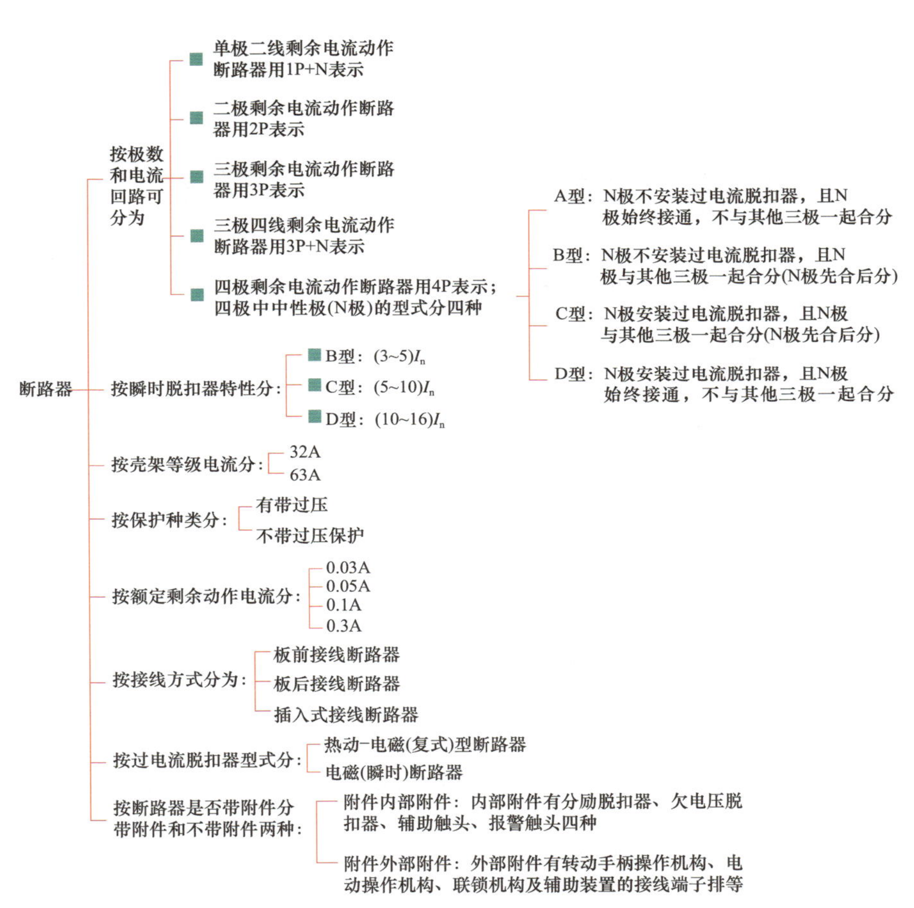

图 1-115　断路器的分类

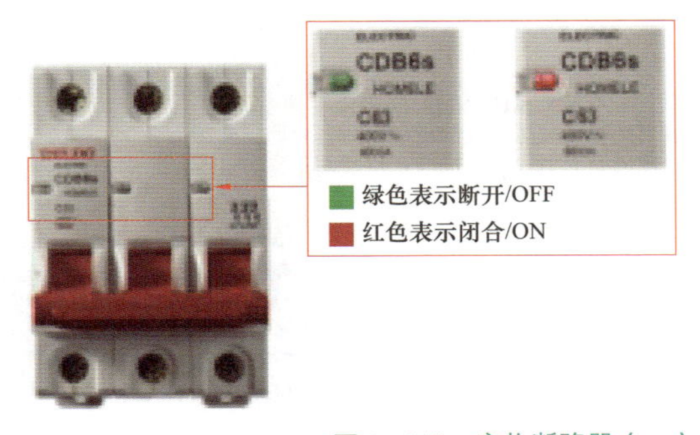

图 1-116　实物断路器（一）

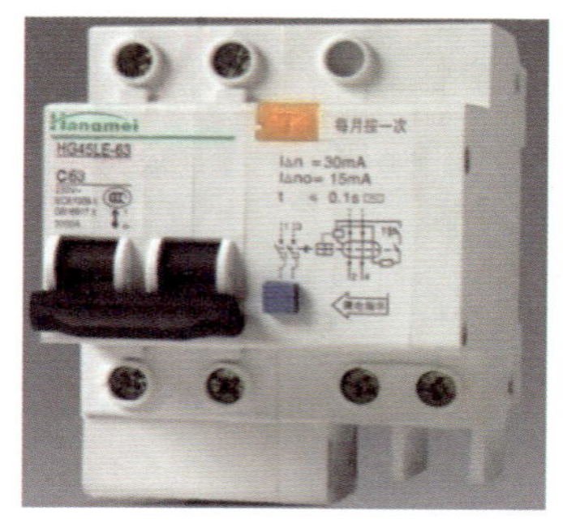

图 1–116　实物断路器（二）

1.11.4　断路器的选择

现代家居用电一般分照明回路、电源插座回路、空调回路等分开布线，这样当其中一个回路出现故障时，其他回路仍可以正常供电。为保证用电安全，因此，每回路与总干线需要选择正确的、恰当的断路器。家居用电中除了配电箱里使用外，其他场所也可能应用。

断路器选择的方法与要点：

（1）断路器的种类多，有单极、二极、三极、四极。家庭常用的是二极与单极断路器（见图 1–117）。

（2）选择的断路器的额定工作电压需要大于或等于被保护线路的额定电压。

（3）断路器的额定电流需要大于或等于被保护线路的计算负载电流。

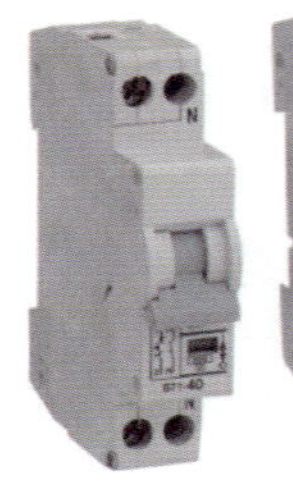
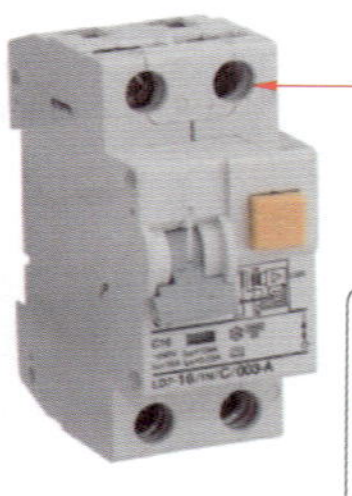

采用双极或1P+N(相线+中性线)断路器，当线路出现短路或漏电故障时，立即切断电源的相线和中性线，确保人身安全及用电设备的安全

选择断路器
住户配线箱总开关一般选择双极32 63A小型断路器或隔离开关，
照明回路一般选择10~16A小型断路器，
插座回路一般选择16~20A的漏电保护断路器，
空调回路一般选择16~25A的小型断路器

图 1–117　二极断路器外形

（4）断路器的额定通断能力需要大于或等于被保护线路中可能出现的最大短路电流，一般按有效值计算。

（5）电压型漏电保护器基本上被淘汰。一般情况下，优先选择电流型漏电保护器。

（6）一般家庭用断路器可选额定工作电流为 16~32A。

（7）家庭配电箱总开关一般选择双极 32~63A 的。

（8）照明回路一般 10~16A 的小型断路器。

（9）插座回路一般选择 16~20A 的小型断路器。

（10）空调回路一般选择 16~25A 的小型断路器（见图 1–118）。

1匹=735W~750W
1.5匹=1.5×750W=1125W
2匹=2×750W=1500W
2.5匹=2.5×750W=1875W
……以此类推
例：5匹的空调应选择多少A的空气开关？(380V电源)
5匹×75W=3750W×3倍(冲击电流)=
11250W÷390≈29.80≈32A(功率÷电压=安培)

图 1–118　空调用断路器的选择方法

（11）一般安装 6500W 热水器要选择 C32A 的小型断路器。

（12）一般安装 7500、8500W 热水器需要选择 C40 A 的小型断路器。

（13）一般家庭配电箱断路器选择原则：照明小，插座中、空调大的原则。

（14）断路器具体选择，需要根据实际要求与装修差异来定。

（15）需要选择合格的漏电保护器。

（16）在浴室、游泳池等场所漏电保护器的额定动作电流不宜超过 10mA。

（17）在触电后可能导致二次事故的场合，需要选用额定动作电流为 6mA 的漏电保护器。

漏电保护插座与普通插座比较见表 1–38，漏电保护开关、插头、插座与普通插座的比较见表 1–39。

表 1–38　　漏电保护插座与普通插座的比较

结构组成和特点	普通插座	漏电保护插座	结构组成和特点	普通插座	漏电保护插座
面板	有	有	银触点	无	有
上盖	有	有	按钮组件	无	有

续表

结构组成和特点	普通插座	漏电保护插座	结构组成和特点	普通插座	漏电保护插座
底座	有	有	指示灯组件	无	有
插座铜片	有	有	动触头组件	无	有
接线螺钉	有	有	静触头组件	无	有
集成电路（IC）	无	有	磁环组件	无	有
晶闸管（SCR）	无	有	线圈组件	无	有
压敏电阻（MOV）	无	有	脱扣机构	无	有
发光二极管（LED）	无	有	电路板组件	无	有
印制电路板（PCB）	无	有	机械技术	有	有
感应线圈	无	有	电子技术	无	有
螺线管	无	有	电磁技术	无	有

表 1–39　　漏电保护开关、插头、插座与普通插座的比较

特点	普通插座	漏电保护开关	漏电保护插头	漏电保护插座
漏电保护	无	有	有	有
中性接地保护	无	无	无	有
浪涌保护	无	无	无	有
插座功能	有	无	部分有	有
开关功能	无	无	无	有
漏电跳闸时间	不适用	0.1s	0.1s	0.025s
动作漏电电流	不适用	30mA	30mA	6mA
漏电影响局部	不适用	否	是	是
安规认证	有	有	有	有
保护范围	不适用	一组线路和电磁	单个电器	单个电器或一组线路
使用场合	电器前端	建筑或房屋入口处	电器前端，一般已集成在电器上，如部分热水器、电吹风等	电器前端，容易发生漏电、潮湿的场合使用，特别是宾馆、医院、学校、酒店和住宅卫生间、厨房、浴室等潮湿环境

1.11.5 漏电保护插座的选择

漏电保护插座的特点：漏电保护插座主要有 10A 国家标准插座、10A 多功能插座、16A 国家标准插座、32A 接线式插座等。其他种类主要是从颜色、外观等方面存在差异（见图 1–119）。

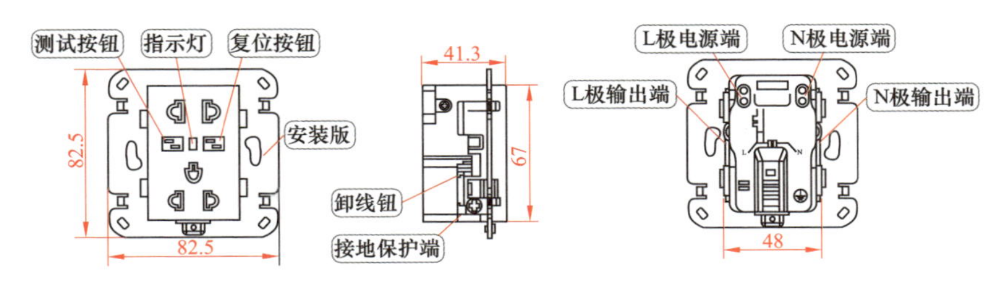

图 1–119 漏电保护插座的结构特点

怎样选择漏电保护插座：选择漏电保护插座，首先要确定、选择好电器，然后根据设计风格与电器要求，选择漏电保护插座的电气参数与安装方式，以及外观款式。注意，10A 漏电保护插座与 16A 漏电保护插座孔大小以及孔间距离不同，不能够互换。

正确选择 10A 漏电保护插座、16A 漏电保护插座的方法：根据具体电器插头上标注的电流来选择，例如标的是 10A，则就选择 10A 漏电保护插座。如果标的是 16A，则就选择 16A 漏电保护插座。如果，所用电器没有插头，功率在 7200W 内，则一般选择 32A 漏电保护插座。

常见插座的比较见表 1–40。

表 1–40 常见插座的比较

特点	32A 接线式插座	16A 国家标准插座	10A 多功能插座	10A 国家标准插座
漏电保护	有	有	有	有
中性接地保护	有	有	有	有
浪涌保护	有	有	有	有
插座功能	有，仅二极插	有，二三插	有，二三插	有，二三插
三极插座类型	无	国家标准	多功能	国家标准
开关功能	有	有	有	有
额定工作电流	32A	16A	10A	10A
动作漏电流	30mA	6/10mA	6mA	6mA
动作跳闸时间	0.025s	0.025s	0.025s	0.025s
适用电器及场合	7200W 以下无插头、需直接接线的电器，如空调柜机、即热式电热水器	3680W 以下普通电器，如分体式空调、大功率热水器，电器插头为 16A	2300W 以下普通电器及电脑产品，电器插头为 10A	2300W 以下普通电器，电器插头为 10A

1.12 常见电器型号命名规则

常见电器型号命名规则见表 1–41。

表 1-41　　常见电器型号命名规则

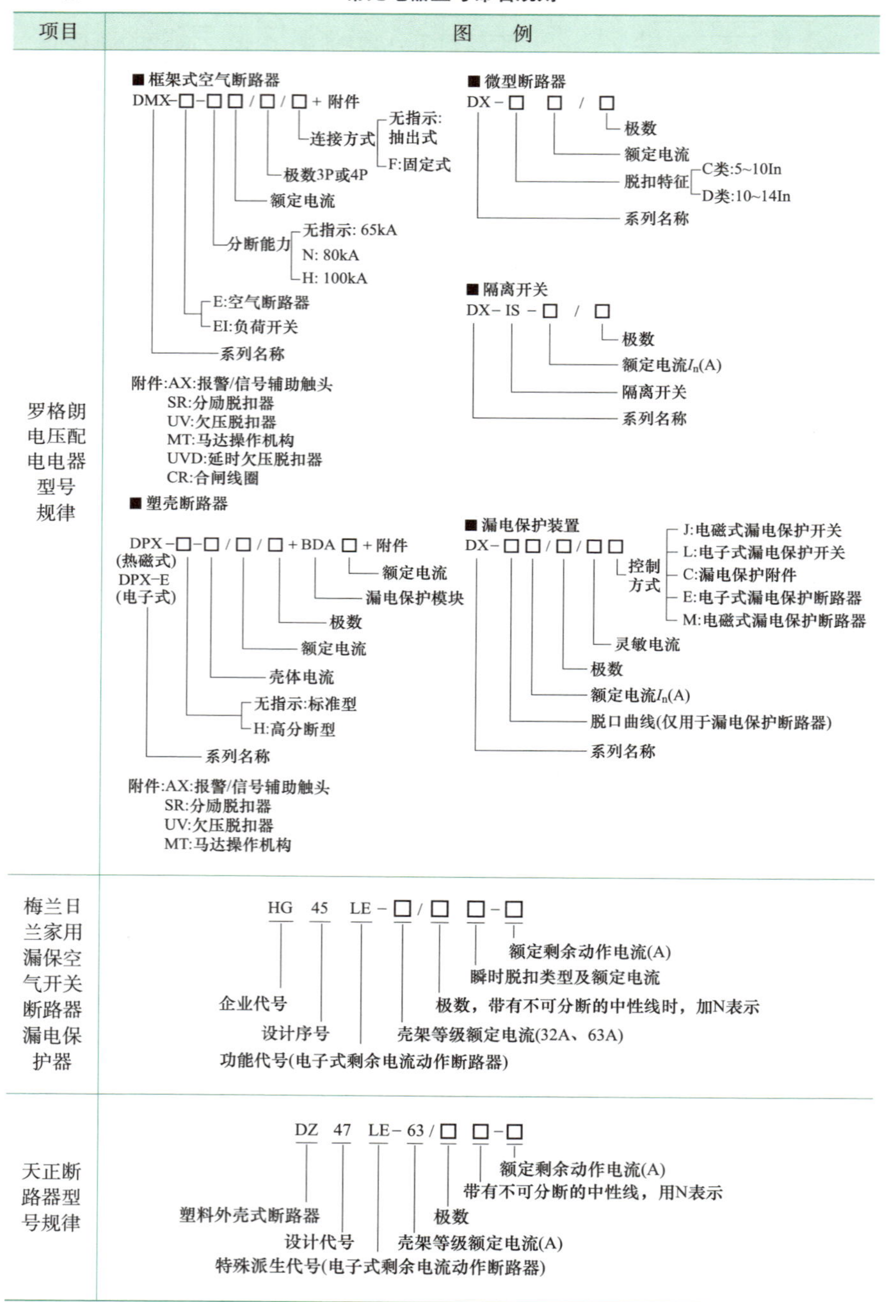

续表

项目	图 例
士林小型断路器型号规律	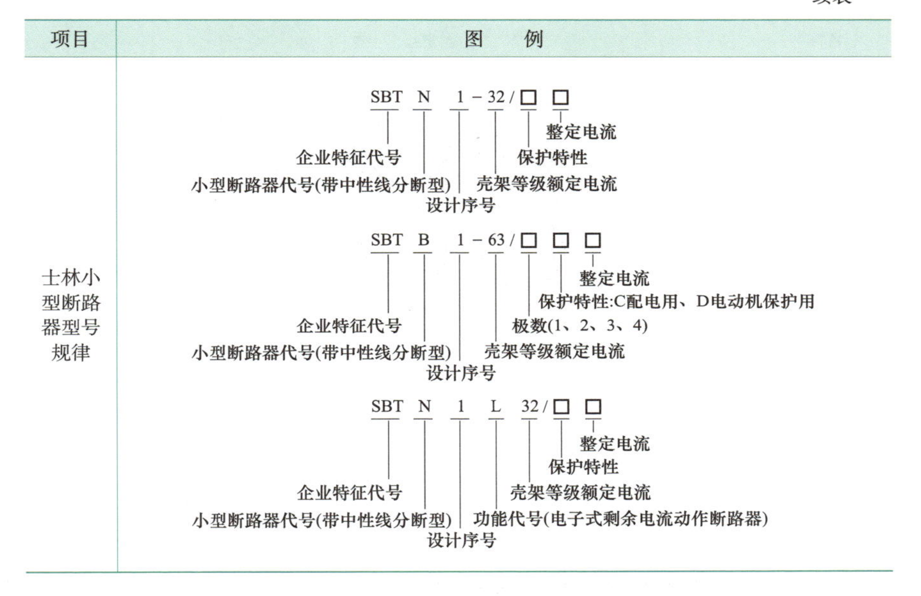

1.13 电器

1.13.1 家用电器功率

常见家用电器及其功率见表 1–42。

表 1–42 常见家用电器功率

家用电器	参考功率（W）	家用电器	参考功率（W）
电风扇	~100	微波炉	~800
音响	~200	电饭锅	~800
电视机	~200	电熨斗	~800
电冰箱	~200	吸尘器	~1000
电脑	~300	取暖器	~1000
洗衣机	~400	空调	>1000

1.13.2 浴霸

装修前，尽量选择好浴霸。不同的浴霸开关控制不同，走线要求存在差异。浴霸结构见表 1–43。

表 1-43 浴霸结构

名称	图例
壁挂式四灯浴霸的结构	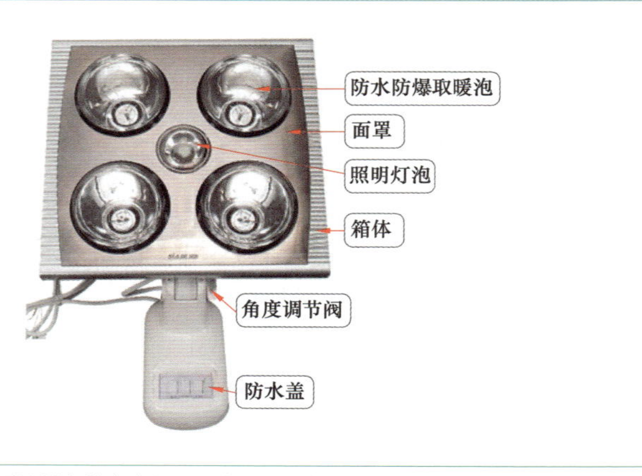
三合一浴霸吊顶浴霸的结构	三合一浴霸吊顶浴霸安装方式是吸顶嵌入式安装。三合一浴霸是指具有取暖 + 照明 + 换气的功能
	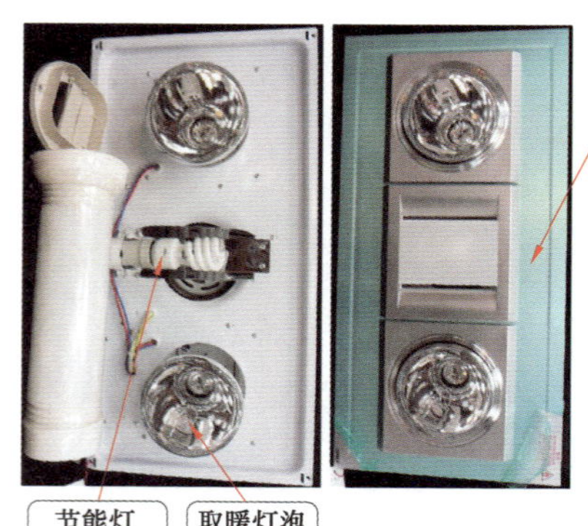

1.13.3 热水器

热水器可以分为电热水器、燃气热水器、太阳能热水器、空气能热水器等（见图 1-120）。电热水器又可以分为储水式电热水器、即热式电热水器。燃气热水器又可以分为直排式燃气热水器、烟道式燃气热水器、强制排气式燃气热水器、平衡式燃气热水器、强制给排气式燃气热水器。太阳能热水器是采用真空集热管组装的热水器，有光照便能产生热水，可广泛用于家庭及工业用热水。空气能热水器是通过压缩机系统运转工作，吸收空气中热量制造热水。

(a)太阳能热水器

(b)电热水器

(c)燃气热水器

图 1-120　热水器

家装时，厨房与客卫可以共用一个燃气热水器供热水，主卫可以单独用一只电热水器供热水。

太阳能热水器的特点见表 1-44，住宅空间适宜选择的热水器见表 1-45。

表 1-44　　太阳能热水器的特点

型式			特点
集热器	平板型		板框式结构，金属吸热板
	真空管型	全玻璃	水流经玻璃管或金属管，双层玻璃管
		热管型	水不流经集热管，玻璃管内有带热管的金属吸热片
取水方法	落水法		在水箱下部出水，水箱位于集热器之上，水箱通大气，由重力产生落差
	顶水法		水箱下部进水，上部出水　在供水压力下工作　入水口由阀门控制
运行方式	自然循环		水箱高于集热器　热循环是由热流密度的不同产生　水箱与集热器之间有上、下循环管连接
	强制循环		集热器与水箱分别放置　管路内有循环泵，在一定压力下形成热循环

表 1-45　　住宅空间适宜选择的热水器

型式 / 空间		电热水器		燃气热水器							
		落地式	壁挂式	快速式					容积式		
				烟道	强排	平衡	强制给排	室外	烟道	强排	室外
厨房		√	√		√	√	√			√	
卫生间	有外窗	√	√			√	√				
	无外窗	√	√								

续表

空间 \ 型式		电热水器		燃气热水器							
		落地式	壁挂式	快速式					容积式		
				烟道	强排	平衡	强制给排	室外	烟道	强排	室外
设备间	有外窗	√	√	低层	√	√	√		低层	√	
	无外窗	√	√								
厨房外阳台	封闭	√	√	低层	√	√	√		低层	√	
	不封闭	√	√	*	*	*	*	√	*	*	√
室外	地面	室外型									√
	墙面		室外型					√			
通风好的非居住空间		√	√		√	√	√			√	
敞开式走廊隔间		√	√	*	*	*	*	√	*	*	√

注 “低层”指 1~3 层的低层住宅；标“*”表示在不封闭阳台或敞开式走廊隔间安装时，需要考虑气候条件的限制；标“封闭”的厨房外阳台需要有可开启窗扇，以及需要考虑气候条件的限制；打“√”表示适宜选择。

1.13.4 换气扇

常用换气扇是应用在不超过 250V 的单相交流线路上，输入功率不超过 500W，叶轮直径不超过 0.5m，由单相交流电动机驱动的，用作机械通风的家用和类似用途的交流换气扇及其调速器。

换气扇从隔墙的一方到另一方，或从安装在风扇进风口、出风口一侧或两侧的导管内作交换空气用的风扇。

换气扇的术语见表 1–46，换气扇的分类见表 1–47。

表 1–46　　换气扇的术语含义

术语	含义
排气状态	使气流首先通过换气扇的安装装饰面或指定风口再进入换气扇，然后排往其他空间的状态
进气状态	使气流首先通过换气扇再进入换气扇的安装装饰面或指定风口，然后输送到其他空间的状态
标称风量	在换气扇静压为零时，单位时间内叶轮输送的空气体积量，单位为 m^3/min
进风口直径	通过该圆口，气流首先进入换气扇外壳的圆门的直径
出风口直径	通过该圆口，气流最后离开换气扇外壳的圆口直径
换气扇压力	在换气扇的进风口和出风口两端所造成的空气压力差
标称压力	在换气扇风量为零时对应的换气扇压力，单位为 Pa

表 1–47　　换气扇的分类

<table>
<tr><th>依据</th><th>分类</th></tr>
<tr><td>功能</td><td>（1）单向式——只有一种气流方向输送状态的换气扇。
（2）过滤式——对输送的气流有过滤作用的换气扇。
（3）双向式——通过操作变换，可以按排气状态工作，也可以按进气状态工作的换气扇。
（4）双向同时式——可以同时进行强迫排气与强迫进气的换气扇。
（5）热交换式——排气与进气气流可以在换气扇内进行热交换的换气扇</td></tr>
<tr><td>结构</td><td>（1）开敞式——换气扇不工作时，其结构不能遮隔外界气流流经换气扇。
（2）遮隔式——换气扇不工作时，其结构能遮隔外界气流流经换气扇。
遮隔机构张开方式有：风压式、连动式、电动式、活叶式等。
（3）罩式——换气扇装配在罩内</td></tr>
<tr><td>安装方式</td><td>（1）墙壁安装式——包括方孔或圆孔的嵌入式与壁挂式。
（2）窗玻璃安装式——轻结构，嵌在玻璃的圆孔中。
（3）天花板安装式</td></tr>
<tr><td>按规格尺寸</td><td>（1）自由进气型（B 型）换气扇——由自由空间直接进气而通过导管排气的换气扇。
（2）自由排气型（C 型）换气扇——通过导管进气而直接向自由空间排气的换气扇。
（3）全导管型（D 型）换气扇——通过导管进气并通过导管排气的换气扇。
（4）A 型换气扇按叶轮直径有如下规格：100、150、200、250、300、350、400、450、500mm。
（5）B、C、D 型换气扇按其出风口或进风口（以最小风口直径为准）所需配接的导管的标称内径有如下规格：75、100、150、200、250、300、350、400、450mm。
（6）隔墙型（A 型）换气扇——安装在隔墙孔里或孔上，隔墙的两侧都是自由空间，从隔墙的一方到另一方作交换空气用的换气扇</td></tr>
<tr><td>按压力等级</td><td>按标称压力分为 7 个等级，具体见下表：
<table>
<tr><td>换气扇压力等级</td><td>0</td><td>1</td><td>2</td><td>3</td><td>4</td><td>5</td><td>6</td></tr>
<tr><td>标称压力（Pa）</td><td><40</td><td>≥ 40
<63</td><td>≥ 63
<100</td><td>≥ 100
<160</td><td>≥ 160
<250</td><td>≥ 250
<400</td><td>≥ 400</td></tr>
</table></td></tr>
<tr><td>按风盆等级分</td><td>按标称风量分为 10 个等级，具体见下表：
<table>
<tr><td>换气扇风量等级</td><td>0</td><td>1</td><td>2</td><td>3</td><td>4</td><td>5</td><td>6</td><td>7</td><td>8</td><td>9</td></tr>
<tr><td>标称风量（m^2/min）</td><td><1.6</td><td>≥ 1.6
<2.5</td><td>≥ 2.5
<4.0</td><td>≥ 4.0
<6.3</td><td>≥ 6.3
<10</td><td>≥ 10
<16</td><td>≥ 16
<25</td><td>≥ 25
<40</td><td>≥ 40
<63</td><td>>63</td></tr>
</table></td></tr>
</table>

换气扇的安装如图 1–121、图 1–122 所示；见表 1–48、表 1–49。

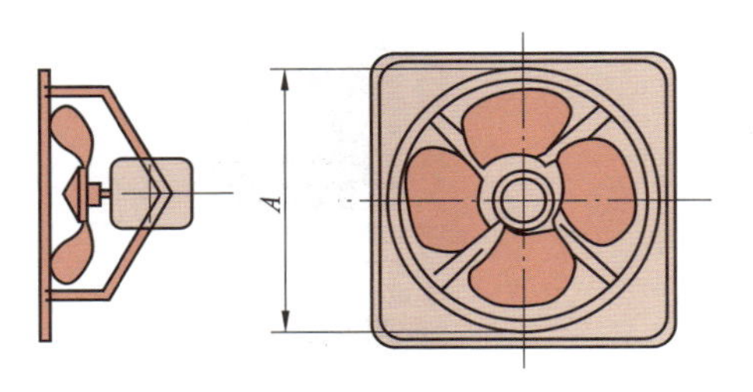

图 1–121　开敞式换气扇安装尺寸示意图

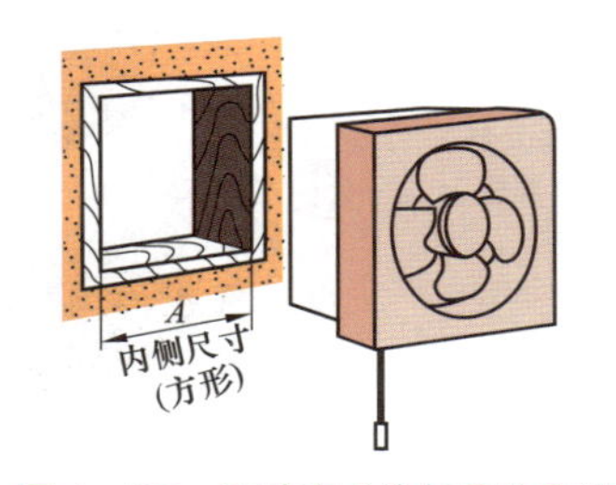

图 1–122　百叶窗式换气扇的安装

表 1-48　开敞式换气扇安装尺寸　mm

叶轮规格	*A*（不大于）
100	ϕ108
150	ϕ160
200	ϕ212
250	ϕ264
300	ϕ316
350	ϕ370
400	ϕ4300
450	ϕ480
500	ϕ530

注　*A* 对有止口的为止口外径。

表 1-49　百叶窗式换气扇安装尺寸　mm

叶轮规格	内侧尺寸 *A*（水大于）	叶轮规格	内侧尺寸 *A*（水大于）
100	150	350	400
150	200	400	450
200	250	450	500
250	300	500	550
300	350		

百叶窗式换气扇的安装外形需要适合于嵌入统一的墙孔中安装。

1.13.5　其他电器

其他电器的选择与安装说明见表 1-50。

表 1-50　其他电器的选择与安装说明

<table>
<tr><th>名称</th><th colspan="2">解说</th></tr>
<tr><td>微波炉</td><td colspan="2">微波炉可以考虑安放在折叠微波炉支架上。折叠微波炉支架上的安装主要通过在墙壁上打孔、安放膨胀螺栓固定。另外，微波炉需要布置好电源插座。</td></tr>
<tr><td>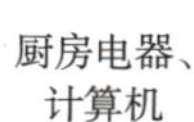厨房电器、计算机</td><td>厨房电器需要考虑好位置，以便布置好电源插座</td><td>计算机需要考虑布置桌上、桌下插座</td></tr>
</table>

第2章

管工用材

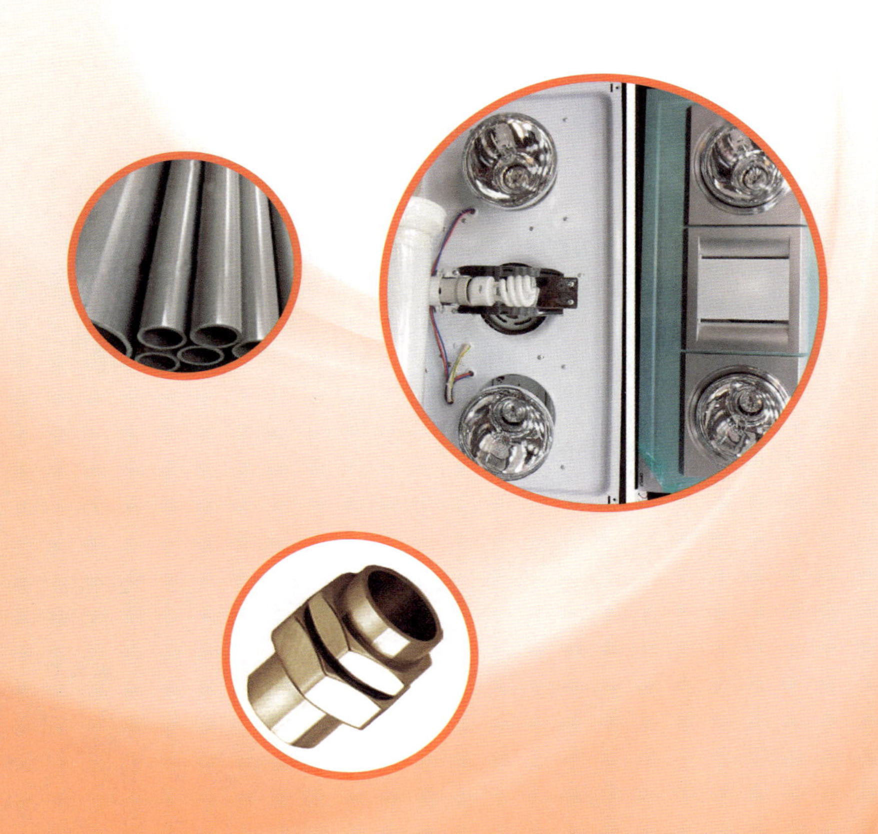

2.1 卫生陶瓷产品与附件

2.1.1 瓷质卫生陶瓷产品分类

瓷质卫生陶瓷产品的分类见表 2-1。

表 2-1 瓷质卫生陶瓷产品的分类

种类	类型	结构	安装方式	排污方向	按用水量分	按用途分
坐便器	挂箱式 坐箱式 连体式 冲洗阀式	冲落式 虹吸式 喷射虹吸式 旋涡虹吸式	落地式 壁挂式	下排式 后排式	普通型 节水型	成人型 幼儿型 残疾人 / 老年人专用型
水箱	高水箱 低水箱	—	壁挂式 坐箱式 隐藏式	—	—	—
小件卫生陶瓷	皂盒、手纸盒等	—	—	—	—	—
蹲便器	挂箱式 冲洗阀式	—	—	—	普通型 节水型	成人型 幼儿型
小便器	—	冲落式 虹吸式	落地式 壁挂式	—	普通型 节水型	—
洗面器	—	—	台式 立柱式	—	—	—
净身器	—	—	壁挂式 落地式 壁挂式	—	—	—
洗涤槽	—	—	台式 壁挂式	—	—	住宅用公共场所用

2.1.2 陶质卫生陶瓷产品的分类

陶质卫生陶瓷产品的分类见表 2-2。

表 2-2 陶质卫生陶瓷产品的分类

种类	类型	安装方式
洗涤槽	家庭用、公共场所用	台式、壁挂式
水箱	高水箱、低水箱	壁挂式、坐箱式、隐藏式
小件卫生陶瓷	皂盒等	—
洗面器	—	台式、立柱式、壁挂式
不带存水弯小便器	—	落地式、壁挂式
净身器	—	落地式、壁挂式

2.1.3 卫生陶瓷产品表面区域划分

卫生陶瓷产品表面区域划分见表 2-3。

表 2-3 卫生陶瓷产品表面区域划分

名称	图例	名称	图例
洗面器及洗涤槽表面	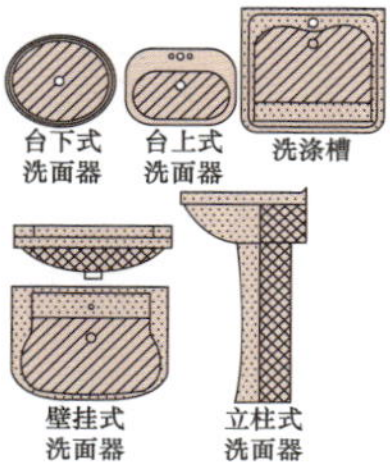 台下式洗面器 台上式洗面器 洗涤槽 壁挂式洗面器 立柱式洗面器	蹲便器表面	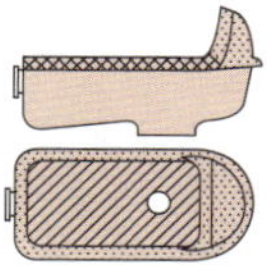
坐便器表面	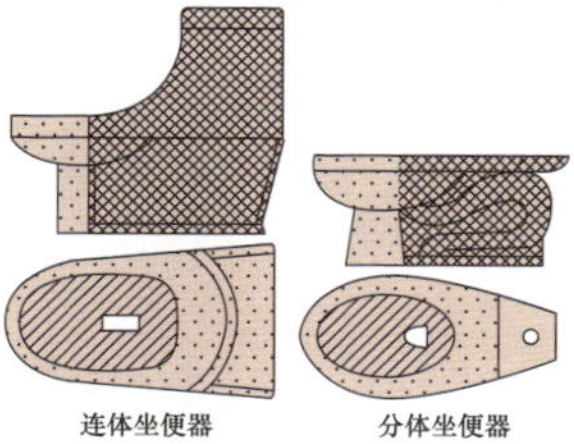 连体坐便器 分体坐便器	净身器表面	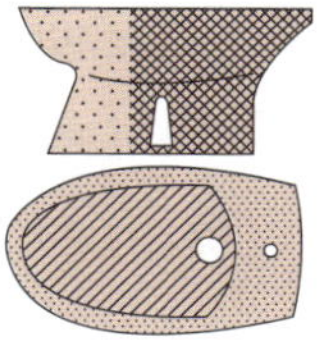
水箱表面	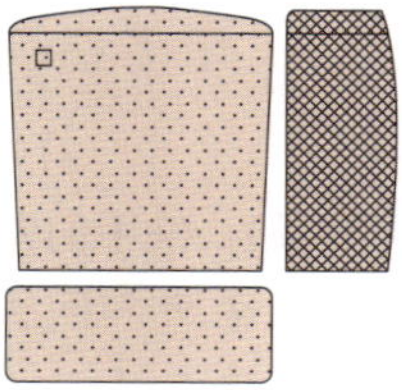	淋浴盆表面	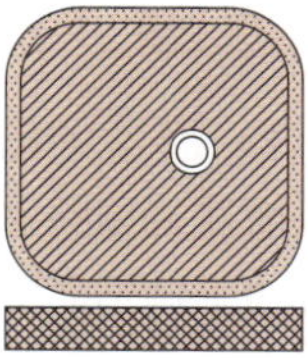
小便器表面	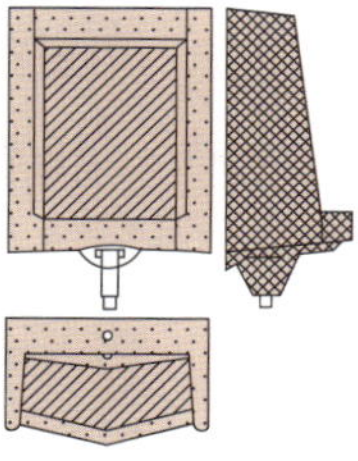		

图例 洗净面 可见A面 可见B面 其他

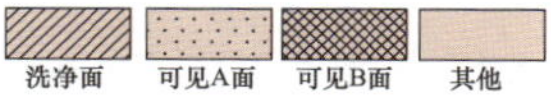

2.1.4 卫生陶瓷的尺寸与允许偏差

卫生陶瓷的尺寸与允许偏差见表 2–4。

表 2–4 卫生陶瓷的尺寸与允许偏差 mm

尺寸类型	尺寸范围	允许偏差
孔眼直径	$\phi<15$ $15 \leqslant \phi \leqslant 30$ $30<\phi \leqslant 80$ $\phi>80$	+2 ±2 ±3 ±5
孔眼圆度	$\phi \leqslant 70$ $70<\phi \leqslant 100$ $\phi>100$	2 4 5
孔眼中心距	≤ 100 >100	±3 规格尺寸 ×±3%
孔眼距产品中心线偏移	≤ 100 >100	3 规格尺寸 ×3%
孔眼距边	≤ 300 >300	±9 规格尺寸 ×±3%
安装孔平面度	—	2
排污口安装距	—	+5 –20
外形尺寸	—	规格尺寸 ×±3%

2.2 面盆

2.2.1 面盆的概述

面盆又称脸盆、洗面器，其是一种内用于洗脸、洗手的瓷盆。根据材质，可以分为不锈钢面盆、陶瓷面盆、玻璃面盆、人造石面盆、塑料面盆等。洗面盆的材质，使用最多的是陶瓷、搪瓷生铁、搪瓷钢板、水磨石、玻璃钢、人造大理石、人造玛瑙、不锈钢等。选择陶瓷洗面盆时，应注意注意陶瓷质量。高品质的洗面盆其釉面光洁，没有针眼、气泡、脱釉等现象，如果用手敲击陶瓷，声音比较清脆。劣质的陶瓷洗面盆，常有砂眼、气泡、缺釉，有的甚至有轻度变形，敲击时发出的声音较沉闷。艺术盆如图 2–1 所示。

玻璃盆是指用玻璃做成的盆。钢化玻璃盆，可以分为单层玻璃盆、双层玻璃盆。钢化玻璃盆的厚度分 T12、T15、T19 等。

另外，面盆可以分为台盆、柱盆、瓷盆、玻璃盆。其中，台盆就是台上安装的盆。台上盆具有容易清洁等特点（见图 2–2~ 图 2–4）。

洗面器包括柱盆、艺术碗、台盆。卫生间面积小最好选柱盆，排水组件可以

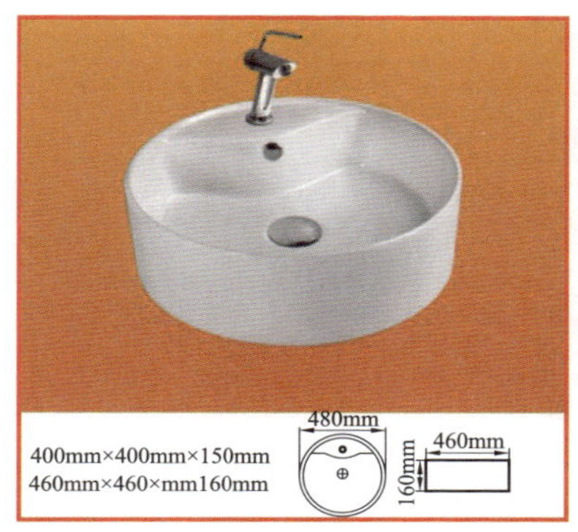

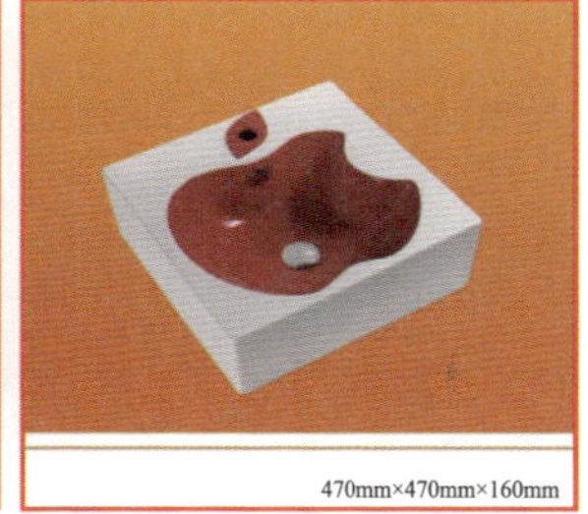

图 2-1　艺术盆

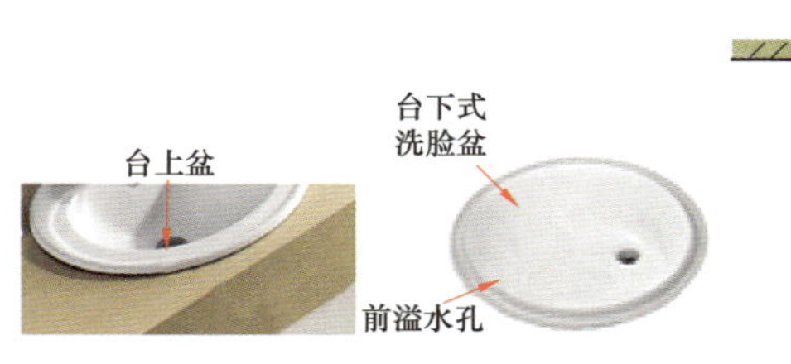

图 2-2　台盆的外形

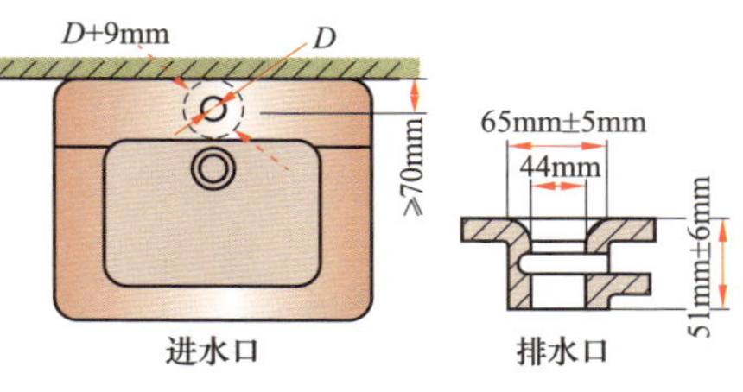

图 2-3　洗面器与净身器有关尺寸

隐藏到主盆的柱中。卫生间面积较大可选台盆。如果台面长度小于 70cm 则不建议选择台盆而应选择柱盆。台面宽度大于 52cm、长度大于 70cm 可选择台盆。柱盆有角式立柱盆、半柱盆、立柱盆、挂式盆（见图 2-5、图 2-6）。

洗面器与净身器供水孔表面安装平面直径应不小于（供水孔直径 +9mm）。

选购脸盆的方法与要点：

（1）需要根据卫生间的面积来选择脸盆的规格、款式。面积较大的卫生间，可以选择台盆（见图 2-7、图 2-8），这样可以增强档次感。面积较小的卫生间，一般选择柱盆，这样可以增强卫生间的通气感。

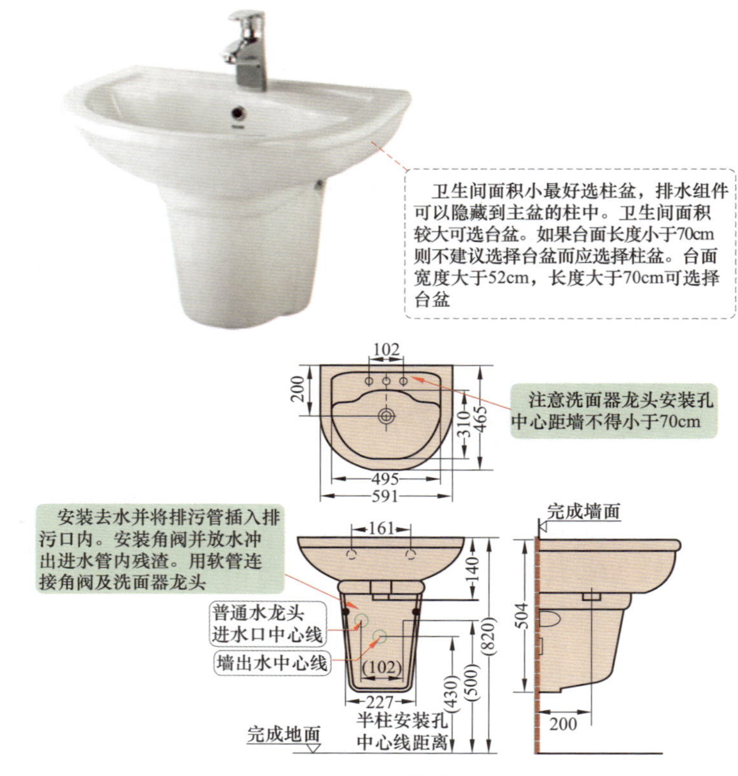

图 2-4　柱盆

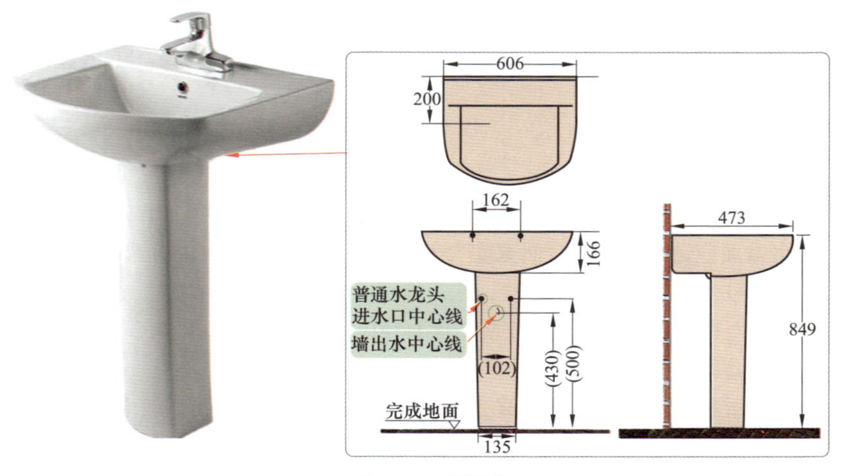

图 2-5　立柱盆

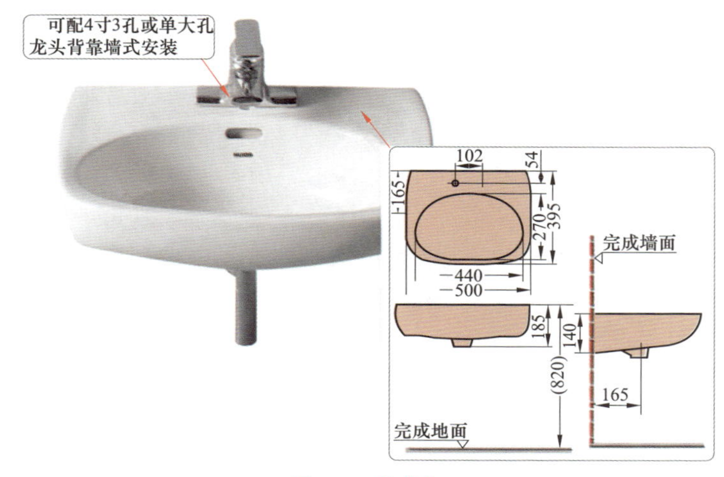

图 2-6　挂式盆

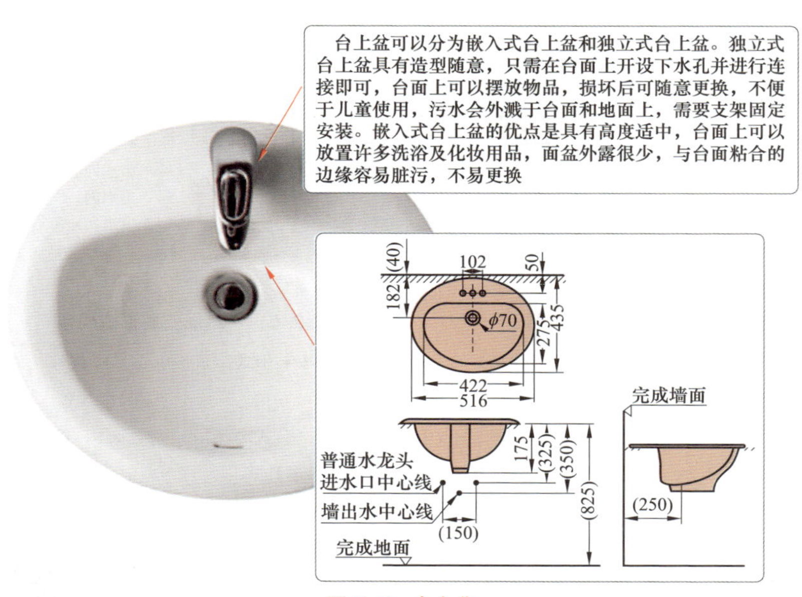

图 2-7　台上盆

（2）需要选择与座厕归属为同样系列的产品，这样可以体现装修的档次与特色。

（3）台下式洗脸盆适用于写字楼、机场、车站、商场等公共场所。

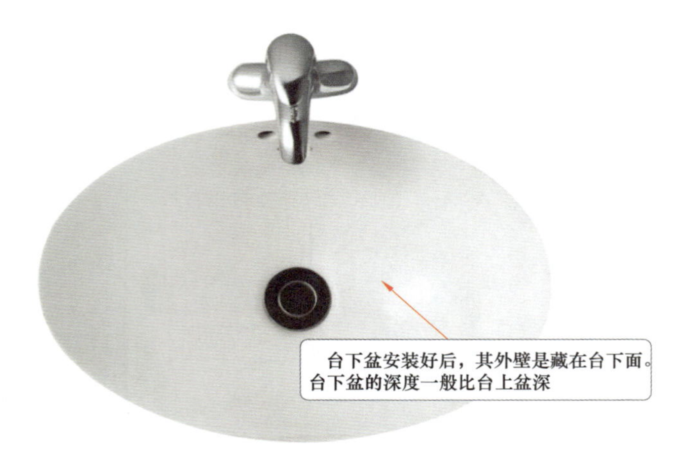

图 2–8　台下盆

2.2.2　卫生设备用台盆命名规格

卫生设备用台盆命名规格如图 2–9 所示，产品结构代码见表 2–5，产品安装形式代码见表 2–6，盆体材料代码见表 2–7。

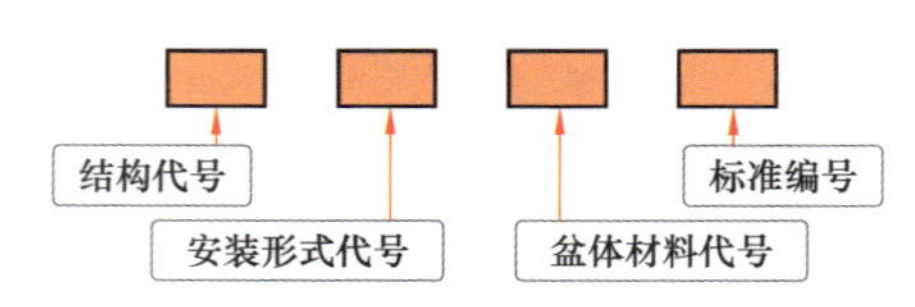

图 2–9　卫生设备用台盆命名规格

表 2–5　　产品结构代码

产品结构	代号
分体式	F
连体式	L

表 2–6　　产品安装形式代码

安装形式	代号
立式	L
台式	T
悬挂式	G

表 2–7　　盆体材料代码

盆体材料	代号	盆体材料	代号
陶瓷	T	不锈钢	G
玻璃	B	铸铁搪瓷	Z
玻璃纤维增强塑料	W	其他	Q
人造石（含胶衣型）	R		

2.2.3 卫生设备用台盆尺寸和偏差

卫生设备用台盆尺寸和偏差见表 2–8。

表 2–8 卫生设备用台盆尺寸和偏差 mm

台盆		规格	允许偏差
外形尺寸	不锈钢	≤ 2000	±2
	人造石（含胶衣型）	≤ 1000	±5
	玻璃	≤ 1000	±2
	玻璃纤维增强塑料	≤ 1000	+5 –10
	铸铁搪瓷	≤ 1000	+5 –10
	其他	≤ 1000	+5 –10
进水孔孔间距		102 152 204	±2 ±2 ±2
排水孔孔径			+2 0

2.3 便器

2.3.1 坐便器的特点

常用坐便器的特点见表 2–9。

表 2–9 常用坐便器的特点

名称	图例	解说
冲洗阀式坐便器		冲洗阀式坐便器有落地式、挂墙式，具有上进水、底排水等特点，适用于写字楼、机场、车站、商场等公共场所
冲洗系统挂墙式小便斗		冲洗系统挂墙式小便斗具有上进水，后排水，适用于写字楼、机场、车站、商场等公共场所
无水小便斗		挂墙式无水小便斗，具有墙出水等特点
水箱式坐便器		落地式水箱式坐便器，具有底排水、双挡冲水等特点

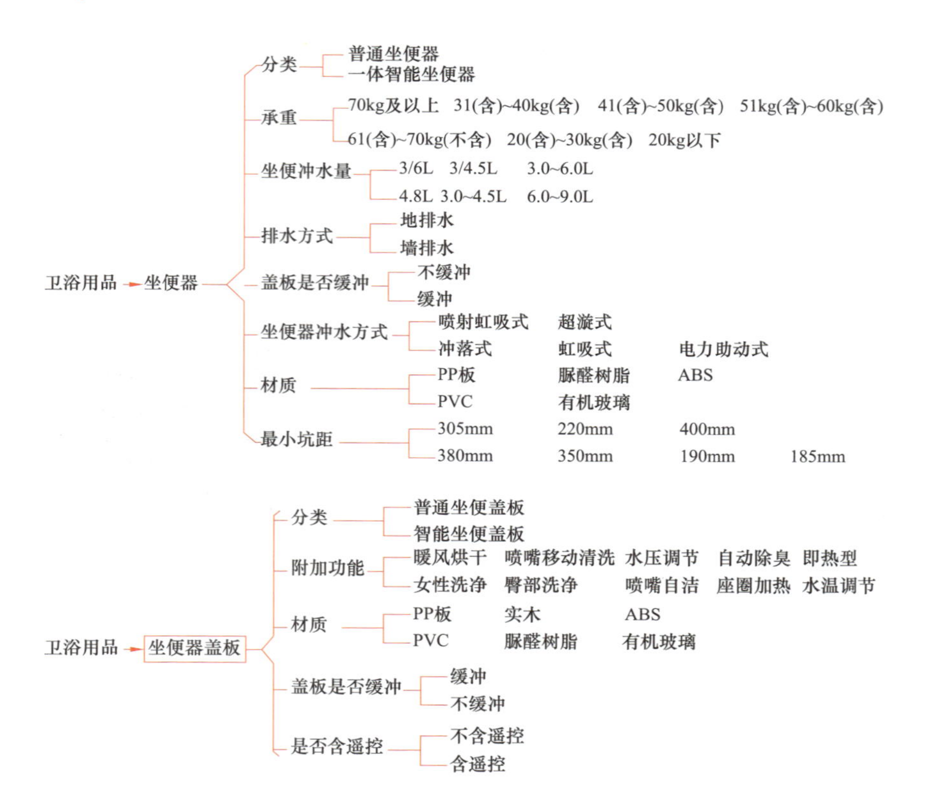

2.3.2 坐便器的选择

坐便器的选择方法如图 2-10 所示。

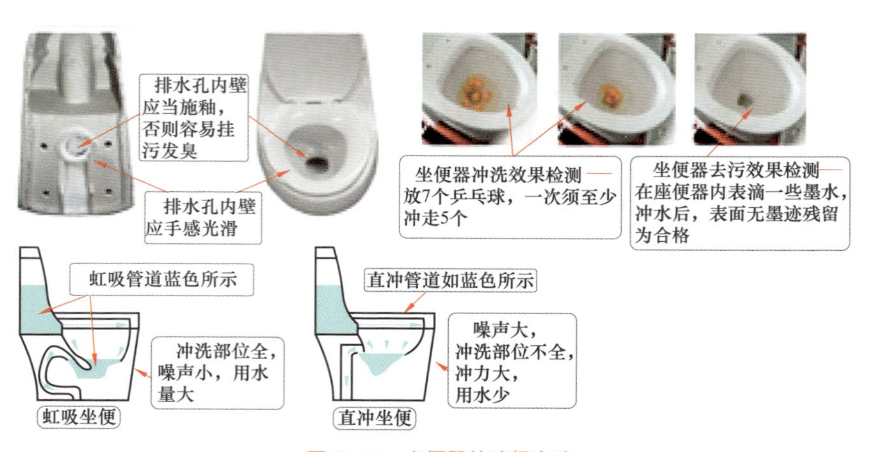

图 2-10 坐便器的选择方法

2.3.3 坐便器的尺寸

坐便器的有关尺寸见表 2-10、图 2-11。

表 2-10　　　　坐便器的有关尺寸

图例

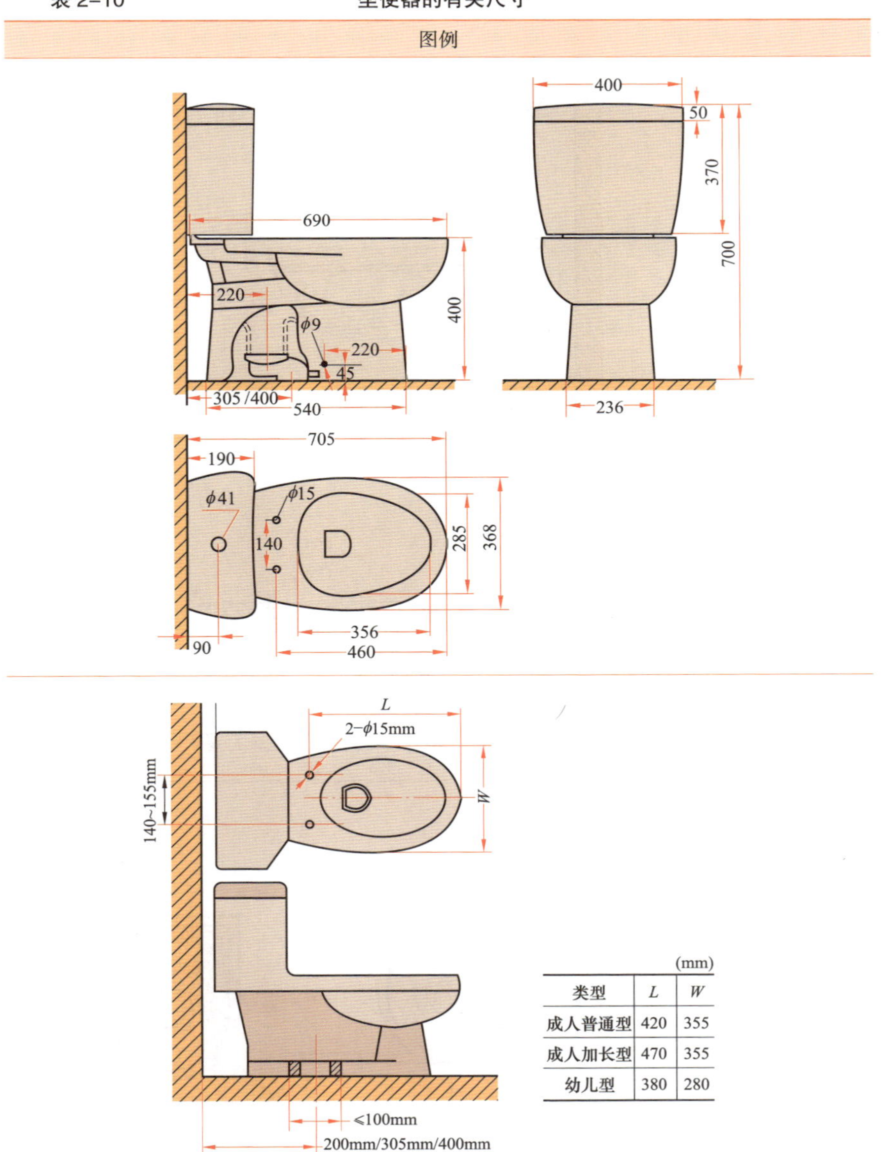

(mm)

类型	L	W
成人普通型	420	355
成人加长型	470	355
幼儿型	380	280

续表

图例

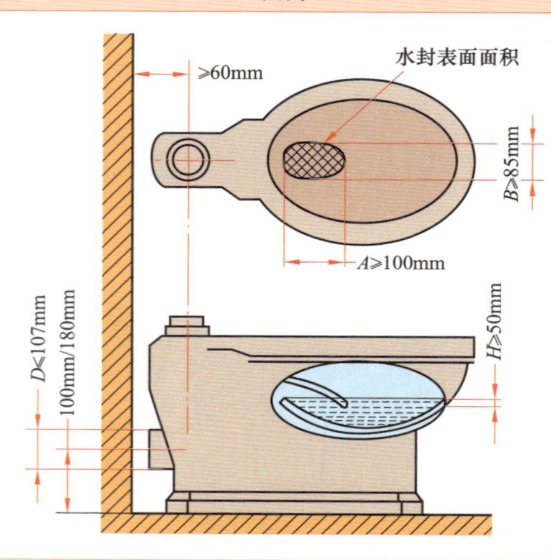

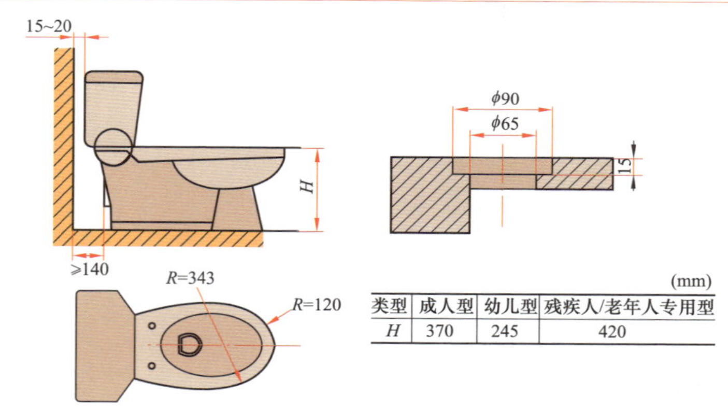

(mm)

类型	成人型	幼儿型	残疾人/老年人专用型
H	370	245	420

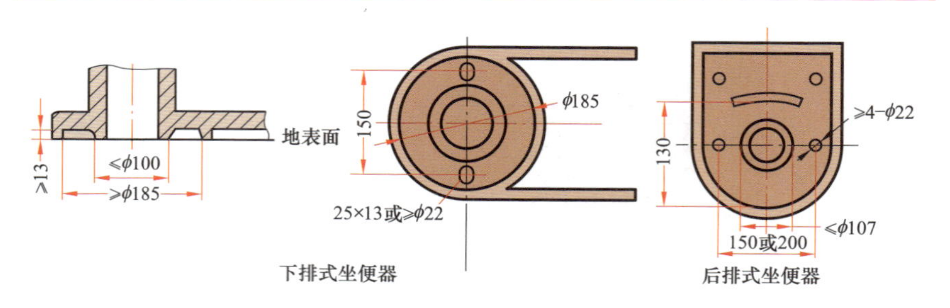

图 2-11 坐便器法兰配合尺寸

2.3.4　蹲便器的特点与分类

蹲便器的外形如图 2–12 所示。

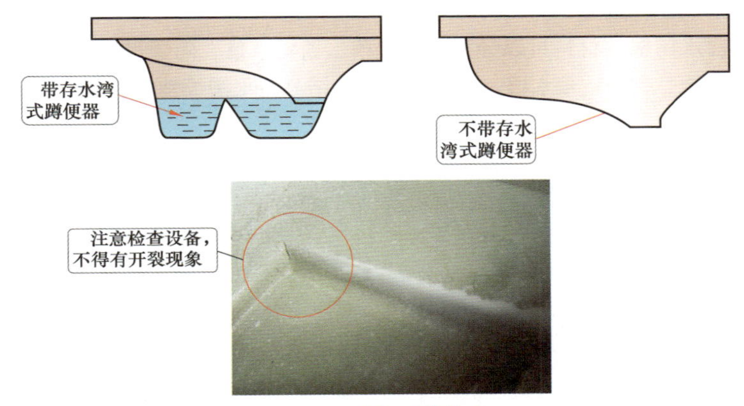

图 2–12　蹲便器的外形

蹲便器的分类：

（1）根据功能可以分为虹吸式蹲便器、冲落式蹲便器。

（2）根据结构可以分为带存水湾式蹲便器、不带存水湾式蹲便器。

（3）根据进水、冲水方式可以分为后进前出式蹲便器、后进后出式蹲便器。

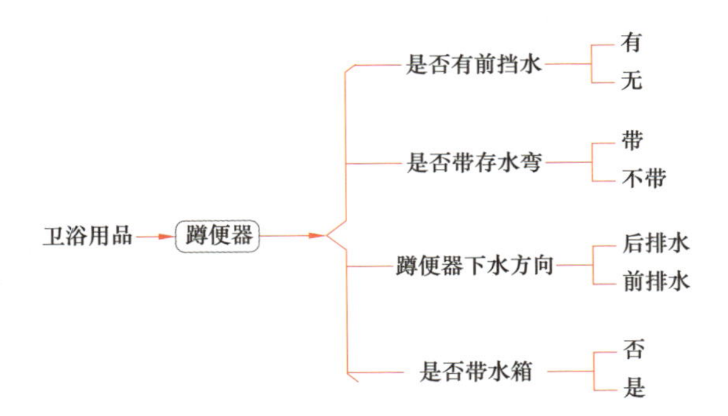

2.4　水箱的尺寸

水箱有关尺寸如图 2–13 所示。

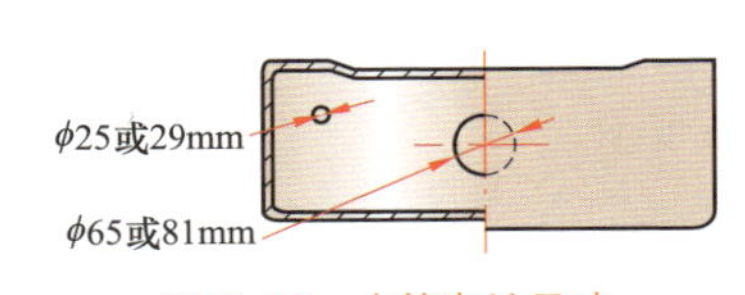

图 2–13　水箱有关尺寸

2.5 水槽

2.5.1 水槽的概述

厨房水槽根据材料可以分为铸铁水槽、搪瓷水槽、陶瓷水槽、不锈钢水槽、人造石水槽、钢板珐琅水槽、亚克力水槽、结晶石水槽等种类。根据款式可以分为单盆、双盆、大小双盆、异形双盆等种类。

目前，采用不锈钢水槽的情况比较多，这主要是因为不锈钢材质表现出现代气息，以及不锈钢具有易清洁、面板薄、质量轻、耐腐蚀、耐高温、耐潮湿等优点（见图 2-14）。

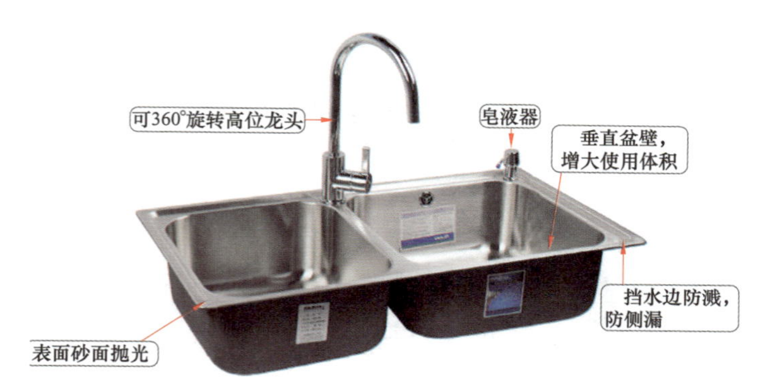

图 2-14　不锈钢水槽的外形

不锈钢水槽常用的附件有下水器（Waste kit）、水龙头（Tap）、皂液器（Soap dispenser）、排水管（Drainer kit）、安装夹（Clip）等。水槽结构有翼板（Drainer tray）、面板（frame）、下水孔（waste hole）、水龙头孔（tap hole）、盆（bowl）、溢流孔（overflow）、挡水边（ridge）等。

根据制作工艺，不锈钢水槽分为一体拉伸水槽（一体拉伸）、焊接水槽（由两个一体成形的单盆对焊、由两个一体成形的单盆与一块面板焊接而成）。

不锈钢水槽为后孔位的优点：能够使下水管安装在橱柜后面，并且下水管可以倾斜连接，从而使橱柜具有更大的使用空间。

水槽边型折弯方法如图 2-15 所示。

2.5.2 水槽的尺寸

水槽的尺寸如图 2-16 所示。

2.5.3 水槽的选择

水槽的选择要点如图 2-17 所示。

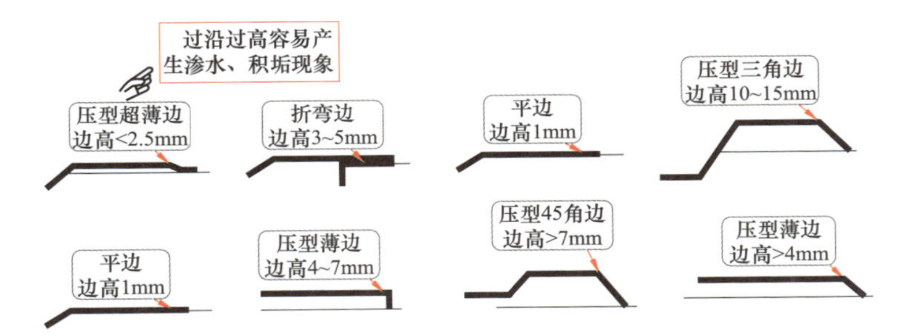

图 2-15 水槽边型折弯方法

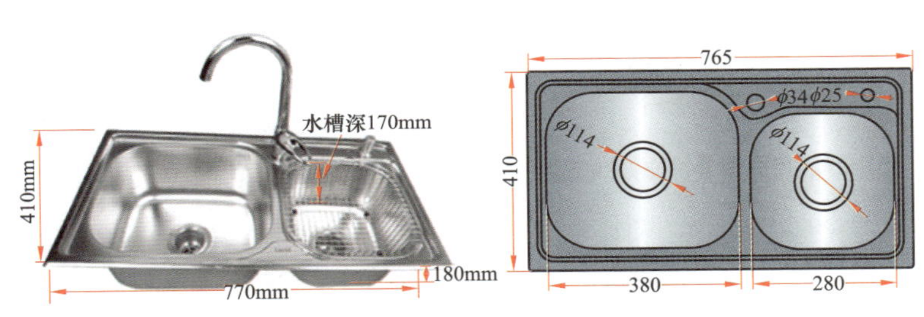

图 2-16 水槽的尺寸

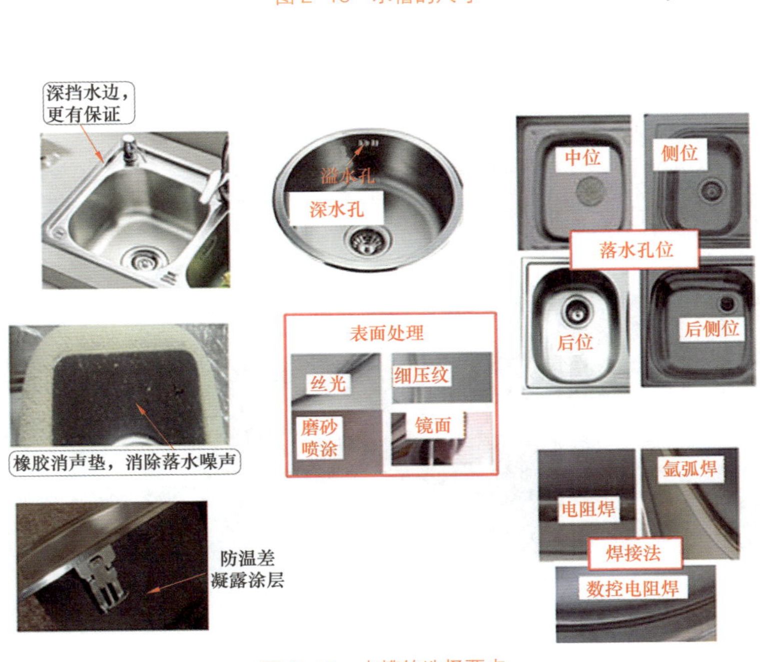

图 2-17 水槽的选择要点

2.6 常见管材

2.6.1 常见管材的种类

常见管材的种类见表 2-11。常见管材如图 2-18 所示。

表 2-11　常见管材的种类

类型	种类	类型	种类
家装管	（1）PP-R； （2）PE-RT	电力通信管	（1）通信管； （2）阻燃绝缘 PVC 电线槽、电工套管； （3）阻燃绝缘 PVC 工业线槽
给水管	（1）PVC-U 环保给水管； （2）钢丝网骨架塑料（PE）复合管（给水用）； （3）PE 环保健康给水管； （4）PVC-C 环保冷热饮水管； （5）聚氯乙烯改性高抗冲（PVC-M）环保给水管； （6）PB 环保冷热水管（灰色）； （7）PP-R 管；铝塑复合管； （8）环保安全钢塑复合管	地暖管	（1）PE-RT 采暖管； （2）地源热泵管道系统； （3）PB 环保冷热水管
排水排污管	（1）PVC-U 排水管； （2）HDPE 排水管； （3）钢带增强 PE 螺旋波纹管； （4）PVC-U 双壁波纹管	消防管	涂塑（T-PE · T-PE）安全钢塑复合管（消防用）
燃气管	（1）PE 安全燃气管； （2）铝塑复合管－铝塑燃气管； （3）钢丝网骨架塑料（聚乙烯）复合管（燃气用）； （4）涂塑（T-PE · T-PE）安全钢塑复合管（燃气用）	农业用管	（1）涤纶纤维增强软管； （2）透明单管； （3）钢丝增强管； （4）排吸螺旋管—普通螺旋排水管

图 2-18　常见管材

2.6.2 管道性能对比

管道性能对比见表 2-12。管材如图 2-19 所示。

表 2-12　部分管道性能对比

性能	PP-R 稳态管	普通 PP-R 管	镀锌管	铜管	铝塑复合管
使用寿命	50 年	50 年	5~10 年	50 年	无定论
承压强度	较高	一般	高	高	一般
耐温性能	≤ 85℃	＜ 70℃	＜ 100℃	＜ 100℃	＜ 90℃
抗冲击能力	略高	一般	高	高	高
防渗透性	隔氧、隔光	不隔氧、透光	隔氧、隔光	隔氧、隔光	隔氧、隔光
抗紫外线	优	一般	优	优	优
受热变形	较理想	易变形	理想	理想	较理想
卫生性能	卫生	卫生	不卫生	不卫生	卫生
连接方式	热熔连接	热熔连接	螺纹连接	螺纹连接	螺纹挤压连接
连接可靠性	高	高	一般	一般	差
导热系数	0.24W/（m·K）	0.24W/（m·K）	50~60W/（m·K）	383W/（m·K）	0.24W/（m·K）
管壁粗糙度	≤ 0.01μm	≤ 0.01μm	0.2μm	0.1μm	≤ 0.01μm
抗腐蚀能力	强	强	极差	较差	强
造价	中等	低	一般	高	中等

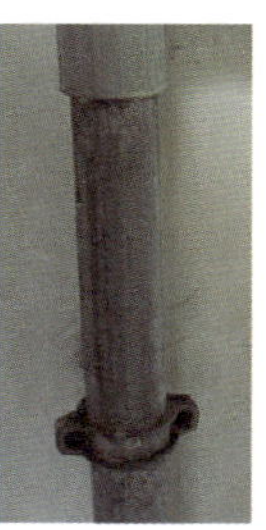

图 2-19　管材

2.6.3 家居装饰管材的选择

最普及的家居装饰给水管材——PP-R 如图 2-20 所示。

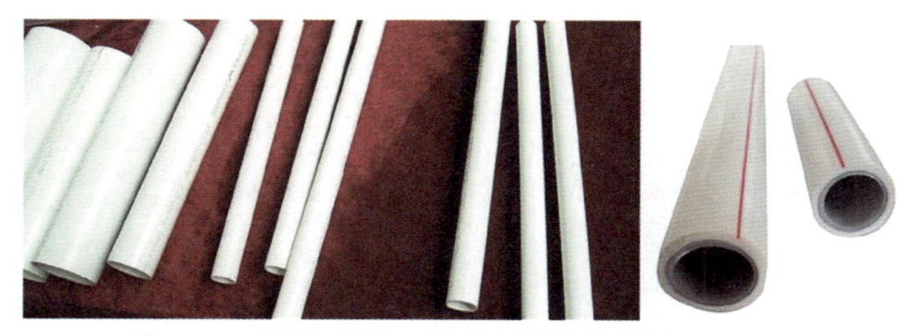

图 2-20　目前，最普及的家居装饰给水管材——PP-R

选择家居装饰管材方法如下：

生活给水管管径小于或等于 150mm 时，选择镀锌钢管或给水塑料管。

生活给水管管径大于 150mm 时，可以采用给水铸铁管。

生活给水管埋地敷设，管径等于或大于 75mm 时，宜采用给水铸铁管。

大便器、大便槽、小便槽的冲洗管，宜采用给水塑料管。

给水管道引入管的管径，不宜小于 20mm。

生活或给水管道的水流速度，不宜大于 2.0m/s。

2.7 给水管

给水管的种类与特点见表 2–13，给水管实物图如图 2–21~ 图 2–23 所示。

表 2–13　　给水管的种类与特点

名称	介绍	主要特点	应用范围
PB 环保冷热水管（灰色）	以聚丁烯 PB 材料制成的 PB 管道	质量轻、耐久性能好、抗紫外线、耐腐蚀、抗冻耐热性好、管壁光滑、热伸缩性好、节约能源、易于维修改造等	给水（卫生管）及热水管、供暖用管、空调用管、工业用管等
PE 环保健康给水管	PE 环保健康给水管材、管件采用进口 PE100 或 PE80 为原料生产。 PE 管材、管件连接可采用热熔承插、热熔对接、电熔等连接方式	使用寿命长、卫生性好、可耐多种化学介质的腐蚀、内壁光滑、柔韧性好、焊接工艺简单。有的 PE 环保健康给水管材 DN20 ~ DN90 为蓝色，DN110 以上为蓝色或黑色带蓝线	市政供水系统、建筑给水系统、居住小区埋地给水系统、工业和水处理管道系统等
PP–R 环保健康给水管	PP–R 环保健康给水管是家装常见的水管	卫生、安装方便可靠、保温节能、质量轻、产品内外壁光滑、耐热能力高、耐腐蚀、不结垢、使用寿命长	建筑物内的冷热水管道系统、直接饮用的纯净水供水系统、中央（集中）空调统、建筑物内的采暖系统等
PP–R 塑铝稳态复合管	PP–R 塑铝稳态复合管道是新型高性能输水管道。其管材由 PP–R 内管、内胶粘层、铝层、外胶粘层、PP–R 外覆层组成	线膨胀系数小、不渗氧、不透光、卫生性能、连接简易	民用及工业建筑内冷热水输送系统、饮用水输送系统、中央空调系统及传统供热供暖系统等
PVC–C 环保冷热饮水管	PVC–C 环保冷热饮水管是一种高性能管道	高强度、耐高温、安装方便、无透氧腐蚀、不受水中氯的影响、良好的阻燃性、耐酸碱、导热性能低、细菌不易繁殖、较低的热膨胀等	一般家庭公寓旅馆用管、饮用水及冷热水的配管系统、辐射热太阳能加热系统、温泉水输送系统等

续表

名称	介绍	主要特点	应用范围
PVC-U 环保给水管	硬聚氯乙烯（PVC-U）给水管道是一种发展成熟的供水管材	具有耐酸、耐碱、耐腐蚀性强、耐压性能好、强度高、质轻、流体阻力小、无二次污染等特点	民用建筑、工业建筑的室内供水系统。居住小区、厂区埋地给水系统。城市供水管道系统。园林灌溉、凿井等工程及其他工业用管
钢丝网骨架塑料（PE）复合管（给水用）	钢丝网骨架塑料 PE 复合管是以高强度钢丝、聚乙烯塑料为原材料，以缠绕成形的高强度钢丝为芯层，以高密度聚乙烯塑料为内、外层，形成整体管壁的一种 新型复合结构壁管材	有更高的承压强度与抗蠕变性能、具有超过普通纯塑料管的刚性、内壁光滑不结垢、耐腐蚀性好、质量轻等特点	市政工程、化学工业、冶金矿山、农业灌溉用管等
环保安全钢塑复合管（衬塑环保钢塑复合管）	衬塑环保钢塑复合管是采用镀锌钢管为外管，内壁复衬 PVC-U、PE-RT 或 PVC-C 管，经特殊工艺复合而成	卫生安全、良好力学性能、密封性能好等	民用供水工程、工业用管道系统、化工管道系统等
环保安全钢塑复合管（涂塑环保钢塑复合管）	涂塑（PE）环保钢塑复合管采用镀锌钢管为基体，以先进的工艺在内壁喷涂、吸附、熔融 PE 粉末涂料并经高温固化的复合管材	内壁光滑、不生锈、不结垢、流体阻力小、耐冲磨、防腐蚀、抗菌卫生性能好等	建筑用供水系统、工业品输送用管道、自来水管网系统等
聚氯乙烯改性高抗冲（PVC-M）环保给水管	高抗冲聚氯乙烯（PVC-M）环保给水管是以 PVC 树脂粉为主材料，添加抗冲改性剂，通过加工工艺挤出成形的兼有高强度、高韧性的高性能新型管道	质量轻、良好的刚度和韧性、卫生环保、连接方式简便、管道运行维护成本低、耐腐蚀	市政给排水、民用给排水、工业供水、工业排水等

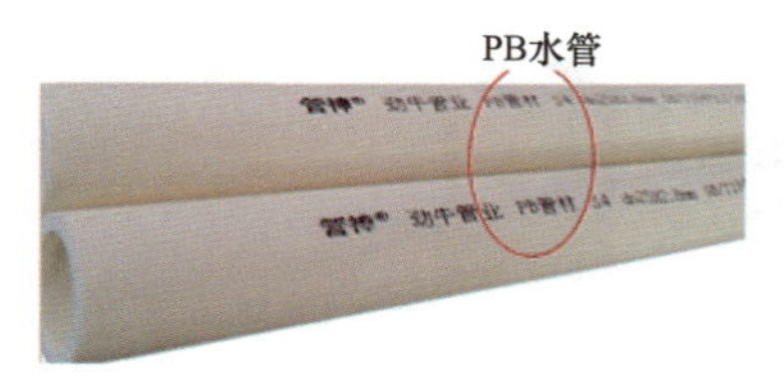

图 2-21　PB 管

图 2-22　PVC-M 管

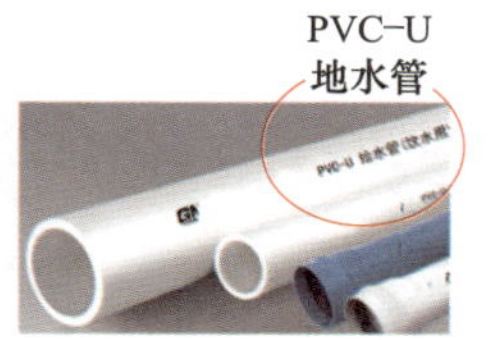

图 2-23　PVC-U 给水管

2.8 PP-R 管

2.8.1　PP-R 管的概述

PP-R 管如图 2-24~ 图 2-29 所示，PP-R 管优劣的判断方法见表 2-14，PP-R 管的类型见表 2-15。

PP-R 的化学名称为无规共聚聚丙烯，PP-R 管就是以无规共聚聚丙烯为原料制成的管材。

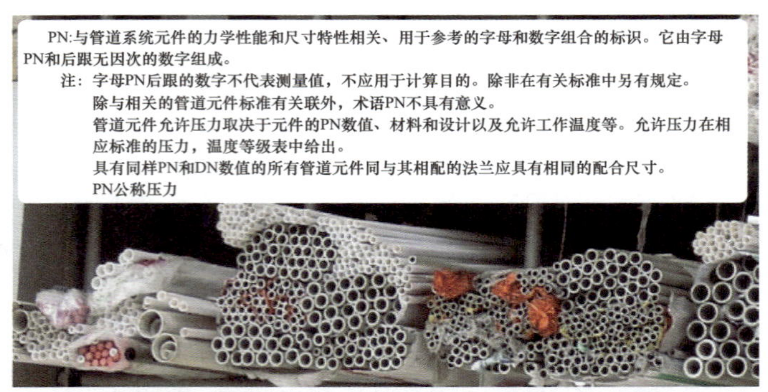

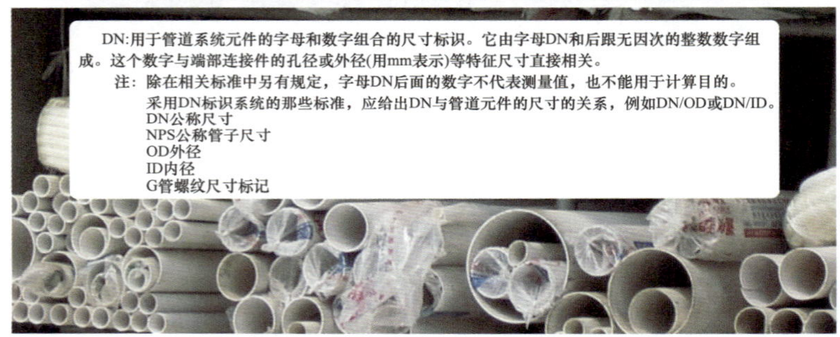

图 2-24　PP-R 管

PP-R 水管有 PP-R 热水管、PP-R 冷水管之分。PP-R 冷水管与热水管的壁厚不同，承受的压力也不同。一般冷水管承受的压力为 1.6MPa，热水管承受的压力为 2MPa。PP-R 冷水管与热水管导热系数也不一样。热水管可以代替冷水管，冷水管不可以代替热水用。如果经济条件允许的情况下，可以全都购买热水管使用。

表 2-14　　PP-R 管优劣的判断方法

方法	优质管	劣质管
看	色泽柔亮有油质感、外表磨砂、内壁光滑、嵌件光亮、结构紧密等	色泽不自然、切口断面干涩无油质感、感觉像加入了粉笔灰等
摸	内外壁光滑、无凹凸裂纹、外丝有滚花小齿、有加筋等	内壁粗糙有凹凸感
掂	用手掂掂分量要比劣质 PP-R 水管重一些	劣质 PP-R 水管要比优质的轻一些
烧	耐高温	不能够耐高温

PP-R 管材喷码中的 PN 代表公称压力，单位一般为 MPa。公称压力不同的管材壁厚不同，选择管材时，需要保证管材的公称压力不能够低于自来水的水压。

PP-R 管材使用热熔承插的连接方法，可以使管材与管件完全融为一体，接头的强度甚至超过了管材本体的强度，可靠性极高。

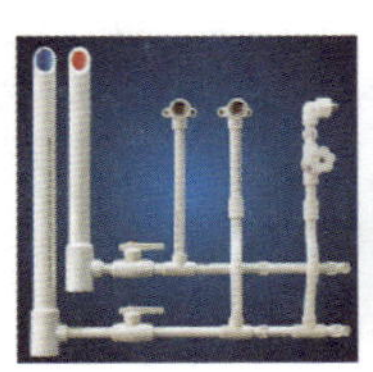

图 2-25　PP-R 管与管件

PP-R 管材安装好后需要试压：将管道内充满水，并且彻底排净管道内的空气，然后用加压泵将压力增到试验压力。家装管每隔 10min 重新加压到试验压力，重复两次。记录最后一次泵压 10min 及 40min 后的压力，正常情况压差不得大于 0.06MPa。结束后，再过 2h，压力下降不应超过 0.02MPa。

不同品牌的 PP-R 管材使用的原料会有一些不同。连接时，可靠性得不到保证，所以，PP-R 管材尽量采用同一品牌的 PP-R 管熔接。如果安装场所不很严格，不同品牌的 PP-R 管材也可以熔接，只是一定要试压。

PP-R 管还有 PP-R 抗菌管与 PP-R 铜管等不同种类的管材。

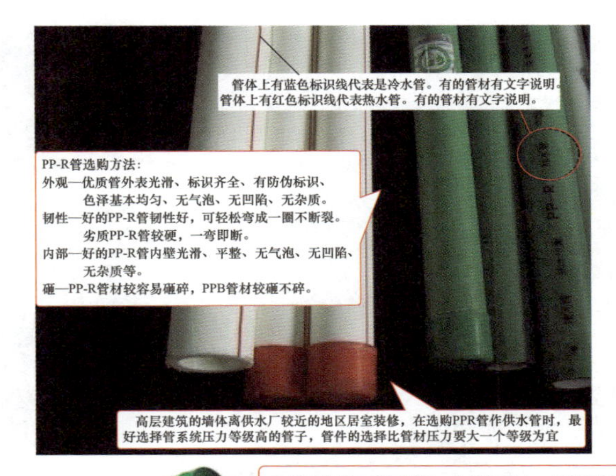

PP-R冷热水用管材

管材规格用管系统S、公称外径d_n　公称壁厚e_n表示
例：管系统$S5$、公称外径为32mm、公称壁厚为2.9mm
表示为S5　d_n32　e_n2.9mm

内径(mm)(米制)	内径(in)(英制)	外径(mm)	俗称
6	1/8	10	1分管
8	1/4	13.5	2分管
10	3/8	17	3分管
15	1/2	21.3	4分管
20	3/4	26.8	6分管
25	1	33.5	1寸管

图 2-26　PP-R 给水管

PP-R 给水管的种类包括：

PP-R 塑铝稳态管，为五层复合结构，中间层是铝层，外层为 PP-R，内层为 PP-R。层与层采用不同的热熔胶，通过高温高压挤出复合而成。

PP-R 纳米抗菌管，是在吸收 PP-R 水管环保节能的基础上通过技术手段从而达到银离子有效抑制细菌滋生的 PP-R 管。

FPP-R 玻纤增强管，是在传统 PP-R 水管产品优点的基础上加入优质玻纤，从而使塑料管道的韧性进一步提高与加强。

PP-R 管系列 S 的选择

设计压力（MPa）	管系列 S			
	级别 1 σ_d=3.09MPa	级别 2 σ_d=2.13MPa	级别 4 σ_d=3.30MPa	级别 5 σ_d=1.90MPa
0.4	5	5	5	4
0.6	5	3.2	5	3.2
0.8	3.2	2.5	4	2
1.0	2.5	2	3.2	—

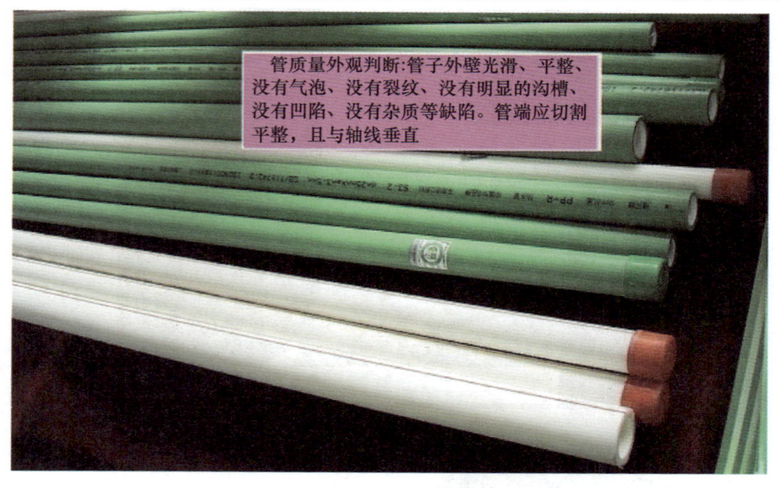

图 2-27　PP-R 给水管

选择 PP-R 给水管的要求：自来水公司供应的生活用水压力一般在 200~350kPa，因此，水管管材能承受的压力要远远大于这个数字。PP-R 管有白色、灰色、绿色的，根据实际情况选择。

2.8.2　PP-R 管的结构

PP-R 管的结构见表 2-16。

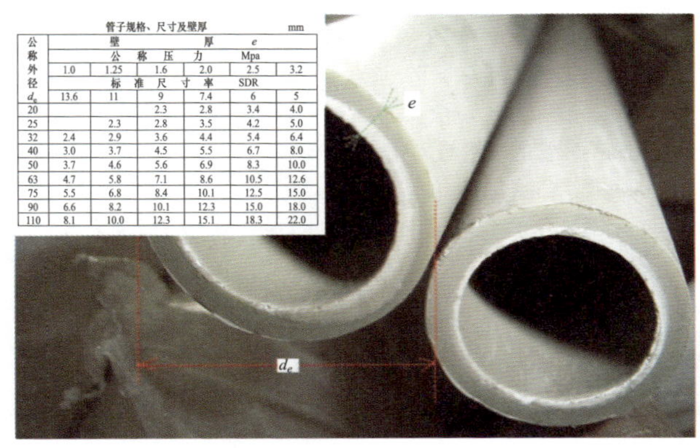

管子规格、尺寸及壁厚 mm

公称外径 d_e	壁厚 e					
	公称压力 Mpa					
	1.0	1.25	1.6	2.0	2.5	3.2
	标准尺寸率 SDR					
	13.6	11	9	7.4	6	5
20			2.3	2.8	3.4	4.0
25		2.3	2.8	3.5	4.2	5.0
32	2.4	2.9	3.6	4.4	5.4	6.4
40	3.0	3.7	4.5	5.5	6.7	8.0
50	3.7	4.6	5.6	6.9	8.3	10.0
63	4.7	5.8	7.1	8.6	10.5	12.6
75	5.5	6.8	8.4	10.1	12.5	15.0
90	6.6	8.2	10.1	12.3	15.0	18.0
110	8.1	10.0	12.3	15.1	18.3	22.0

图 2-28 PP-R 给水管

图 2-29 PP-R 给水管配件

表 2-15 PP-R 的类型

名称	解说
抗菌型 PP-R 管	抗菌型 PP-R 管使用了金属离子型抗菌剂，因此，其具有抗菌性，例如对大肠杆菌、金黄色葡萄球菌等细菌的抗菌。抗菌型 PP-R 管还具有耐热性高、不会分解失效、安全性好、对环境无污染等特点。 抗菌管道的应用范围与 PP-R 管道应用相同，主要是对产品抗菌性能提出了更高的要求。抗菌型 PP-R 管适用于水质较差的区域或家庭直饮水系统
增强型 PP-R 管	增强型 PP-R 管的耐压比传统 PP-R 管提高了，强度也增高了，线性膨胀系数降低了，使用寿命提高了。增强型 PP-R 管中间波纤层主要起到有效阻隔管材周边污染源的渗入，保障水质的卫生
抗菌增强型 PP-R 管	抗菌增强型 PP-R 管是在玻纤稳态 PP-R 水管的基础上添加抗菌材料，性能特点除具备玻纤稳态 PP-R 管特性外，还具有抗菌性能。抗菌增强型 PP-R 管适用高水压，周围环境较差的区域的用管

表 2-16 PP-R 管的结构

图例	图例	图例
PP-R、胶粘剂、铝箔、胶粘剂、PP-R PP-R 塑铝稳态复合管	PP-R 外层、玻纤复合层、纳米抗菌层 PP-R 玻纤稳态管	抗菌6分热水管、纳米冷性PP-R管、管道内外壁光滑，不结水垢、管材最高使用水温可达160℃、规格：25×42mm、白色抗菌层 PP-R 抗菌管
中间层为玻璃纤维层、内外层为PP-R层 抗菌增强型 PP-R	中间层为玻璃纤维层、内外层为PP-R层 增强型 PP-R	PP-R 原料、纯铜 PP-R 铜管

2.8.3 PP-R 管的规格与尺寸

PP-R 管的规格与尺寸见表 2-17。

表 2-17　　PP-R 管的规格与尺寸　　mm

公称外径 d_n	外径偏差	管材公称壁厚 e_n				
		管系列				
		S5	S4	S3.2	S2.5	S2
20	+0.3 0	—	2.3	2.8	3.4	4.1
25	+0.3 0	2.3	2.8	3.5	4.2	5.1
32	+0.3 0	2.9	3.6	4.4	5.4	6.5
40	+0.4 0	3.7	4.5	5.5	6.7	8.1
50	+0.5 0	4.6	5.6	6.9	8.3	10.1
63	+0.6 0	5.8	7.1	8.6	10.5	12.7
75	+0.7 0	6.8	8.4	10.3	12.5	15.1
90	+0.9 0	8.2	10.1	12.3	15.0	18.1
110	+1.0 0	10.0	12.3	15.1	18.3	22.1

注　管材长度 L 一般为 4000、6000mm。

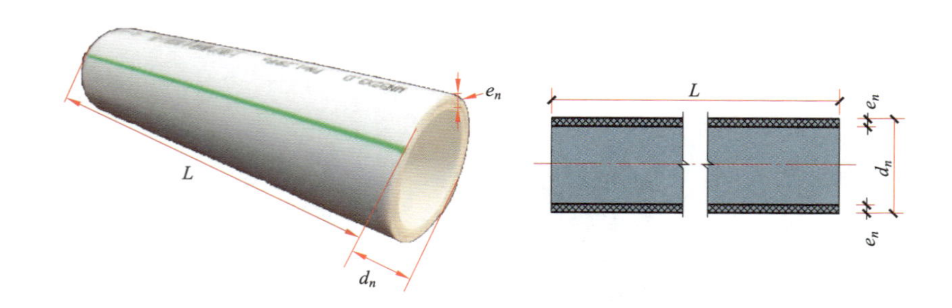

2.8.4 PP-R 抗菌管

PP-R 抗菌管（见图 2-30）能够在一定时间内，使管道内某些微生物（细菌）的生长与繁殖保持在必要的安全水平以下的一种管道。抗菌与传统的杀菌、灭菌的概念不同。灭菌就是将微生物全部杀死，抗菌仅将微生物数量降低，以及长期维持在一个安全的水平。

PP-R 抗菌管在潮湿的条件下，管道内壁的抗菌层会缓慢释放少量银离子，从而达到抑制细菌的活性与繁殖再生的作用。

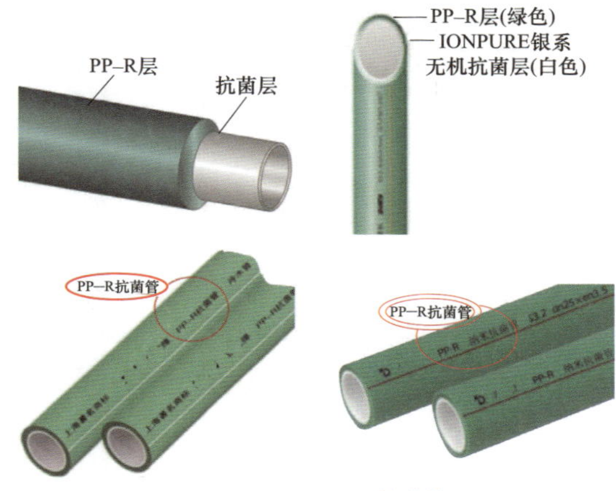

图 2-30 PP-R 抗菌管

2.8.5 PP-R 铜管

PP-R 铜管的结构：铜塑管是将铜水管与 PP-R 采用热熔挤制胶合而成的一种给水管（见图 2-31）。铜塑管的内层为无缝纯铜管，水完全接触于纯铜管。PP-R 铜管的性能等同于铜水管。铜塑管的外层为 PP-R，也就保持了 PP-R 管的优点。

铜塑管与 PP-R 管的安装工艺相同，比较 PP-R 管，铜塑管更节能环保、健康。

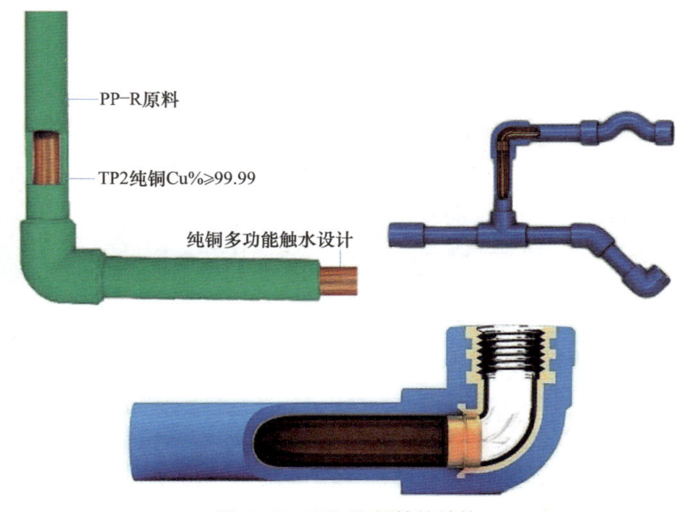

图 2-31 PP-R 铜管的结构

2.8.6 PP-R 常见的配件

PP-R 常见的配件如图 2-32、图 2-33 所示。

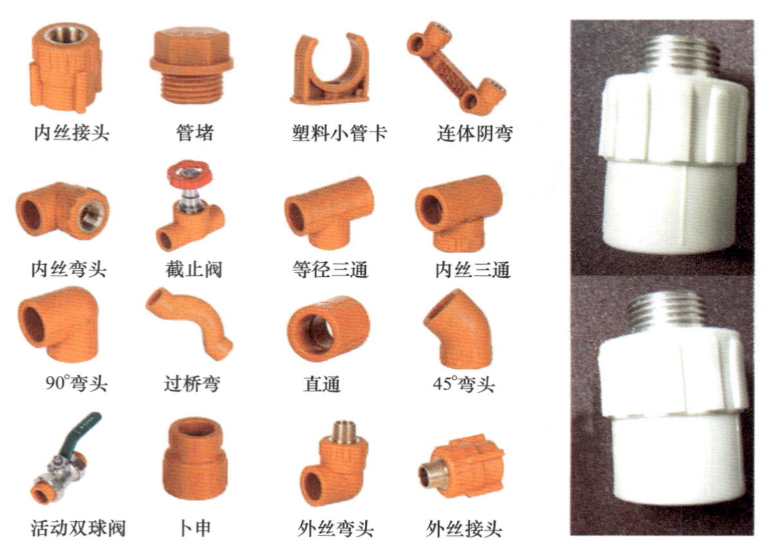

图 2-32 PP-R 常见的配件

PP-R 一些配件的安装还需要生料带。生料带用于水管、暖气管道密封中，虽然其耐高温、耐腐蚀，但不耐压。电工胶带具有一定胶性、绝缘，也具有耐高温特点，同时还具有耐压特点，但是不防漏。因此，生料带与电工胶带不能够互相代替使用。

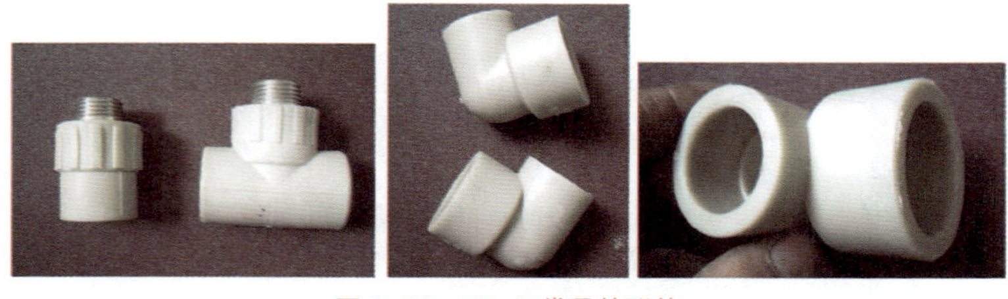

图 2-33 PP-R 常见的配件

PP-R 管件的功能如图 2-34 所示。PP-R 给水管配件见表 2-18。

PP-R 管件是将 PP-R 管连接成管路的 PP-R 配件。根据连接方法，PP-R 管件可以分为承插式管件、螺纹管件、法兰管件、焊接管件。PP-R 管件的种类有全塑料件（配件都是 PP-R 材料做的）、铜件（PP-R 料与铜组合）等。PP-R 管件多用与管子相同的材料制成。

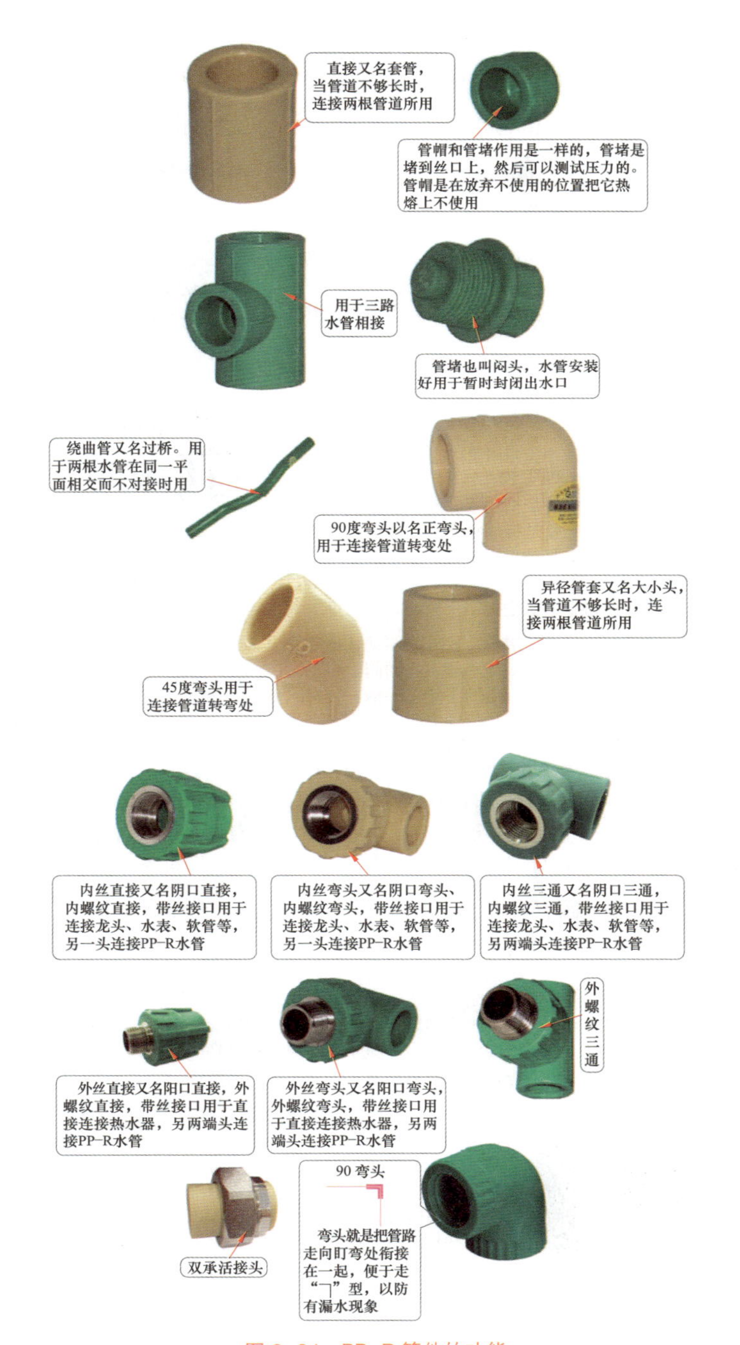

图 2-34　PP-R 管件的功能

表 2-18　　PP-R 给水管配件

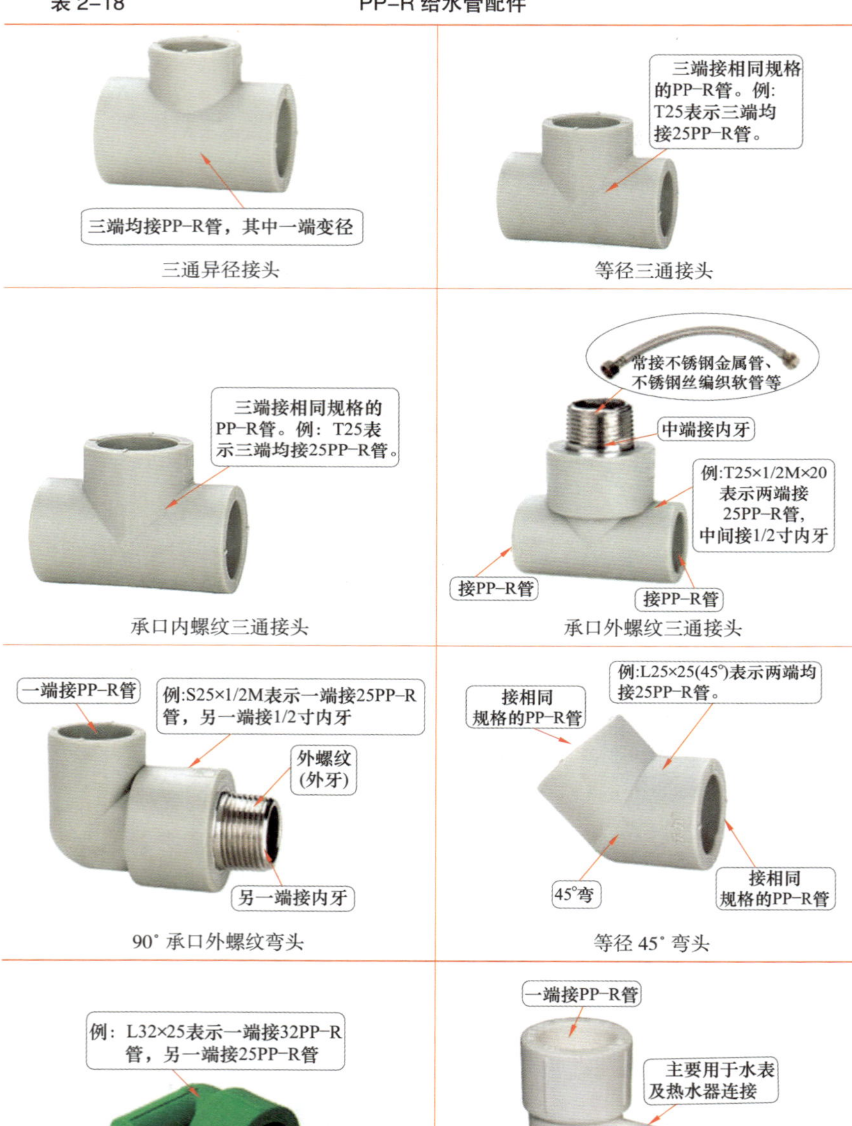

续表

带座内牙弯头

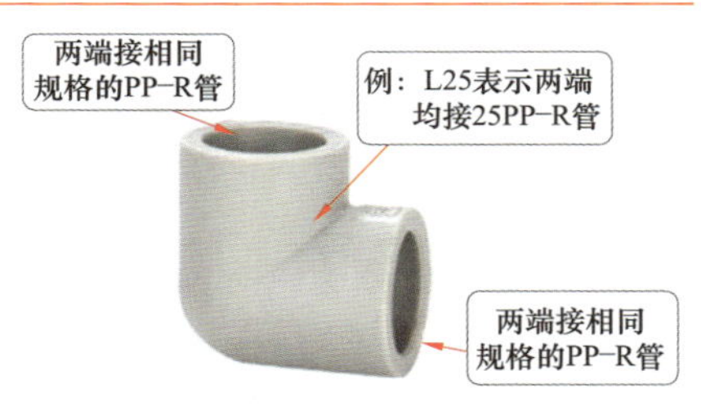

等径 90° 弯头

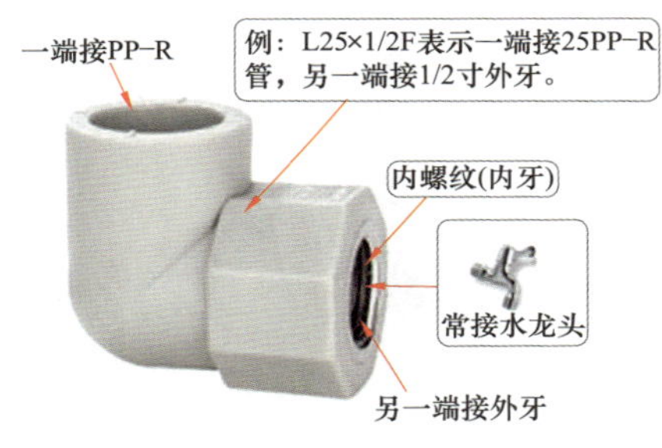

90° 承口内螺纹弯头

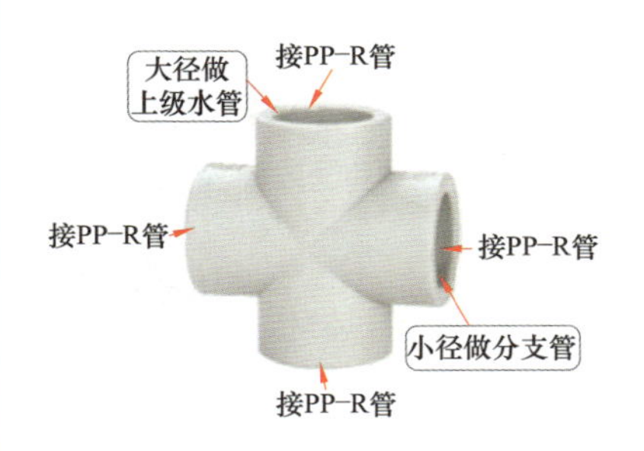

异径四通接头

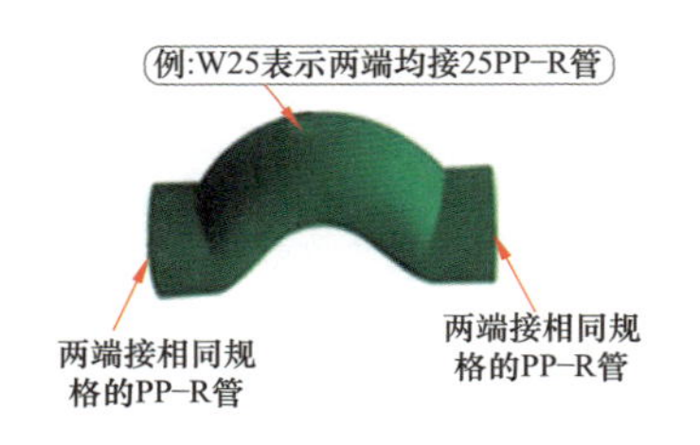

过桥弯

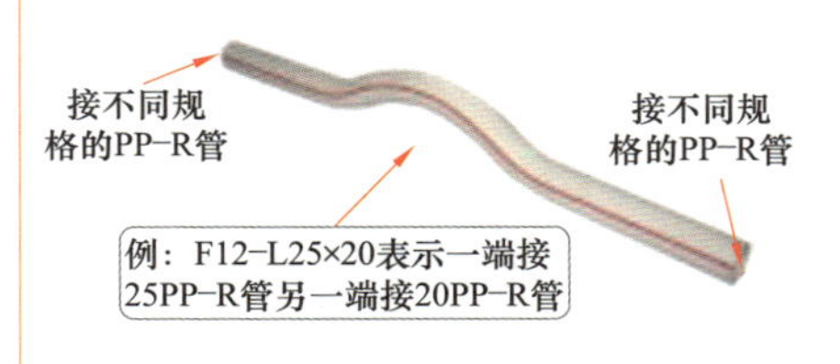

过桥弯管（S3.2 系列）

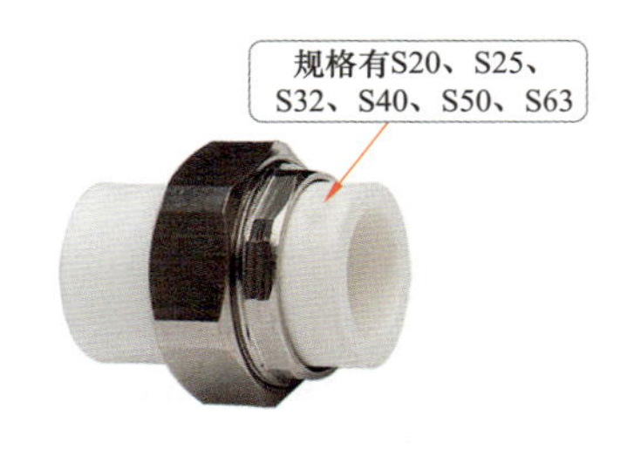

承口活接头

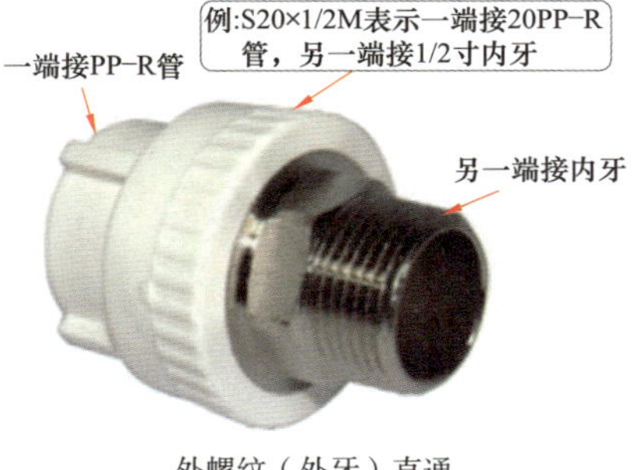

外螺纹（外牙）直通

续表

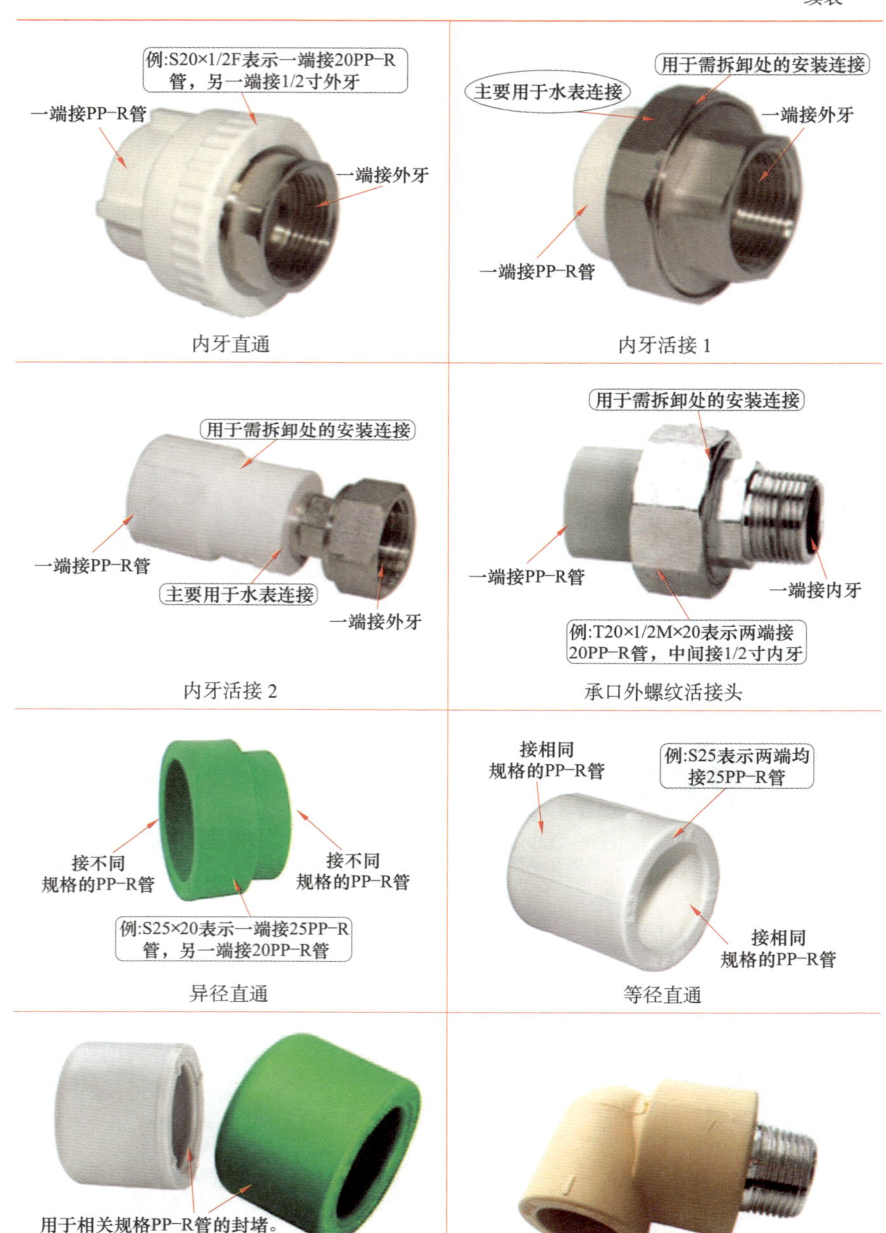
例:S20×1/2F表示一端接20PP-R管，另一端接1/2寸外牙
一端接PP-R管
一端接外牙
内牙直通
用于需拆卸处的安装连接
主要用于水表连接
一端接外牙
一端接PP-R管
内牙活接 1
用于需拆卸处的安装连接
一端接PP-R管
主要用于水表连接
一端接外牙
内牙活接 2
用于需拆卸处的安装连接
一端接PP-R管
一端接内牙
例:T20×1/2M×20表示两端接20PP-R管，中间接1/2寸内牙
承口外螺纹活接头
接不同规格的PP-R管
接不同规格的PP-R管
例:S25×20表示一端接25PP-R管，另一端接20PP-R管
异径直通
接相同规格的PP-R管
例:S25表示两端均接25PP-R管
接相同规格的PP-R管
等径直通
用于相关规格PP-R管的封堵。
例：S32表示接32PP-R管
管帽
PP-R 抗菌管外丝弯头

续表

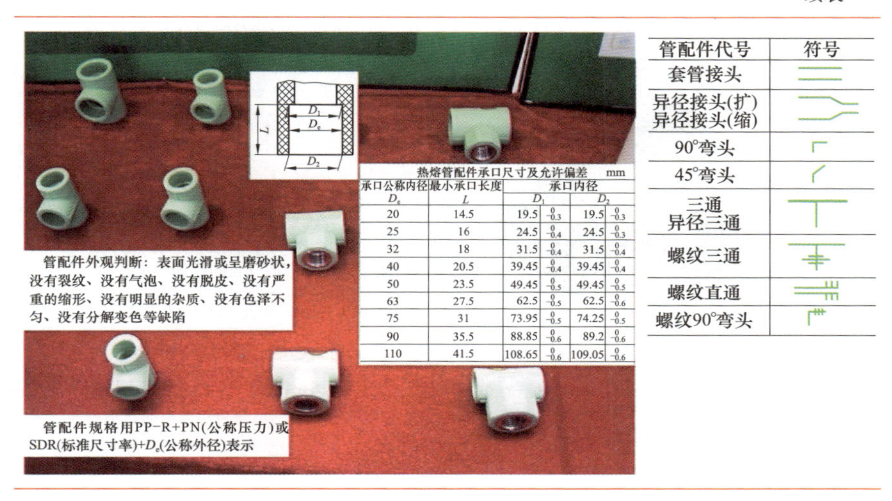

热熔管配件承口尺寸及允许偏差　mm

承口公称内径 D_e	最小承口长度 L	承口内径 D_1		承口内径 D_2	
20	14.5	19.5	$^{0}_{-0.3}$	19.5	$^{0}_{-0.3}$
25	16	24.5	$^{0}_{-0.4}$	24.5	$^{0}_{-0.3}$
32	18	31.5	$^{0}_{-0.4}$	31.5	$^{0}_{-0.4}$
40	20.5	39.45	$^{0}_{-0.4}$	39.45	$^{0}_{-0.4}$
50	23.5	49.45	$^{0}_{-0.5}$	49.45	$^{0}_{-0.5}$
63	27.5	62.5	$^{0}_{-0.5}$	62.5	$^{0}_{-0.6}$
75	31	73.95	$^{0}_{-0.5}$	74.25	$^{0}_{-0.5}$
90	35.5	88.85	$^{0}_{-0.6}$	89.2	$^{0}_{-0.6}$
110	41.5	108.65	$^{0}_{-0.6}$	109.05	$^{0}_{-0.6}$

管配件代号	符号
套管接头	
异径接头(扩) 异径接头(缩)	
90°弯头	
45°弯头	
三通 异径三通	
螺纹三通	
螺纹直通	
螺纹90°弯头	

上述管件配件选购时，需要注意它们可以分为 PP–R 铜管管材管件、PP–R 管材管件（即普通类的）、PP–R 抗菌管材管件等类型，也就是说各种管道应采用与该类管材相应的专用配件。

目前，市场上 PP–R 管件主要规格在 20~110mm。

常见管件的特点如图 2–35 所示。

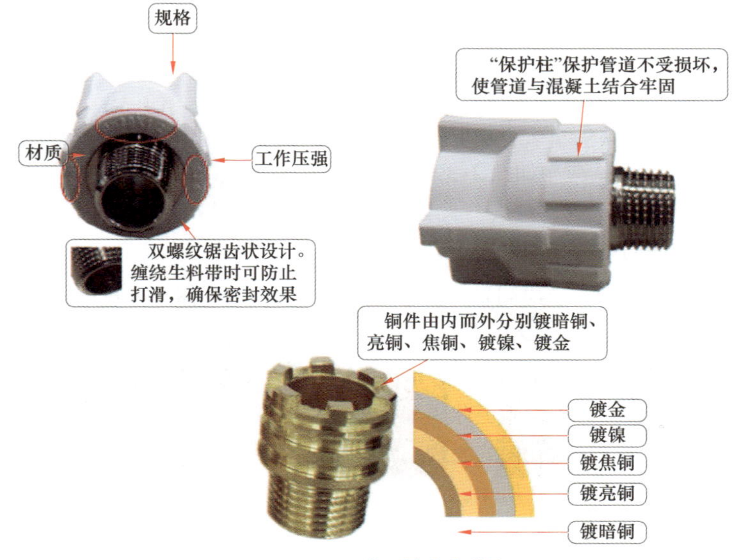

图 2–35　常见管件的特点

2.8.7 三通

三通的功能与特点如图 2-36 所示。

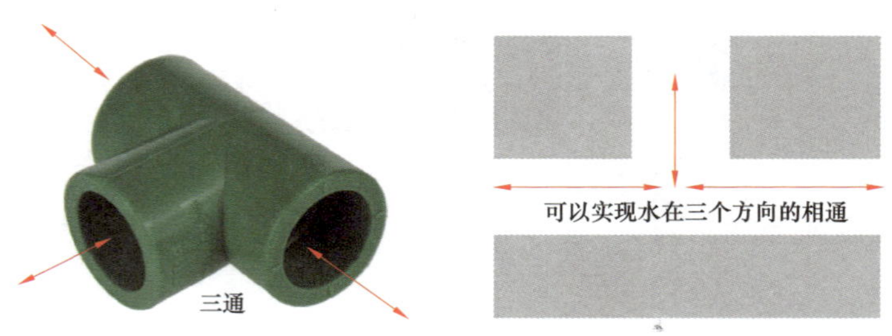

图 2-36 三通功能与特点

三通可以分为正三通（等径三通）、【6 分】D25mm 三通、绿色三通等（见图 2-37）。

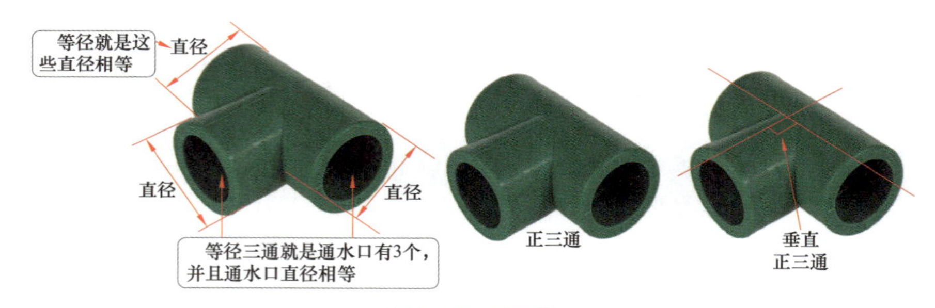

图 2-37 正三通

2.8.8 弯头

弯头可以分为【6 分变 4 分】内丝弯头、绿色弯头、6 分 25 规格 90° 弯头等（见图 2-38）。弯头的应用如图 2-39 所示。

PP-R（聚丙烯）内丝弯头一头与相对应的 PP-R 管热熔连接，另一头与相对应的外螺纹，使用生料带密封连接。

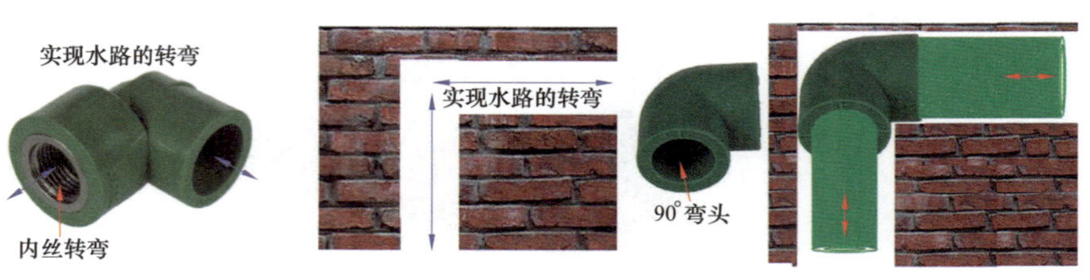

图 2-38 弯头　　图 2-39 弯头的应用

内丝弯头的规格见表 2-19。

表 2-19　内丝弯头的规格

品名	规格	俗称	说明
内丝弯头	L20 × 1/2F	4 分 × 4 分	与 20mm 外径的 PP-R 管热熔连接，4 分内螺纹
	L25 × 1/2F	6 分 × 4 分	与 25mm 外径的 PP-R 管热熔连接，4 分内螺纹
	L25 × 3/4F	6 分 × 6 分	与 25mm 外径的 PP-R 管热熔连接，6 分内螺纹
	L32 × 1″ F	1 寸 × 1 寸	与 32mm 外径的 PP-R 管热熔连接，1 寸内螺纹

注　L 表示弯头，F 表示内螺纹。

2.8.9 直接头

直接头可以分为【6 分】D25mm 直接头、绿色直接头、阳螺纹外牙直接、阴螺纹内丝直接头等。直接头与其应用如图 2-40 所示，直接头的特点如图 2-41 所示。

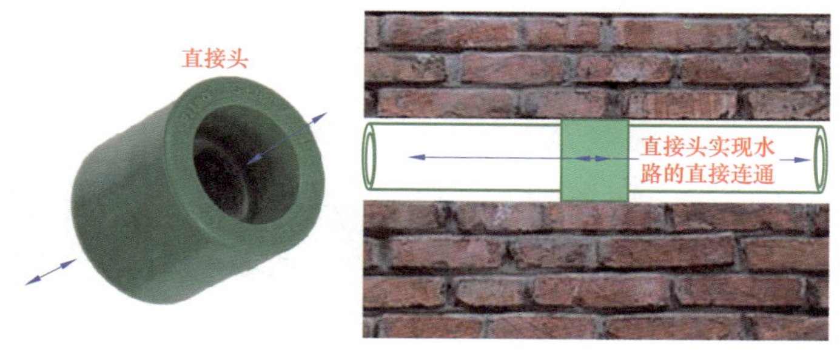

图 2-40　直接头与其应用

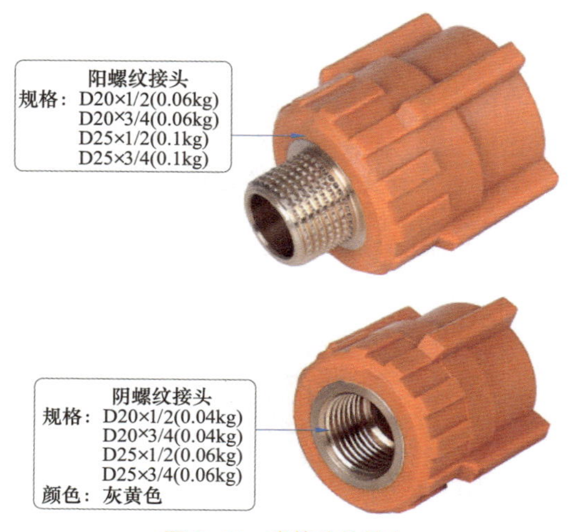

图 2-41　直接头的特点

2.8.10 PP-R 管件的尺寸

PP-R 管件的尺寸如图 2-42 所示。

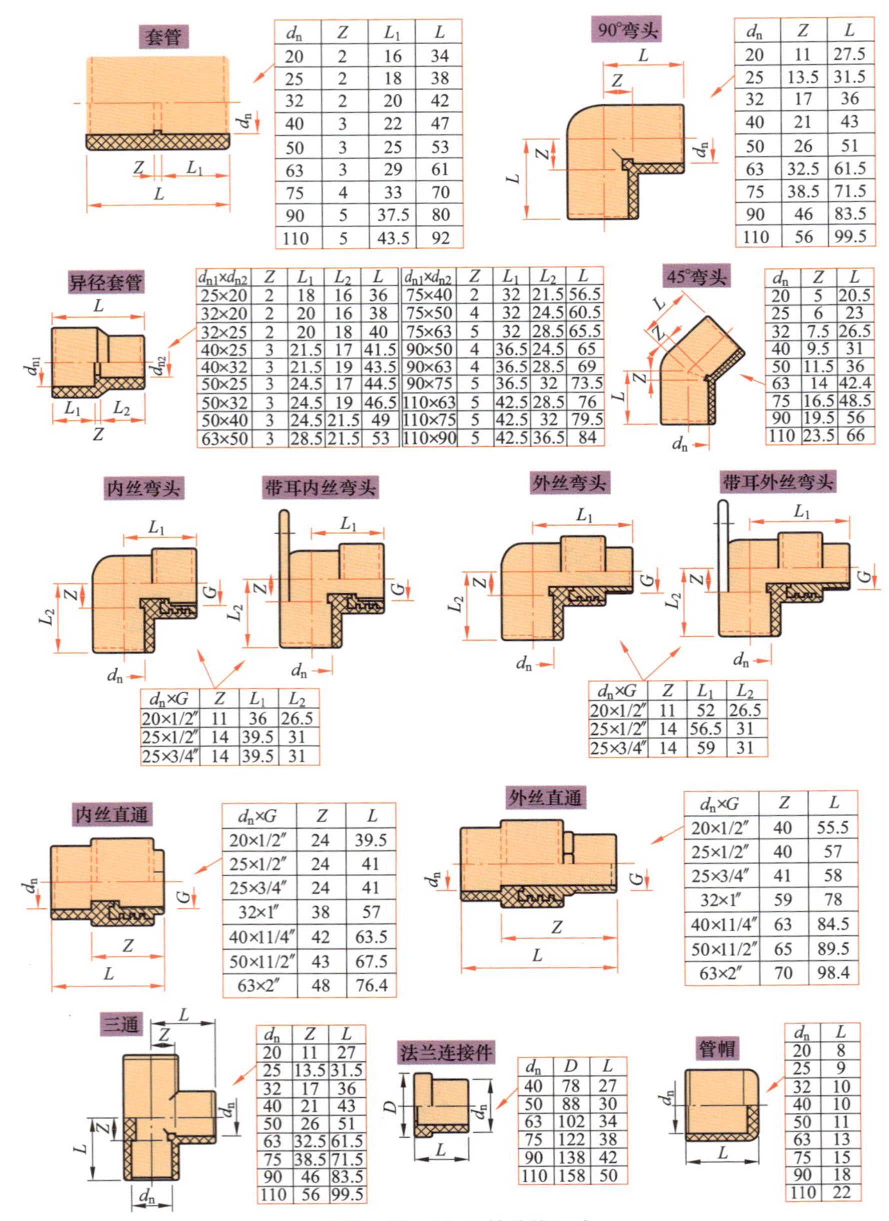

套管

d_n	Z	L_1	L
20	2	16	34
25	2	18	38
32	2	20	42
40	3	22	47
50	3	25	53
63	3	29	61
75	4	33	70
90	5	37.5	80
110	5	43.5	92

90°弯头

d_n	Z	L
20	11	27.5
25	13.5	31.5
32	17	36
40	21	43
50	26	51
63	32.5	61.5
75	38.5	71.5
90	46	83.5
110	56	99.5

异径套管

$d_{n1}\times d_{n2}$	Z	L_1	L_2	L	$d_{n1}\times d_{n2}$	Z	L_1	L_2	L
25×20	2	18	16	36	75×40	2	32	21.5	56.5
32×20	2	20	16	38	75×50	4	32	24.5	60.5
32×25	2	20	18	40	75×63	5	32	28.5	65.5
40×25	3	21.5	17	41.5	90×50	4	36.5	24.5	65
40×32	3	21.5	19	43.5	90×63	4	36.5	28.5	69
50×25	3	24.5	17	44.5	90×75	5	36.5	32	73.5
50×32	3	24.5	19	46.5	110×63	5	42.5	28.5	76
50×40	3	24.5	21.5	49	110×75	5	42.5	32	79.5
63×50	3	28.5	21.5	53	110×90	5	42.5	36.5	84

45°弯头

d_n	Z	L
20	5	20.5
25	6	23
32	7.5	26.5
40	9.5	31
50	11.5	36
63	14	42.4
75	16.5	48.5
90	19.5	56
110	23.5	66

内丝弯头、带耳内丝弯头

$d_n\times G$	Z	L_1	L_2
20×1/2″	11	36	26.5
25×1/2″	14	39.5	31
25×3/4″	14	39.5	31

外丝弯头、带耳外丝弯头

$d_n\times G$	Z	L_1	L_2
20×1/2″	11	52	26.5
25×1/2″	14	56.5	31
25×3/4″	14	59	31

内丝直通

$d_n\times G$	Z	L
20×1/2″	24	39.5
25×1/2″	24	41
25×3/4″	24	41
32×1″	38	57
40×11/4″	42	63.5
50×11/2″	43	67.5
63×2″	48	76.4

外丝直通

$d_n\times G$	Z	L
20×1/2″	40	55.5
25×1/2″	40	57
25×3/4″	41	58
32×1″	59	78
40×11/4″	63	84.5
50×11/2″	65	89.5
63×2″	70	98.4

三通

d_n	Z	L
20	11	27
25	13.5	31.5
32	17	36
40	21	43
50	26	51
63	32.5	61.5
75	38.5	71.5
90	46	83.5
110	56	99.5

法兰连接件

d_n	D	L
40	78	27
50	88	30
63	102	34
75	122	38
90	138	42
110	158	50

管帽

d_n	L
20	8
25	9
32	10
40	10
50	11
63	13
75	15
90	18
110	22

图 2-42　PP-R 管件的尺寸

2.8.11 PP–R 管件的用量

PP–R 管件的用量见表 2–20。

表 2–20 PP–R 管件的用量

名称	图例	二卫生间、一厨房一般用量	一卫生间、一厨房一般用量	一卫生间、一厨房、一阳台一般用量	二卫生间、一厨房、一阳台一般用量
90° 弯头		70 只	40 只	20~30 只	30~40 只
PP–R 热水管		80m	40m		
直接头		10 只	5 只	5~10 只	3~6 只
同径三通		14 只	7 只	4~8 只	5~10 只
45° 弯头		10 只	5 只	5~10 只	10~15 只
内丝直弯		13 只	7 只	10~12 只	17~20 只
内丝直接		4 只	2 只	2~4 只	3~5 只
内丝三通		2 只	1 只		
过桥弯		3 根	1 根	1~2 根	3~4 根

续表

名称	图例	二卫生间、一厨房一般用量	一卫生间、一厨房一般用量	一卫生间、一厨房、一阳台一般用量	二卫生间、一厨房、一阳台一般用量
生料带		4 卷	2 卷	1~2 卷	2~5 卷
堵头		13 只	7 只	10~20 只	20~30 只
管卡		60 只	40 只	10~20 只	15~40 只
外丝直弯		2 只	1 只	1 只	1~2 只
外丝直接		2 只	1 只	1 只	1~2 只

2.8.12 PP–R 管件的选择

选择热水 PP–R 管系列 S 的规格见表 2–21。

表 2–21　　选择热水 PP–R 管系列 S 的规格

级别	设计温度 T_D（℃）	T_D 下寿命（年）	最高温度 T_{max}/（℃）	T_{max} 下寿命（年）	故障温度 T_{max}（℃）	T_{max} 下寿命（h）
级别 1	60	49	80	1	95	100
级别 2	70	49	80	1	95	100

级别 \ P_D（MPa）	0.4	0.6	0.8	1.0
级别 1	S5	S5	S3.2	S2.5
级别 2	S5	S3.2	S2.5	S2

P_D：所需管材的设计压力。

选择 PP–R 管件考虑的因素：

（1）外观、质量。

（2）管件的壁厚，管件壁厚必须不小于同规格管材的壁厚。

（3）铜嵌件的质量：

1）铜嵌件的质量直接关系到与水龙头等金属件咬合的质量。

2）铜嵌件必须有一定的厚度来保证强度，如果壁厚过薄，会发生活牙，甚至在安装水龙头时发生开裂、漏水的情况。

3）观察螺纹的圈数来判断铜嵌件的质量：标准的产品，螺纹一般有 6 圈，低劣产品一般在 4 圈以下。

4）看螺纹是否清晰平直，深度是否足够。应挑选表面没有明显的痕纹凹陷与严重缩形的铜嵌件 PP–R 管件。

（4）承口的质量。

1）承口就是在安装时需要与管材熔接的部分。

2）承口必须有一定的深度保证熔接后的密封区的长度。

3）承口的内径不能过大，防止与管材熔接时发生虚接。

4）承口的底部尺寸不能过小，以保证管件的厚度。

选择冷水 PP–R 管系列 S 的规格如图 2–43 所示。

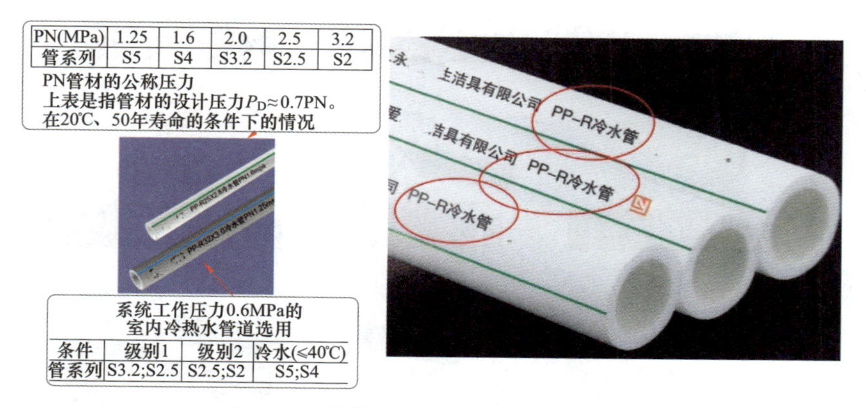

图 2–43　选择冷水 PP–R 管系列 S 的规格

2.8.13　PP–R 管使用注意事项

PP–R 管使用注意事项如图 2–44 所示。

2.8.14　PP–R 管的安装

PP–R 管安装要求：

图 2-44　PP-R 管使用注意事项

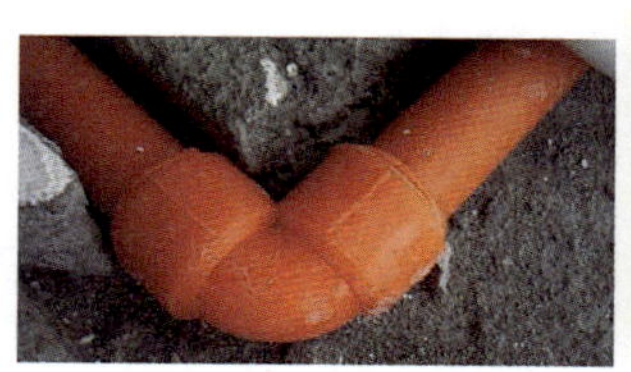

图 2-45　PP-R 管的安装

（1）开始使用时，PP-R 管道端部 4~5cm 最好切掉。

（2）冬季施工 PP-R 管应避免踩压、敲击、碰撞、抛摔。

（3）PP-R 水管布管最好走顶，便于检修。

（4）PP-R 水管布管走地下，很难发现漏水，不便维修。

（5）不同品牌的产品原料可能不一样，对管材管件熔接可能会产生不利因素，为避免引起熔接处渗漏，因此，尽量选择同一品牌的管材与管件。

（6）使用带金属螺纹的 PP-R 管件时，必须用足密封带，以避免螺纹处漏水。

（7）PP-R 管件不要拧太紧，以免出现裂缝导致漏水。

（8）PP-R 管安装后必须进行增压测试，试压时间 30min，打到 0.8~1MPa。试验压力下 30s 内压力降不大于 0.05MPa，降至工作压力下检查，不渗不漏。

（9）供水系统完工后，需要备张草图，以免日后打孔、钉钉损坏 PP-R 管道。

2.9 排水管

2.9.1 PVC 管的概述

PVC 管材是聚氯乙烯树脂，生产上位挤出形式。PVC 排水管长度一般是 4m 一根，平口。PVC 排水管连接可以直接连接与胶水连接。

PVC 管材的规格大致分为：

（1）PVC 给水管。规格有 DE20、DE25、DE32、DE40、DE50、DE63、DE75、DE110、DE160、DE200、DE250、DE315、DE400 等。

（2）PVC 排水管。规格有 DE50、DE75、DE110、DE160、DE200、DE250、DE315、DE400 等。

如果 PVC 管容易断，说明该 PVC 管质量差，可能是制作时候温度、配方与工艺等存在缺陷或者不足等原因造成的。

PVC 管的特点如图 2-46 所示。

PVC 给水管颜色一般为白色或灰色，长度一般为 4m 或者 6m，连接方式有溶剂粘接式、弹性密封圈式（见图 2-47）。新型的硬聚氯乙烯给水管道（PVC-U）

是一种供水管材，具有耐酸、耐碱、耐腐蚀性强，耐压性能好，强度高，质轻，流体阻力小，无二次污染等特点。可以适用于冷热水管道系统、采暖系统、纯净水管道系统、中央（集中）空调系统等。

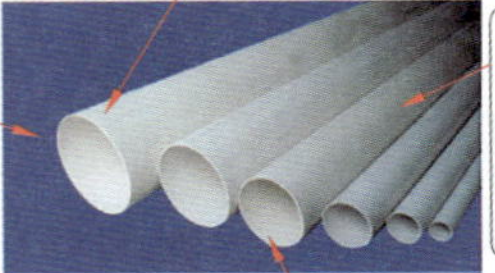

图 2-46　PVC 管的特点

图 2-47　PVC 管

PVC 排水管应用很广，称之排水管王不为过。PVC 管壁面光滑，流体阻力小，密度仅为铁管的 1/5。常用 PVC-U 排水管规格：公称外径 32、40、50、75、90、110、125、160、200、250、315mm。PVC-U 管材的长度一般为 4m 或 6m。

大口径 PVC 排水管是指口径为 200mm 以上的管材。主流的大口径 PVC 排水管规格是 200、250、315、400、500mm 口径。大口径 PVC 排水管管材接口有直接、带承插口等种类。

2.9.2　PVC-U 排水管的规格

常见的排水管为 PVC 排水管。家装最常见的排水管也为 PVC（PVC-U）排水管（见图 2-48）。PVC-U 排水管的规格见表 2-22。

表 2-22　　管材的外径及壁厚标准

公称外径 DN/（mm）	平均外径极限偏差（mm）	壁厚（mm）	
		基本尺寸	极限偏差
40	+0.3 0	2.0	+0.4 0
50	+0.3 0	2.0	+0.4 0
75	+0.3 0	2.3	+0.4 0
90	+0.3 0	3.2	+0.5 0
110	+0.4 0	3.2	+0.5 0
125	+0.4 0	3.2	+0.6 0
160	+0.5 0	4.0	+0.6 0

图 2-48　PVC-U 排水管

2.9.3　PVC-U 排水管的选购

选择 PVC-U 排水管的方法与注意事项：

（1）颜色。

1）质量好的管子。白色 PVC-U 排水管应乳白色均匀，内外壁均比较光滑但又有点韧的感觉为好的 PVC-U 排水管。

2）质量次的管子。次档次的 PVC-U 排水管颜色雪白，或者有些发黄且较硬，或者颜色不均，外壁特别光滑内壁显得粗糙，有时有针刺或小孔等异常现象。

（2）脆性与韧性。

1）质量好的管子。韧性大的管，如果锯成窄条后，试折 180°，如果一折不断，说明韧性好。

2）质量次的管子。试折，一折就断，说明韧性差，脆性大。

（3）断口。

1）质量好的管子：断口越细腻，说明管材均化性、强度、韧性越好。

2）质量次的管子：断口粗糙。

（4）抗冲击性。

1）质量好的管子：抗冲击性好。锯成200mm长的管段（对110mm管），用铁锤猛击，好的管材，用人力很难一次击破。

2）质量次的管子：抗冲击性差。锯成200mm长的管段（对110mm管），用铁锤猛击，次的管材，用人力容易一次击破。

2.9.4 PVC排水管的安装

PVC排水管室内、室外安装方法有点区别（见图2–49）。室内安装，可以直接靠墙角开孔装上PVC排水管，然后固定做好后，做好防水。室外安装一般采用专门的卡口，一头用膨胀螺栓等固定在外墙，另一头用PVC的卡口卡住管子，接口处直接用PVC胶水粘接即可。如果PVC排水管需要活动，则需要采用活接。

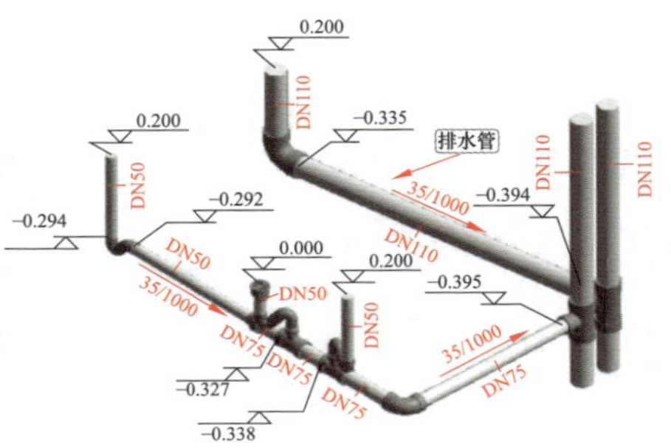

图2–49 PVC排水管的安装

2.9.5 PVC–U排水管管件

PVC–U排水管管件外形见表2–23。

表2–23 PVC–U排水管管件外形

名称	图例	名称	图例
45° 弯头		45° 弯头（带口）	

续表

名称	图例	名称	图例
90° 弯头	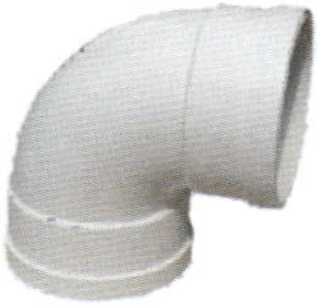	90° 弯头（带口）	
P 型弯		P 型弯（带口）	
S 型弯		S 型存水弯（带口）	
异径接头（补芯）		存水弯（C 弯）	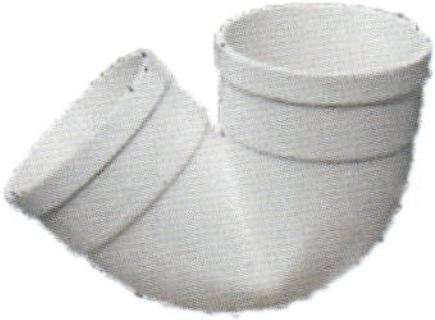
大便器接口		方地漏	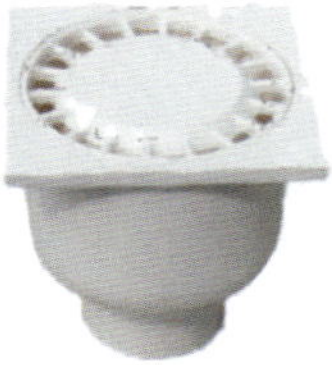
止水环		圆地漏	
立体四通		清扫口	

续表

名称	图例	名称	图例
四通		瓶型三通	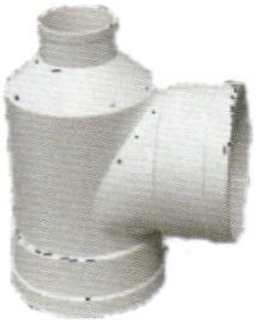
三通		双联斜三通（H 管）	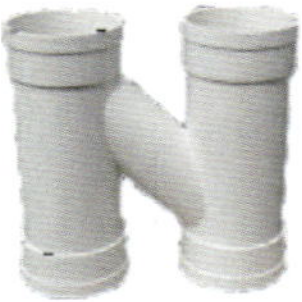
套管接头（带口）	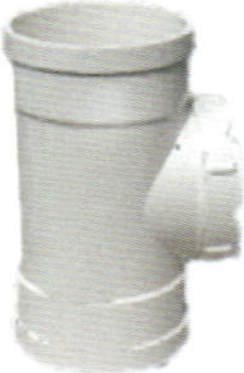	套管接头（直接）	
透气帽		洗衣机地漏	
消声 90° 弯头		消声三通	
消声双联斜三通（H 管）		消声四通	
消声套管接头（带口）		消声斜三通	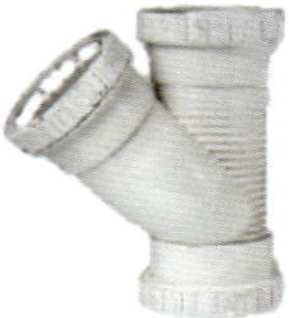

续表

名称	图例	名称	图例
消声异径接头		消声异径三通	
斜三通		斜四通	
异径三通		雨水斗	
预埋地漏		预埋防漏接头	
圆地漏		止水环	

PVC 排水管管件优劣的判断方法见表 2–24。

表 2–24 PVC 排水管管件优劣的判断方法

项目	优	劣
表面	光洁	有毛刺
颜色	均匀	不均匀、有杂色
摔样品	不易摔坏	容易摔坏
脚踩样品管件边	不易裂开	容易裂开

2.9.6 全面了解 PVC 水管配件

PVC 水管配件如图 2–50~ 图 2–61 所示。

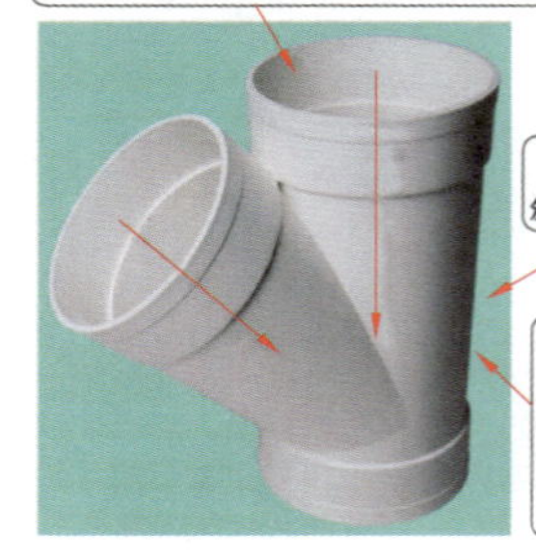

图 2-50　斜三通

图 2-51　直落水接头

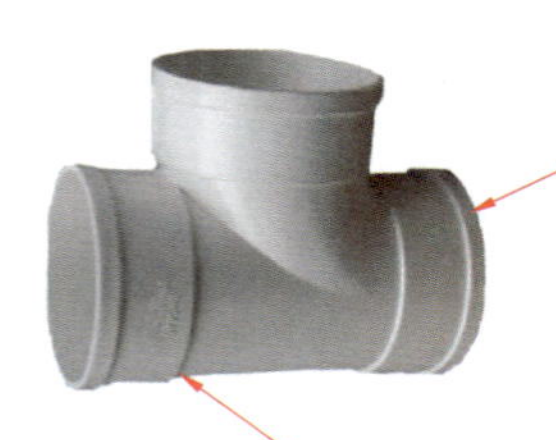

45°斜三通公称外径D有：50×50、75×50、75×75、90×50、90×90、110×50、110×75、110×110、125×50、125×75、125×110、125×125、160×75、160×90、160×110、160×125、160×160。
90°顺水三通公称外径D有：50×50、75×75、90×90、110×50、110×75、110×110、125×125、160×160。
瓶型三通公称外径D有：110×50、110×75。
异径管公称外径D有：50×40、50×50、75×50、75×75、90×50、90×75、90×90、110×50、110×90、110×75、110×110、125×50、125×75、125×90、125×110、125×125、160×50、160×75、160×90、160×110、160×125、160×160。

图 2-52　三通

图 2-53　吊卡

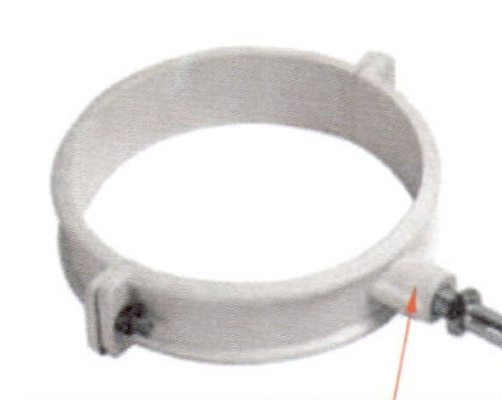

图 2-54　立管卡（墙卡）

检查口是用来检修排水管道堵塞时用的，一般在排水立管、弯头、水平支管的顶部

清扫口是用在卫生间、厨房间地面上的，用于排水

立管检查口规格有50、75、110、160、200mm等

图 2-55 立管检查口

45°弯头用于连接管道转弯处，连接两根管子，使管路成45°转弯。

90°弯头用于连接管道转弯处，连接两根管子，使管路成90°转弯

图 2-56 弯头

规格有50、75、110mm等

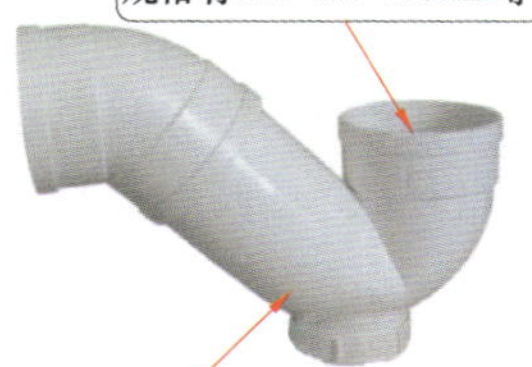

存水弯中会保持一定的水，可以将下水道下面的空气隔绝，防止臭气、小虫进入室内。存水弯有S型存水弯、P型存水弯(依据存水管的形状来分类的)。S型存水弯一般用于与排水横管垂直连接的场所。P型存水弯一般用于与排水横管或排水立管水平直角连接的场所

图 2-57 存水弯

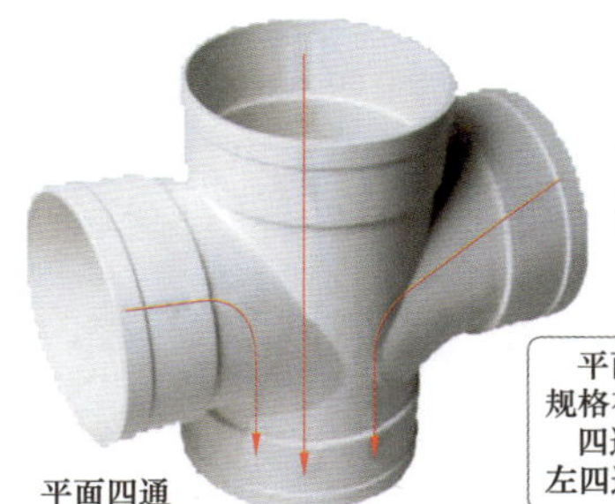

平面四通

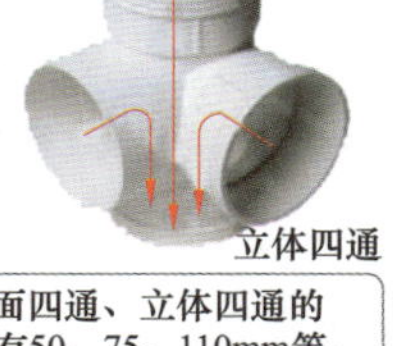

立体四通

平面四通、立体四通的规格有50、75、110mm等。

四通还可以分为右四通、左四通、汇合四通等

如果把正三通或正四通装入家居立管与横支管连接处，会造成连接处形成水舌流，横支管水流不畅，卫生器具的水封容易被破坏。因此，立管与横支管连接处安装斜三通或斜四通

图 2-58 四通

出户横管与立管的连接如果均采用一个 90° 弯头，则堵塞率较高。如果采用两个 45° 的弯头连接，则效果要好一些。

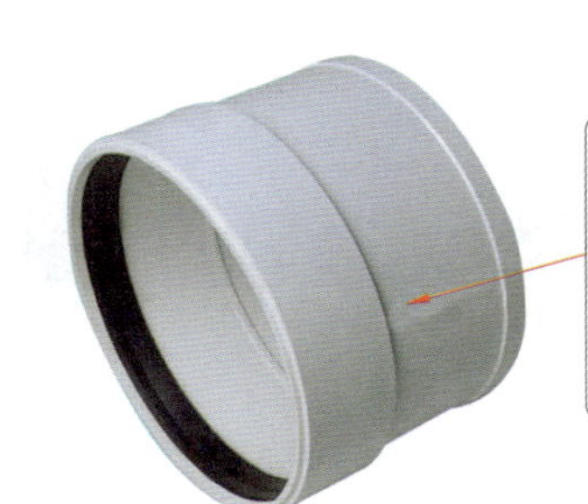

硬聚氯乙烯管的线胀性较大，受温度变化产生的伸缩量较大，因此，排水立管安装中，往往需要装伸缩节。

伸缩节最大允许伸缩量 mm

外径	50	75	110	160
最大允许伸缩量	12	12	12	15

图 2-59 伸缩节

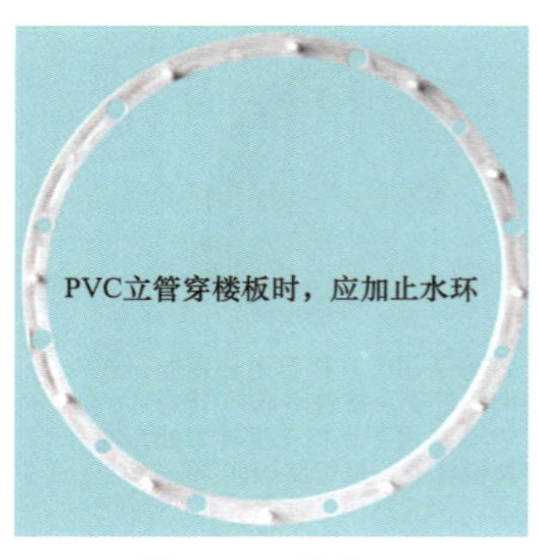

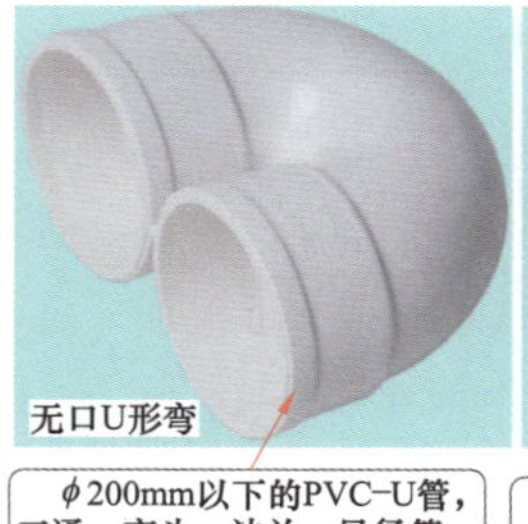

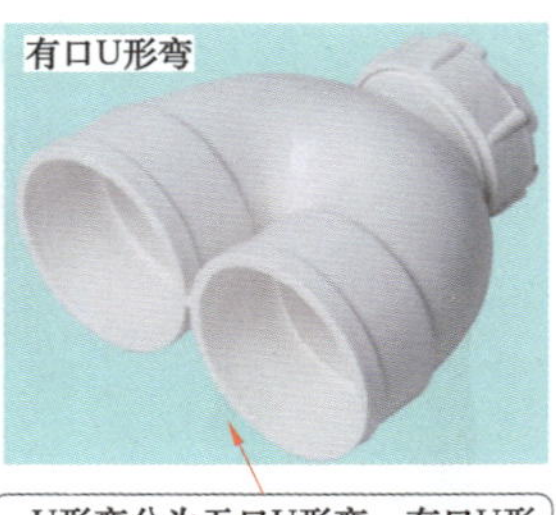

图 2-60　止水环

图 2-61　U 形弯

PVC 管材的加工：PVC 管材量取长度决定后，可以采用钢锯、手工钢锯、小圆锯割锯。割后两端应保持平整，并且用蝴蝶锉除去毛边并倒角，倒角不宜过大。

PVC 管附件连接：首先要求所连接的 PVC 管接口要平齐、干净，然后上 PVC 管胶水，胶水要均匀要足够，然后把 PVC 管与附件上、下口对好，趁胶水没干往下按进，微调，等晾干即可（见图 2-62~ 图 2-64）。

图 2-62　管材的加工

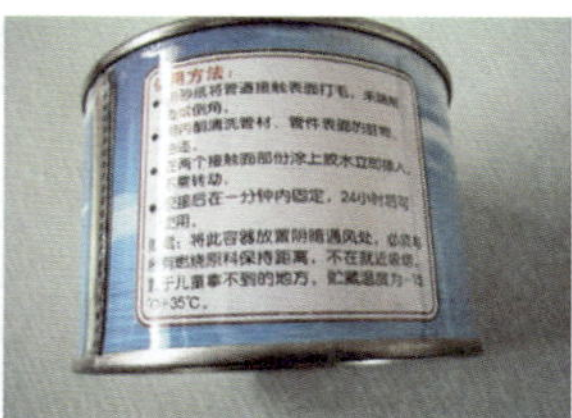

图 2-63　PVC 管胶水

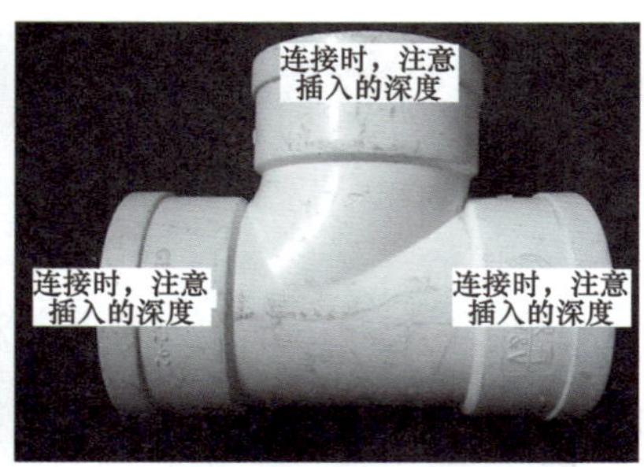

图 2-64　PVC 管附件的连接

2.9.7　PVC-U 排水管承口、插口规格尺寸

PVC-U 排水管承口、插口规格尺寸见表 2-25、表 2-26，承口、插口有关参数如图 2-65 所示。

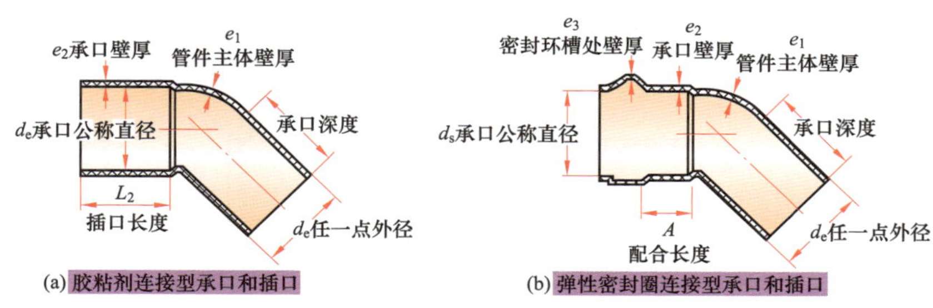

图 2-65 承口、插口有关参数

表 2-25 胶粘剂连接型管件承口和插口的直径和长度 mm

公称外径 d_n	插品的平均外径		承口中那平均内径		承口深度和插口长度 L_{1min} 和 L_{2min}
	$d_{cm\ min}$	$d_{cm\ max}$	$d_{cm\ min}$	$d_{cm\ max}$	
32	32.0	32.2	32.1	32.4	22
40	40.0	40.2	40.4	40.4	25
50	50.0	50.2	50.1	50.4	25
75	75.0	75.3	75.2	75.5	40
90	90.0	90.3	90.2	90.5	46
110	110.0	110.3	110.2	110.6	48
125	125.0	125.3	125.2	125.7	51
160	160.0	160.4	160.3	150.8	58
200	200.0	200.5	200.4	200.9	60
250	250.0	250.5	250.4	250.9	60
315	315.0	315.6	315.5	316.0	60

注 沿承口深度方向允许有不大于 30° 脱模所必需的锥度。

表 2-26 弹性密封圈连接型管件承口和插口的直径和长度 mm

公称外径 d_n	插口的平均外径		承口端部平均内径 $d_{sm\ min}$	承口配合尝试和插口长度	
	$d_{cm\ min}$	$d_{cm\ max}$		A_{min}	L_{2min}
32	32.0	32.2	32.3	16	42
40	40.0	40.2	40.3	18	44
50	50.0	50.2	50.3	20	46
75	75.0	75.3	75.4	25	51
90	90.0	90.3	90.4	28	56
110	110.0	110.3	110.4	32	60
125	125.0	125.3	125.4	35	67
160	160.0	160..4	160.5	42	81
200	200.0	200.5	200.6	50	99
250	250.0	250.5	250.8	55	125
315	315.0	315.6	316.0	62	132

2.9.8 PVC 排水管直通

PVC 排水管直通有关参数如图 2-66 所示，其规格尺寸见表 2-27。

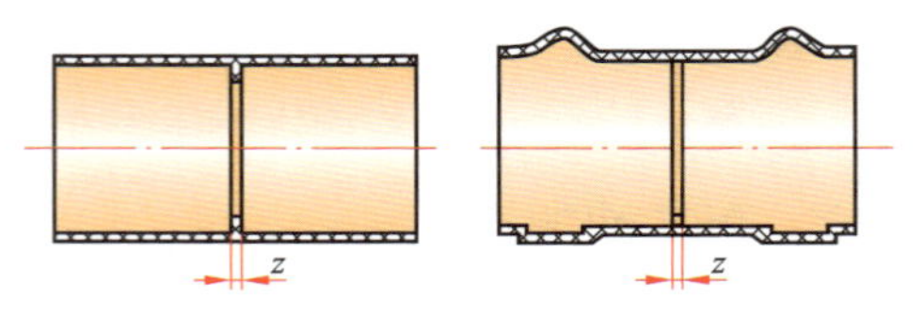

图 2-66 排水管直通有关参数

表 2-27 PVC 排水管直通规格尺寸 mm

公称外径 d_n	z_{min}	公称外径 d_n	z_{min}
32	2	125	3
40	2	160	4
50	2	200	5
75	2	250	6
90	3	315	8
110	3		

2.9.9 PVC 排水管异径

PVC 排水管异径有关参数如图 2-67 所示，其规格尺寸见表 2-28。

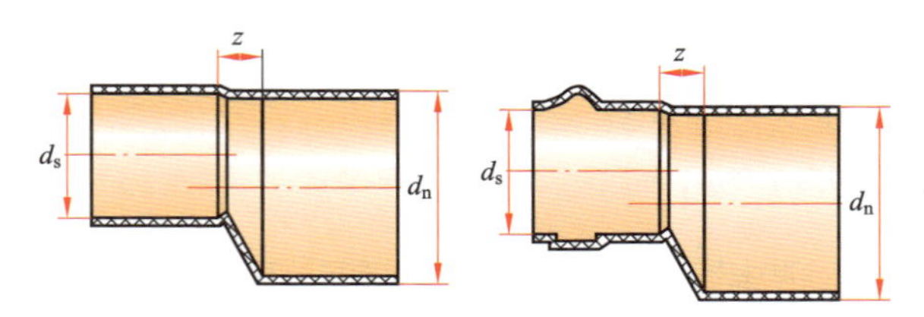

图 2-67 PVC 排水管异径有关参数

表 2-28 PVC 排水管异径规格尺寸 mm

公称外径 d_n	z_{min}	公称外径 d_n	z_{min}
75×50	20	200×110	58
90×50	28	200×125	49
90×75	14	200×150	32
110×50	39	250×50	116
110×75	25	250×75	103
110×90	19	250×90	94
125×50	48	250×110	85
125×75	34	250×110	77

续表

公称外径 d_n	z_{min}	公称外径 d_n	z_{min}
125 × 90	28	250 × 100	59
125 × 110	17	250 × 200	39
150 × 50	67	315 × 50	152
160 × 75	53	315 × 75	139
160 × 90	47	315 × 90	132
160 × 110	36	315 × 110	121
160 × 125	27	315 × 125	112
200 × 50	89	315 × 160	95
200 × 75	75	315 × 200	74
200 × 90	69	315 × 250	49

2.9.10 PVC 排水管弯头

PVC 排水管弯头有关参数如图 2-68 所示，其规格尺寸见表 2-29。

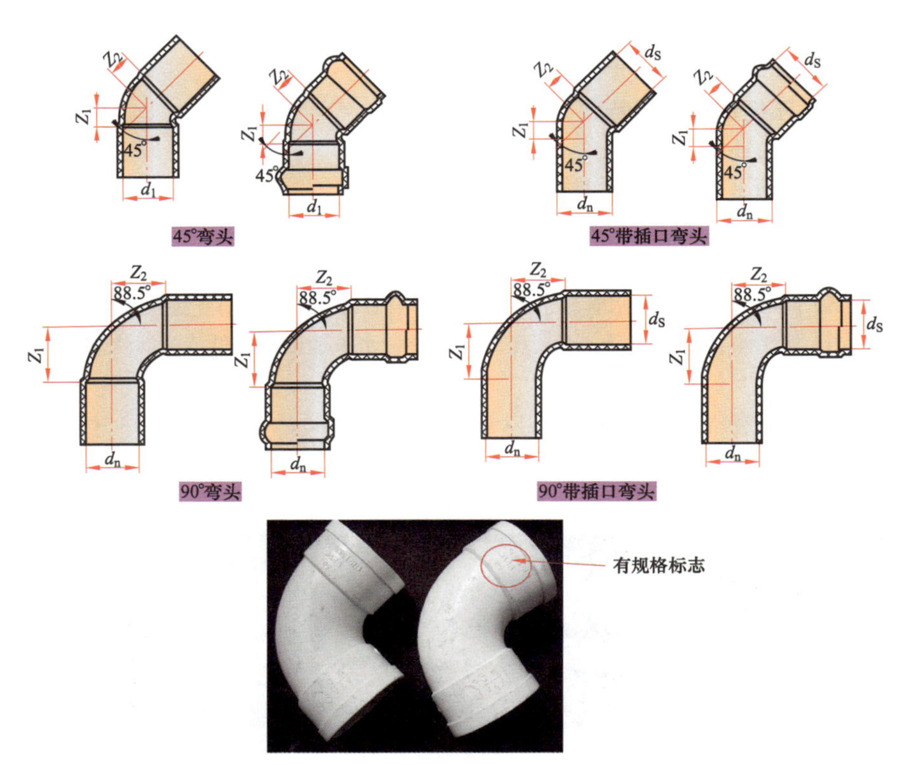

图 2-68　PVC 排水管弯头有关参数

表 2-29　　PVC 排水管弯头规格尺寸　　mm

公称外径 d_n	45° 弯头	45° 带插口弯头		90° 弯头	90° 带插口弯头	
	$z_{1\text{-min}}$ 和 $z_{2\text{-min}}$	$z_{1\text{-min}}$	$z_{2\text{-min}}$	$z_{1\text{-min}}$ 和 $z_{2\text{-min}}$	$z_{1\text{-min}}$	$z_{2\text{-min}}$
32	8	8	12	23	19	23
40	10	10	14	27	23	27
50	12	12	16	40	28	32
75	17	17	22	50	41	45
90	22	22	27	52	50	55
110	25	25	31	70	60	66
125	29	29	35	72	67	73
160	36	36	44	90	86	93
200	45	15	55	116	107	116
250	57	57	68	145	134	145
315	72	72	86	183	168	183

2.10 不锈钢水管

2.10.1 不锈钢水管的特点

（1）卫生环保。

（2）耐高压，最高耐压可达 10MPa 以上。

（3）耐腐蚀，能够用于各种水质的输送。

（4）耐高温，管道输送的水温可高达 135℃。

（5）防渗透，不锈钢水管分子结构紧密，阻氧性好，有效防止细菌滋生。

（6）流阻小，内壁光滑、系统压力损失小，水流速度快。低流速时水阻仅为碳钢管的 2/5。

（7）使用寿命长，在水温 135℃以下，水压 1.6MPa 以下，使用寿命长达 100 年。

镀锌管如图 2-69 所示，不锈钢水管如图 2-70、图 2-71 所示。

图 2-69　镀锌管（看起来有的像不锈钢水管）

图 2-70　不锈钢水管（一）

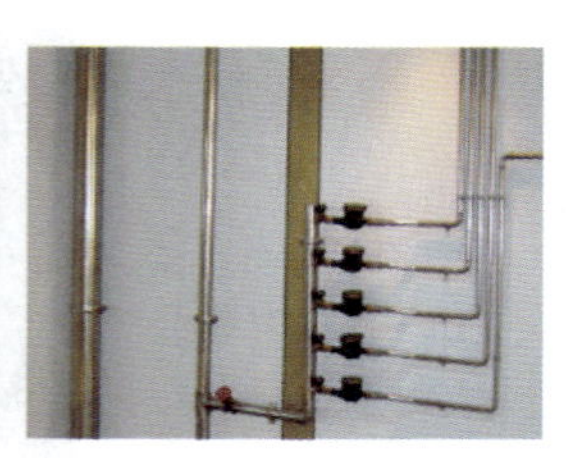

图 2-71　不锈钢水管（二）

2.10.2 薄壁不锈钢给水管

薄壁不锈钢给水管如图 2-72 所示，其规格见表 2-30~ 表 2-36。

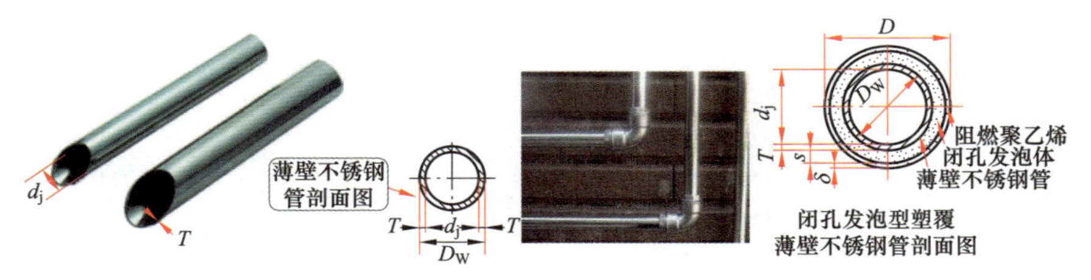

图 2-72 薄壁不锈钢给水管

表 2-30 环压式管材规格 mm

公称直径 D_N	管道外径及允许偏差 D_W	公称壁厚及允许偏差 T	计算内径 d_j
15	16±0.12	0.8±0.08	14.4
20	19±0.12	1.0±0.10	17
25	25.4±0.15		23.4
32	31.8±0.15	1.2±0.12	29.4
40	40±0.18		37.6
50	50.8±0.20		48.4
65	63.5±0.23	2.0±0.20	59.5
80	76±0.25		72
100	102±0.5		98

表 2-31 薄壁不锈钢管 mm

公称直径 D_N	管道外径及允许偏差 D_W	壁厚及允许偏差 T
10	10±0.10	0.6±0.10
15	14±0.10	
20	20±0.10	
25	25.4±0.10	0.8±0.10
32	35±0.12	1.0±0.10
40	40±0.12	
50	50.8±0.15	
65	67±0.20	1.2±0.10
80	76.1±0.23	1.5±0.10
100	102±0.4%D_W	
125	133±0.4%D_W	2.0±0.10
150	159±0.4%D_W	3.0±0.10

表 2-32　　卡压式管材规格 I 系列　　mm

<table>
<tr><th>公称直径 D_N</th><th>管道外径及允许偏差 D_W</th><th>公称壁厚及允许偏差 T</th><th>计算内径 d_j</th></tr>
<tr><td>15</td><td>18±0.10</td><td>1.0±0.10</td><td>16.0</td></tr>
<tr><td>20</td><td>22.0±0.11</td><td rowspan="2">1.2±0.12</td><td>19.6</td></tr>
<tr><td>25</td><td>28.0±0.14</td><td>25.6</td></tr>
<tr><td>32</td><td>35.0±0.18</td><td rowspan="4">1.5±0.15</td><td>32.0</td></tr>
<tr><td>40</td><td>42.0±0.21</td><td>39.0</td></tr>
<tr><td>50</td><td>54.0±0.27</td><td>51.0</td></tr>
<tr><td>65</td><td>76.1±0.38</td><td>73.1</td></tr>
<tr><td>80</td><td>88.9±0.44</td><td rowspan="2">2.0±0.20</td><td>84.9</td></tr>
<tr><td>100</td><td>108.0±0.54</td><td>104.0</td></tr>
</table>

表 2-33　　卡压式管材规格 II 系列　　mm

<table>
<tr><th>公称直径 D_N</th><th>管道外径及允许偏差 D_W</th><th>公称壁厚及允许偏差 T</th><th>计算内径 d_j</th></tr>
<tr><td>15</td><td>15.88±0.10</td><td>0.8±0.08</td><td>14.68</td></tr>
<tr><td>20</td><td>22.22±0.11</td><td rowspan="2">1.0±0.10</td><td>20.62</td></tr>
<tr><td>25</td><td>28.58±0.14</td><td>26.98</td></tr>
<tr><td>32</td><td>34.00±0.18</td><td rowspan="3">1.2±0.12</td><td>32.00</td></tr>
<tr><td>40</td><td>42.70±0.21</td><td>40.70</td></tr>
<tr><td>50</td><td>48.60±0.27</td><td>46.60</td></tr>
</table>

表 2-34　　氩弧焊式等管材规格　　mm

<table>
<tr><th>公称直径 D_N</th><th>管道外径及允许偏差 D_W</th><th>公称壁厚及允许偏差 T</th></tr>
<tr><td>15</td><td>$14^{0}_{-0.16}$</td><td rowspan="2">0.6±0.10</td></tr>
<tr><td>20</td><td>$20^{0}_{-0.17}$</td></tr>
<tr><td>25</td><td>$26^{0}_{0.18}$</td><td>0.8±0.10</td></tr>
<tr><td>32</td><td>$34.8^{+0.02}_{-0.18}$</td><td rowspan="3">1.0±0.10</td></tr>
<tr><td>40</td><td>$40^{+0.02}_{-0.19}$</td></tr>
<tr><td>50</td><td>$50^{+0.02}_{-0.20}$</td></tr>
<tr><td>65</td><td>$67^{+0.10}_{-0.14}$</td><td>1.2±0.10</td></tr>
<tr><td>80</td><td>76 ±0.13</td><td rowspan="2">1.5±0.10</td></tr>
<tr><td>100</td><td>102 ±0.15</td></tr>
<tr><td>125</td><td>133 133±0.8%D_w</td><td rowspan="2">3.0±0.10</td></tr>
<tr><td>150</td><td>159 159±0.4%D_w</td></tr>
<tr><td>200</td><td>219 219±0.4%D_w</td><td>4.0±0.10</td></tr>
</table>

表 2–35 活接式管材规格 mm

公称直径 D_N	管道外径及允许偏差 D_w		公称壁厚及允许偏差（T）		
			活接式	法兰式	允许偏差
15	14	±0.10	0.8	0.8	±0.15
	15.9		0.8	0.8	
20	20		0.8	0.8	
25	25.4	±0.12	1.0	0.8	
32	31.8		1.0	0.8	
40	38.1	±0.15	1.0	0.9	
50	50.8	±0.20	1.0	1.0	
65	63.5		（1.2）	1.0	±0.20
80	76.2	±0.25	1.5	1.5	
	88.9		1.5	1.5	
100	101.6	±0.4%D_w	2.0	1.5	
	108		2.0	2.0	
125	133		2.0	2.0	
150	159		2.5	2.0	
200	219		2.5	2.0	

表 2–36 沟槽式管材规格 mm

公称直径 D_N	管道外径及允许偏差 D_W	计算内径 d_j	公称壁厚及允许偏差（T）
125	133±0.66	129	2.0±0.2
150	159±0.80	154.6	2.2±0.22
200	219±1.10	214	2.5±0.25

2.10.3 不锈钢水管配件

常用不锈钢水管配件的外形与尺寸见表 2–37。常用不锈钢水管配件的图例见表 2–38。

表 2–37 常用不锈钢水管配件的外形与尺寸

名称	图例	尺寸	
等径四通	L_1	规格	L_1
		15	36
		20	40
		25	46
固定外牙弯头	L_2	固定内牙弯头 L	L_2
		13 × 1/2″	19.4

续表

<table>
<tr><th>名称</th><th>图例</th><th>尺寸</th></tr>
<tr><td>异径三通</td><td>L_2 L_1 L_1</td><td>
<table>
<tr><th>异径三通 T</th><th>L_1</th><th>L_2</th><th>异径三通 T</th><th>L_1</th><th>L_2</th></tr>
<tr><td>15×20</td><td>42</td><td>40</td><td>30×15</td><td>47</td><td>50</td></tr>
<tr><td>20×15</td><td>40</td><td>42</td><td>30×20</td><td>59</td><td>51</td></tr>
<tr><td>25×15</td><td>41</td><td>35</td><td>30×25</td><td>54</td><td>53</td></tr>
<tr><td>25×20</td><td>45</td><td>58</td><td>40×15</td><td>50</td><td>56</td></tr>
</table>
</td></tr>
<tr><td>等径三通</td><td>L_1 L_1 L_1</td><td>
<table>
<tr><th>等径三通 T</th><th>L_1</th><th>等径三通 T</th><th>L_1</th></tr>
<tr><td>15</td><td>40</td><td>40</td><td>61</td></tr>
<tr><td>20</td><td>42</td><td>50</td><td>72</td></tr>
<tr><td>25</td><td>48</td><td>60</td><td>82</td></tr>
<tr><td>30</td><td>57</td><td></td><td></td></tr>
</table>
</td></tr>
</table>

表 2-38　常用不锈钢水管配件的图例

名称	图例	名称	图例
内螺纹活接头（双内螺纹）		承口活接头（双承口）	
承口内螺纹接头（一承口一内螺纹）		内螺纹接头（双内螺纹）	
承口外螺纹接头（一承口一外螺纹）		外螺纹接头（双外螺纹）	
套管接头（双承口）		承口内螺纹接头（一承口一内螺纹）	

续表

名称	图例	名称	图例
三通异径接头（三承口）		正三通（三承口）	
45° 弯头（双承口）		90° 弯头（双承口）	
异径接头（双承口）		45° 弯头（一承口一插口）	
90° 内螺纹弯头（双内螺纹）		90° 承口内螺纹弯头（一承口一内螺纹）	
正三通（三承口）		三通异径接口（三承口）	
承口内螺纹三通接头（两承口一内螺纹）		异径接头（双承口）	
承口内螺纹接头（一承口一内螺纹）		承口外螺纹接头（一承口一内螺纹）	
承口外螺纹接头（一承口一外螺纹）			

2.11 铜管道

2.11.1 铜管的特点

（1）塑覆铜管属于纯铜给水管，具有流阻小、耐用、膨胀系数小、保温性好、噪声低、无锈蚀、不结垢、耐高温等特点（见图 2–73）。

（2）塑覆铜管的铜管外径一般为 ϕ6~ϕ54mm，输送介质（水或气体）温度不超过 110℃。

（3）塑覆铜管既具有普通纯铜管的各种特性，又具有塑料管道的一些优良特性。

（4）在温度为 110℃、压力为 1.0MPa 的条件下可长期使用 50 年以上。

（5）塑覆铜管可用于输送冷热水、地面天然气、液态石油气、煤气、氧气等（见图 2–74）。

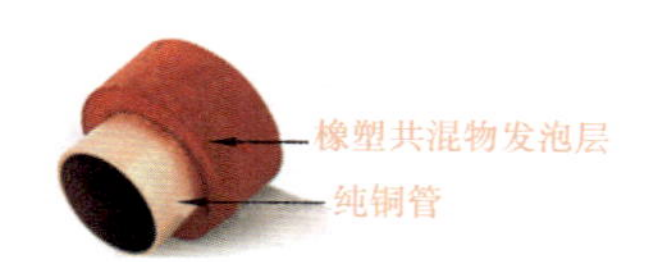

图 2–73 塑覆铜管结构

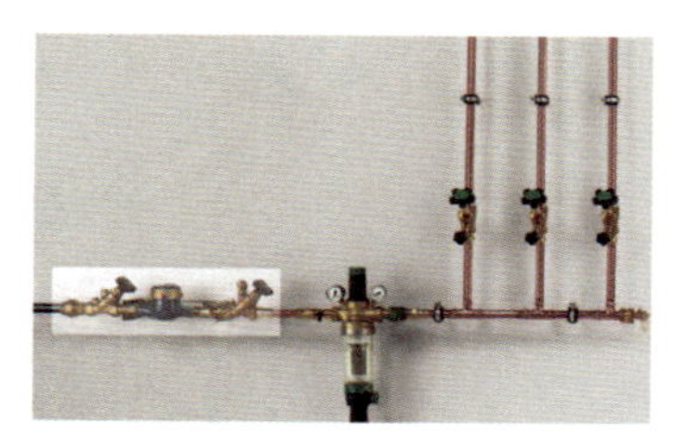

图 2–74 铜管的应用

2.11.2 铜管道的常用配件

铜管道的常用配件见表 2–39。

表 2–39 铜管道的常用配件

名称	图例	名称	图例
90° 沟槽式双承口弯头		沟槽式管帽	
沟槽式查扣异径接头		45° 沟槽式双承口弯头	

续表

名称	图例	名称	图例
沟槽式正三通		鞍形管箍	
45° 弯头（双承口）		90° 弯头（一承口一插口）	
90° 弯头（双承口短半径）		铜管管帽	
90° 异径弯头（双承口）		45° 弯头（一承口一插口）	

另外，还有三通异径接头、绕曲管、异径接头（双承口）、三通异径接头（三承口）、三通异径接头（三承口）、套管接头（双承口）、90° 插口弯头（一承口一插口）、三通异径接头（三承口）、90° 弯头（一承口一插口）、三通异径接头（三承口）、插口异径接头（一承口一插口）、正三通（三承口）、90° 弯头（双承口长半径）等。

2.12 PE 管

PE 管分为低密度 PE 管、中密度 PE 管、高密度 PE 管（HDPE）、超高分子量 PE 管。不同 PE 管所用焊接方法、加热温度不相同：

（1）小口径或薄壁的 PE 管用随承插方式，与热熔 PP-R 管是同样的，只是加热温度不同：低密度 PE 管加热温度 160℃，中密度 PE 管加热温度 190℃，高密度和超高分子量 PE 管加热温度 210~235℃。

（2）大口径需要用专用的热熔机，一般是 DE75 以上口径，采用对接或者电熔件连接。

PE 消防管的应用范围：消防用管主要分为室内用管、室外用管。由于塑料管在高温下会变形，因此目前消防用 PE 管主要应用于室外消防管道。

PE 管的选择需要根据管路的长度与压力来决定。一般消防上对 PE 管材对卫生指标不太重视，主要考虑压力。PE 消防管一般需要 1.6MPa 的压力。

2.13 连接管

2.13.1 连接管的命名规则

卫生设备用软管的命名规则如图 2-75 所示。

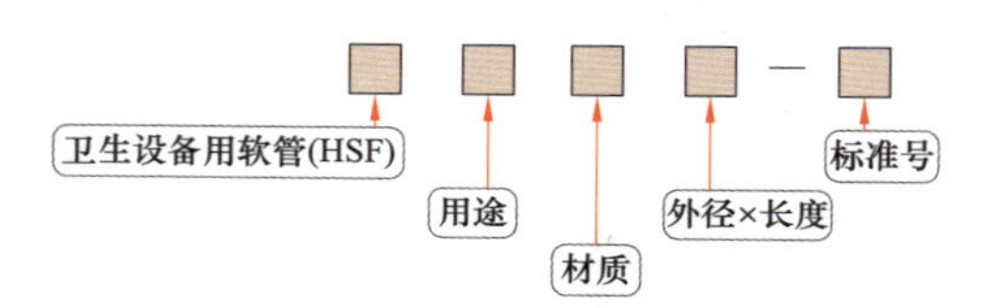

图 2-75 卫生设备用软管的命名规则

2.13.2 常见的连接管概述

（1）连接管的构成用途。

1）软管。在卫生设备系统中，由橡胶管、不锈钢编织网（包括不锈钢波纹管）或铜波纹管或聚氯乙烯（PVC）加丝、铜芯、连接套、胶垫（或 O 形密封圈）和连接螺母组成的柔性管。

淋浴软管一般常用的是 1.5m 长度两头 4 分的标准淋浴软管。连接软管长度尺寸不够可以用双外丝接头连接。连接软管常需要的安装辅料是生料带。软管搭配件常用的器具是三角阀。连接软管适用温度一般≤ 90℃。

软管主要配置包括 G1/2 螺母、M10×1 接头、304 不锈钢丝、橡胶内管、橡胶垫片。连接管的结构如图 2-76 所示。

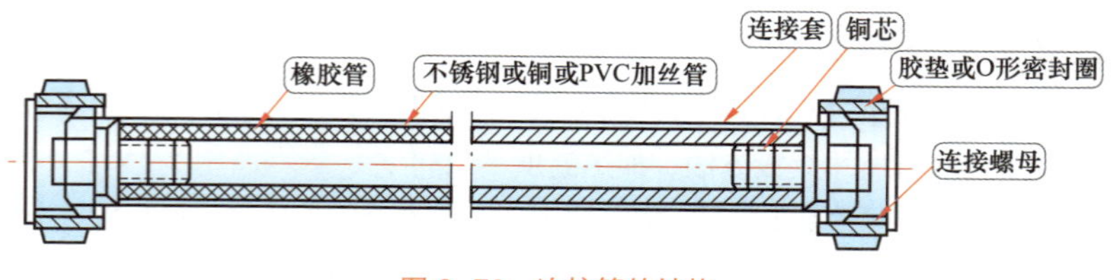

图 2-76 连接管的结构

2）连接软管。在卫生设备系统中，用于连接给水器具与管路的软管。

3）洗涤软管。用于连接洗涤喷头与洗涤器的软管。

4）双头 4 分连接管主要用于双孔水龙头进水、热水器、马桶等。

5）波纹硬管一般用于热水器上。

6）水龙头一般用编织软管。

7）单头连接软管主要用于冷、热单孔水龙头和厨房水龙头的进水（一般水龙头里面有配送）。

（2）常见连接管的种类。

1）ϕ14.5 不锈钢丝编织软管（见图 2–77）。还有 ϕ13.5 不锈钢丝编织软管等种类。有的内管采用三元乙丙胶（防爆设计）、连接头采用红锻铜（纯铜材质）、连接帽采用红锻铜镀铬、密封圈采用丁腈密封胶。常见的长度为 30、40、50、60、80、100cm 等。

2）ϕ14 不锈钢波纹管（见图 2–78），长度有 50、100、80、70、60、30、20cm 等种类。

3）ϕ11 菜盆水龙头进水软管（见图 2–79）。长度有 60、80、50、45cm 等种类。

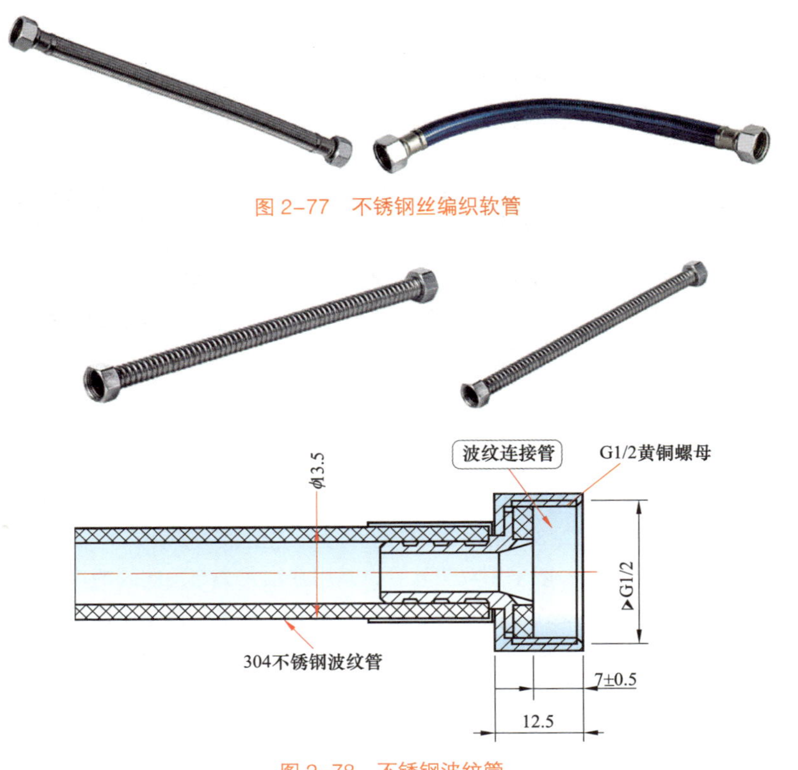

图 2–77　不锈钢丝编织软管

图 2–78　不锈钢波纹管

4）ϕ15.5 高级卫厨进水软管，长度有 40、50、30cm 等种类。ϕ15 包塑钢丝编织软管，长度有 150、120、60cm 等种类。另外，ϕ15.5 卫厨进水软管长度有 50cm 的（见图 2-80）。

5）ϕ14 不锈钢双扣淋浴软管（见图 2-81）。长度有 200、180、120cm 等种类。

6）连接软管主要有双头 4 分连接管、单头连接软管、淋浴软管以及不锈钢编织软管和不锈钢波纹硬管。

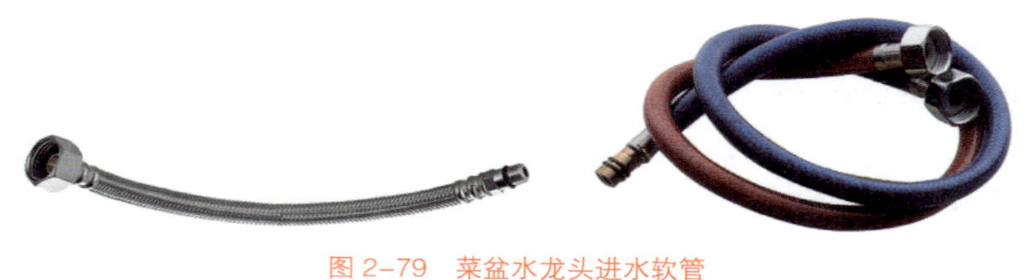

图 2-79　菜盆水龙头进水软管

图 2-80　高级卫厨进水软管及包塑钢丝编织软管

图 2-81　ϕ14 不锈钢双扣淋浴软管

2.13.3　进水软管

家居或者类似家居工程中的进水软管长度有 30、40、50、80、70cm 等。进水软管一般采用不锈钢丝编织管，其具有防止生锈、耐热耐压性好等特点。进水软管的外形与结构如图 2-82 所示。

面盆水龙头进水管一般采用双头软管，其用在水龙头与角阀间的连接进水管，或者用在马桶与角阀间的连接进水管，并且冷水管、热水管都采用该类型的管子。单冷水龙头也可以采用，但是需要符合接口的软管（见图 2-83）。

不锈钢编织软管主要技术参数：不锈钢编织软管（见图 2-84）主要技术参数有连接螺纹、公称尺寸、公称压力、使用介质、适用温度。一般环境下的参数选择以下的即可：

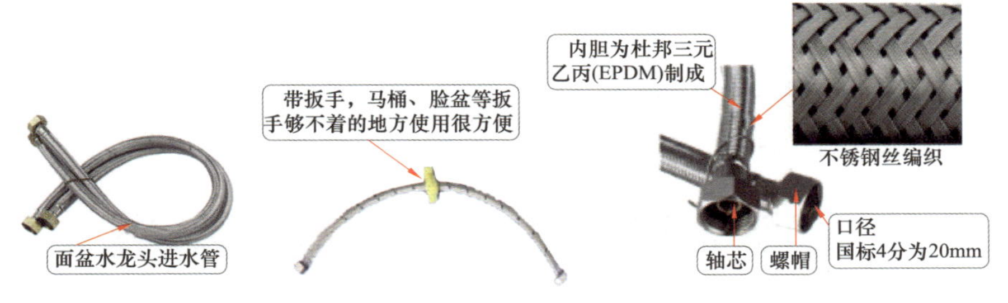

图 2-82　进水软管的外形与结构

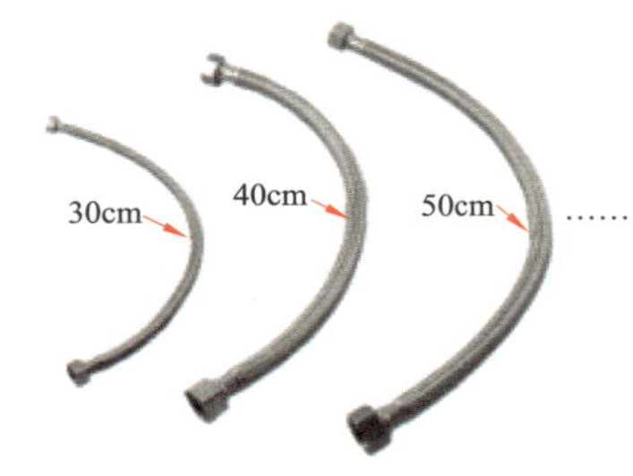

图 2-83　编织软管与单冷水龙头的应用

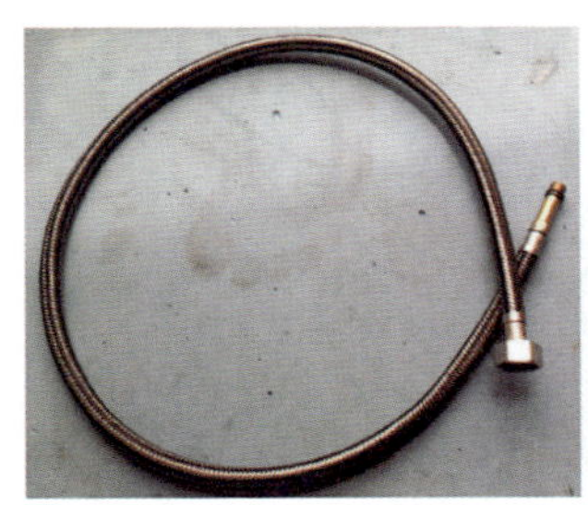

图 2-84　不锈钢丝编织软管

（1）连接螺纹为 G1/2″。

（2）公称尺寸为 DN15。

（3）公称压力为 1.0MPa。

（4）使用介质为水。

（5）适用温度≤ 90℃。

不锈钢丝编织软管编织表面判断好坏（见图 2-85）：紧密精密一般属于质量好的，稀疏粗糙一般属于质量差的。

软管的应用如图 2-86 所示。

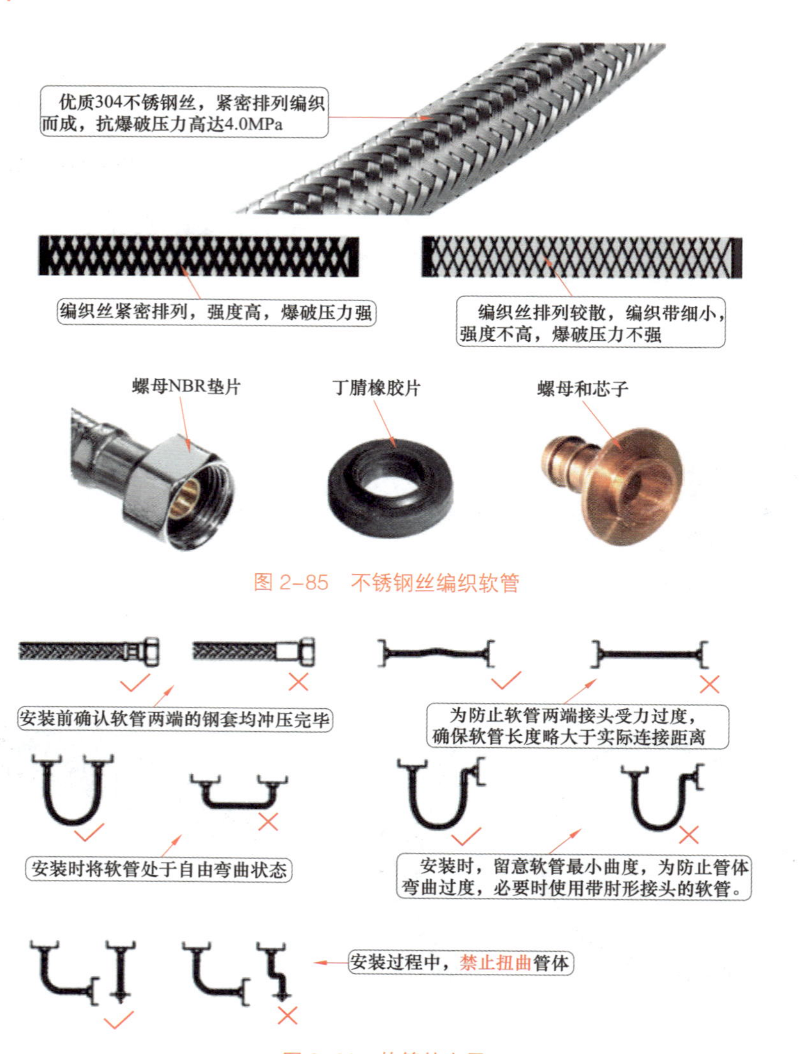

图 2-85　不锈钢丝编织软管

图 2-86　软管的应用

2.13.4　不锈钢波纹管

波纹管分为不锈钢波纹管、双头高压耐热防爆波纹管水管、塑料波纹管等。目前，家装水路所用的波纹管为不锈钢波纹管。不锈钢波纹管可以用于高温液体、气体的传输。例如热水器的进水管、出水管，水龙头的进水管等。对于水质比较差的区域，热水器的连接管可以优先选择波纹管，这样水管的使用时间会更长。

不锈钢波纹管管身呈现凹凸不平状，只有一外管、无内管、管身较硬，但是也可以弯折一定的弧度。

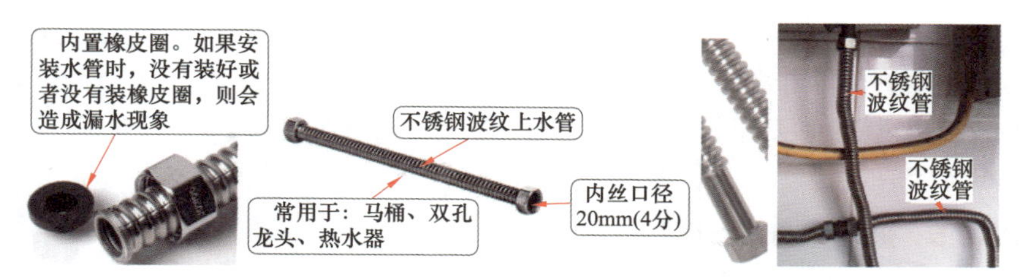

图 2-87 不锈钢波纹管的外形与结构

不锈钢波纹管的外形与结构如图 2-87 所示。

不锈钢波纹管（见图 2-88）的优点：耐腐蚀、耐高温、耐高压，可以适用于供热管道。一般而言，管径大也就意味着水流量也大，而不锈钢波纹管管内径比同规格不锈钢编织软管管内径要大，因此，同规格的不锈钢波纹管水流量要大一些。

不锈钢波纹管的缺点是：安装时必须与接头保持垂直状态（垂直式安装），反之容易导致漏水。另外，波纹管不能够多次在同一部位弯折，以免造成波纹管管壁断裂等现象。

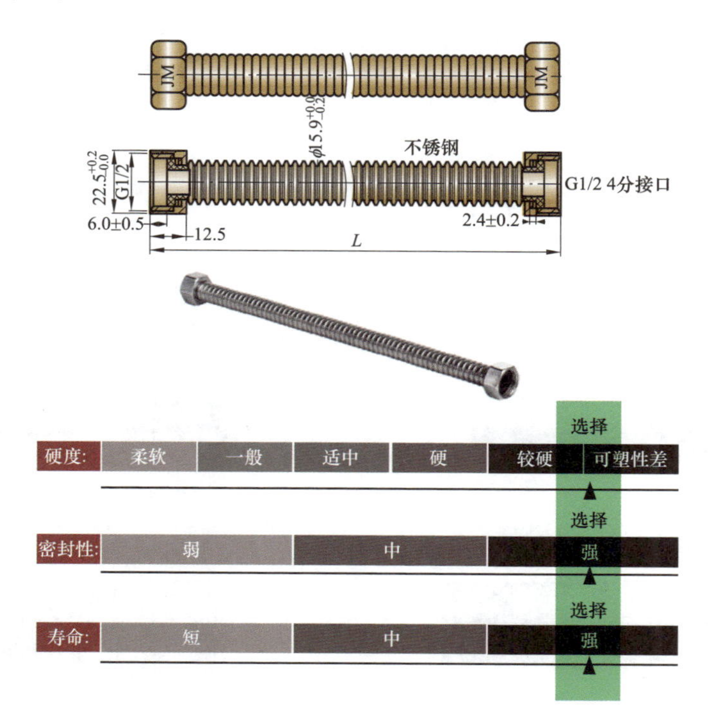

图 2-88 不锈钢波纹管

波纹管不能够产生 90° 的直角以及接近直角的角度。但是，可以产生弧度达到 90° 转弯的作用效果。弯波纹管时，如果看到波纹管已经出现管皮打折的现象，则需要停止弯曲。如果管子已经折弯过一次了，想掰直，则需要慢慢调直，然后重新安装。

2.13.5 波纹管与编织管的比较

波纹管与编织管的比较见表 2–40。

表 2–40　　波纹管与编织管的比较

项目	不锈钢编织软管	波纹管
部件组成	丝、内管、钢套、芯子、垫片、螺母	六角螺母、管身、垫片、塑料套
作用	主要是起到进水处角阀与脸盆水龙头、厨房水龙头、立式浴缸水龙头、热水器、中央空调、坐便器的连接作用，形成供水通道或排水管	用于高温液体、气体的传输，例如热水器的进水管、煤气的输送管、水龙头的进水管等
制作方法与性能	采用 6 股 304 不锈钢丝编制而成，整管的柔韧性比较好，防暴效果好，但是相较于波纹管，具有直径较小、水流量小等缺点	管身呈现凹凸不平状，管身较硬
各自的优势	内部连接管与连接部位垫片一般采用 EPDM 优质橡胶制成，具有无毒、抗老化、抗臭氧、抗侵蚀、耐寒、耐高温、耐高压、卓越的密封性、价格便宜等优点。另外，不锈钢编织管具有工艺复杂、耐高温强度比波纹管差等缺点	不锈钢波纹管具有耐腐蚀、耐高温、耐高压等优点，具有安装时，必须与接头保持垂直状态、价格昂贵等缺点

2.13.6 常用管子的结构

常用管子的结构见表 2–41。

表 2–41　　常用管子的结构

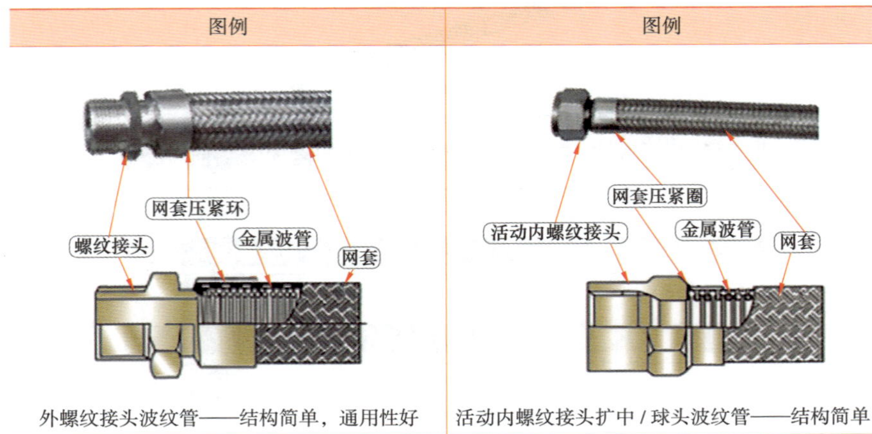

外螺纹接头波纹管——结构简单，通用性好

活动内螺纹接头扩中 / 球头波纹管——结构简单

续表

<table>
<tr><th>图例</th><th>图例</th></tr>
<tr><td>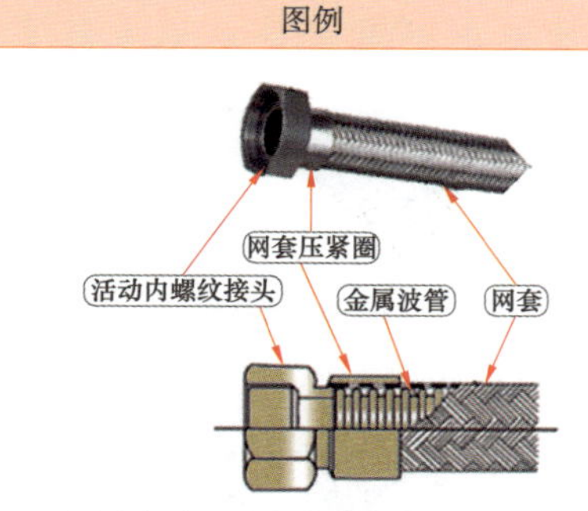

活动内螺纹平接头波纹管——结构简单</td><td>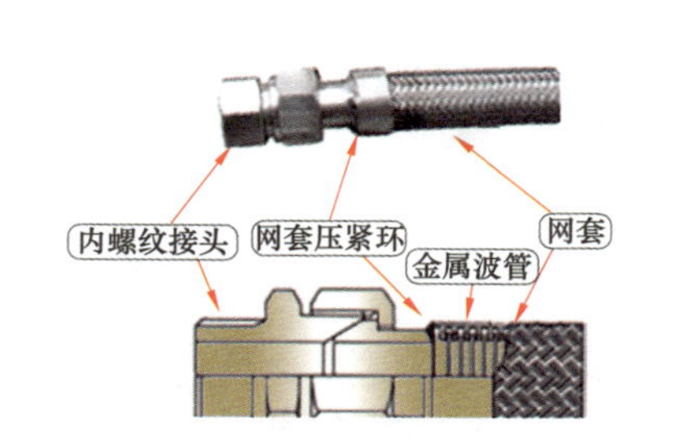

球形接头 + 内螺纹接头波纹管——无压需焊接，可根据需要长度自行装配</td></tr>
<tr><td>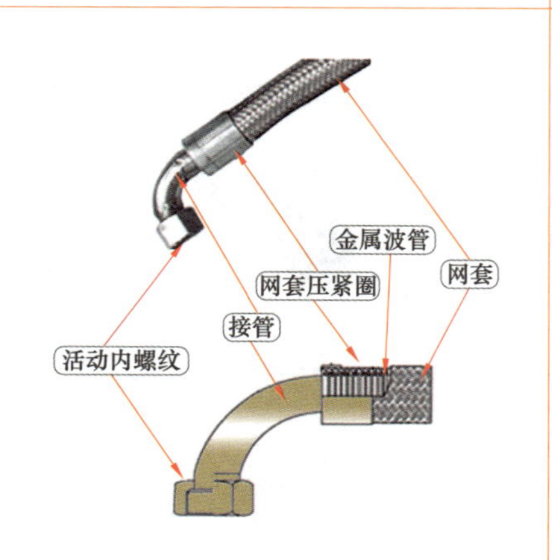

焊接活接头波纹管——通用性好</td><td>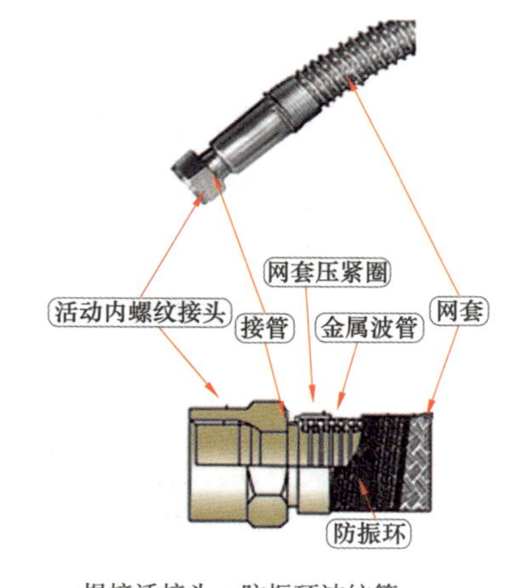

焊接活接头 + 防振环波纹管——通用性好、防振性好</td></tr>
<tr><td>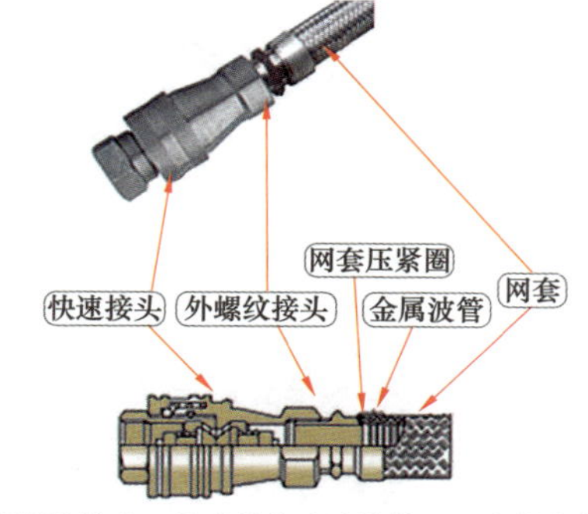

外螺纹接头 + 快速管接头波纹管——安装方便</td><td>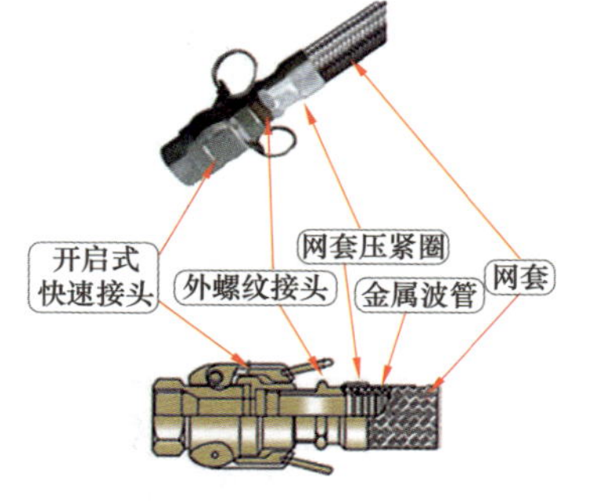

外螺纹接头 + 开启式快速管接头波纹管——安装方便</td></tr>
</table>

续表

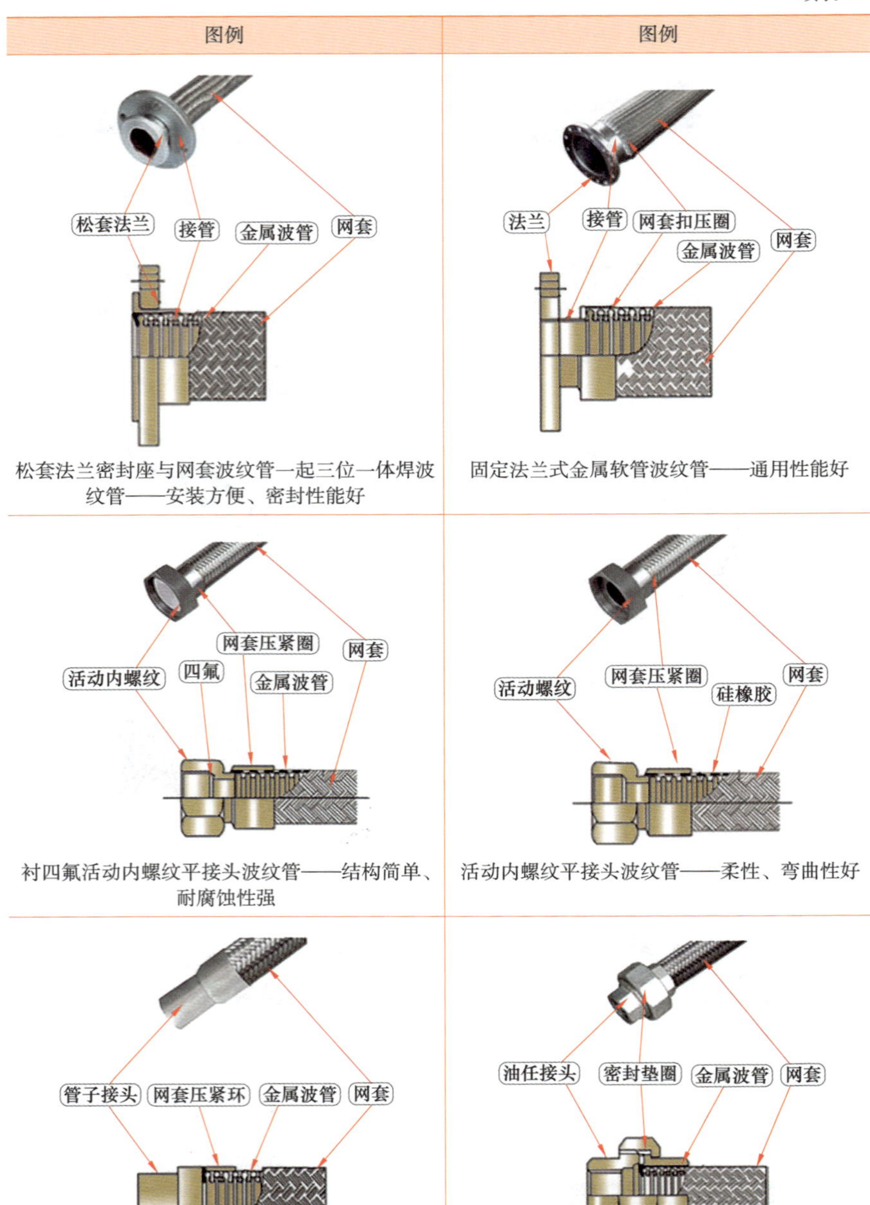

松套法兰密封座与网套波纹管一起三位一体焊波纹管——安装方便、密封性能好

固定法兰式金属软管波纹管——通用性能好

衬四氟活动内螺纹平接头波纹管——结构简单、耐腐蚀性强

活动内螺纹平接头波纹管——柔性、弯曲性好

焊接式软管波纹管——结构简单，通用性好

油任接头波纹管——结构简单、安装方便

续表

图例	图例
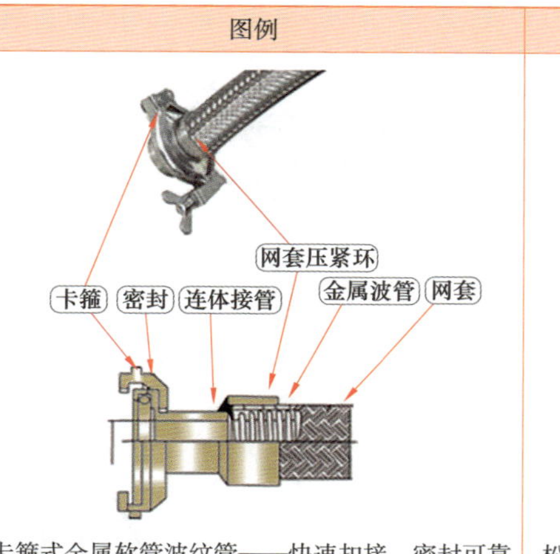 卡箍式金属软管波纹管——快速扣接、密封可靠	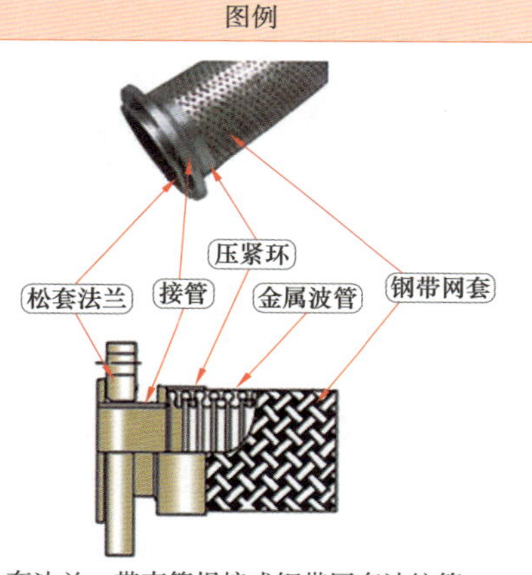 松套法兰，带直管焊接式钢带网套波纹管——抗振性能好，网套防护性强
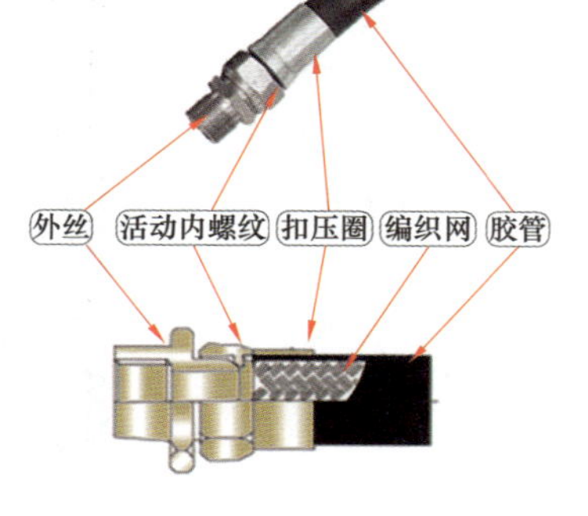 扣压式胶管波纹管——结构简单	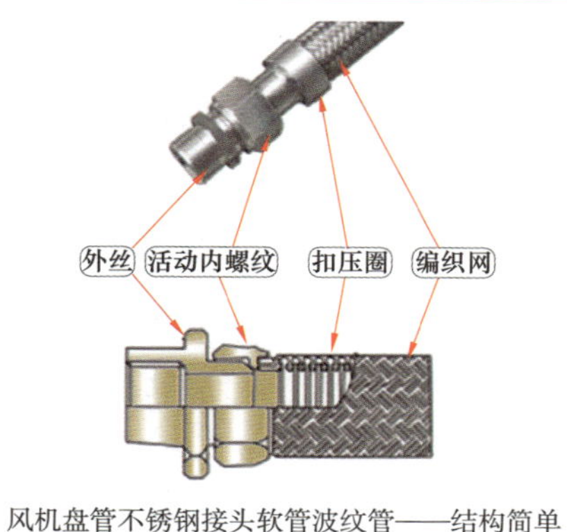 风机盘管不锈钢接头软管波纹管——结构简单
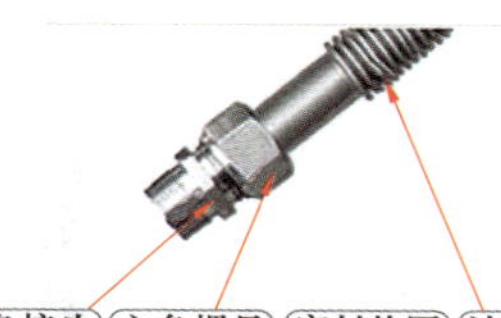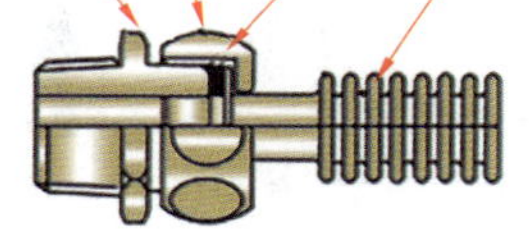 空调软管波纹管——无需焊接，可按需要长度自行装配	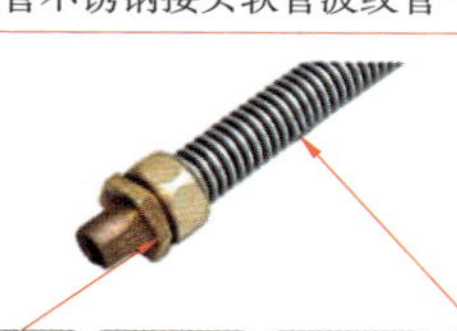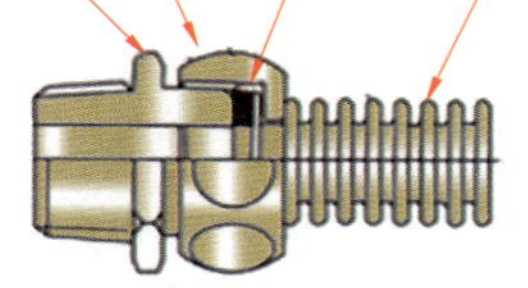 空调软管波纹管——无需焊接，可按需要长度自行装配

淋浴软管的结构如图 2–89 所示。

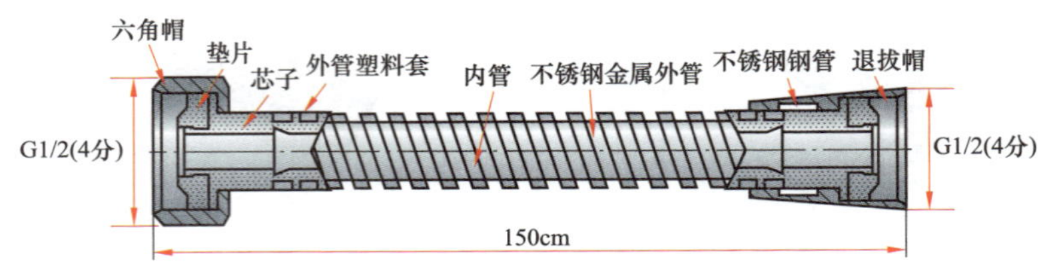

图 2–89　淋浴软管的结构

2.14 水龙头

2.14.1　水龙头的概述

水龙头如图 2–90~ 图 2–96 所示。

根据材料可以分为铸铁、全塑、全钢、合金材料水龙头等。

根据功能可以分为面盆、淋浴、浴缸、厨房水槽水龙头、淋浴 + 浴缸水龙头、公共场合水龙头等。

根据结构可以分为单联式、双联式、三联式、单手柄、双手柄、立栓水龙头等。

根据开启方式可以分为螺旋式、扳手式、抬启式、感应式水龙头等。

根据阀芯可以分为橡胶芯、陶瓷阀芯、不锈钢阀芯水龙头等。

根据止水方式可以分止水垫式、陶瓷阀芯、特殊阀芯水龙头等。

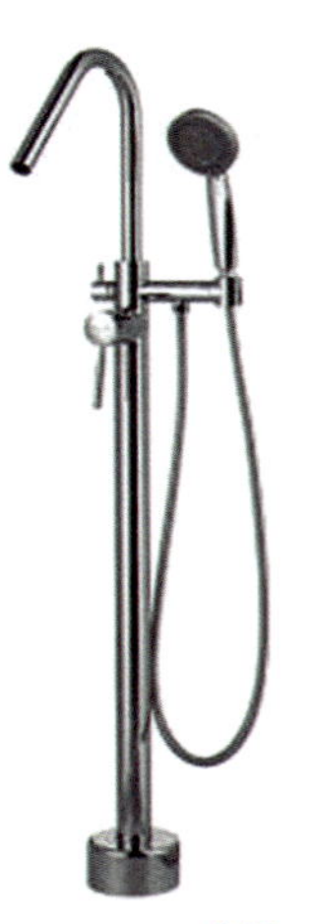

图 2–90　落地式浴缸水龙头

根据安装方式可以分为挂墙式、入墙式、台面式水龙头等。

根据进水不同可以分为单孔、双孔、分离式、埋墙式水龙头等。

根据特殊功能可以分为温控、延时、带过滤器感应、整体浴缸水龙头等。

根据本体制造工艺可以分为铸造、全塑、盖板 + 水道水龙头等。

单联式水龙头只有一根进水管，可以接冷水管或热水管，一般厨房水龙头、卫生间拖把水龙头常选择该类型的水龙头。

双联式水龙头可以同时接冷水管、热水管两根，一般浴室面盆、有热水供应的厨房洗菜盆选择该类型的水龙头。

图 2–91　单把单孔面盆水龙头（与台上盆、艺术盆搭配）

三联式水龙头除接冷、热水两根管道外，还可以接淋浴喷头，

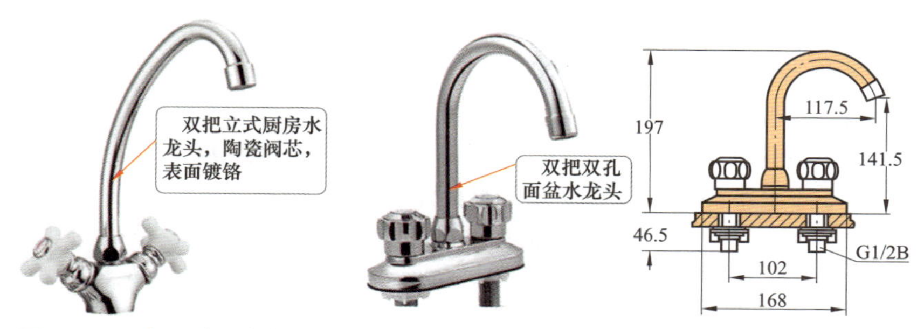

图 2-92　双把立式厨房水龙头

图 2-93　双把双孔面盆水龙头

一般浴缸选择该类型的水龙头。

单冷水龙头主要有洗衣机水龙头、拖把池水龙头。其中，洗衣机与拖把池主要区别在于多一个接洗衣机水龙头的接头。

混合水淋浴水龙头具有两个进水孔，该两孔间的距离一般是 15cm+/−1cm。

单孔面盆水龙头一般适用于台盆上只有一个孔或者台面上没有开孔的洗脸盆。选购单孔水龙头时需要注意洗脸盆的高度。因此，最好选好了洗脸盆后再选购水龙头。一般厨房立式水龙头可以当面盆水龙头使用。

单孔面盆水龙头是有冷、暖水功能的。一般具有随水龙头配送单头进水软管，如果软管不够长可以接长。水龙头安装时需要另装三角阀，并且一般是配一冷一热的三角阀。洗脸盆常用配件有面盆下水器、面盆下水管。辅助材料主要有生料带、玻璃胶。如果 4 分内丝 6 分的进水龙头则需要采用 4 内 6 外接头转换。

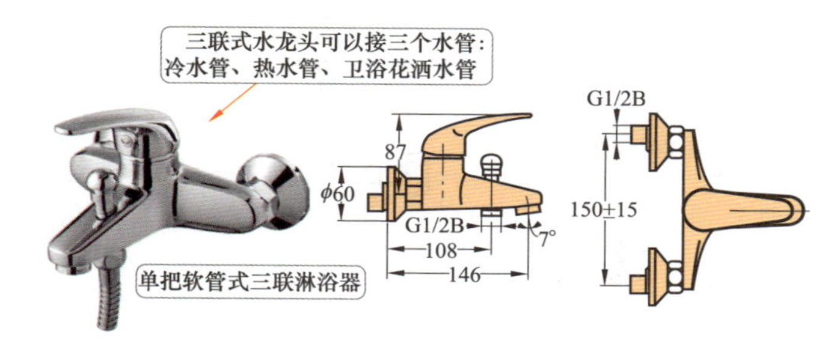

图 2-94　三联式水龙头

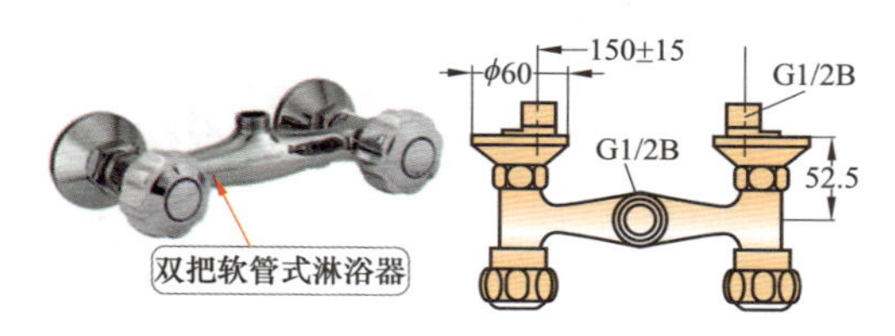

图 2-95　双把软管式淋浴器用水龙头

双孔面盆水龙头一般适用于台盆上 2 个孔（或者 3 个孔）的洗脸盆。选择双孔水龙头应当注意最边上 2 个孔的距离正常中心距是 10.5cm（国家标准）。双孔面盆水龙头一般均配送固定配件，但没有配送进水软管，需要另外购买。双孔面盆水龙头安装一般需要配上三角阀，并且一般是配一冷一热三角阀。洗脸盆常用配件有面盆下水器、面盆下水管。辅助材料有生料带、玻璃胶等。

淋浴水龙头是一种冷水与热水的混水阀，并且需要接手提花洒。淋浴水龙头安装在墙上的距离可以细微调节，其水管间距一般为 15cm±1.5cm。如果需要下出水则可以采用三联淋浴水龙头。淋浴水龙头常见配件有装饰盖、垫片、偏心调节铜脚。如果管子距离是非标的，则可以采用大偏心底座来安装。如果是明管可以采用暗转明转接头，把水龙头装为明管水龙头（见图 2–96）。

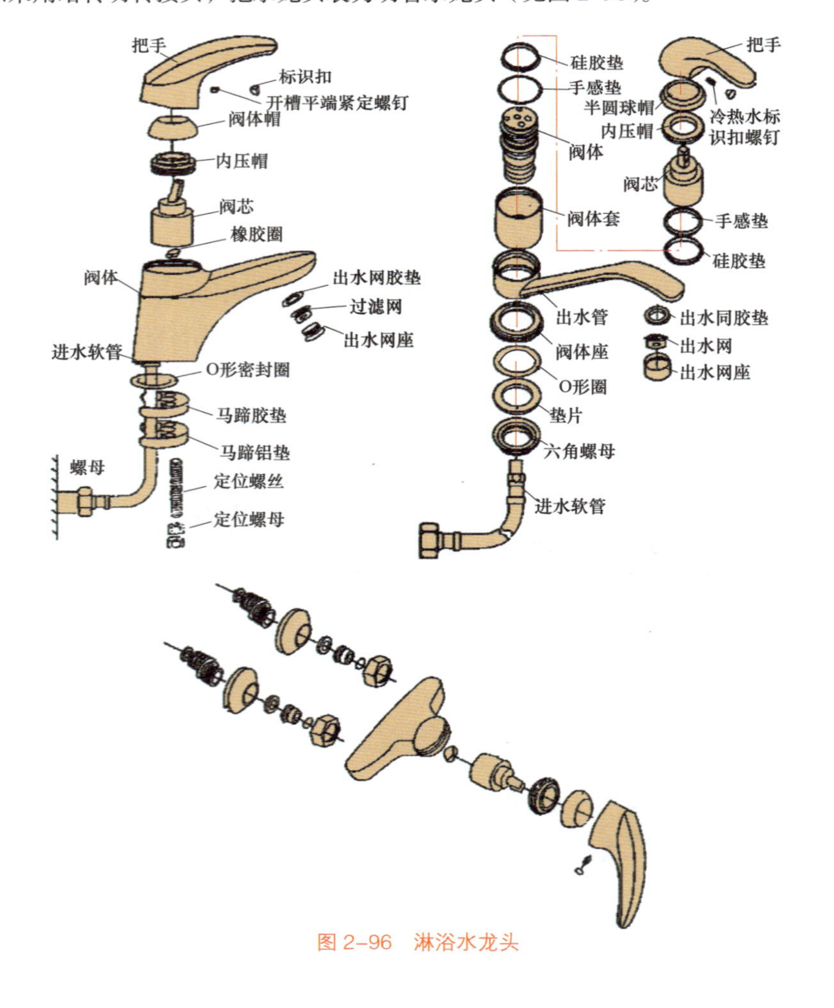

图 2–96　淋浴水龙头

有的水龙头没有配装饰盖，需要则另外购置。安装角阀时水管太短则可以采用内外丝接头接长。水龙头与配件应选择质量好的，尤其是热水水龙头。

用了一段时间水龙头与配件容易损坏的实际情况（见图 2–97、图 2–98）。

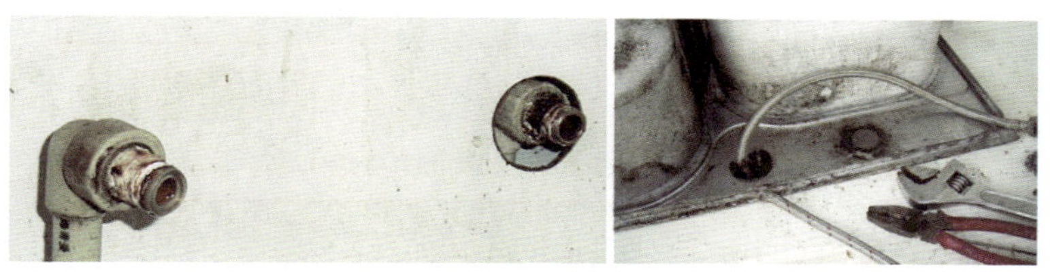

图 2–97　水龙头与配件损坏的情况（一）

图 2–98　水龙头与配件损坏的情况（二）

2.14.2　陶瓷片密封水龙头（水嘴）的分类

陶瓷片密封水龙头（水嘴）的分类如图 2–99 所示。

水嘴按启闭控制部件数量分为单柄和双柄两类

启闭控制部件数量	单柄	双柄
代号	D	S

水嘴按控制供水管路的数量分为单控和双控两类

供水管路数量	单控	双控
代号	D	S

水嘴按用途分为七种

用途	普通	面盆	浴盆	洗涤	净身	淋浴	洗衣机
代号	P	M	Y	X	J	L	XY

图 2–99　陶瓷片密封水龙头（水嘴）的分类

2.14.3　陶瓷片密封水嘴陶瓷阀芯的分类

陶瓷片密封水嘴陶瓷阀芯的分类如图 2–100 所示。

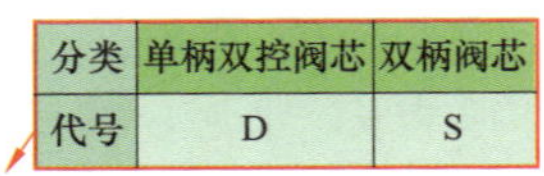

分类	单柄双控阀芯	双柄阀芯
代号	D	S

陶瓷阀芯按用途分为单柄双控阀芯和双柄阀芯两类

分类	螺旋升降式	插入式
代号	L	C

双柄阀芯按装入阀体方式分为螺旋升降式和插入式两类

材料	铜合金	塑料
代号	T	S

双柄阀芯阀体材料分为铜合金和塑料两类

连接螺纹	与水嘴阀体连接螺纹		装饰盖连接螺纹
	G1/2	G3/4	M24×1
代号	15	20	A

双柄阀芯连接螺纹分类及代号

单柄双控阀芯外径分为35、40、42、47mm 4种。

分类	平底	高脚
代号	P	G

单柄双控阀芯底座分为平底和高脚两类

分类	上定位	下定位
代号	S	X

阀盖与底座固定方式分为上定位和下定位两类

图 2-100　陶瓷片密封水嘴陶瓷阀芯的分类

2.14.4　水龙头的规格尺寸

常见水龙头的规格尺寸见表 2-42。

表 2-42　　常见水龙头的规格尺寸

名称	规格尺寸
8 寸脸盆水龙头	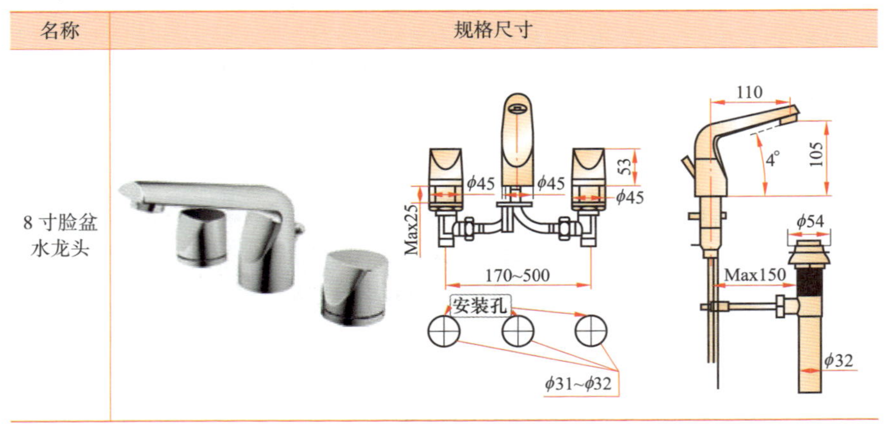

续表

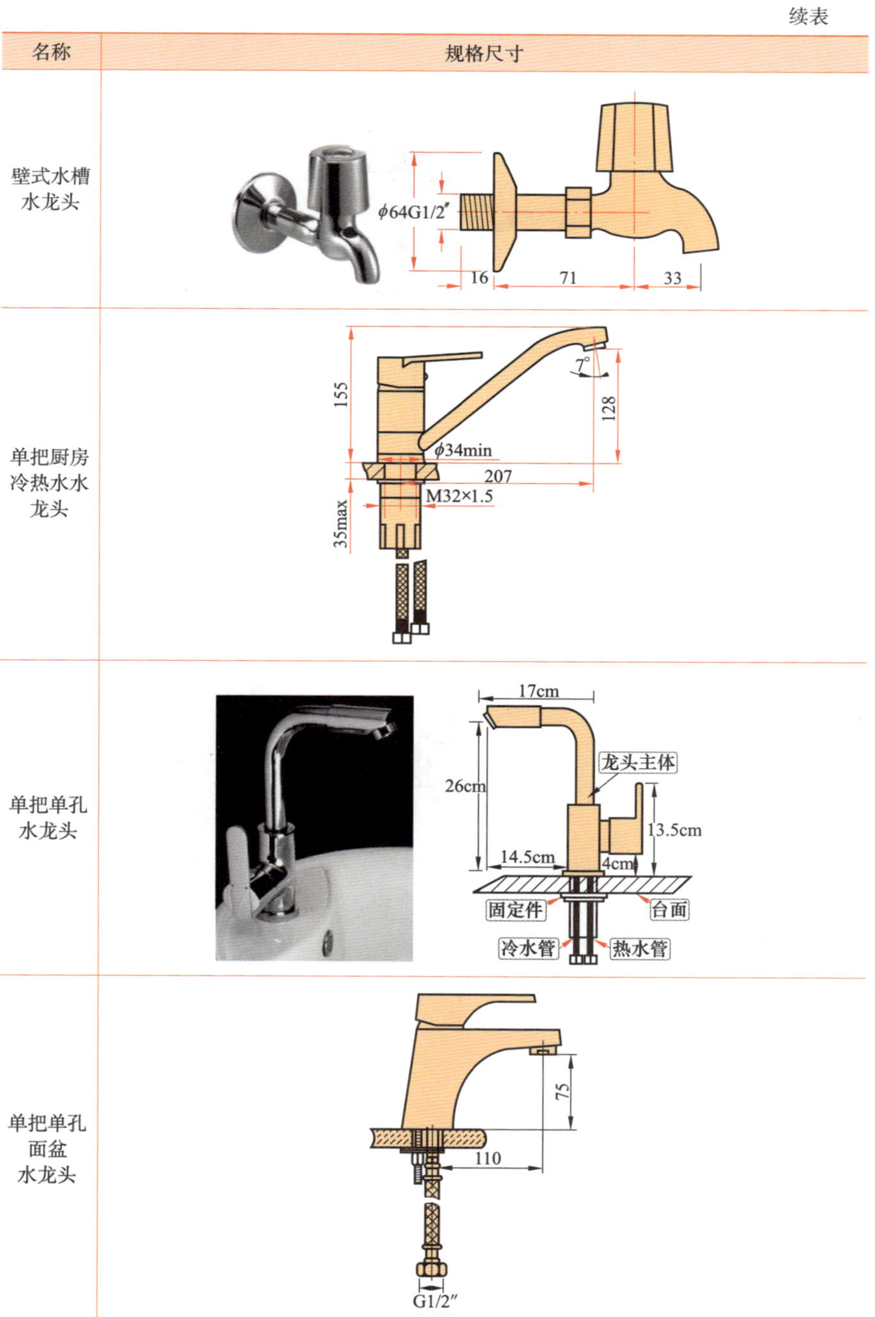

名称	规格尺寸
壁式水槽水龙头	
单把厨房冷热水水龙头	
单把单孔水龙头	
单把单孔面盆水龙头	

续表

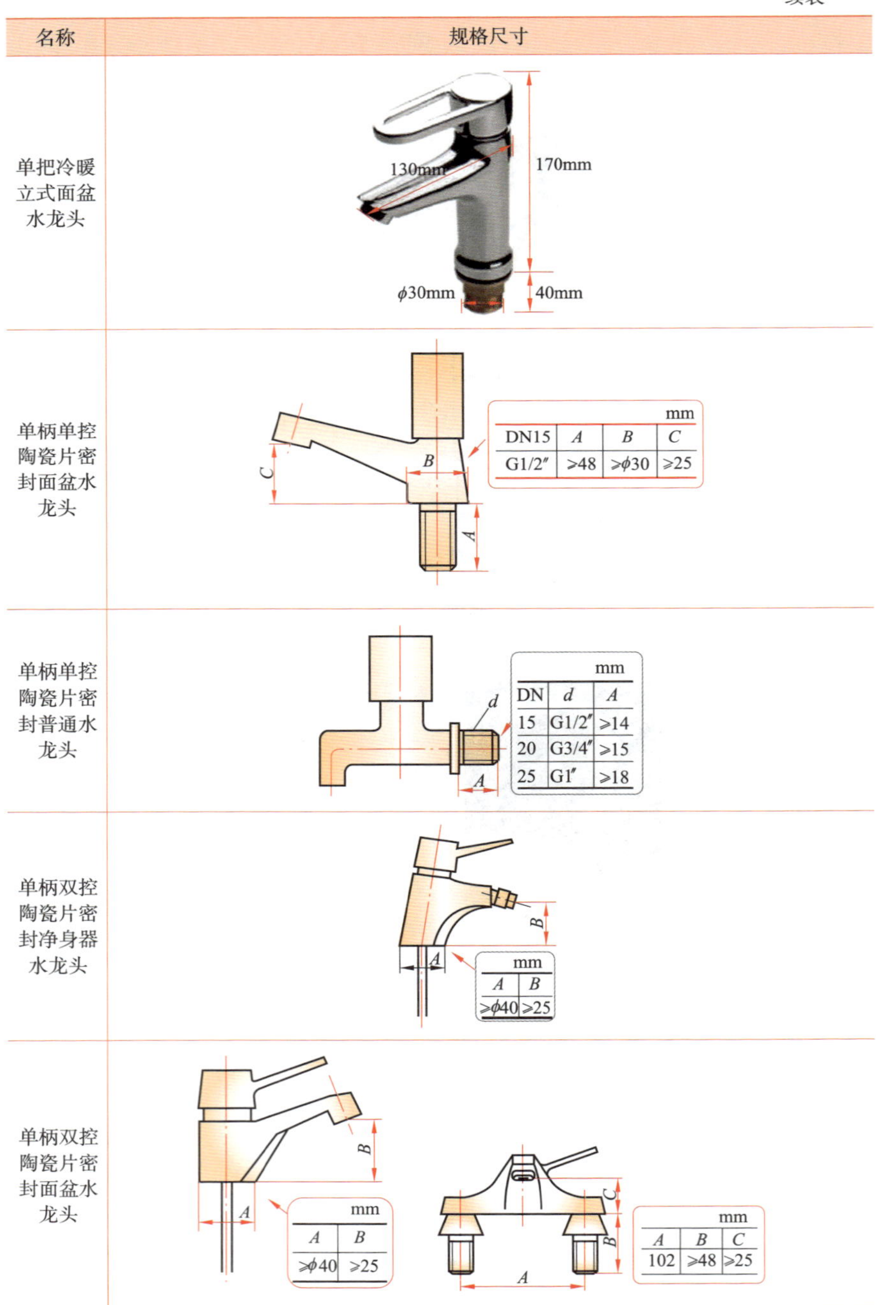

名称
规格尺寸
单把冷暖立式面盆水龙头
130mm
170mm
ϕ30mm
40mm
单柄单控陶瓷片密封面盆水龙头
C
B
A
mm
DN15 | A | B | C
G1/2″ | ≥48 | ≥ϕ30 | ≥25
单柄单控陶瓷片密封普通水龙头
d
A
mm
DN | d | A
15 | G1/2″ | ≥14
20 | G3/4″ | ≥15
25 | G1″ | ≥18
单柄双控陶瓷片密封净身器水龙头
B
A
mm
A | B
≥ϕ40 | ≥25
单柄双控陶瓷片密封面盆水龙头
B
A
mm
A | B
≥ϕ40 | ≥25
C
B
A
mm
A | B | C
102 | ≥48 | ≥25

续表

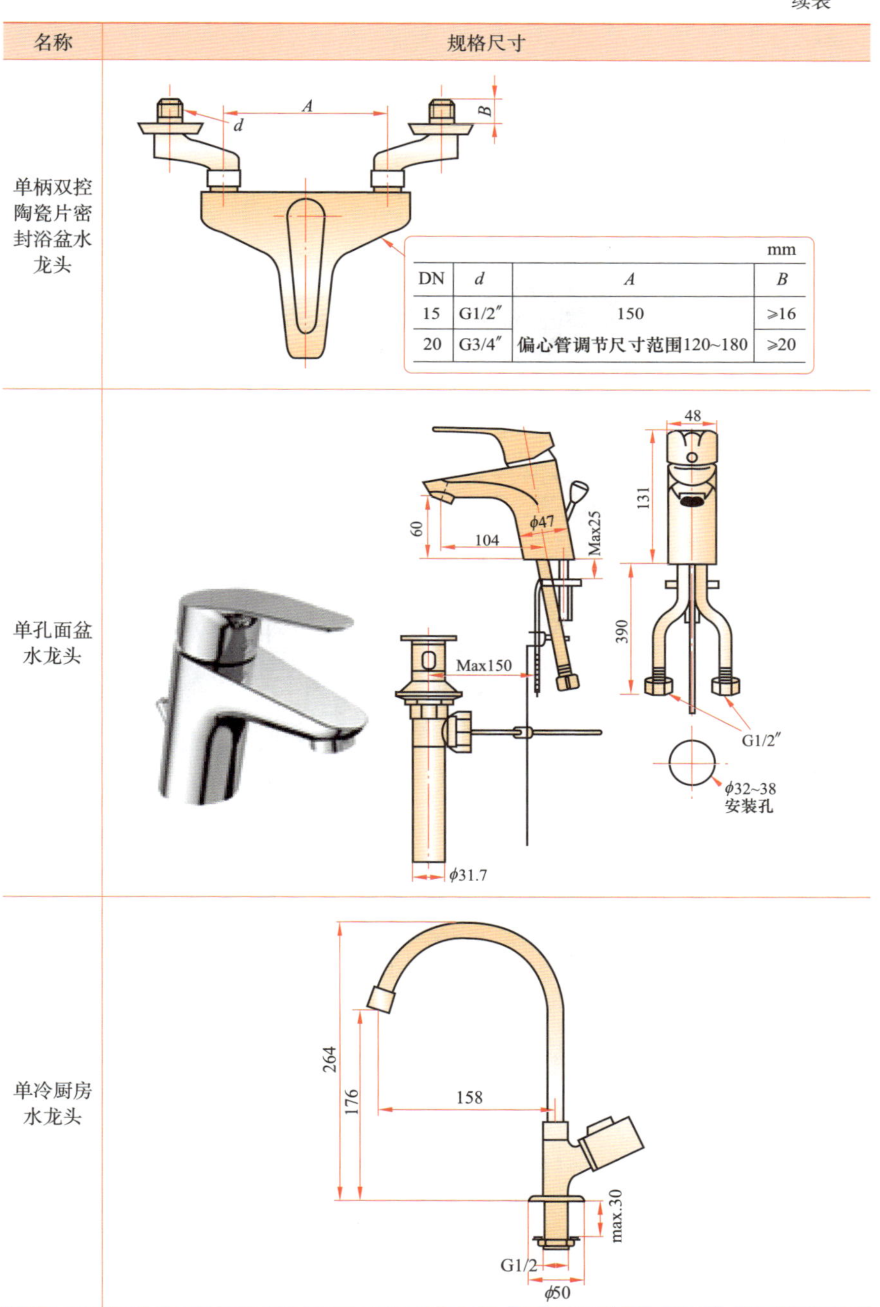

名称	规格尺寸
单柄双控陶瓷片密封浴盆水龙头	
单孔面盆水龙头	
单冷厨房水龙头	

mm

DN	d	A	B
15	G1/2″	150	≥16
20	G3/4″	偏心管调节尺寸范围120~180	≥20

续表

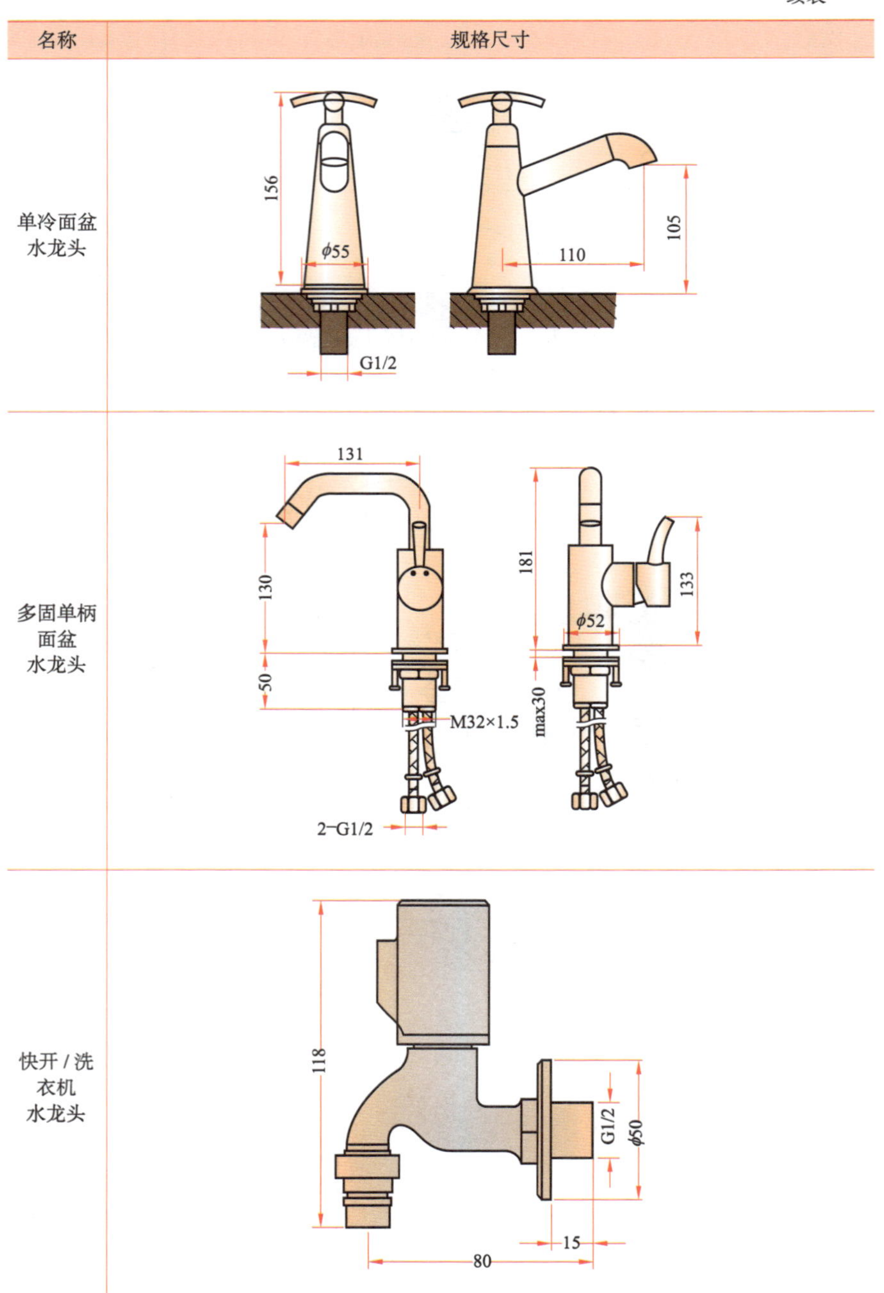

名称	规格尺寸
单冷面盆水龙头	156；φ55；G1/2；110；105
多固单柄面盆水龙头	131；130；50；M32×1.5；2−G1/2；181；133；φ52；max30
快开 / 洗衣机水龙头	118；G1/2；φ50；15；80

续表

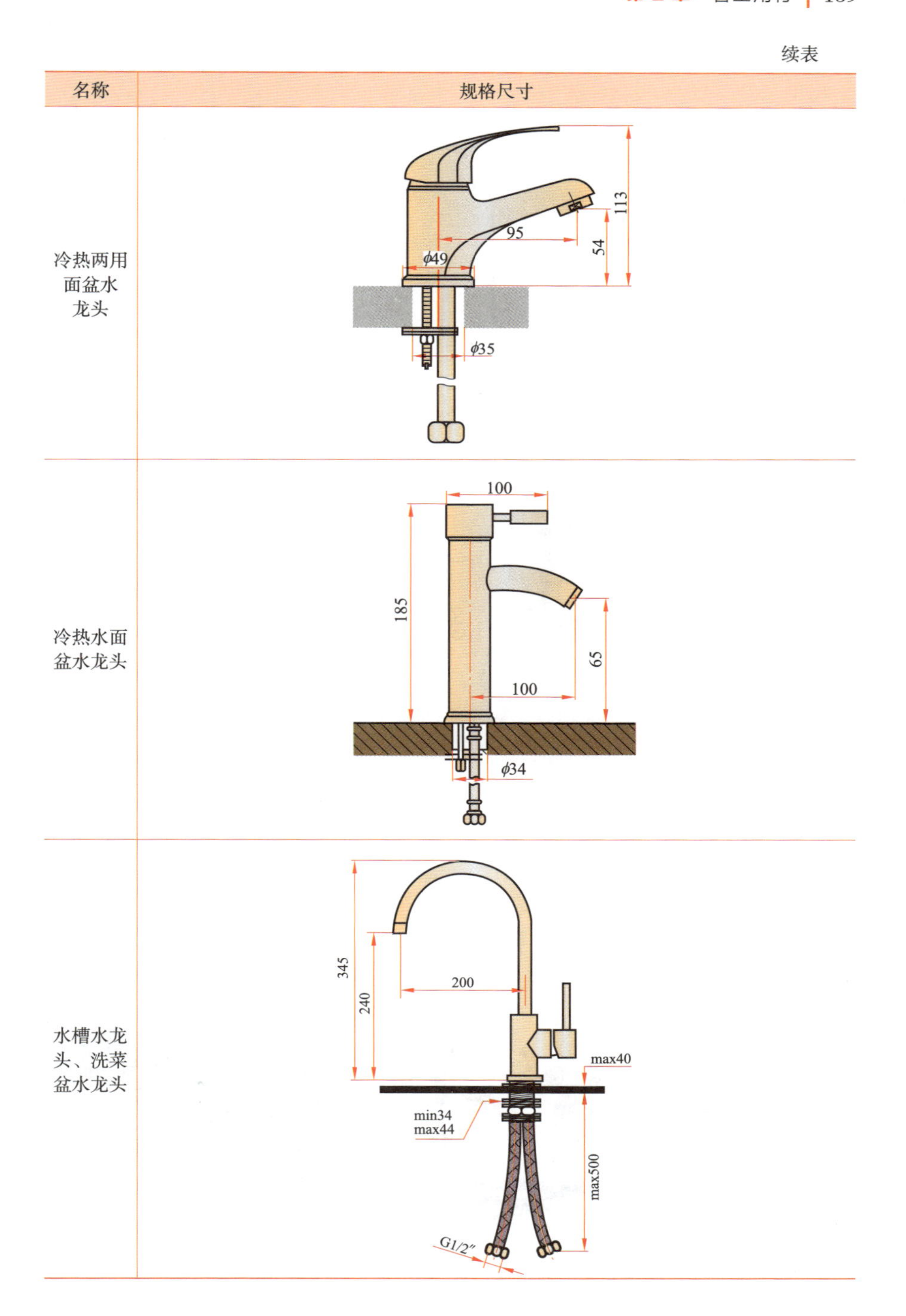

名称	规格尺寸
冷热两用面盆水龙头	
冷热水面盆水龙头	
水槽水龙头、洗菜盆水龙头	

续表

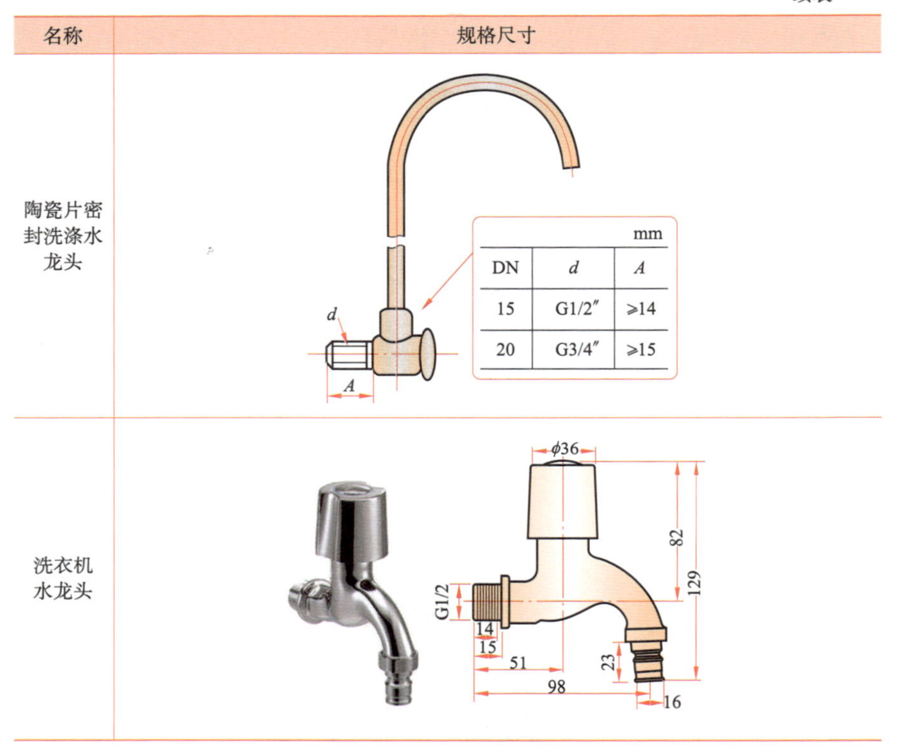

名称	规格尺寸
陶瓷片密封洗涤水龙头	d, A; mm DN | d | A 15 | G1/2″ | ≥14 20 | G3/4″ | ≥15
洗衣机水龙头	φ36, 82, 129, G1/2, 14, 15, 51, 23, 98, 16

2.14.5 水龙头的结构

常用水龙头的结构见表 2-43。

表 2-43　　常用水龙头的结构

名称	图例、尺寸
浴缸水龙头	小弯头组：小弯头、法兰圈、橡胶垫；水龙头主体；橡胶垫片；花洒软管；手持花洒；花洒挂钩；自攻螺钉；手/自动一体分水器；起泡器

续表

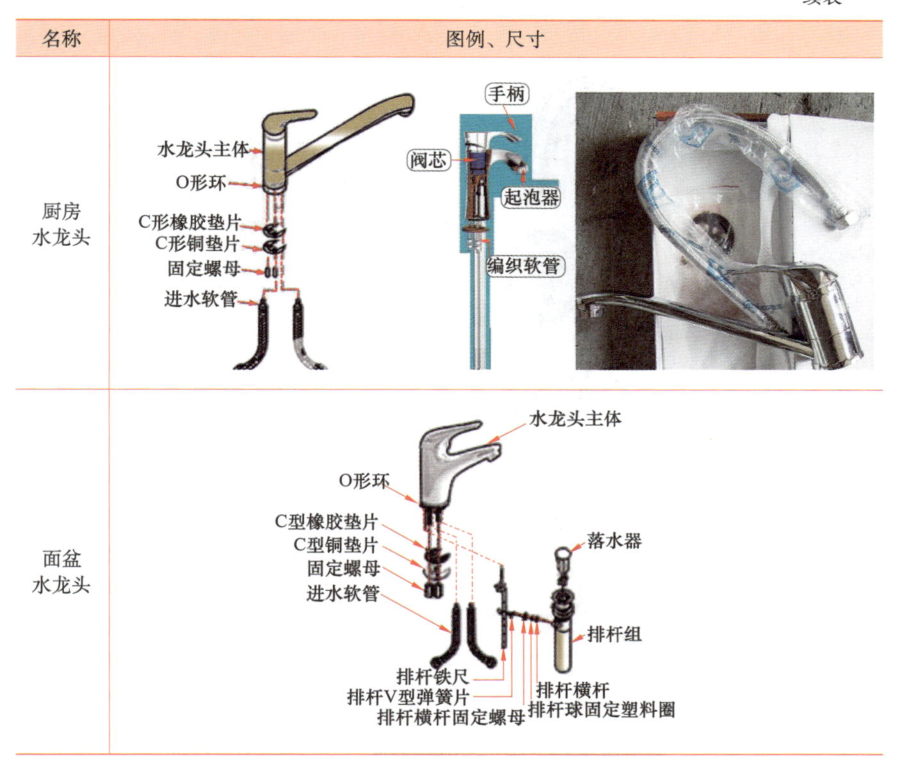

名称	图例、尺寸
厨房水龙头	
面盆水龙头	

2.14.6　水龙头的应用

常用水龙头的应用见表 2-44。

表 2-44　　常用水龙头的应用

名称	图例与解说	
光能感应加长型水龙头		台面安装自动感应水龙头，适用于单水或冷水 / 热水的场所
LED 灯光感应水龙头		有的适配为 DC6V 电源的适配器驱动，自动感应水龙头带温度照明显示环，适用于各种公共场所

续表

名称	图例与解说	
自动感应水龙头	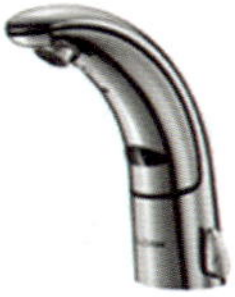	自动感应水龙头，适用于单水或冷水 / 热水的场所。其分为电池驱动型、交流电驱动型等种类
墙装式自动感应水龙头		墙装式自动感应水龙头适用于单水或冷水 / 热水供应的场所
手动延时水龙头		延时水龙头具有延时自闭阀芯，有的适应单孔台面安装
单冷水龙头	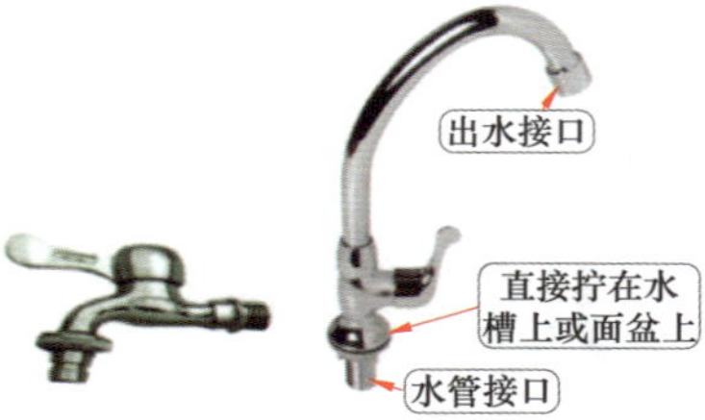 出水接口 直接拧在水槽上或面盆上 水管接口	单冷水龙头主要包括立式水龙头、入墙式水龙头。一般立式水龙头安装在厨房，入墙式水龙头安装在卫生间。有的入墙式水龙头没有配装饰盖。如果需要 6 分的进水水嘴可以用 4 转 6 转接头安装。如果安装角阀的时候水管位于里面，则可以用内外丝接头接出来。台盆与水槽的水龙头需要在墙出水口位置布置三角阀
数控恒温水龙头	数控恒温水龙头的分类与命名规格如下： 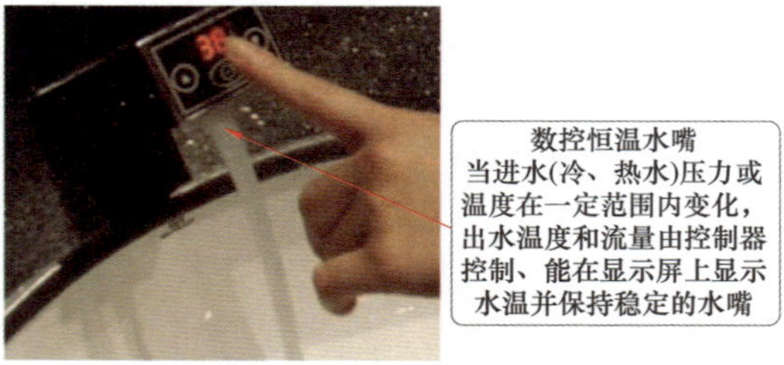	

数控恒温水嘴
当进水(冷、热水)压力或温度在一定范围内变化，出水温度和流量由控制器控制、能在显示屏上显示水温并保持稳定的水嘴

按温控类型可分为恒温、恒压及恒温恒压三类

温控类型	恒温	恒压	恒温恒压
代号	T	P	TP

按供电方式可分为交流供电、直流供电、微型水力发电机供电及其他供电方式等四类

供电方式	交流供电	直流供电	微型水力发电机供电	其他供电方式
代号	J	Z	W	Q

按结构形式可分为分体式、一体式等两类

结构形式	分体式	一体式
代号	F	Y

按安装形式可分为明装、暗装等两类

安装形式	明装	暗装
代号	M	A

续表

<table>
<tr><th>名称</th><th>图例与解说</th></tr>
<tr><td>数控恒温水龙头</td><td>
按使用场合不同可分淋浴、浴缸、洗涤、面盆、净身器及其他等六类。
<table>
<tr><td>使用场合</td><td>淋浴</td><td>浴缸</td><td>洗涤</td><td>面盆</td><td>净身器</td><td>其他</td></tr>
<tr><td>代号</td><td>L</td><td>Y</td><td>X</td><td>M</td><td>J</td><td>Q</td></tr>
</table>
按使用压力可分为普通水压，低水压等两类
<table>
<tr><td>使用压力</td><td>普通水压</td><td>低水压</td></tr>
<tr><td>代号</td><td>–</td><td>D</td></tr>
<tr><td colspan="3">注:普通水压代号不标示</td></tr>
</table>
产品型号和标记
S □ □ □ □ □ □ □
数控恒温水嘴代号
温控类型代号
供电方式代号
结构形式代号
安装形式代号
使用场合代号
使用压力代号
执行标准编号
</td></tr>
<tr><td>厨房水龙头</td><td>

厨房水龙头适用于厨房间的安装用水龙头。其有墙装式水龙头、立式水龙头，也有单冷水龙头、冷热水龙头。所有厨房水龙头的头一般需要可以左右摆动。冷暖立式厨房水龙头一般配有固定配件与 2 跟单头进水软管，如果软管不够长，则可以接长。立式水龙头安装一般需要角阀，并且如果是冷热都配角阀，则需要一冷一热 2 只角阀
</td></tr>
<tr><td>台上盆水龙头</td><td>
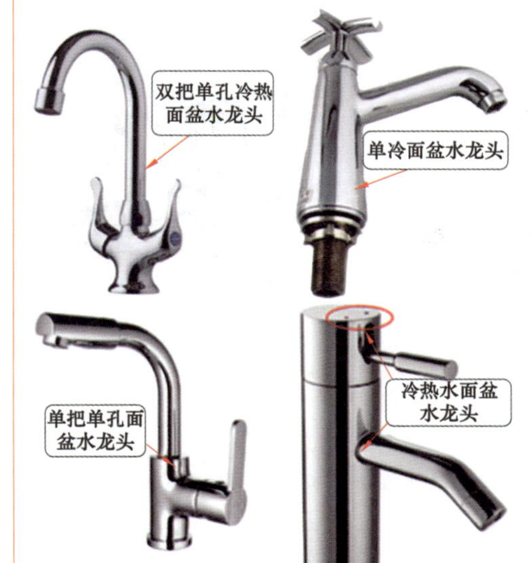

台上盆水龙头适用于水龙头口高出水盆边 15~20cm 的场所。水龙头开关高出盆边有利于操作。台上盆水龙头一般均配送固定配件以及进水软管。个别产品没有配软管，则需要另购。
台上盆水龙头安装一般需要配上三角阀，基本上是配一冷一热三角阀。
安装洗脸盆需要的常用配件有面盆下水器、面盆下水管。安装洗脸盆需要的辅助材料有生料带、玻璃胶
</td></tr>
</table>

续表

<table>
<tr><th>名称</th><th>图例与解说</th></tr>
<tr><td>拖把池水龙头</td><td>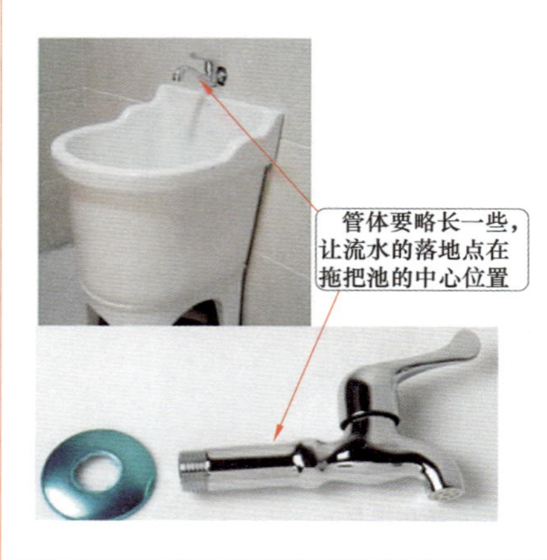

单冷的水龙头主要包括洗衣机水龙头、拖把池水龙头。洗衣机与拖把池水龙头主要区别在于洗衣机水龙头多一个接洗衣机水龙头的接头。有部分水龙头没有配装饰盖的，如果需要则另购。如果需要 6 分的进水水嘴可以用 4 转 6 转接头安装。如果安装角阀的时候水管位于里面，则可以用内外丝接头接出来。冷的水龙头安装常见辅助材料有生料带。
拖把池水龙头可以直接拧在墙上留好出水口的位置。一般常见的拖把池水龙头的出水口直径为 4 分的</td></tr>
<tr><td>洗衣机水龙头</td><td>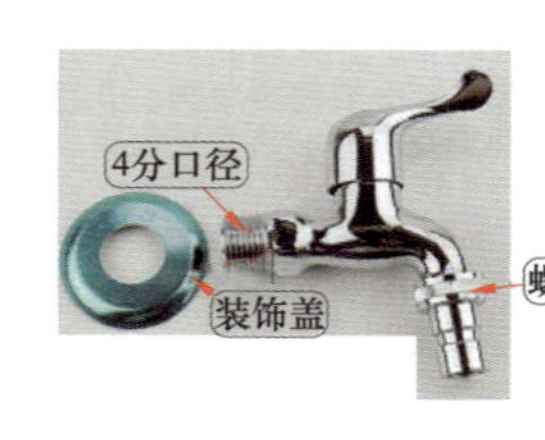

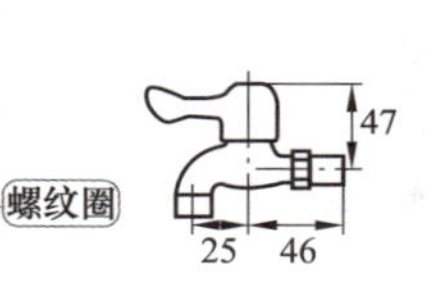

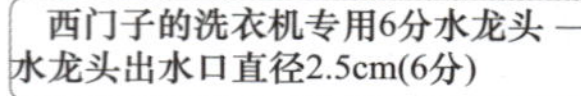

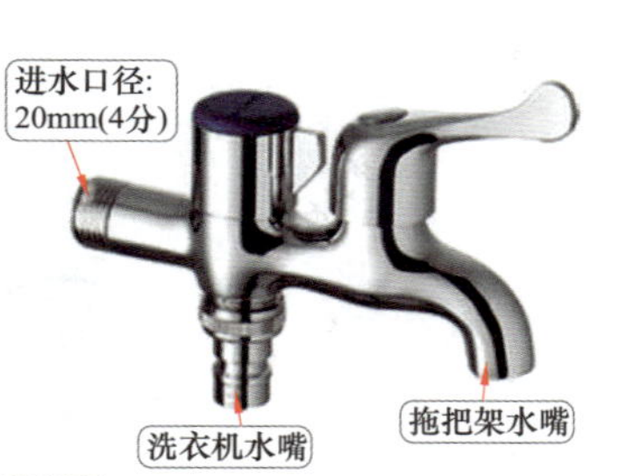

快开单冷多功能水龙头
一般的洗衣机水龙头进水口径与接洗衣机的口径都是 4 分。但是，西门子一些洗衣机装饰盖直径 5cm，如果需要西门子的洗衣机水龙头则需要采用西门子专用的洗衣机水龙头。
另外，还有单冷多功能洗衣机拖把池双用水龙头，可以实现拖把池水龙头与洗衣机水龙头的合二为一
洗衣机水龙头可以直接拧在墙上留好的出水口处</td></tr>
</table>

续表

名称	图例与解说
淋浴水龙头	进水口间距：145mm 出水口墙距:49mm 外接螺纹:G1/2 垫片2个 S弯接头2个 把手至墙面150mm 混水阀安装孔距150±15mm 装饰盖2个，装饰盖直径:60mm 单把软管式两联淋浴器 冷热水从厨房的净水器和热水器里接进来 沐浴龙头的出口 洗手盆的出口 淋浴水龙头是指有冷水与热水的一种混水阀，其一般需要另外接手提花洒。 淋浴水龙头安装在墙上的距离可以细调，一般两孔距离为 14.5cm±1.5cm。如果需要下出水，则需要选择三联淋浴水龙头。 淋浴水龙头常有的配件有 2 个装饰盖、2 个 6 分垫片、2 只偏心调节铜脚。 如果安装的管子距离是非标的，则可以采用大偏心底座来调整、安装。如果明管，则可以采用暗转明转接头，把水龙头装为明管水龙头。 安装淋浴水龙头常需要的辅助材料有 生料带。 安装淋浴水龙头时，也可以根据沐浴水龙头直接在墙上画好距离，以便 接管后，直接把淋浴水龙头拧在墙上留好的出水口上即可
浴缸水龙头	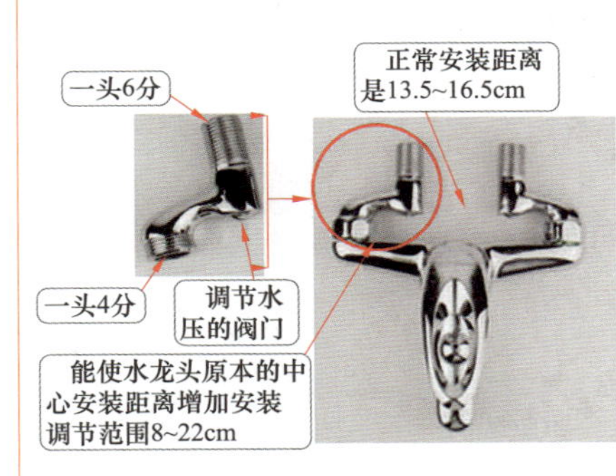 浴缸水龙头又称为三联淋浴水龙头，其可以接手提花洒淋浴。另外有分水器可以下出水，注水到浴缸里。 浴缸水龙头安装在墙上的距离可以细调，一般两孔距离为 14.5cm±1.5cm。如果不需要下出水的，也可以选择没有下出水口的淋浴水龙头。 浴缸水龙头常有的配件有 2 个装饰盖、2 个 6 分垫片、2 只偏心调节铜脚。 如果安装的管子距离是非标的，则可以采用大偏心底座来调整、安装，如果明管，则可以采用暗转明转接头，把水龙头装为明管水龙头。 安装浴缸水龙头常需要的辅助材料有生料带、玻璃胶

2.14.7 水龙头的安装

水龙头的安装如图 2–101 所示。

水龙头安装注意事项：

（1）安装时，不得随意拆开水龙头内部。

（2）水龙头安装前，需要清除水管内的杂质、污泥，以免堵塞水龙头，影响出水功能。

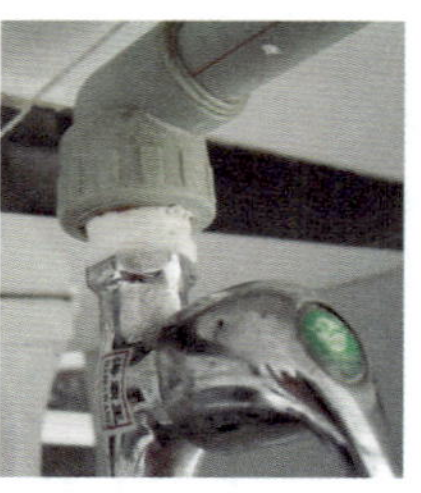

图 2-101　水龙头的安装

（3）安装冷热混合水龙头时，需要注意冷、热水进水标记（一般红色表示热水，蓝色表示冷水），以免影响出水不正常或热水烫人事故。

（4）安装好水龙头后，需要仔细检查各个连接密封处是否连接紧密，管道是否泄漏。

定位螺栓及连接软管如图 2-102 所示。

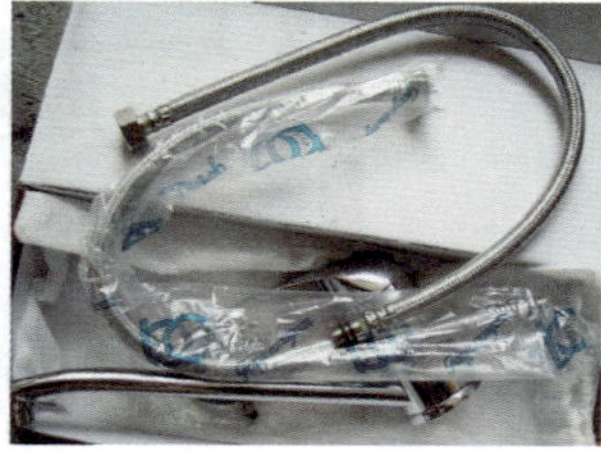

图 2-102　定位螺栓及连接软管

2.14.8　淋浴水龙头

淋浴水龙头如图 2-103 所示。

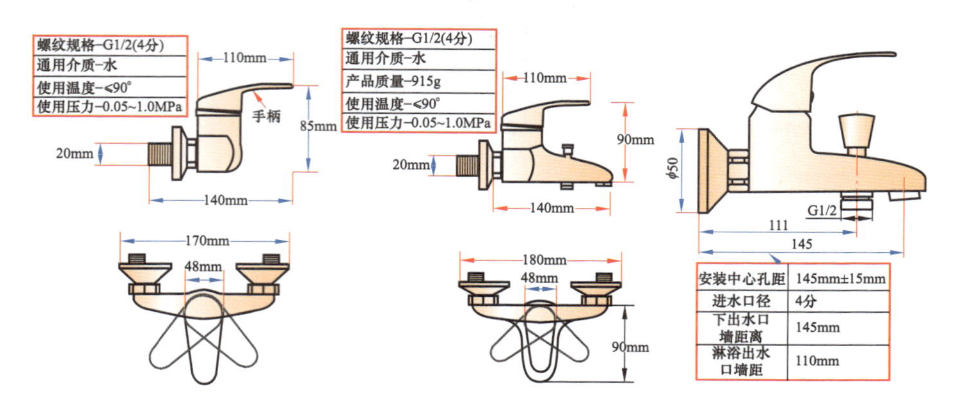

图 2-103　淋浴水龙头（一）

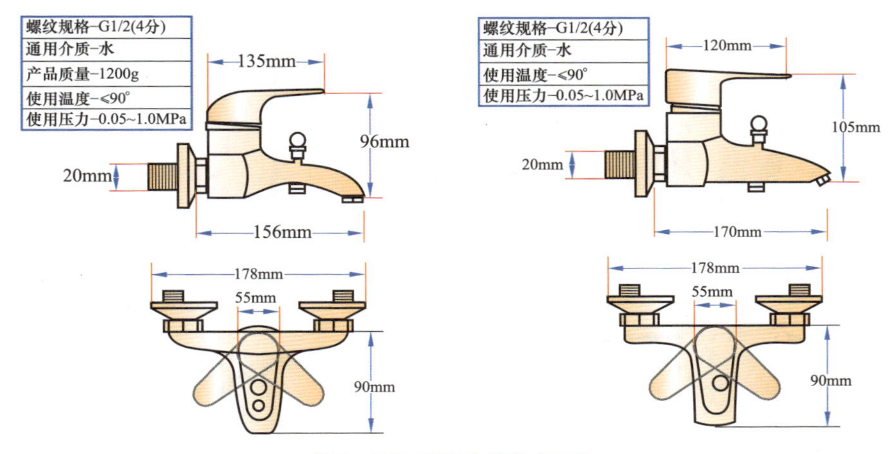

图 2–103　淋浴水龙头（二）

2.15 花洒

2.15.1　花洒的概述

（1）水龙头安装方式有 挂墙式、立式。

（2）花洒支架类型有带升降、固定的等种类。

（3）冷热水控制类型有单把双控式、双把双控式。

（4）淋浴花洒水龙头类型有 双花洒水龙头、单花洒水龙头。

（5）带下出水混水阀，混水阀孔距一般为 150mm ± 15mm。

（6）产品常有配件硬管、大小花洒、软管、安装紧固件等。

（7）有的花洒是组合套装、可升降淋浴花洒与水龙头。

（8）常用花洒的相关组件、配件如图 2–104 所示。

（9）有的花洒配的淋浴水龙头比较特别，需要采用专用的水龙头相配。

（10）立柱式花洒不能用于太阳能热水器上。

（11）安装花洒时，下出水口距离地面要有 90cm 的高度。

（12）安装花洒时，如果安排的管子距离是非标的，则可以另购大偏心底座来调整、安装。如果是明管，则可以采用暗转明转接头，可以把水龙头装为明管水龙头。

（13）安装花洒时，辅助材料常有生料带。

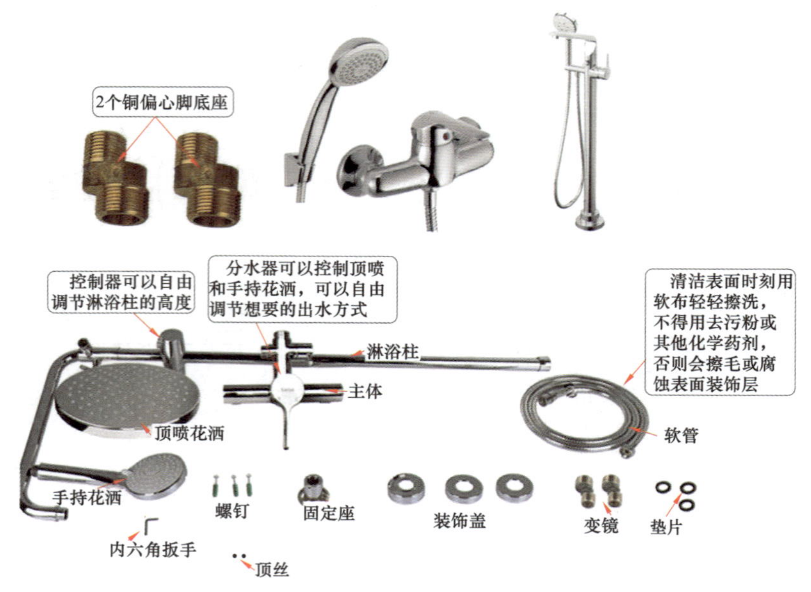

图 2-104　常用花洒的相关组件、配件

2.15.2　花洒的尺寸

常用花洒的尺寸如图 2-105 所示。

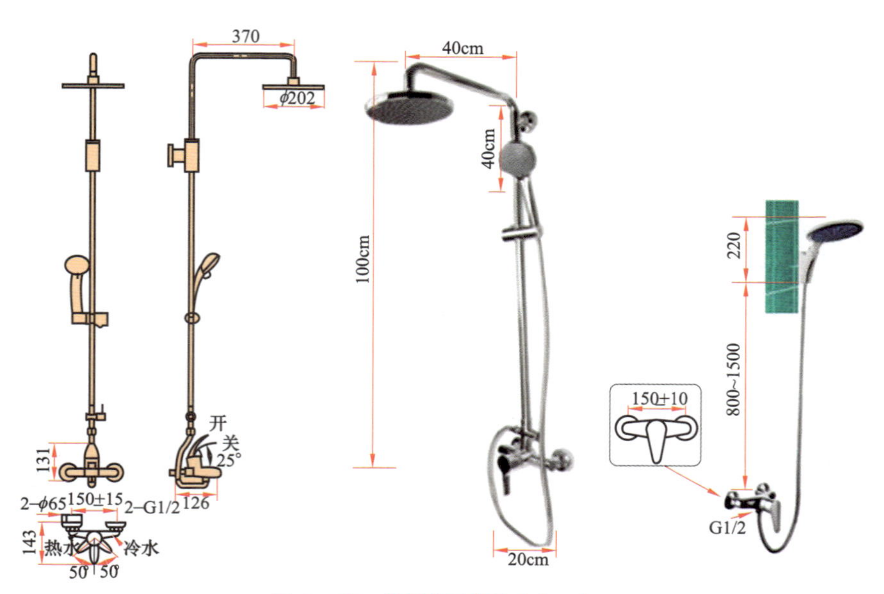

图 2-105　常用花洒的尺寸（一）

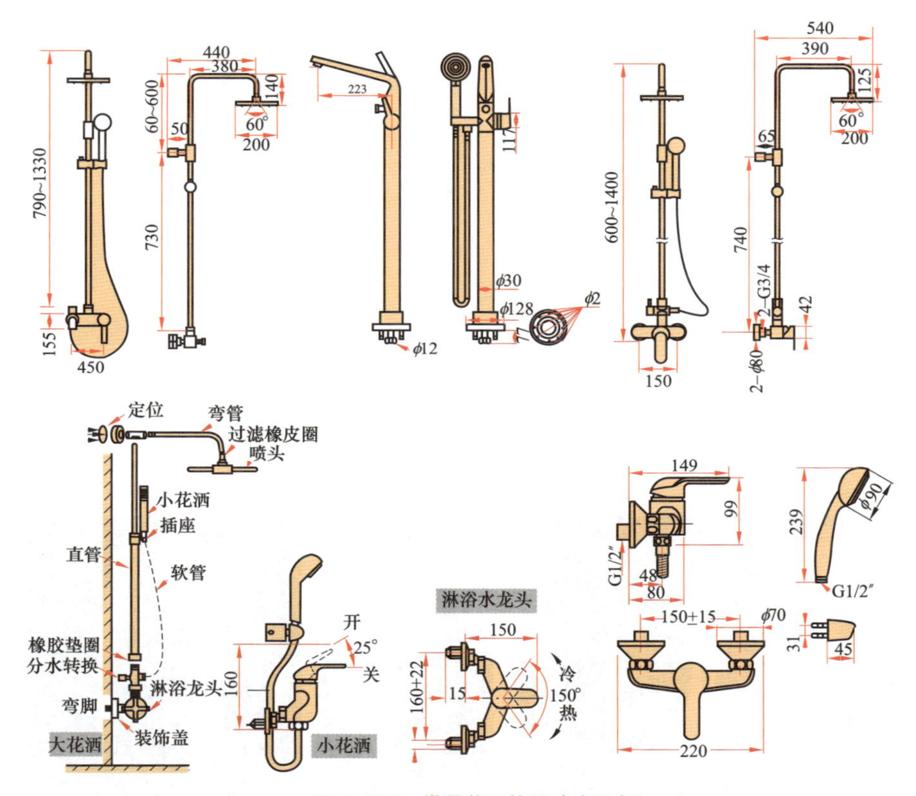

图 2-105 常用花洒的尺寸（二）(mm)

2.15.3 淋浴器

淋浴器的尺寸如图 2-106 所示，淋浴器的安装如图 2-107 所示。

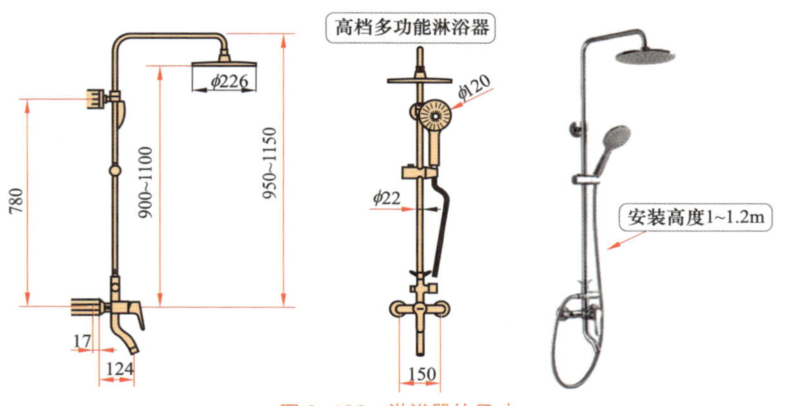

图 2-106 淋浴器的尺寸

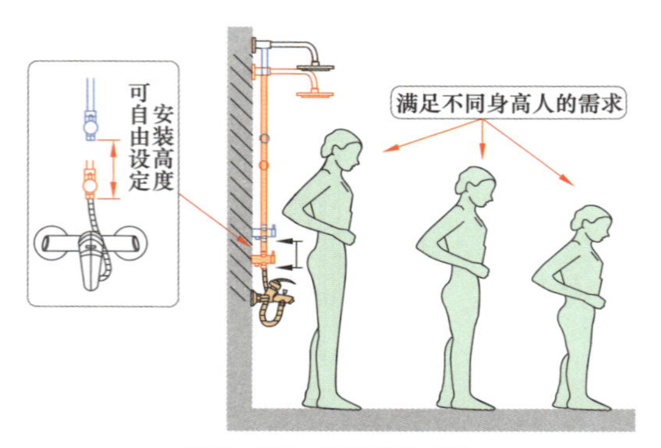

图 2-107　淋浴器的安装

2.15.4　手持花洒

手持花洒如图 2-108 所示。

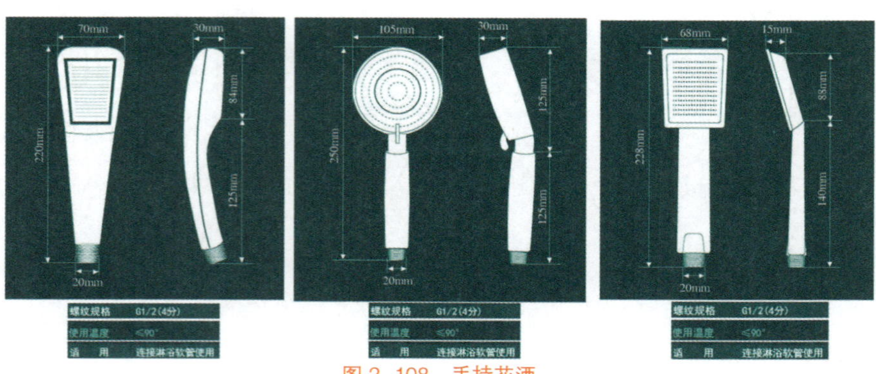

图 2-108　手持花洒

2.16 阀门

2.16.1　阀门的概述

阀门就是流体管路的控制装置。阀门的基本功能就是接通、切断管路介质的流通，改变介质的流通、流向以及调节介质的压力、流量，从而保护管路、设备的正常运行。驱动阀门就是借助手动、液动、电动、气动来操纵动作的一种阀门。驱动阀门包括闸阀、蝶阀、球阀、截止阀、节流阀、旋塞阀等种类。

阀门的分类如图 2-109 所示。

阀门按公称通径不同，可以分为以下几种类型：

（1）小口径阀门。公称通径 <40mm 的阀门。

（2）中口径阀门。公称通径为 50~300mm 的阀门。

阀门
结构形式
固定球球阀
直通式
浮动球球阀
弹性球球阀
连接方式
螺纹
快装
法兰
卡套
焊接
外螺纹
内螺纹
对夹
分类
球阀
闸阀
截止阀
止回阀
电动阀门
水管阀门
高压阀门
阀门开关
燃气阀门
蝶阀
球阀
气动阀门
煤气阀门

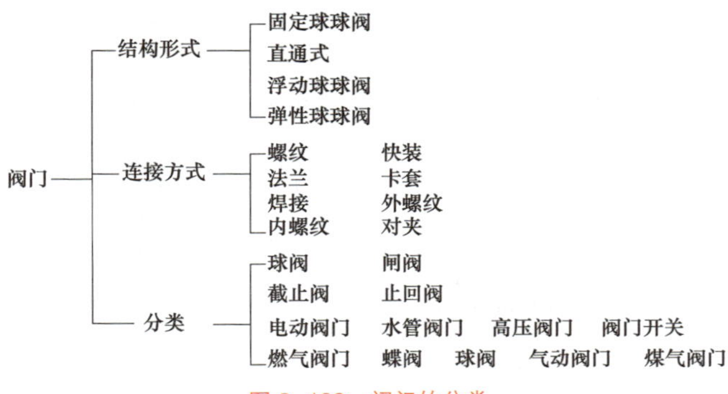

图 2-109　阀门的分类

（3）大口径阀门。公称通径为 350~1200mm 的阀门。

（4）特大口径阀门。公称通径≥ 1400mm 的阀门。

阀门根据驱动方式不同，可以分为以下种类：

（1）手动阀门。借助手轮、手柄、杠杆、链轮等，由人力驱动的阀门。

（2）电动阀门。借助电动机、其他电气装置来驱动的阀门。

（3）液动阀门。借助水、油来驱动的阀门。

（4）气动阀门。借助压缩空气来驱动的阀门。

阀门结构的解说如图 2-110 所示。

阀门的分类见表 2-45、常用阀门外形见表 2-46。

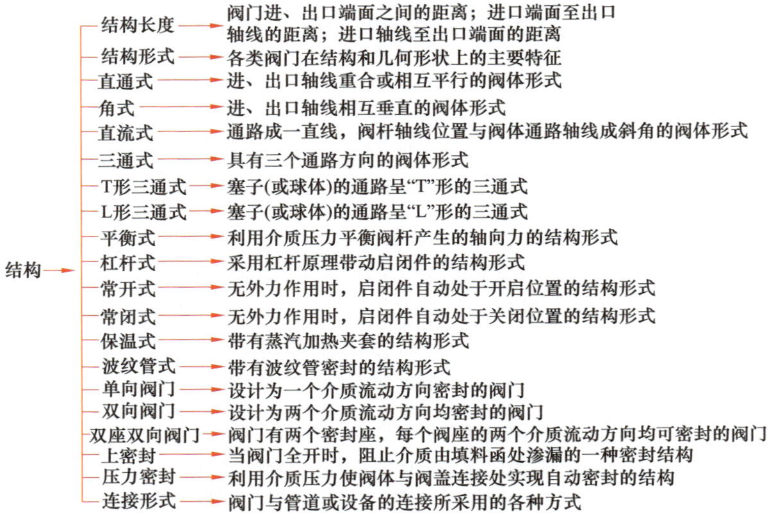

结构
结构长度→阀门进、出口端面之间的距离；进口端面至出口轴线的距离；进口轴线至出口端面的距离
结构形式→各类阀门在结构和几何形状上的主要特征
直通式→进、出口轴线重合或相互平行的阀体形式
角式→进、出口轴线相互垂直的阀体形式
直流式→通路成一直线，阀杆轴线位置与阀体通路轴线成斜角的阀体形式
三通式→具有三个通路方向的阀体形式
T形三通式→塞子(或球体)的通路呈“T”形的三通式
L形三通式→塞子(或球体)的通路呈“L”形的三通式
平衡式→利用介质压力平衡阀杆产生的轴向力的结构形式
杠杆式→采用杠杆原理带动启闭件的结构形式
常开式→无外力作用时，启闭件自动处于开启位置的结构形式
常闭式→无外力作用时，启闭件自动处于关闭位置的结构形式
保温式→带有蒸汽加热夹套的结构形式
波纹管式→带有波纹管密封的结构形式
单向阀门→设计为一个介质流动方向密封的阀门
双向阀门→设计为两个介质流动方向均密封的阀门
双座双向阀门→阀门有两个密封座，每个阀座的两个介质流动方向均可密封的阀门
上密封→当阀门全开时，阻止介质由填料函处渗漏的一种密封结构
压力密封→利用介质压力使阀体与阀盖连接处实现自动密封的结构
连接形式→阀门与管道或设备的连接所采用的各种方式

图 2-110　阀门结构的解说

表 2-45　阀门的分类

分类依据	分类
根据作用、用途	（1）截断阀。主要作用是接通或截断管路中的介质。截断阀包括闸阀、截止阀、旋塞阀、球阀、蝶阀、隔膜等。 （2）止回阀。主要作用是防止管路中的介质倒流。 （3）分流阀。分流阀类包括各种分配阀、疏水阀等。主要作用是分配、分离或混合管路中的介质。 （4）安全阀。主要作用是防止管路或装置中的介质压力超过规定值，即起到安全保护的目的。 （5）调节阀。调节阀包括调节阀、节流阀、减压阀。主要作用是调节介质的压力、流量等参数
根据公称压力	（1）真空阀。主要是指工作压力低于标准大气压的阀门。 （2）低压阀。主要是指公称压力 PN ≤ 1.6MPa 的阀门。 （3）中压阀。主要是指公称压力 PN 为 2.5、4.0、6.4MPa 的阀门。 （4）高压阀。主要是指公称压力 PN 为 10 ～ 80MPa 的阀门。 （5）超高压阀。主要是指公称压力 PN ≥ 100MPa 的阀门
根据工作温度	（1）高温阀。主要是指用于介质工作温度 t>450℃的阀门。 （2）中温阀。主要是指用于介质工作温度为 120℃。 （3）常温阀。主要是指用于介质工作温度 −40℃≤ t ≤ 120℃的阀门。 （4）低温阀。主要是指用于介质工作温度 −100℃≤ t ≤ −40℃的阀门。 （5）超低温阀。主要是指用于介质工作温度 t<−100℃的阀门
根据驱动方式	（1）自动阀。主要是指不需要外力驱动，依靠介质自身的能量来使阀门动作的阀门。包括安全阀、减压阀、疏水阀、止回阀、自动调节阀等。 （2）手动阀。主要是指借助手轮、手柄、杠杆、链轮，由人力来操纵阀门动作的阀门。 （3）动力驱动阀。主要是指动力驱动阀可以利用各种动力源进行驱动，包括以下几种： 1）电动阀。主要是借助电力驱动的阀门。 2）气动阀。主要是借助压缩空气驱动的阀门。 3）液动阀。主要是借助油等液体压力驱动的阀门
根据公称通径	（1）小通径阀门。主要是指公称通径 DN ≤ 40mm 的阀门。 （2）中通径阀门。主要是指公称通径 DN 为 50 ～ 300mm 的阀门。 （3）大通径阀门。主要是指公称阀门 DN 为 350 ～ 1200mm 的阀门。 （4）特大通径阀门。主要是指公称通径 DN ≥ 1400mm 的阀门
根据结构特征	（1）截门形阀门。主要是指启闭件由阀杆带动沿着阀座中心线作升降运动的阀门。 （2）旋塞形阀门。主要是指启闭件由阀杆带动沿着垂直于阀座中心线作升降运动的阀门。 （3）旋塞阀。主要是指启闭件围绕自身中心线旋转的阀门。 （4）旋启阀。主要是指启闭件围绕座外的轴旋转的阀门。 （5）蝶型阀门。主要是指启闭件围绕阀座内的固定轴旋转的阀门。 （6）滑阀型阀门。主要是指启闭件在垂直于通道的方向滑动
根据连接方法	（1）螺纹连接阀门。主要是指阀体带有内螺纹或外螺纹，与管道螺纹连接。 （2）法兰连接阀门。主要是指阀体带有法兰，与管道法兰连接。 （3）对夹连接阀门。主要是指用螺栓直接将阀门及两头管道穿夹在一起的连接形式。 （4）焊接连接阀门。主要是指阀体带有焊接坡口，与管道焊接连接。 （5）卡箍连接阀门。主要是指阀体带有夹口，与管道夹箍连接。 （6）卡套连接阀门。主要是指与管道采用卡套连接
根据阀体材料	（1）金属材料阀门。主要是指其阀体等零件由金属材料制成。 （2）非金属材料阀门。主要是指其阀体等零件由非金属材料制成。 （3）金属阀体衬里阀门。主要是指阀体外形为金属，内部凡与介质接触的主要表面均为衬里，如衬胶阀、衬塑料阀、衬陶阀等

表 2-46　　常用阀门的外形

名称	图例	名称	图例
舵形三角阀		六角形三角阀	
圆形三角阀	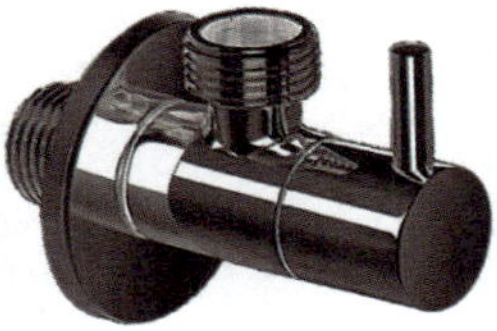	洗衣机水嘴	
扁圆形三角阀		雾化水嘴	
八角形三角阀		方形三角阀	
PP-R 豪华三角阀		PP-R 普通三角阀	
豪华三角阀		光能冲洗阀	 明装型感应冲洗阀，光能驱动，适用于上进水的座厕或挂厕

常见阀门外形及尺寸如图 2–111~ 图 2–119 所示。

便器冲洗阀进水公称通径有 DN15mm、DN20mm、DN25mm 三种。

截止阀的安装注意点如下：

（1）手轮、手柄操作的截止阀可安装在管道的任何位置上。

（2）手轮、手柄，不允许作起吊用。

图 2–111 脚踏式暗装便池冲洗阀

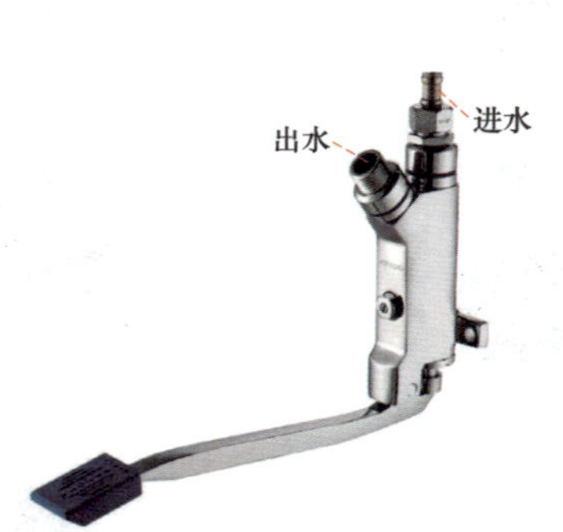

图 2–112 脚踏阀

图 2–113 立式脚踏阀

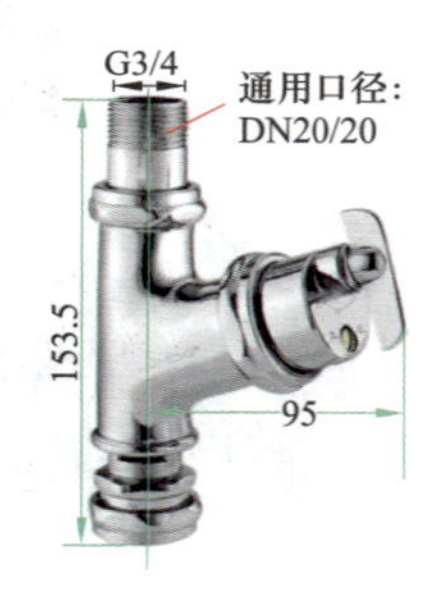

图 2–114 旋转式便池冲洗阀

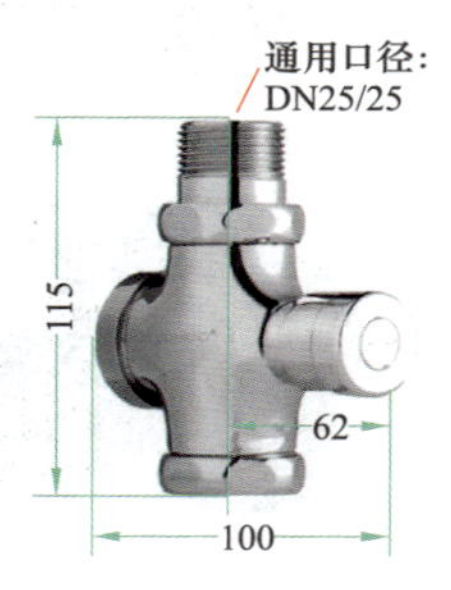

图 2–115 按键式便池冲洗阀 1

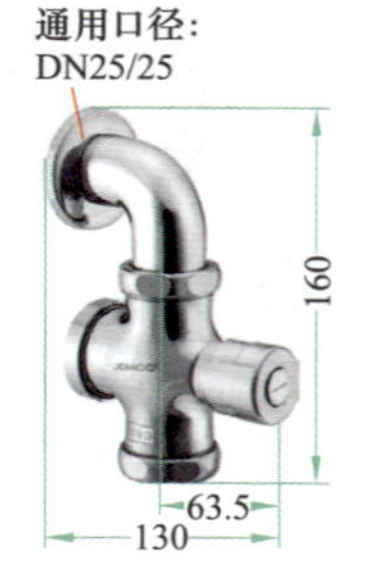

图 2–116 按键式便池冲洗阀 2

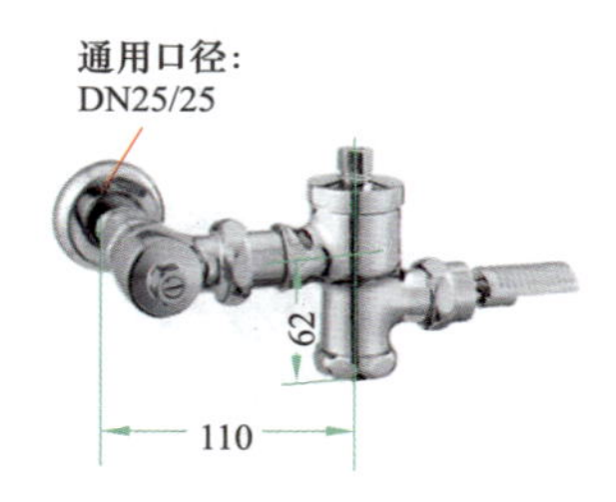

图 2–117 脚踏式便池冲洗阀

图 2-118 快开式便池冲洗阀

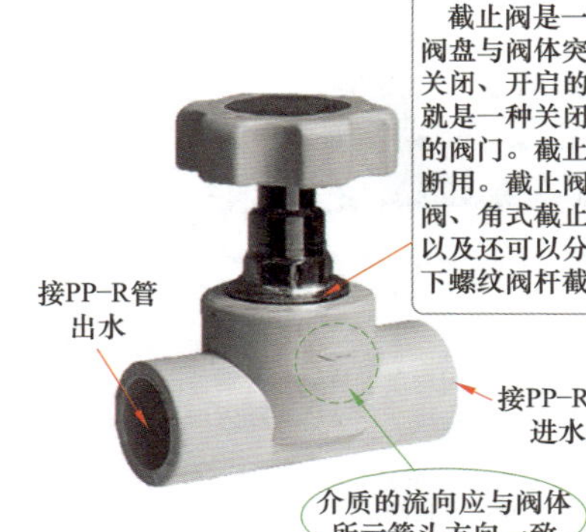

图 2-119 截止阀

（3）水的流向应与水阀体所示箭头方向一致。

（4）阀门应装设在便于检修与易于操作的位置。

家装三角阀（见图 2-120）一般用量如下：菜盆水龙头 2 只（冷水与热水）、热水器 2 只（冷水与热水）、面盆水龙头 2 只（冷水与热水）、马桶 1 只（冷水）。一般洗衣机、拖布池、淋浴水龙头均不需要装三角阀。

3/8 三角阀是指 3 分阀，可以接 3 分的水管（一般用于进水水龙头上 3 分的硬管）。

1/2 三角阀是指 4 分阀，可以接 4 分的水管（一般用于台面出水的水龙头、马桶、4 分进出水的热水器、按摩浴缸、整体冲淋房及淋浴屏上，一般家庭使用 1/2 三角阀）。

3/4 三角阀（直阀）是指 6 分阀，可以接 6 分的水管（一般家用的很少用到 6 分直角三角阀，而进户总水管和 6 分进出水的热水器普遍用 6 分直阀）。

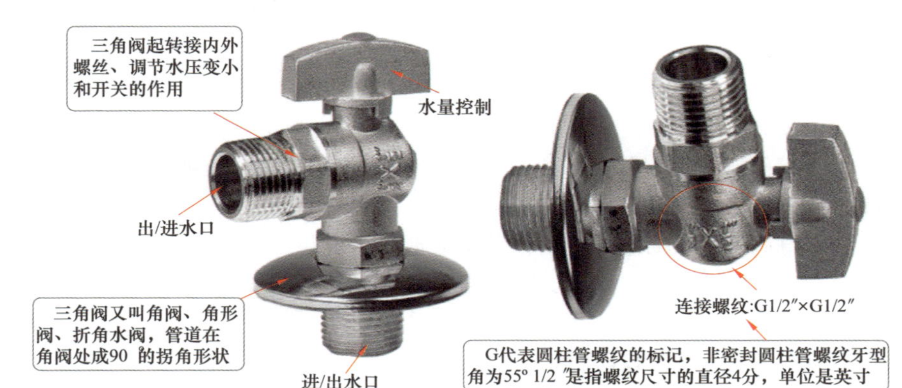

图 2-120 三角阀（一）

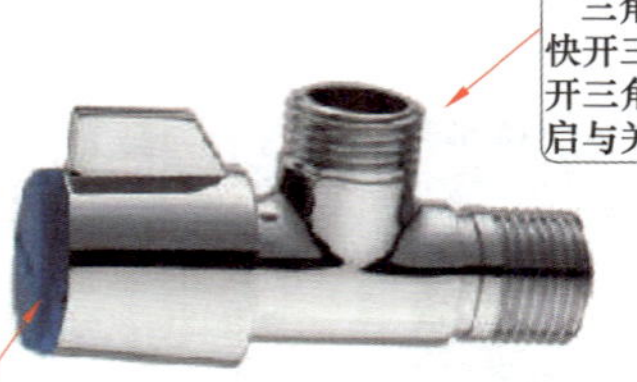

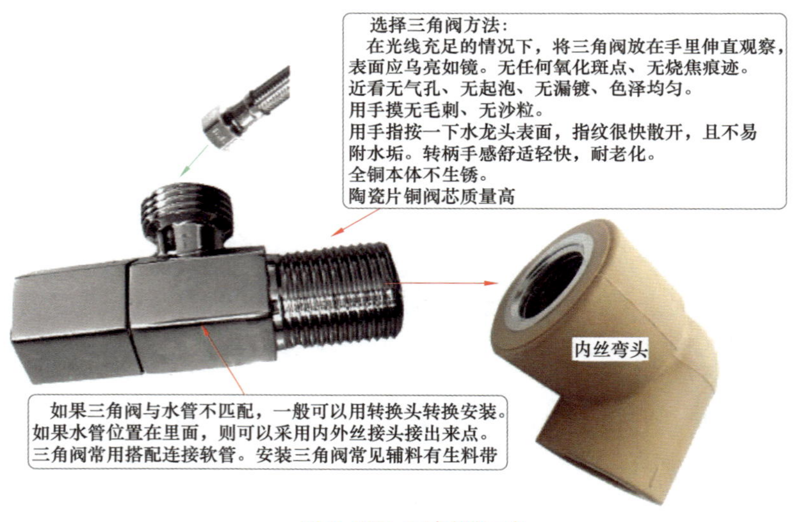

图 2-120　三角阀(二)

球阀安装前的准备：

(1) 球阀前、后管道应同轴，管道应能承受球阀的质量，否则管道上必须配有适当的支撑。

(2) 球阀前、后管线吹扫干净，清除杂质。

(3) 核对球阀的标志，验证球阀是否完好无损。

(4) 检查、清除球阀孔内的异物。

球阀的结构如图 2-121 所示。

家装应设置阀门的地方：给水管网在下列管段上，应装设阀：引入管、水表前、立管处需要设置阀。另外，从立管接有 3 个及 3 个以上配水点的支管应设置阀。

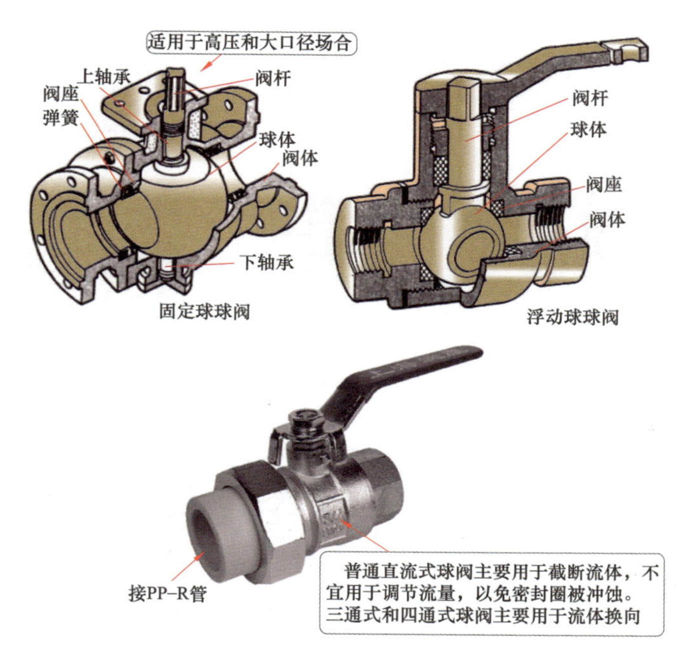

图 2–121　球阀的结构

2.16.2　阀门的尺寸

常用阀门的尺寸见表 2–47。

表 2–47　　常用阀门的尺寸

名称	图例	尺寸
E 型进水角阀		7.5；G1/2″；40；77.5；G1/2″；ϕ54.4
D 型进水角阀		12.5；G1/2″；37；79~85；G1/2″；ϕ55

续表

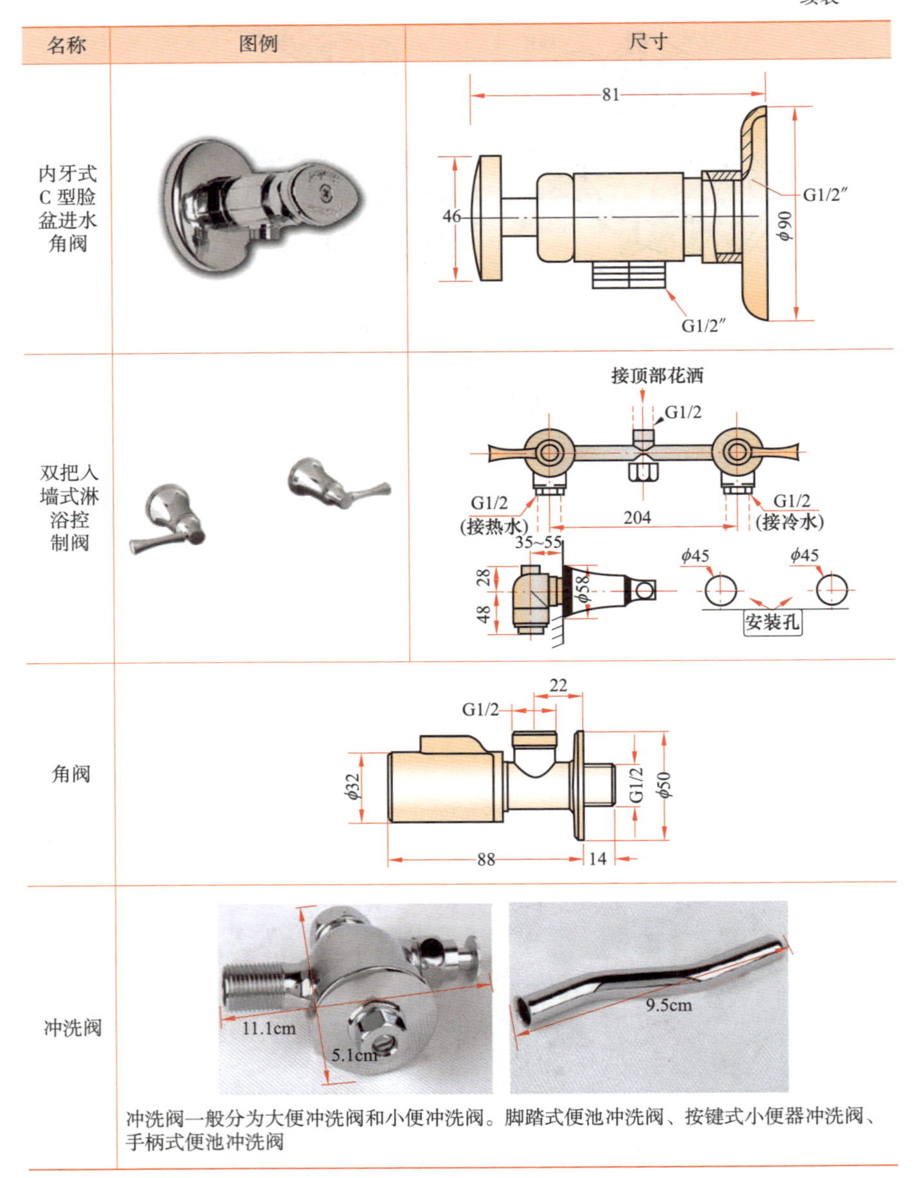

名称	图例	尺寸
内牙式C型脸盆进水角阀		
双把入墙式淋浴控制阀		
角阀		
冲洗阀	冲洗阀一般分为大便冲洗阀和小便冲洗阀。脚踏式便池冲洗阀、按键式小便器冲洗阀、手柄式便池冲洗阀	

阀装饰盖的安装如图 2–122 所示。

三角阀安装时，水管不得外露。因此，需要了解三角阀的螺纹长度，以及装饰盖到螺纹的长度。不同的产品会有差异（见图 2–123）。

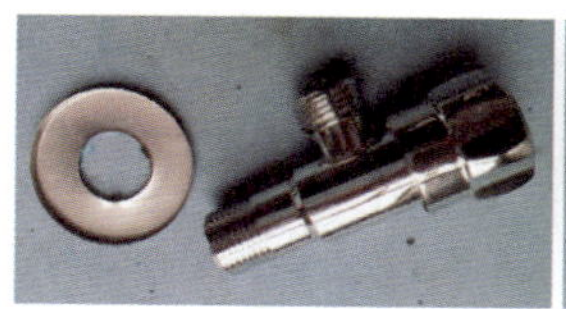  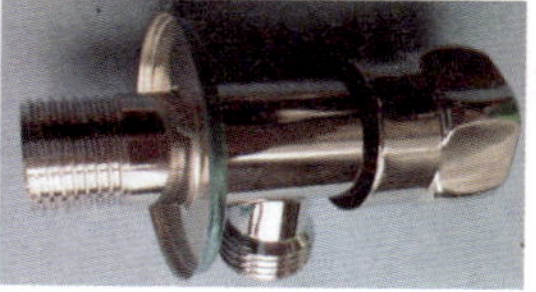

图 2–122　阀装饰盖的安装

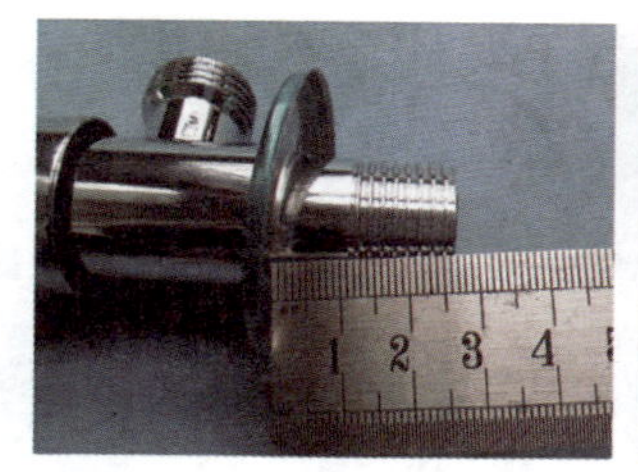 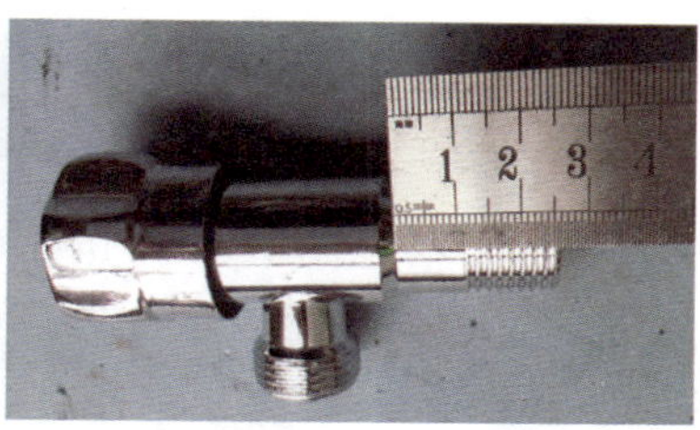

图 2–123　三角阀的螺纹长度

给水管网阀门的选择方法：

（1）管径小于或等于 50mm 时，应选择截止阀。

（2）管径大于 50mm 时，应选择闸阀或蝶阀。

（3）不经常启闭而又需快速启闭的阀门，应选择快开阀门。

（4）双向流动管段上，应选择闸阀或蝶阀。

（5）经常启闭的管段上，应选择截止阀。

（6）两条或两条以上引入管且在室内连通时的每条引入管应装设止回阀。

注：配水点处不宜采用旋塞。

2.16.3　阀门的零配件

常用阀门的零配件解说如图 2–124 所示。

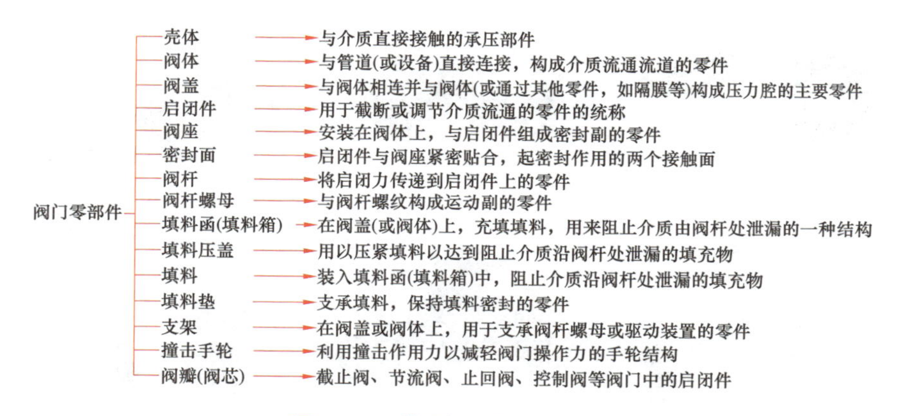

图 2–124　常用阀门的零配件解说

2.17 接头与连接件

2.17.1 接头与连接件概述

接头与连接件如图 2–125 所示。

(a) 内螺纹接头（有的是铜合金材料的）

(b) 内螺纹弯头

(c) G1/2 外螺纹接头

(d) G1/2 内外螺纹接头

(e) G1/2 内螺纹接头

(f) G3/4 转 G1/2 接头

(g) 内螺纹三通

图 2–125 接头与连接件

接头与连接件的图例与解说见表 2–48。

水管接头是连接水管路，可以装拆的连接件的总称。根据使用方式可以分为：

（1）外螺纹端接式水管接头。锌合金材料压铸而成，表面镀锌、磨砂或镀铬。

（2）卡套式水管接头。能将无螺纹的钢管与软管连接，省去套丝工序，只需将螺丝旋入即可。

表 2–48 接头与连接件的图例与解说

图例与解说	图例与解说	图例与解说
O 形淋浴水龙头密封圈密封垫 6分=2.5cm=3/4 6 分 O 形密封圈适用 6 分水龙头接口处	铜外牙弯头 1/2 铝塑管件	铜等径直接 1/2 铝塑管件
铜等径三通 1/2 铝塑管件	铜内牙三通 1/2 铝塑管件	铜带座内牙弯头 铝塑管件

续表

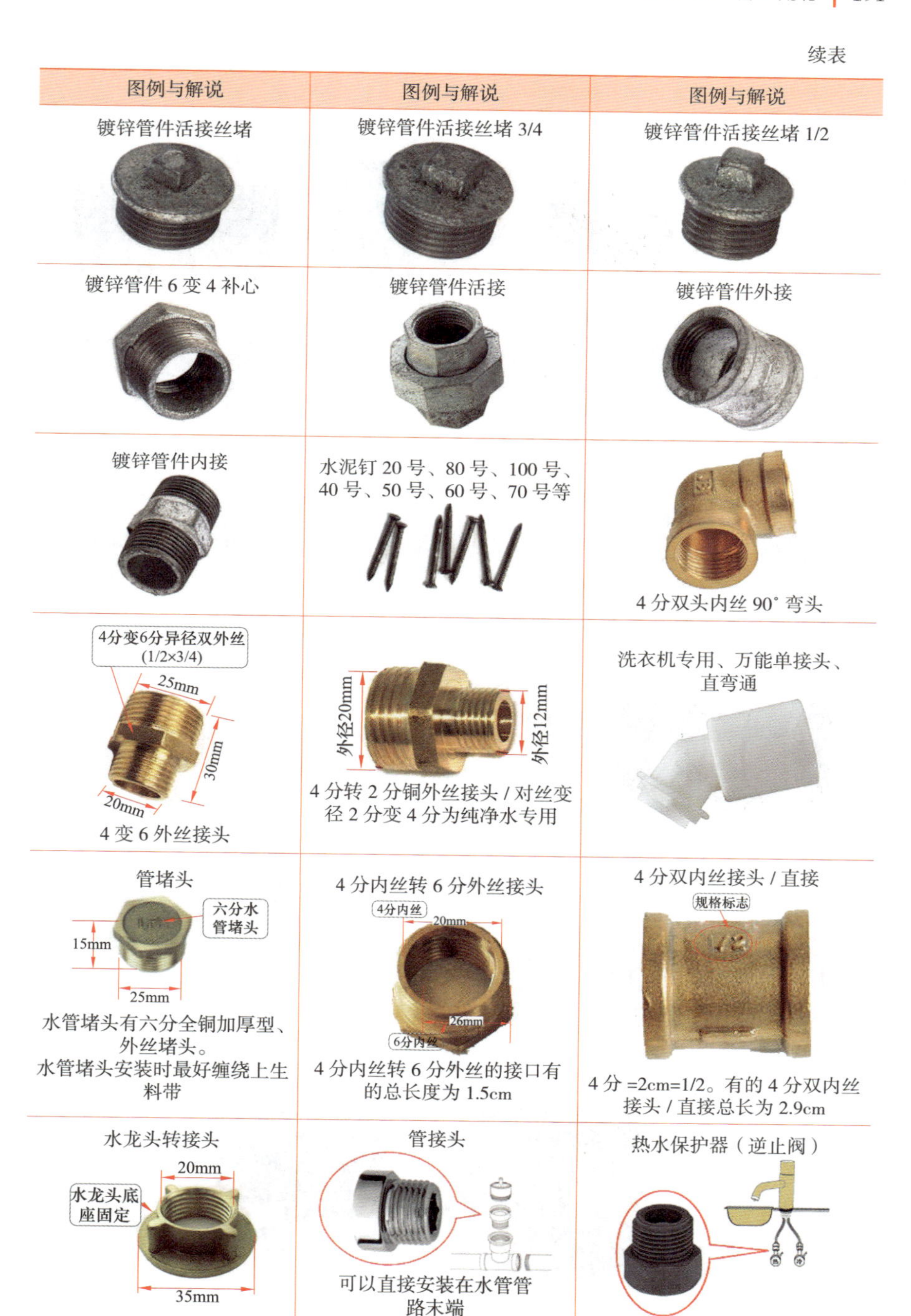

图例与解说	图例与解说	图例与解说
镀锌管件活接丝堵	镀锌管件活接丝堵 3/4	镀锌管件活接丝堵 1/2
镀锌管件 6 变 4 补心	镀锌管件活接	镀锌管件外接
镀锌管件内接	水泥钉 20 号、80 号、100 号、40 号、50 号、60 号、70 号等	4 分双头内丝 90° 弯头
4分变6分异径双外丝 (1/2×3/4) 25mm　30mm　20mm 4 变 6 外丝接头	外径20mm　外径12mm 4 分转 2 分铜外丝接头 / 对丝变径 2 分变 4 分为纯净水专用	洗衣机专用、万能单接头、直弯通
管堵头 六分水管堵头 15mm　25mm 水管堵头有六分全铜加厚型、外丝堵头。 水管堵头安装时最好缠绕上生料带	4 分内丝转 6 分外丝接头 4分内丝　20mm　26mm　6分内丝 4 分内丝转 6 分外丝的接口有的总长度为 1.5cm	4 分双内丝接头 / 直接 规格标志 4 分 =2cm=1/2。有的 4 分双内丝接头 / 直接总长为 2.9cm
水龙头转接头 20mm　水龙头底座固定　35mm	管接头 可以直接安装在水管管路末端	热水保护器（逆止阀）

续表

图例与解说	图例与解说	图例与解说
双外丝直接 3.1cm 4分=1/2=DN15=2.0cm 中间是六角的，方便工具操作 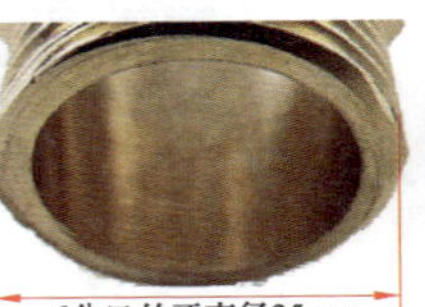 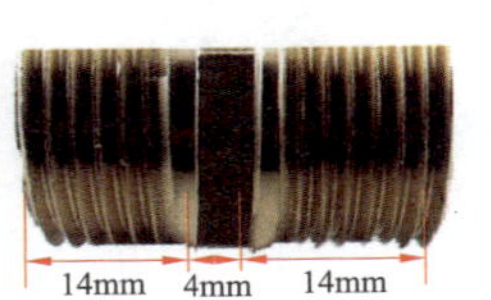 双外丝直接主要用于水管的连接，丝牙转换 / 加长，内外丝互转，角度调整等。一般选择加厚的铜接头，不易漏水，不易爆裂，使用寿命长。 双外丝直接使用的材料有黄铜、不锈钢 201、304、316 等。 双外丝直接公称压力有 1.6MPa、2.0MPa 等。 双外丝直接工作温度有 -20~110℃、-50~150℃等		
 内外牙转接座 可将 15/16-27 的外牙省水阀，安装到内牙（7/8-27）水龙头上。无需另购内牙式省水阀		
 万向转接座 可以实现轻松转动水流方向、倍增省水阀的使用效果。其可以直接安装于水龙头上，适用于厨房、浴室等面盆较大的场合		

（3）自固式水管接头。能将无螺纹的钢管或无螺纹的设备端口与软管连接，省去套丝工序。

2.17.2 双外牙铜直接

双外牙铜直接如图 2-126 所示。

图 2-126　双外牙铜直接

铜对丝 / 外丝铜直接 / 外牙铜直接有 4 分 =1/2″ =DN15（4 分螺纹直径 20mm）、6 分 =3/4″ =DN20（6 分螺纹直径 25mm）、1 寸螺纹直径 32mm、加厚 4 分变 3 分铜对丝直接、6 分转 4 分铜对丝等类型。铜对丝中间一般是六角，便于安装。铜对丝主要用于水管的连接。

说明：两头外牙称为双公接头。两头内牙称为双母接头。

铁的双外牙直接容易上锈，选择铜的外牙不会生锈。

双外牙铜直接的尺寸如图 2–127 所示、有关参数见表 2–49、安装如图 2–128 所示。

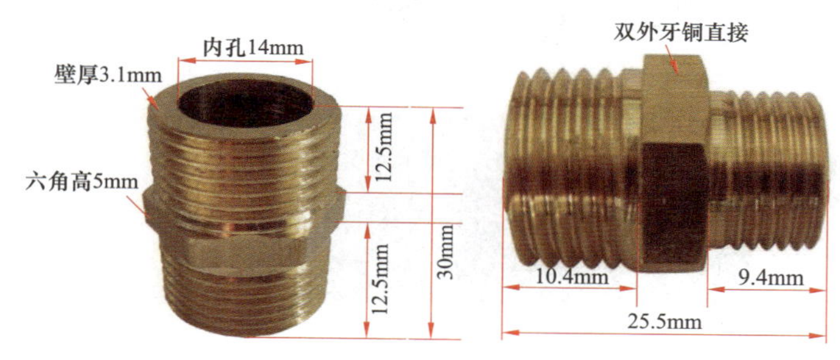

图 2–127　双外牙铜直接的尺寸

表 2–49　　双外牙铜直接的参数

规格	颜色	克重（g）	总长（mm）	壁厚（mm）
1 分	黄铜色	8	20	2.24
2 分		15	28	2.52
3 分		26	30	2.5
4 分		38	30	3.14
		47	50	2.4
		60	70	2.35
		90	100	2.5
6 分		65	35	3.3
		73	50	2.8
		105.7	70	3.05
1 寸		100	40	3.7
1.5 寸		170	45	3.8
2 寸		250	48	4

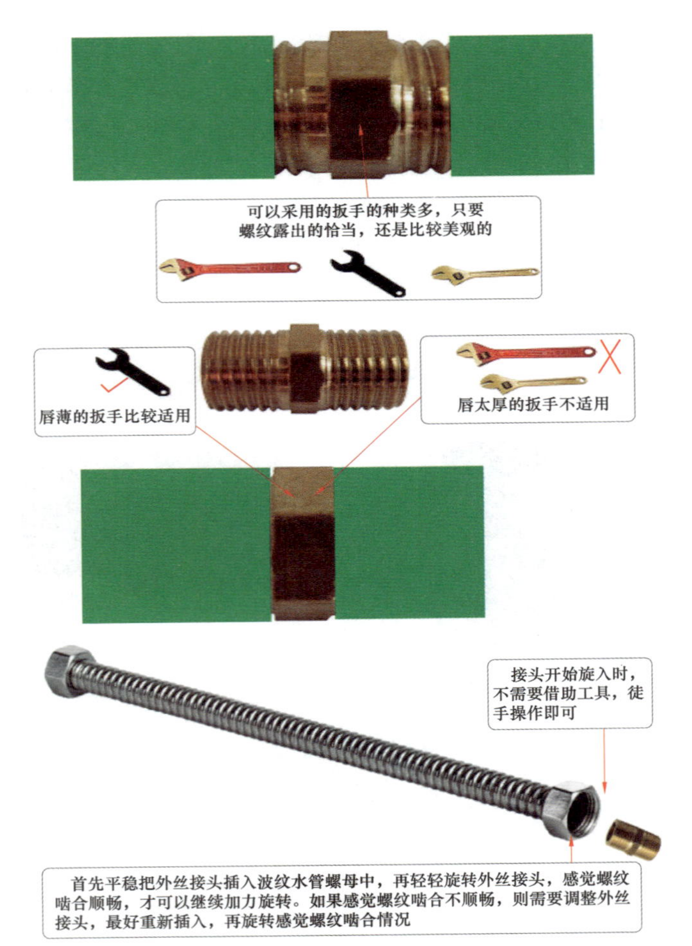

图 2-128　双外牙铜直接的安装

2.17.3　内外丝铜直接

6 分（内丝）×4 分（外丝）也就是 6 分螺纹直径 25mm×4 分螺纹直径 20mm。1 寸（内丝）转 4 分（外丝）也就是 1 寸螺纹直径 32mm×4 分螺纹直径 20mm，如图 2-129 所示。

图 2-129　内外丝铜直接

内外丝铜直接一般而言外丝不能够太长，因为太长，与螺母连接时，外丝会有很大一部分露在外面。内丝不能够太短，因为太短，与螺纹杆连接时，螺纹杆外丝会有很大一部分露在外面。如果内丝不能够长，可以完全使螺纹杆螺纹套入内丝内，从而看上去像一体化的，美观一些。

2.18 排水与下水材料

2.18.1 卫生洁具排水配件的分类

卫生洁具排水配件的分类如图 2-130 所示。

卫生洁具排水配件按材质分为铜材质、塑料材质和不锈钢材质三类

材质	铜	塑料	不锈钢
代号	T	S	B

卫生洁具排水配件按用途分为洗面器排水配件、普通洗涤槽排水配件、浴盆排水配件、小便器排水配件和净身器排水配件。存水弯管的结构分为P型和S型，代号分别为P、S

用途	洗面器	普通洗涤槽	浴盆	小便器	净身器
代号	M	P	Y	X	J

图 2-130　卫生洁具排水配件的分类

2.18.2 排水与下水配件

排水与下水配件如图 2-131~ 图 2-145 所示。

10×10 方形防臭地漏、10×10 方形洗衣机地漏。另外，还有镀铬花型地漏、普通地漏、薄形地漏、方形弹跳地漏、水封防臭地漏、小便器落地式地漏等种类。

蹲便器不锈钢冲水管。另外，还有蹲便器全铜冲水管、脚踏式冲水管、300×250×ϕ32、1000×250×ϕ32 等种类。

图 2-131　冲水阀防污器

图 2-132　冲水管

图 2-133　进水管

图 2-134　地漏

图 2-135　蹲便器不锈钢冲水管

图 2-136　弹跳式洗面器排水器

图 2-137　浴缸排水管、螺旋式浴缸排水管

图 2-138　洗面器入墙式排水管（通用口径 32mm，有短、长之分）

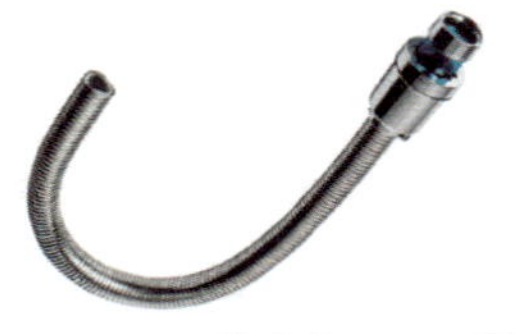

图 2-139　长度为 80mm 的 ϕ30 防臭下水管

图 2-140　小便器斗式排水管（另外，还有小便器壁挂式排水管，通用口径 32mm）

图 2-141　全铜波纹下水管（另外，还有板式洗面器排水管）

图 2-142　面盆下水器

图 2-143　可伸缩防臭下水软管

图 2-144　不锈钢下水管

图 2-145　不锈钢丝编织软管

弹跳式洗面器排水器（配置按压式开关）。另外，还有板式洗面器排水器、提拉式面盆下水器、板式洗面器下水器等种类。

卫浴洁具排水材料包括面盆下水器、不锈钢丝编织软管、下水软管、不锈钢下水管等。

一般面盆、水池的下水管的规格有口径 50mm、口径 40mm、口径 32 mm 的。

卫生间需要下水的设备一般有四个：面盆、坐便器、浴盆（淋浴）、地漏。这些设备的下水管路一般在楼房的楼板下面都有返水弯，这样起到存水防异味的作用。

2.18.3　下水器

下水器外形如图 2-146 所示。

（1）下水器一般分为带溢水口的下水器、不带溢水口的下水器。

（2）拖把池下水盆可以装不锈钢的下水器或者塑料的下水器。

（3）如果是陶瓷面盆一般需要安装带溢水口的下水器，可以选择方向的下水器与弹跳的下水器。

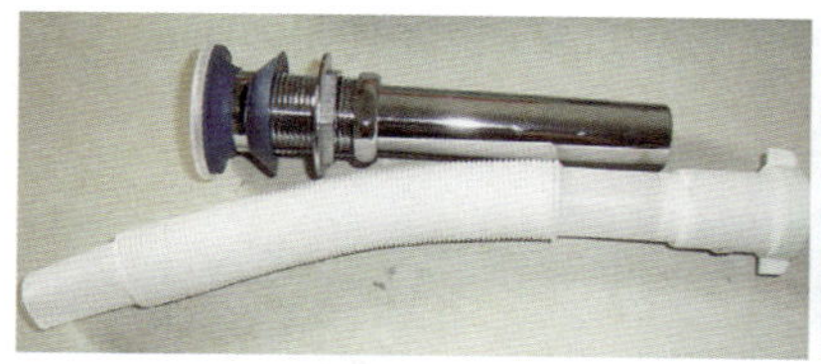

图 2-146　下水器外形

（4）如果是玻璃面盆，则可以选择安装不带溢水口下水器，可以选择弹跳的下水器。

（5）安装面盆下水器常需的辅料有生料带、玻璃胶等。

（6）弹跳面盆不带溢水孔面盆下水器可以用于玻璃面盆上。如果装带溢水口的下水器会漏水。

（7）弹跳式带溢水口面盆洗脸盆下水器适用安装在陶瓷盆上。

（8）翻板式不带溢水口台上盆洗脸盆下水器可以用在玻璃面盆上。

面盆下水器的外形与尺寸如图 2-147 所示。

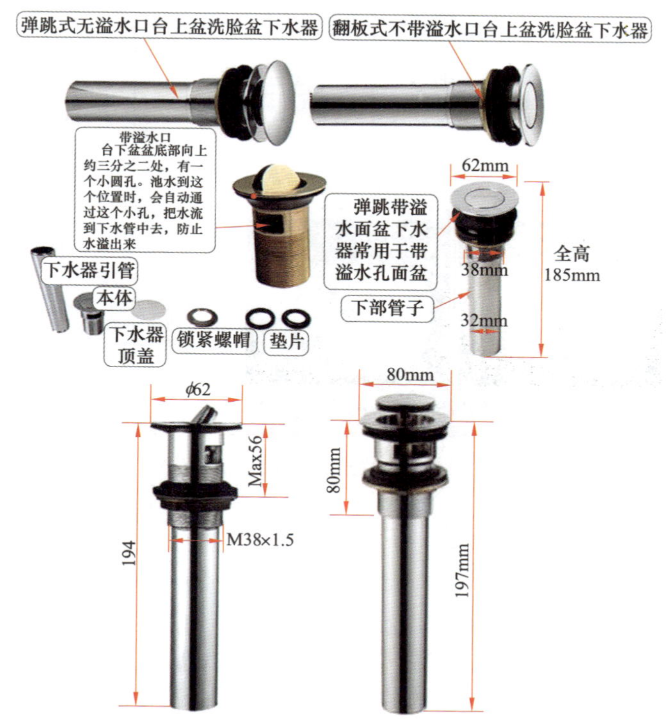

图 2-147　面盆下水器的外形与尺寸

大头弹跳式下水器，无溢水孔，一般高度是 115mm，主体是 80mm。弹跳式下水器的尺寸及安装如图 2-148 所示。

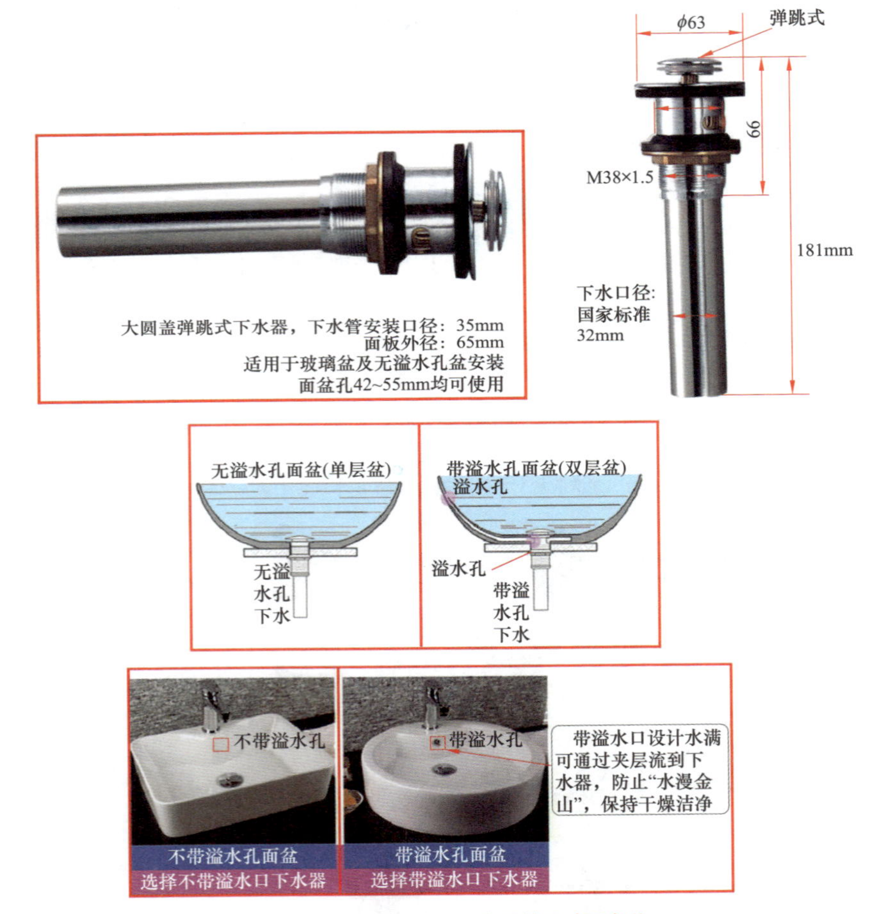

图 2-148 弹跳式下水器的尺寸及安装

面盆下水器软管分为普通下水器软管、防臭下水管、加长排水管等。塑料下水管采用双层塑料波纹管，中间夹细钢丝，可以改变普通塑料波纹管容易变形的缺点。塑料下水管管身采用亮银色的电镀，安装后与卫生间整体搭配协调时尚，以及管身比较耐脏。有的下水管即可以适用于带溢水口的下水器，也可以适用于不带溢水口的下水器，即通用的。有的下水管是专用的，选择时，需要注意选择，如图 2-149~ 图 2-152 所示。

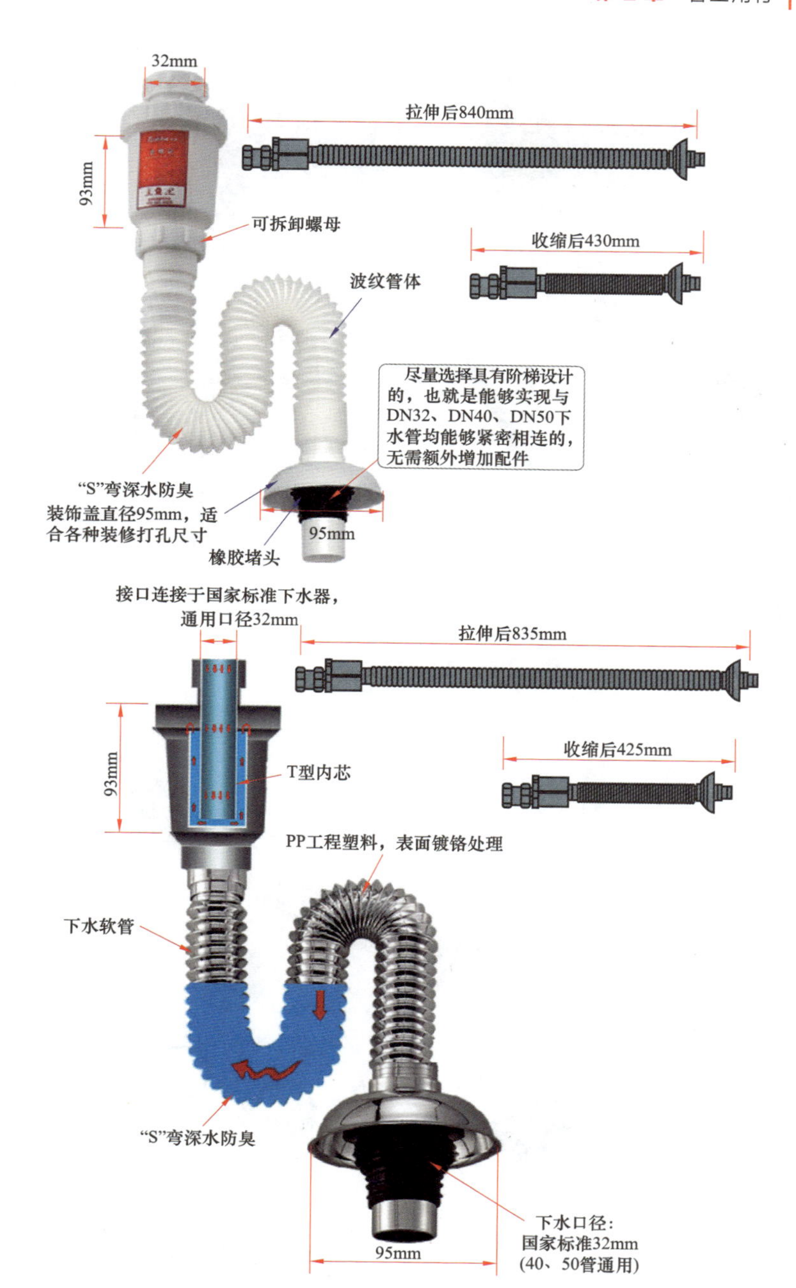

图 2-149 下水器软管——根据防臭装置来选择

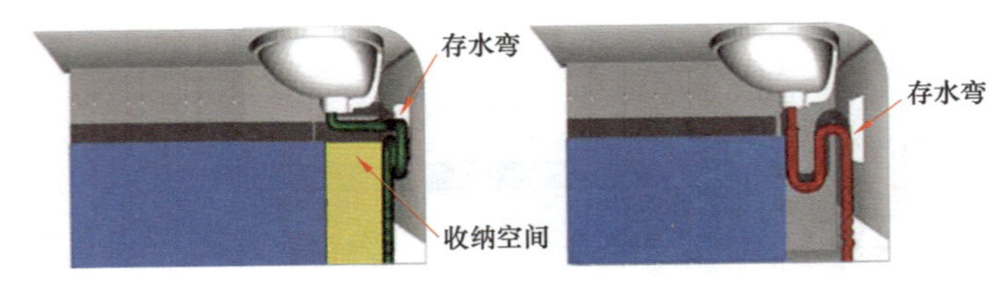

图 2-150　下水器软管的选择——根据收纳情况来选择

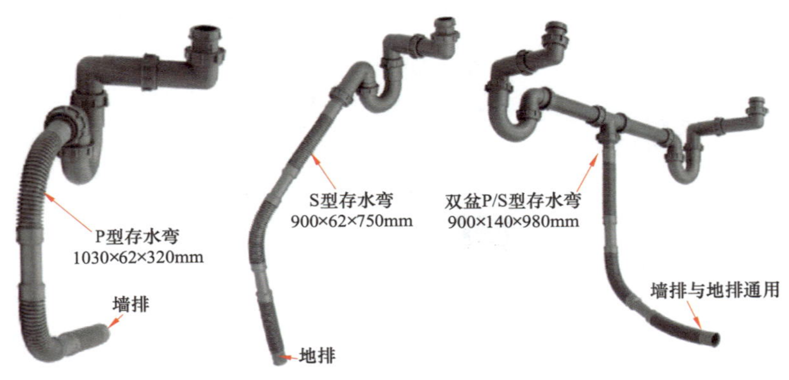

图 2-151　浴室柜 PP 存水弯下水软管的选择

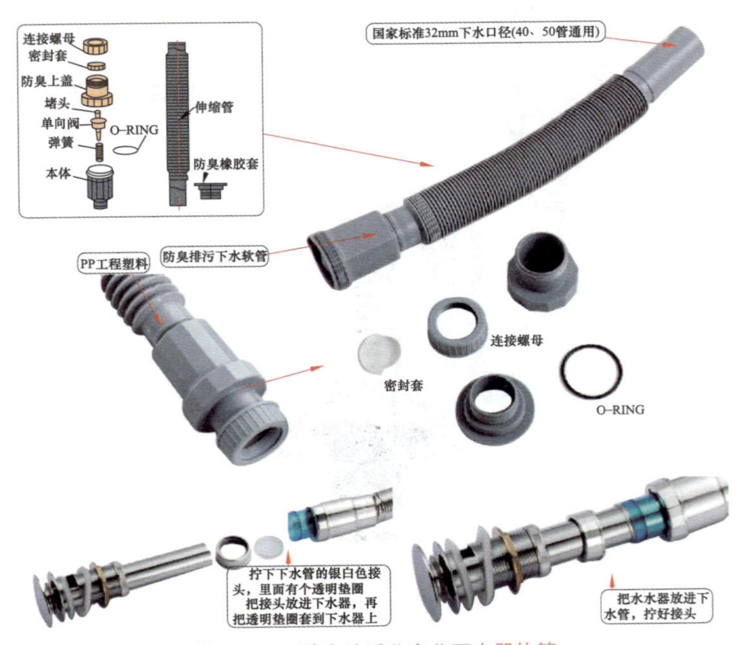

图 2-152　防臭洗手盆台盆下水器软管

下水管一般用于连接面盆下水与洗衣机出水口。下水管包括防臭面盆下水管、不锈钢防臭波纹下水管、洗脸盆排水管、浴室柜入墙式下水管、塑料材料下水管、PVC 材料下水管、不锈钢材料下水管、铜材料下水管等（见图 2-153）。采用不锈钢下水管，出水口处需要选择带装饰盖子的，这样安装后的效果美观一些。

洗面盆下面的下水管一般带一个返水弯，加上地上装的下水能起到双重防味功能。

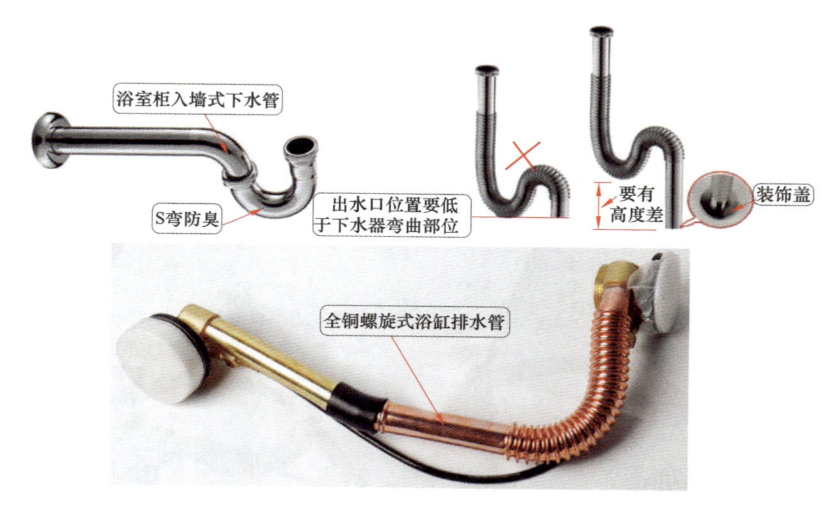

图 2-153　下水管的外形

下水管的选择：

（1）拖把池的下水管种类多，可以选择一般的伸缩下水管、韩式下水管、波纹下水管等。

（2）面盆下的下水管可以装在地上的，则可以选择波纹下水管、韩式下水管。

（3）有的面盆的下水方式是装墙上的，则需要装有入墙的下水管。

洗衣池 / 面盆下水管如图 2-154 所示，下水管的接头如图 2-155 所示。

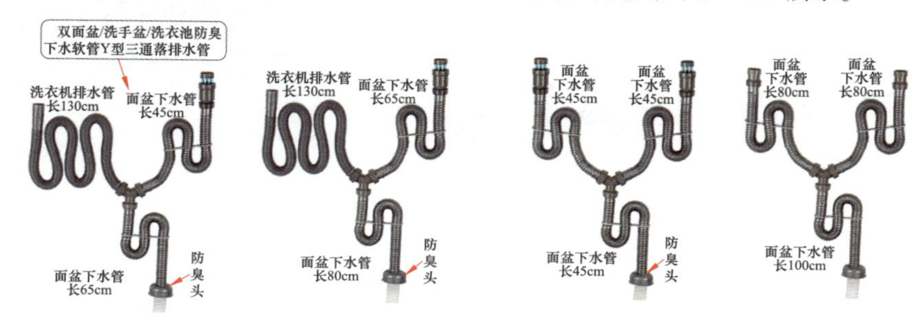

图 2-154　洗衣池 / 面盆下水管

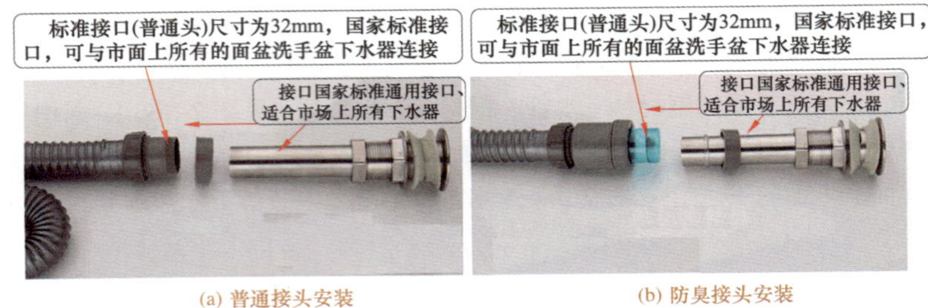

(a) 普通接头安装　　(b) 防臭接头安装

图 2-155　下水管的接头

水槽下水器有单水槽下水器、双水槽下水器、方形溢水水槽下水器、圆形溢水水槽下水器（见图 2-156）。

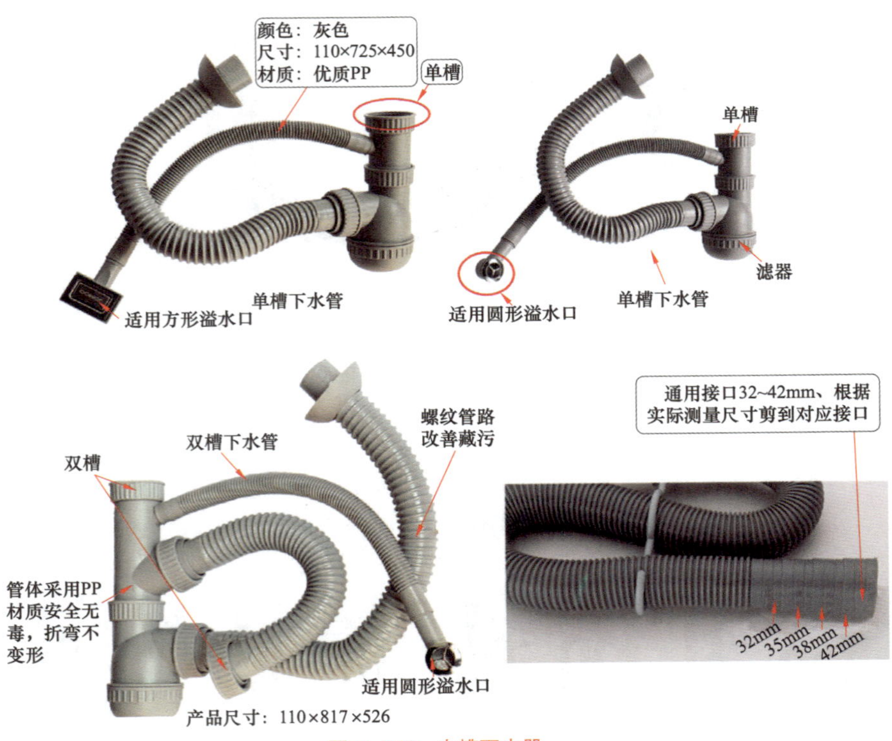

图 2-156　水槽下水器

2.18.4　面盆排水配件的尺寸

面盆排水配件的尺寸如图 2-157 所示。

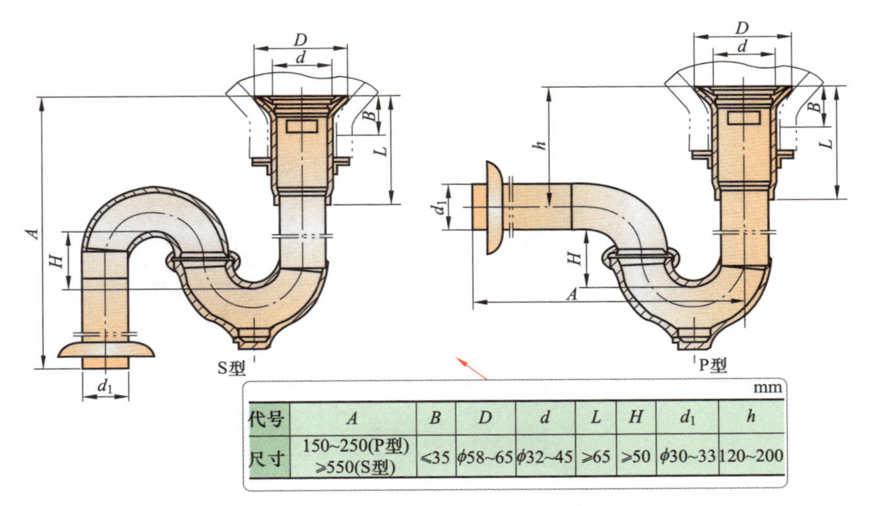

mm

代号	A	B	D	d	L	H	d_1	h
尺寸	150~250(P型) ≥550(S型)	≤35	ϕ58~65	ϕ32~45	≥65	≥50	ϕ30~33	120~200

图 2-157 面盆排水配件的尺寸

2.18.5 浴盆排水配件的尺寸

浴盆排水配件的尺寸如图 2-158 所示。

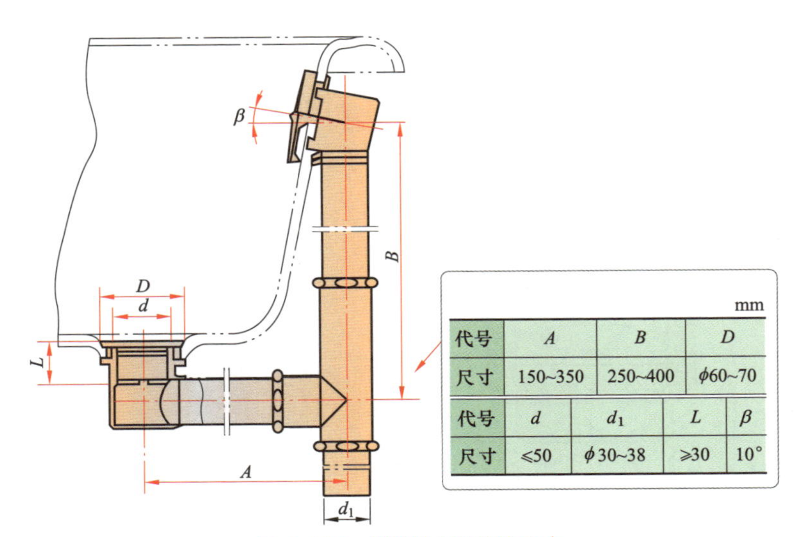

mm

代号	A	B	D
尺寸	150~350	250~400	ϕ60~70

代号	d	d_1	L	β
尺寸	≤50	ϕ30~38	≥30	10°

图 2-158 浴盆排水配件的尺寸

2.18.6 小便器排水配件（斗式、落地式、壁挂式）的尺寸

小便器排水配件的尺寸如图 2-159 所示。

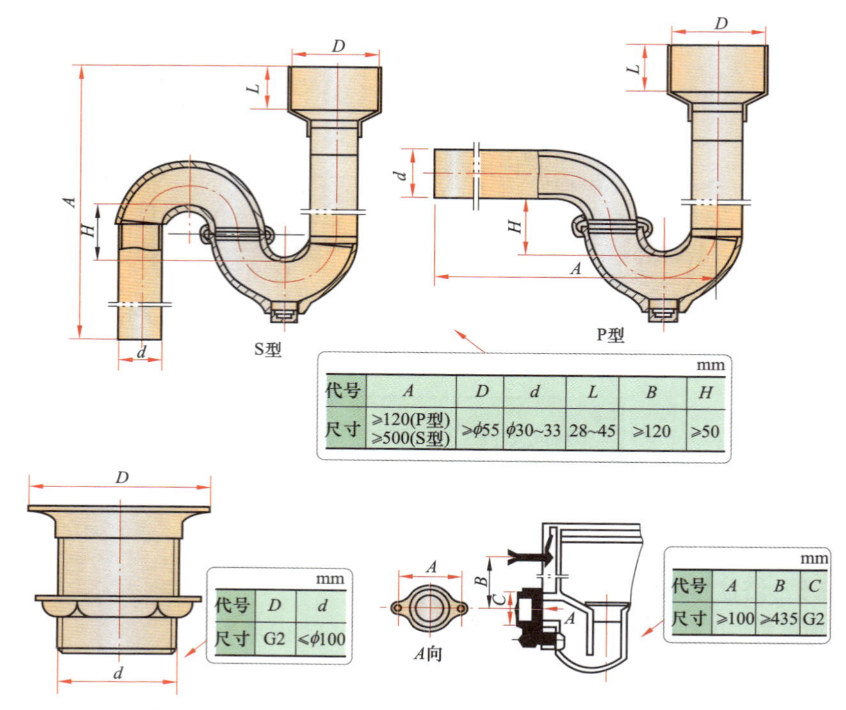

mm

代号	A	D	d	L	B	H
尺寸	≥120(P型) ≥500(S型)	≥ϕ55	ϕ30~33	28~45	≥120	≥50

mm

代号	D	d
尺寸	G2	≤ϕ100

mm

代号	A	B	C
尺寸	≥100	≥435	G2

图 2-159　小便器排水配件（斗式、落地式、壁挂式）的尺寸

2.18.7　洗涤槽排水配件的尺寸

洗涤槽排水配件的尺寸如图 2-160 所示。

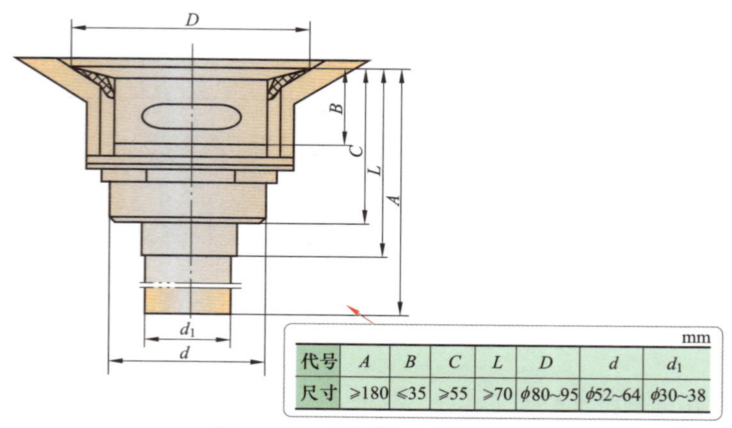

mm

代号	A	B	C	L	D	d	d_1
尺寸	≥180	≤35	≥55	≥70	ϕ80~95	ϕ52~64	ϕ30~38

图 2-160　洗涤槽排水配件的尺寸

2.18.8　净身器排水配件的尺寸

净身器排水配件的尺寸如图 2–161 所示。

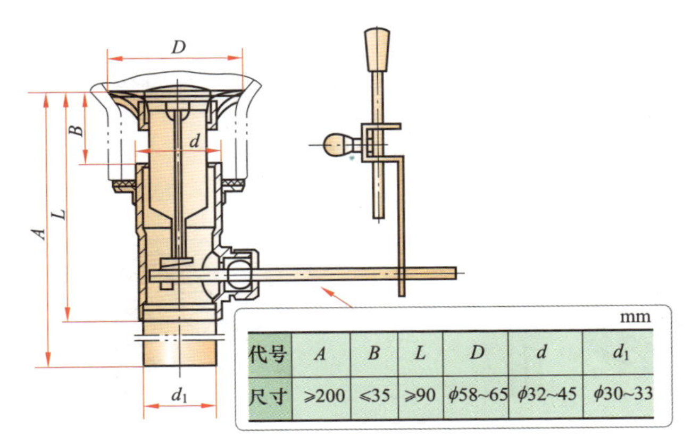

代号	A	B	L	D	d	d_1
尺寸	⩾200	⩽35	⩾90	ϕ58~65	ϕ32~45	ϕ30~33

图 2–161　净身器排水配件的尺寸

2.18.9　其他排水器的尺寸

其他排水器的尺寸见表 2–50。

表 2–50　其他排水器的尺寸

名称	图例	尺寸
旋转式浴缸排水器		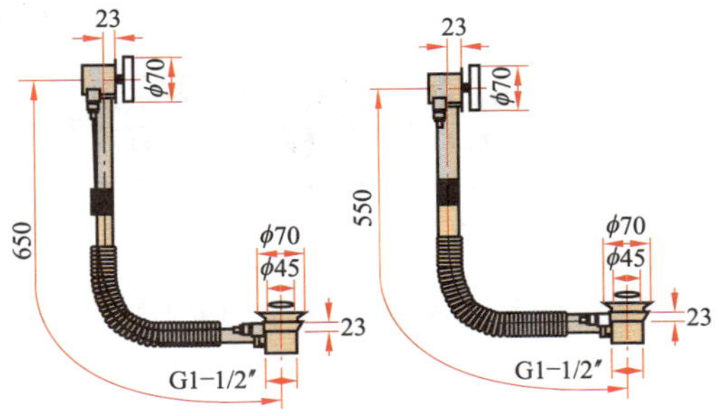
脚踏式浴缸排水器		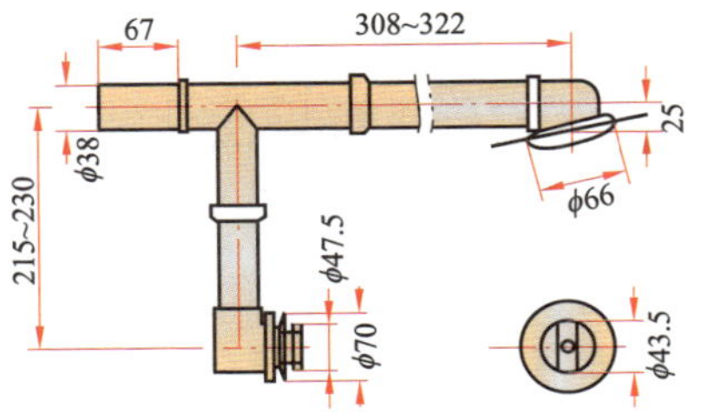

续表

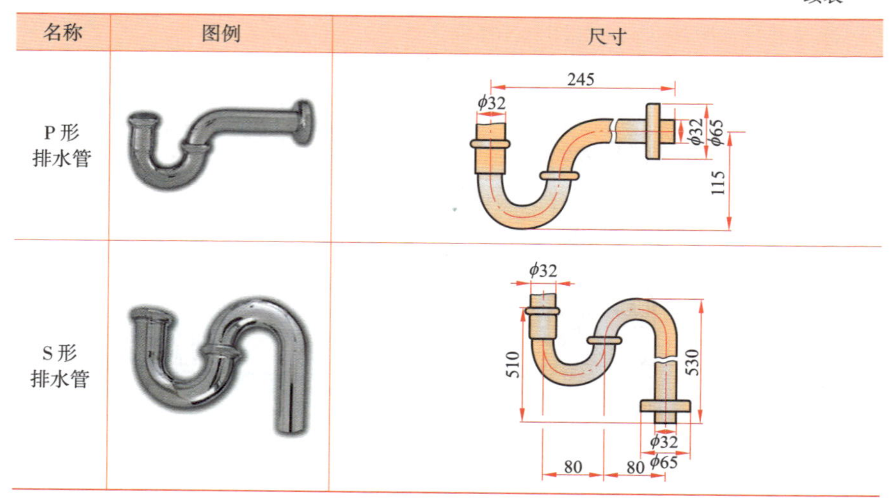

名称	图例	尺寸
P 形排水管		245；ϕ32；ϕ32；ϕ65；115
S 形排水管		ϕ32；510；530；ϕ32；ϕ65；80；80

2.19 地漏

2.19.1 地漏的概述

地漏如图 2–162 所示。

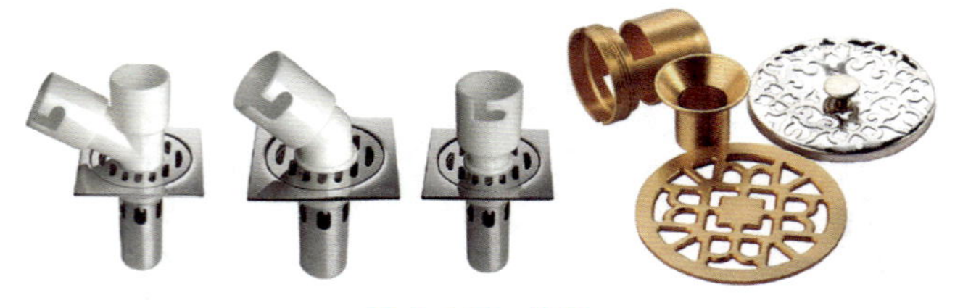

图 2–162　地漏

地漏是连接排水管道系统与室内地面的重要接口，其性能好坏直接影响室内空气的质量。

地漏型号标记是用规格、有无水封、排出口形式、连接方式来表示的（见图 2–163、表 2–51）。

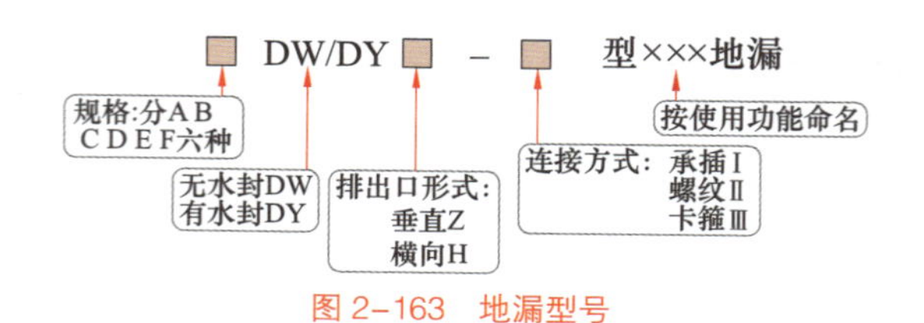

图 2–163　地漏型号

表 2-51 地漏规格代号 mm

地漏规格代号	A	B	C	D	E	F
排出口公称直径 DN	30 < DN ≤ 40	40 < DN ≤ 50	50 < DN ≤ 75	75 < DN ≤ 100	100 < DN ≤ 125	125 < DN ≤ 150

2.19.2 地漏的结构

地漏的结构如图 2-164 所示。

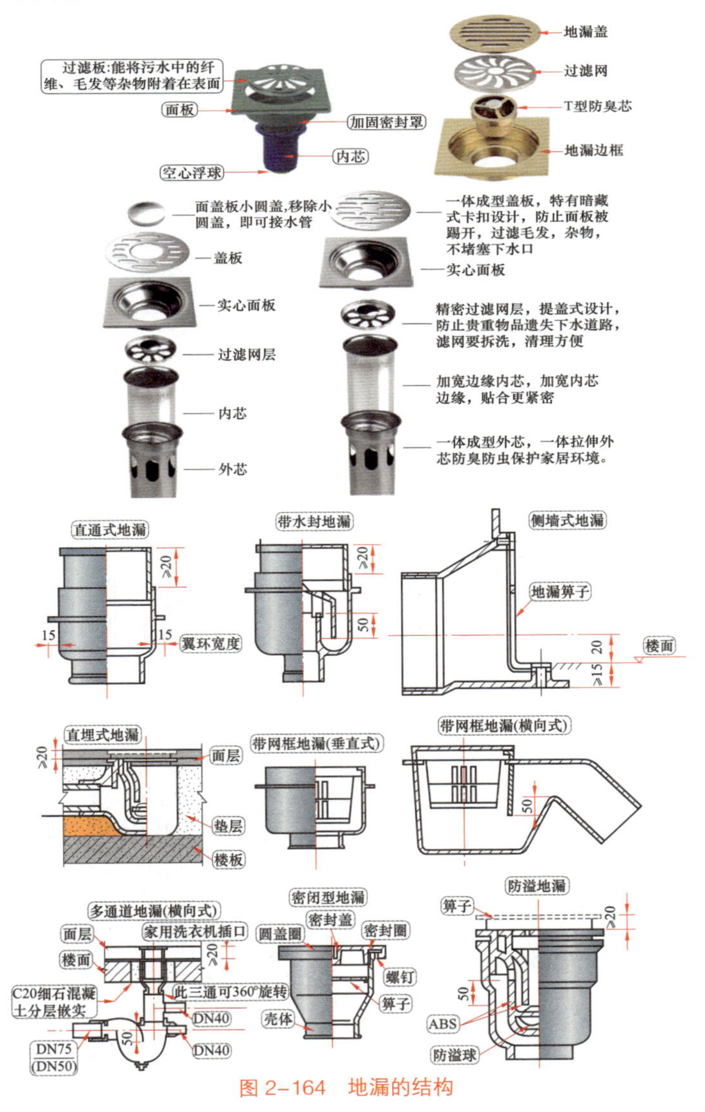

图 2-164 地漏的结构

2.19.3 地漏的尺寸

常用地漏的尺寸见表 2-52。地漏本体构造最小壁厚见表 2-53。

地漏的其他安装要求：

（1）有调节功能的调节段调节高度应不小于 20mm，以及需要有调节后的固定措施。

（2）防水翼环需要在本体上，其最小宽度应不小于 15mm，翼环位置距地漏最低调节面宜为 20mm。

表 2-52 常用地漏的尺寸

名称	图例	尺寸
D 型方形水封地漏		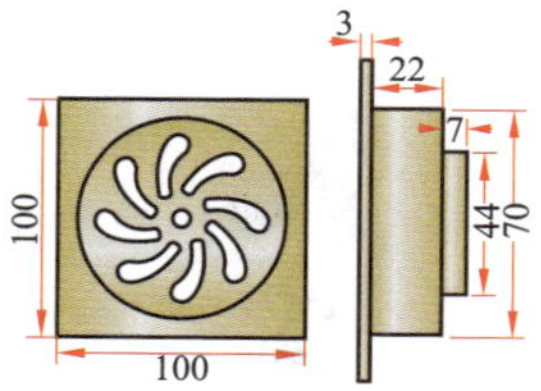 100；100；3；22；7；44；70
E 型方形防臭地漏		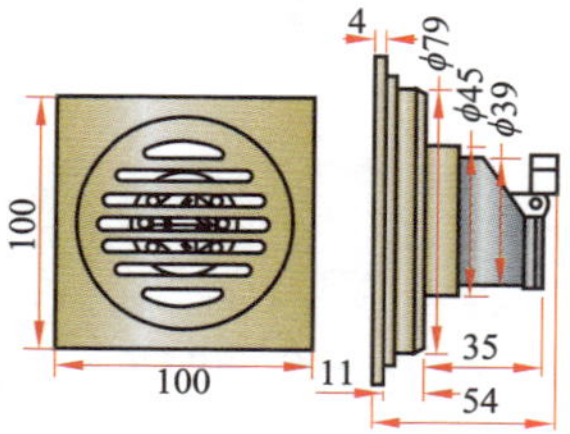 100；100；4；φ79；φ45；φ39；35；11；54
E 型长方形防臭地漏		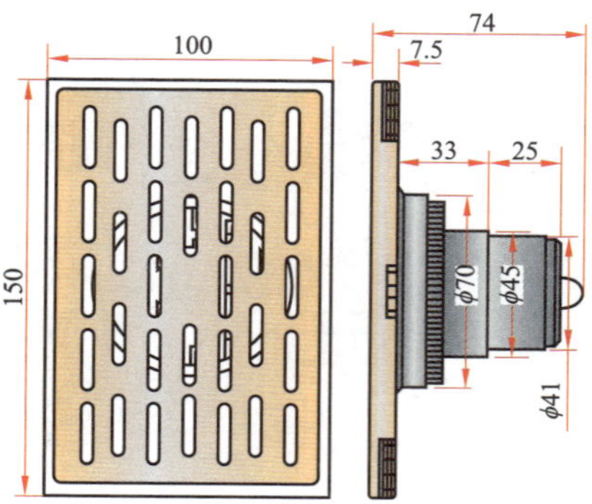 100；150；74；7.5；33；25；φ70；φ45；φ41

续表

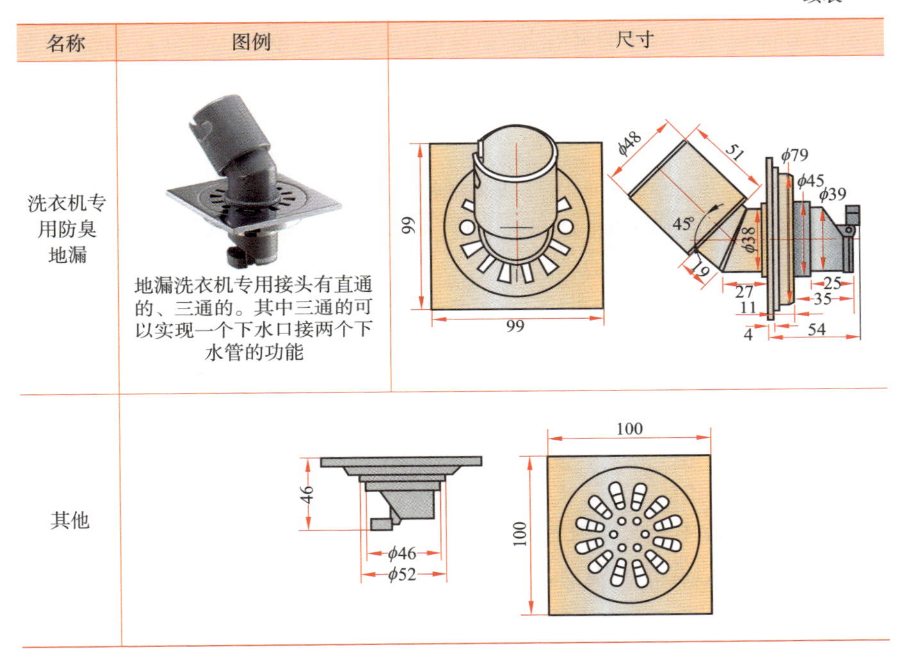

名称	图例	尺寸
洗衣机专用防臭地漏	地漏洗衣机专用接头有直通的、三通的。其中三通的可以实现一个下水口接两个下水管的功能	
其他		

表 2-53 地漏本体构造最小壁厚 mm

地漏规格代号	铸铁	ABS	PVC-U	铜合金	锌合金	不锈钢
A	4.5	2.5	2.5	1.2	1.2	0.8
B	4.5	2.5	2.5	1.2	1.2	0.8
C	5.0	2.5	2.5	1.5	1.5	0.8
D	5.0	3.0	3.0	2.0	2.0	1.0
E	5.5	3.5	3.5	2.5	2.5	1.2
F	5.5	4.0	4.0	3.0	2.5	1.5

（3）多通道地漏接口尺寸与方位应便于连接器具接管，进口中心线位置应高于水封面，以及排出口断面应大于进口接管断面之和。

（4）带网框地漏应便于拆洗滤网，滤网孔径或孔宽应为 4 ~ 6mm。

（5）箅子开孔的孔径或孔宽应为 6 ~ 8mm。

（6）有水封地漏的水封深度应不小于 50mm。

（7）直埋式地漏总高度不宜大于 250mm。

（8）家用洗衣机专用地漏排水用的箅子需带 ϕ32mm（家用洗衣机排水软管，直径为 30mm，有上排水的家用洗衣机排水软管内径为 19mm）接口，并配有可紧固的孔盖。

地漏排水流量见表 2-54。

表 2-54　地漏排水流量

地漏规格代号	用于卫生器具排水（L/s）	用于地面排水（L/s）	多通道地漏排水（L/s）
A	0.15 ~ 1.0	—	—
B	0.15 ~ 1.0	0.50 ~ 1.0	≥ 1.0
C	0.40 ~ 1.0	1.0 ~ 1.7	≥ 1.7
D	≥ 1.0	1.5 ~ 3.8	≥ 3.8
E	—	2.0 ~ 5.0	≥ 5.0
F	—	3.5 ~ 7.0	≥ 7.0

侧墙式地漏的构造需要满足以下要求：

（1）地漏底边低于进水口底部的高度应不小于 15mm。

（2）距地面 20mm 高度内箅子的过水断面应不小于排出口断面的 75%。

2.19.4　家居需要设计地漏的地方

家居需要设计地漏的地方如图 2-165 所示。

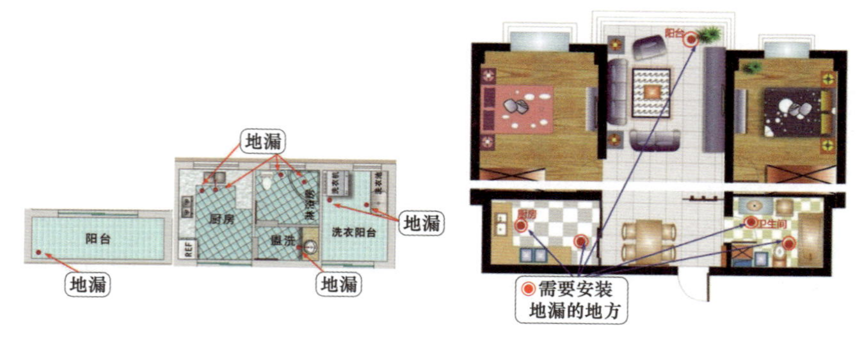

图 2-165　家居需要设计地漏的地方

2.19.5　地漏的选择

选择地漏如图 2-166 所示。

地漏有普通地漏、防臭式地漏、方形地漏、4 英寸地漏、3 英寸地漏、直落式地漏、不锈钢地漏、铜镀铬地漏等。不同的地漏对于下水管道的大小（例如有要求大于

40~75mm、50~75mm 等）、长度（例如有要求大于 6、12mm 等），以及与地面瓷砖厚度配合有不同的尺寸要求。对于移位地漏一般情况只能够选择短款地漏。地漏短款一般使用在阳台、洗衣机地漏、干区地带、水槽地带、浴室柜等。地漏长款一般使用排水量大的地方，例如厨房、淋浴房。

（1）尽量选择全铜的或者不锈钢的，经久耐用。

（2）尽量选择面板厚一点的，不会断裂，厚的有 3.2、4、8mm 等。

（3）尽量选择一体冲压成形的。

（4）尽量选择面板有卡扣等类功能设计的，以便面板盖板不会脱离。

（5）尽量选择边缘加厚的。

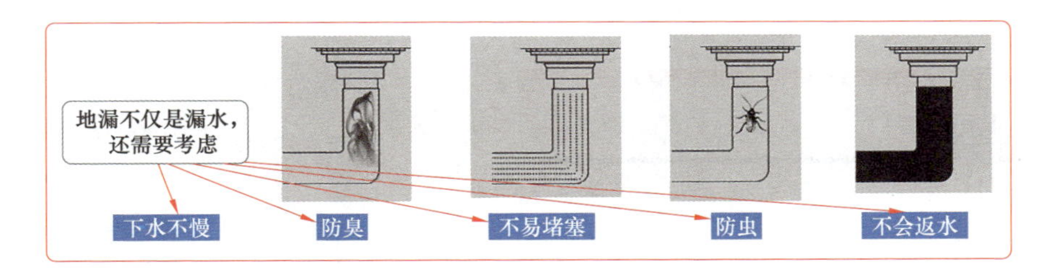

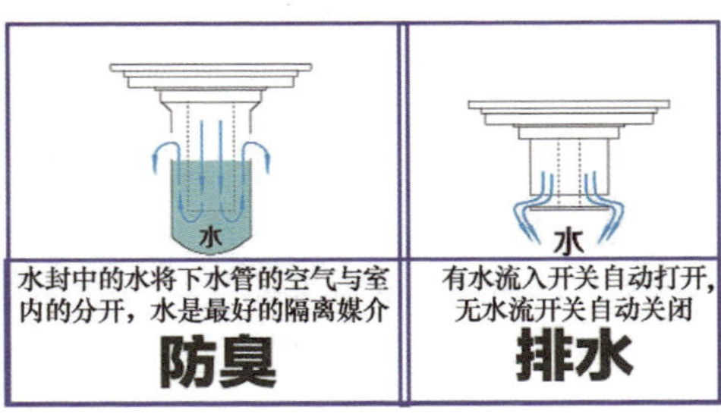

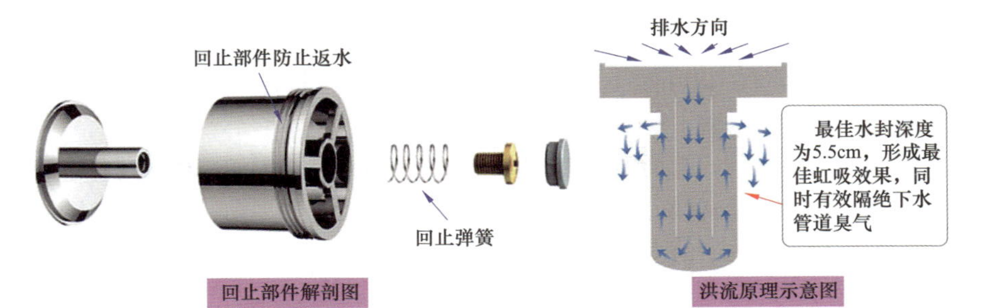

图 2-166　选择地漏（一）

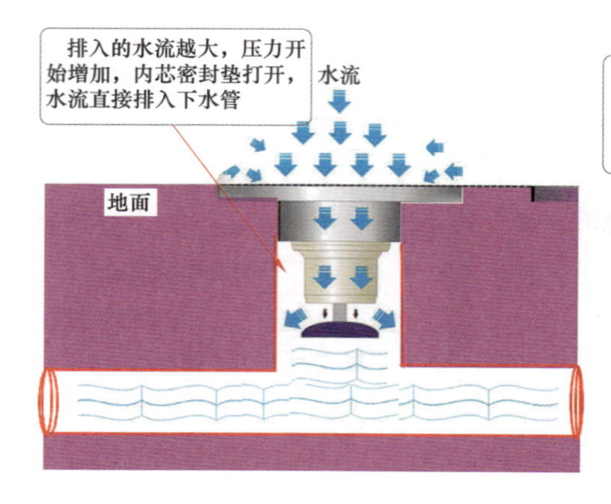

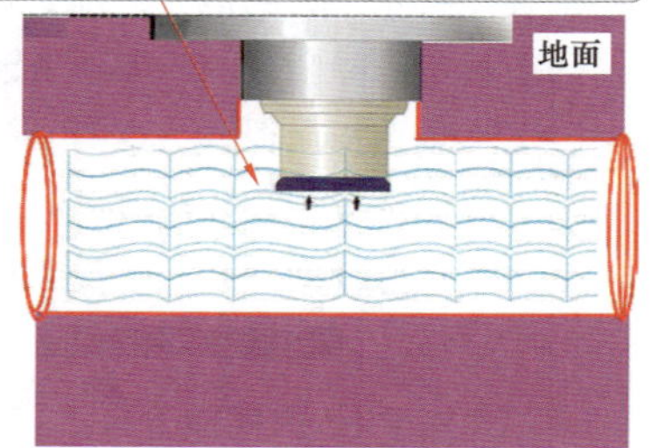

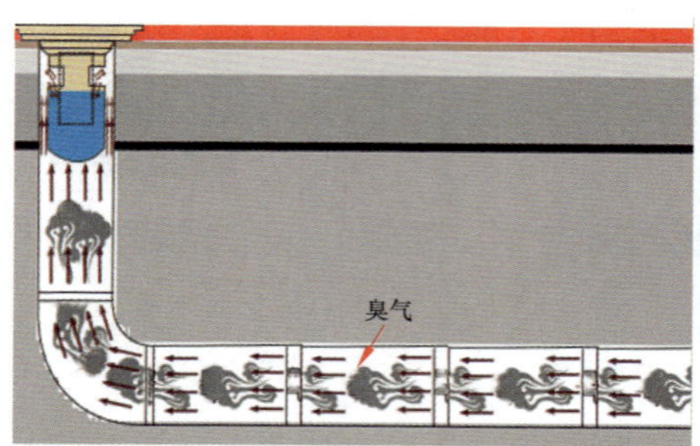

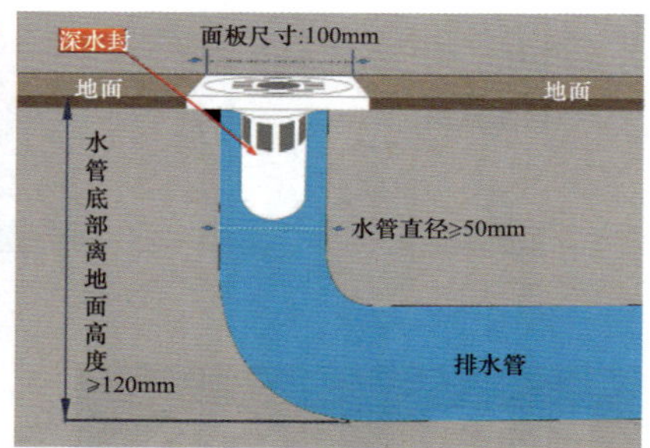

图 2-166　选择地漏（二）

（6）尽量选择高效过滤网，从而使毛发等物体无处可逃。

（7）地漏芯加长的有 75mm、短的有 50mm。

（8）洗衣机地漏根据实际情况，选择长款弯管、长款直管洗衣机专用地漏。

（9）三通地漏可以实现两个排污管的连接，例如可以同时连接洗衣机与台盆。

（10）尽量选择出水面积大的，则地漏就出水越快。

（11）尽量选择面板实心的，背面不镂空的。

（12）尽量选择全铜的，不选择低劣铜合金的，以免生锈。

2.19.6　地漏的安装

地漏的安装如图 2-167 所示。地漏安装后不得出现伤脚的现象。判断地漏安装后是否有伤脚的现象，可以拿一只土豆在地漏上来回划动，如果土豆被损伤了，则说明地漏安装后可能出现伤脚的现象。如果土豆没有被损伤了，则说明地漏安装后没有出现伤脚的现象。

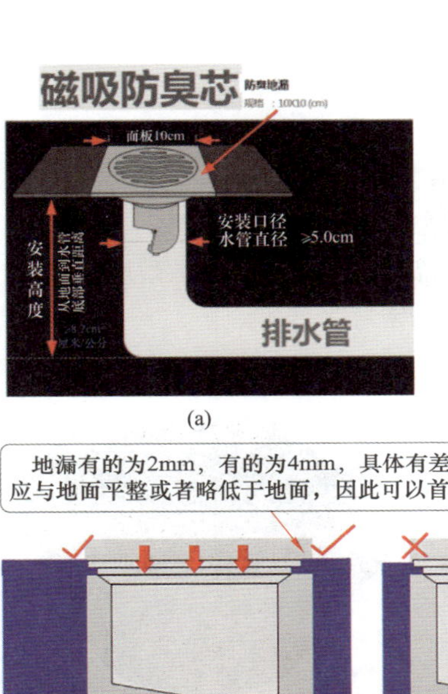

(a)

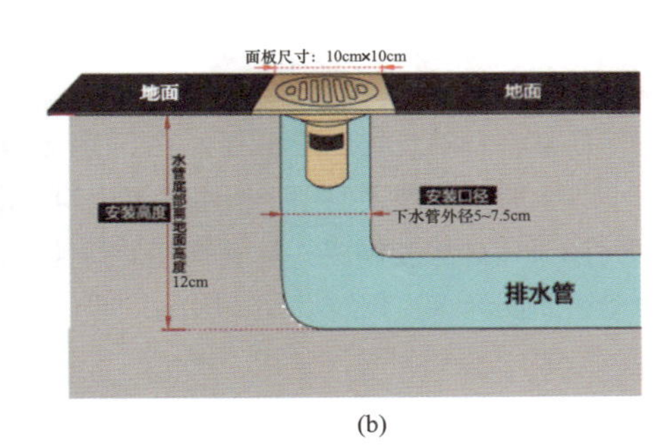

(b)

地漏有的为2mm，有的为4mm，具体有差异。因为，安装后表面应与地面平整或者略低于地面，因此可以首先选择好

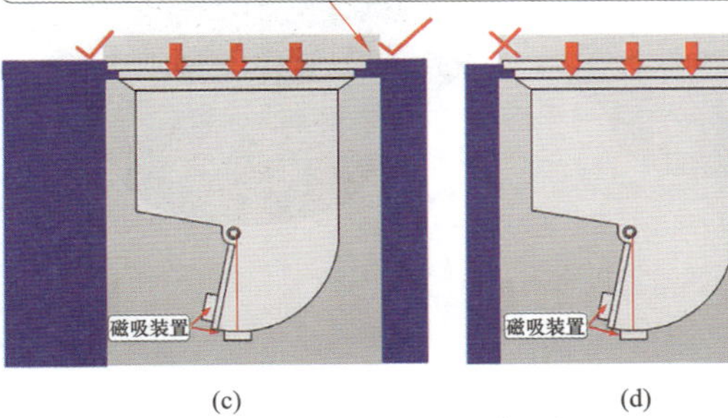

(c)　(d)

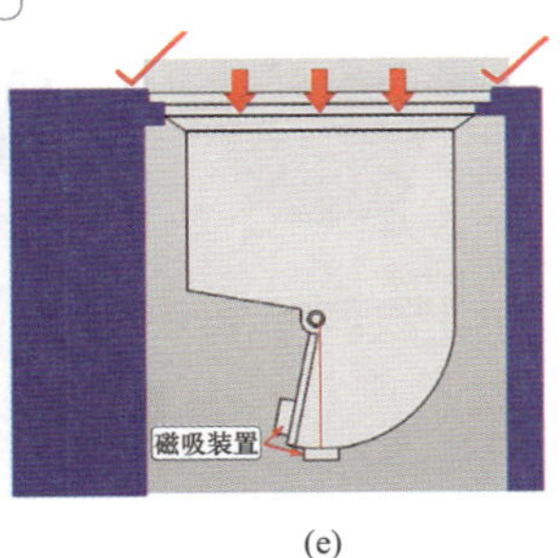

(e)

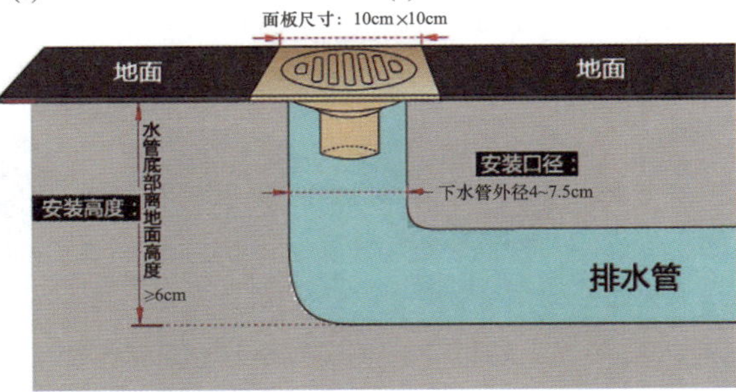

(f)

(g)

(h)

图 2-167　地漏的安装

2.20 防臭密封圈

防臭密封圈及其尺寸如图 2-168~ 图 2-169 所示。

下水管密封圈主要用于厨房、卫生间排水管 PVC 管道口的密封。有的下水管密封圈采用硅橡胶制成，具有很好的弹性、耐腐蚀、抗老化，经久耐用。有的下水管密封圈经多道螺纹设计，因此，具有很好的密封性。

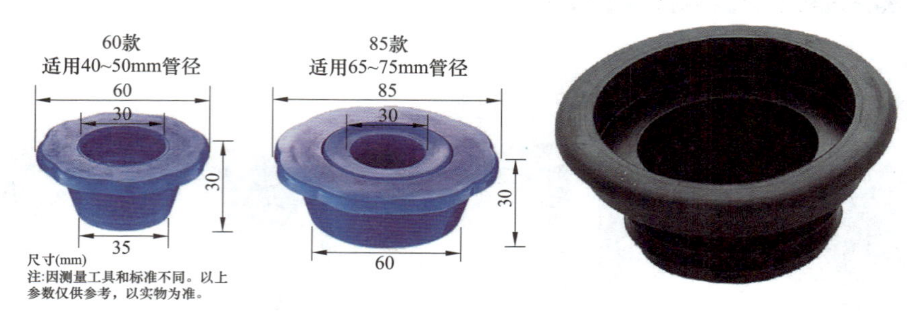

图 2-168 防臭密封圈

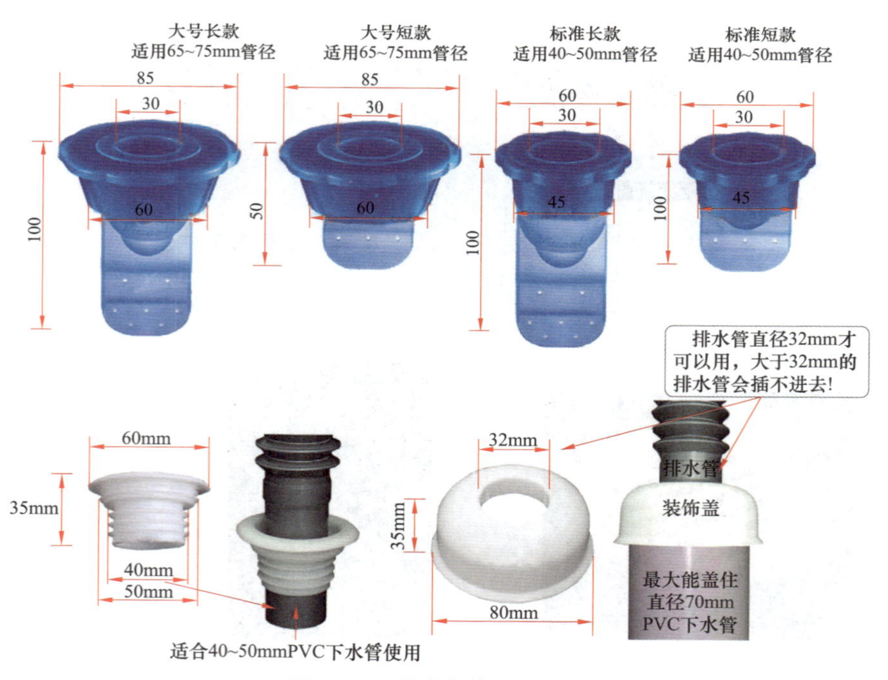

图 2-169 防臭密封圈的尺寸

下水管密封圈可以有效防返味、防蚊子、防溢水、防蟑螂等。

防臭密封圈也就是堵臭器。一般家庭需约 4 个防臭密封圈，也就是居家常见有下水管位置：水槽排水 1 个、面盆排水 1 个、洗衣机排水 1 个、拖把池排水 1 个等。防臭密封圈的安装如图 2-170 所示。

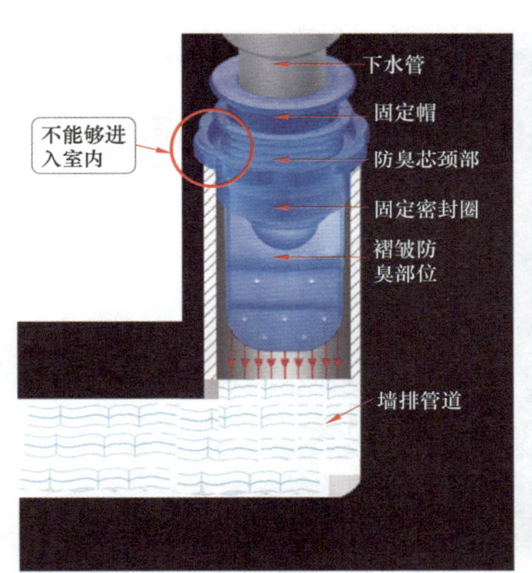

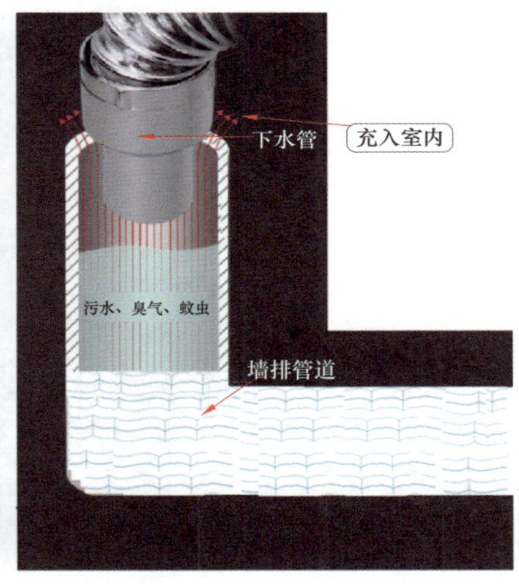

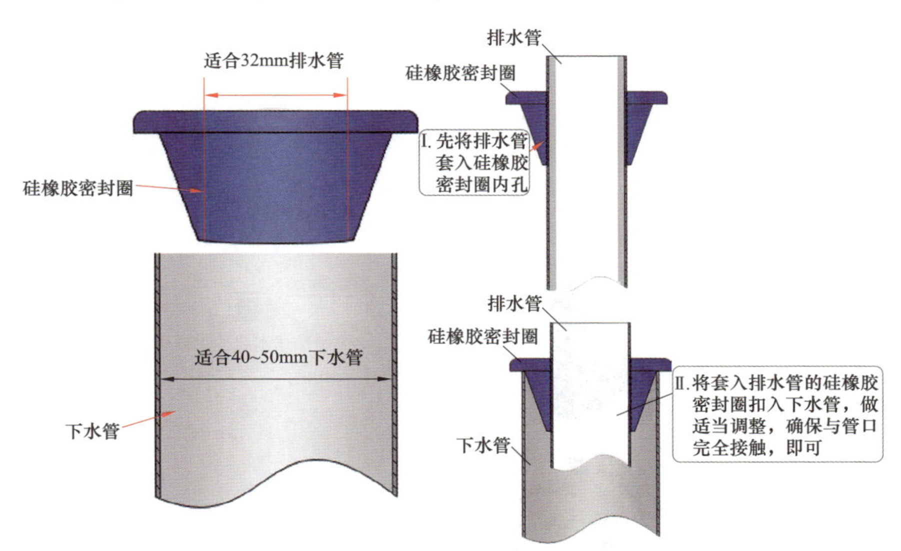

图 2-170　防臭密封圈的安装（一）

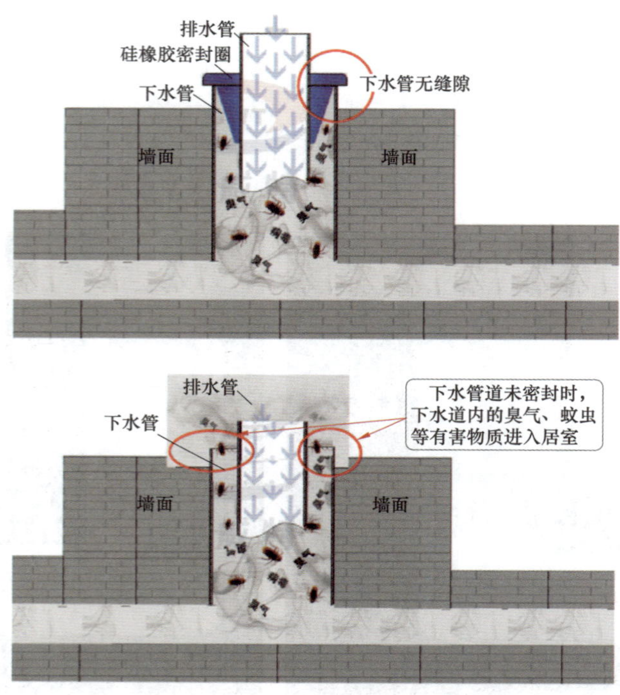

图 2-170 防臭密封圈的安装（二）

2.21 泵

泵的应用见表 2-55。

表 2-55 泵的应用

名称	图例	解说
水泵		水泵是输送水或使水增压的机械设备
增压泵		水压不够时，可以选择增压泵来增压

2.22 地暖管与地暖分集水器

地暖管与地暖分集水器的特点见表 2–56。

表 2–56　　地暖管与地暖分集水器的特点

名称	图例	解说
PE–RT 地暖管		用于地板采暖的管材需要有良好的散热性，PE–RT 就具有良好的散热性，其导热系数约为 PP–R、PP–B 管材的两倍。另外，PE–RT 管材还具有良好的低温性能、良好的冲击性、使用寿命长
地暖分集水器		地暖分集水器模块由强化塑料外箱、分集水器、排气阀、泄水阀、支架、主管球阀、主管控制阀过滤器等部件组成

2.23 生料带

生料带是水暖安装工程中常用的一种辅助品，主要用于管件连接处的密闭处理（见图 2–171）。生料带化学名称是聚四氟乙烯，目前普遍使用白色聚四氟乙烯带。天然气管道等也有专门的聚四氟乙烯带，它们主要原料均是聚四氟乙烯，但是，一些工艺存在差异。

生料带具有无毒、无味、优良的密封性、优良的绝缘性、优良的耐腐性等特点。

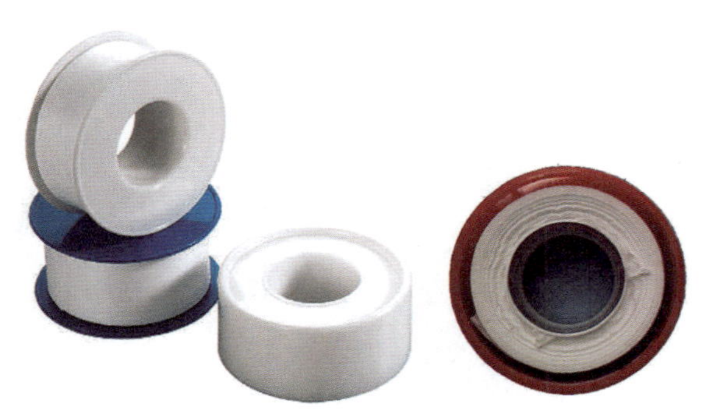

图 2–171　生料带外形

第3章

弱电用材

3.1 弱电开关插座与底盒

3.1.1 弱电开关插座正面与背面

常用弱电开关插座见表 3-1。

表 3-1　　常用弱电开关插座

名称	正面	背面
电话插座	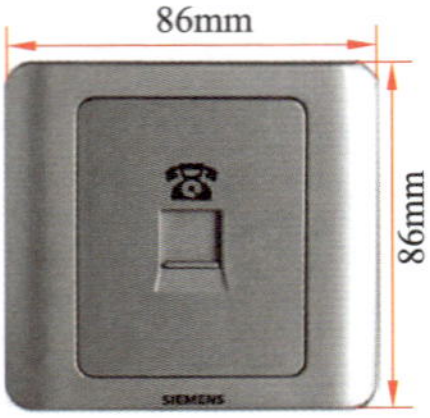 86mm 86mm SIEMENS	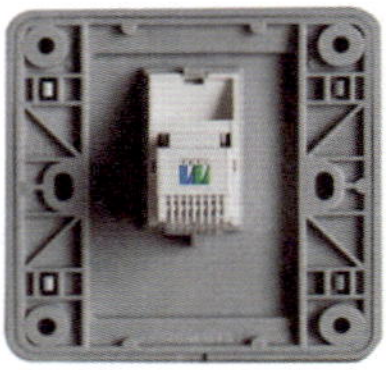
电话加电脑插座	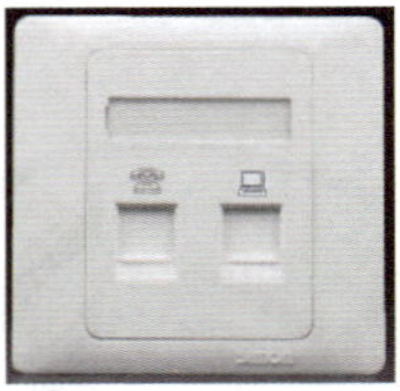	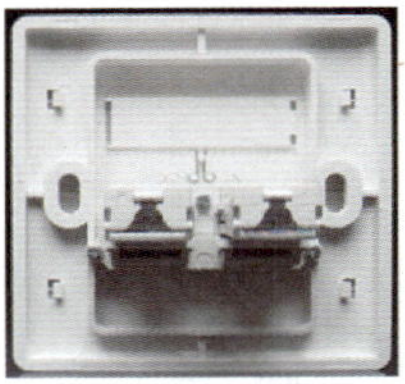
电视加电脑插座 1	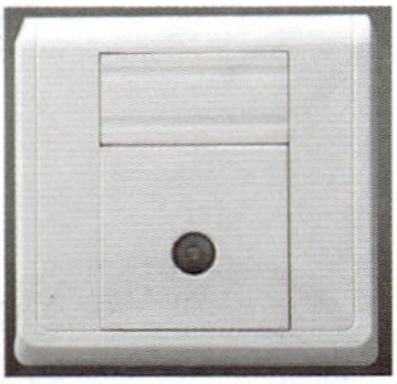	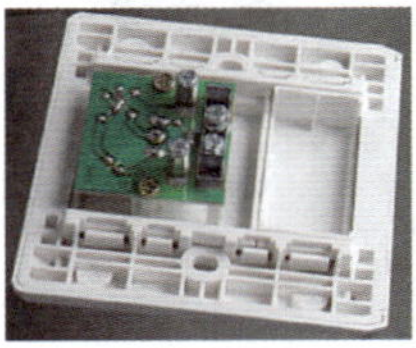
电视加电脑插座 2	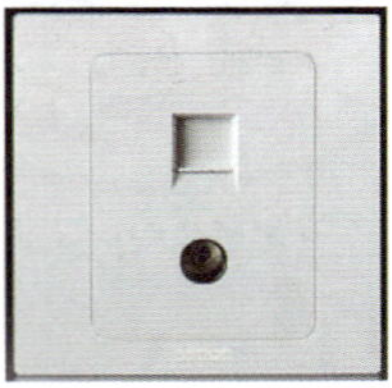	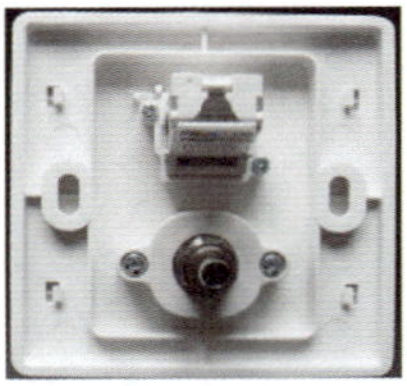
双联有线电视插座	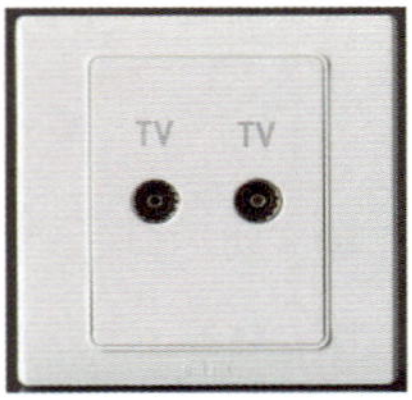 TV TV	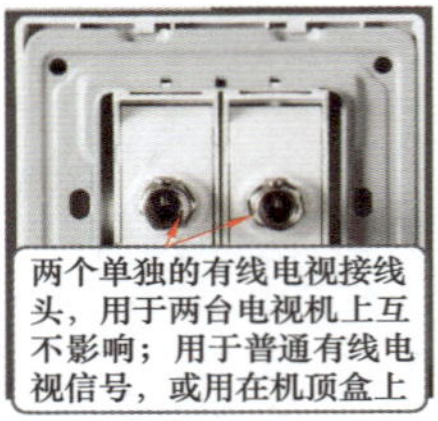 两个单独的有线电视接线头，用于两台电视机上互不影响；用于普通有线电视信号，或用在机顶盒上

续表

名称	正面	背面
音响 2 孔插座	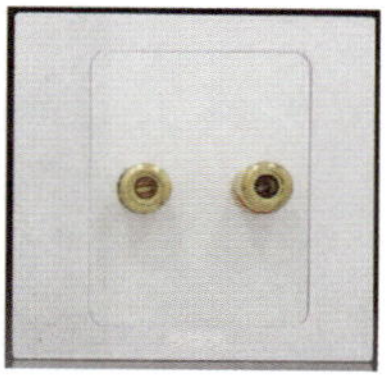	
音响插座		
有线电视插座		
二位音响插座		
二位电脑插座		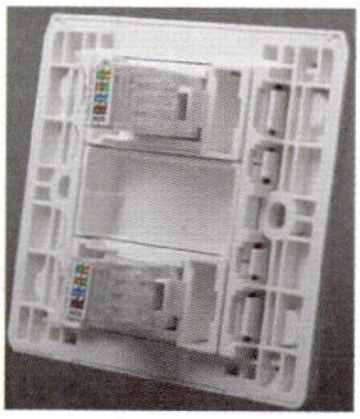
光控带消防端开关		

续表

名称	正面	背面
二位电话插座		
75Ω 二位电视插座		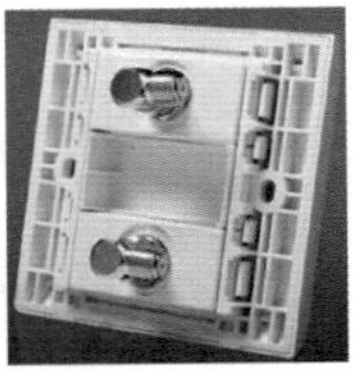
“请稍候”门铃开关		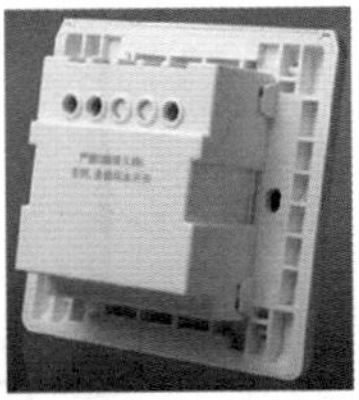
带延时带指示灯智能插卡节能开关		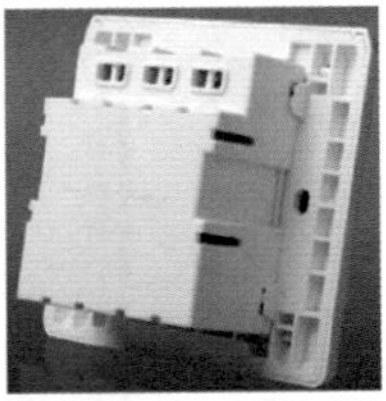
一位带荧光大按钮门铃开关		
一位电脑插座		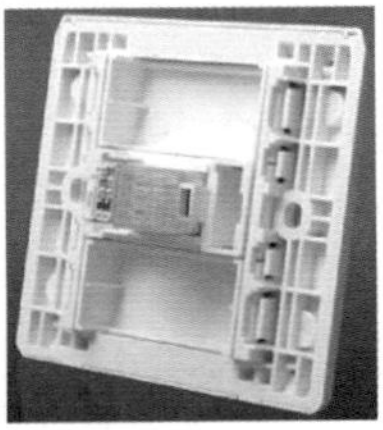

续表

名称	正面	背面
0~20kHz 音量调节开关		
电子风量调速开关		
音响插座		
声光控开关		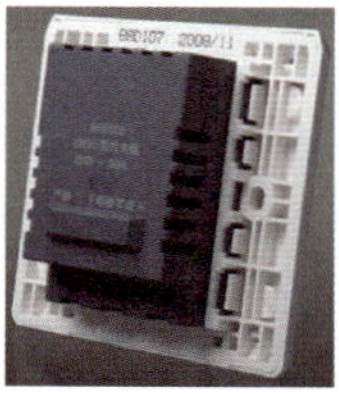
一位刮须插座		
门控开关		

续表

名称	正面	背面
调速开关		

弱电用于信息的传送、控制，其具有电压低、电流小、功率小、频率低等特点。电话线、电视线、网线、家庭影院、监控系统、智能安防系统等属于弱电线路。

3.1.2 底盒

底盒如图 3–1 所示。

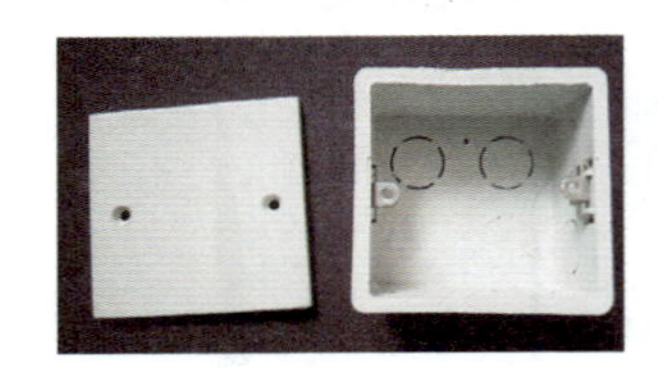
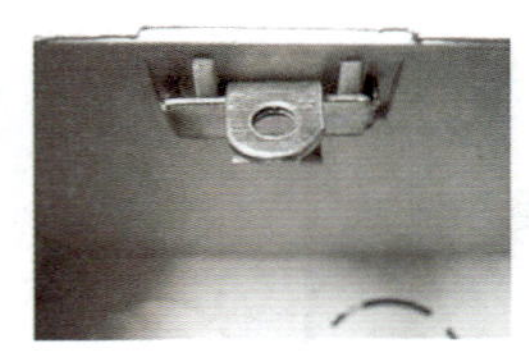
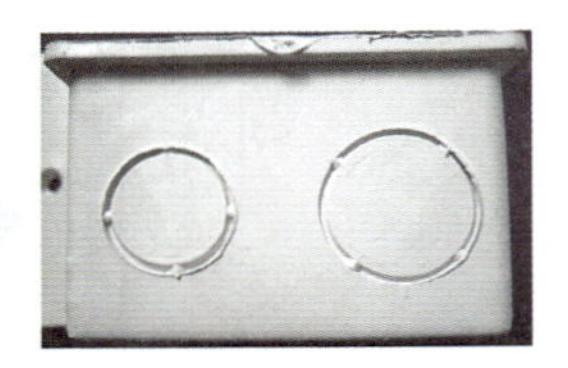

图 3–1 底盒

家装弱电底盒、暗盒可以采用强电的底盒、暗盒，为了与强电的区别，最好选择蓝色的。如果没有几种颜色的底盒，则弱电底盒暗盒与强电底盒暗盒采用同一颜色的也可以，只是需要不能够混淆，或者做个能够识别的标志。如图 3–2~图 3–4 所示。

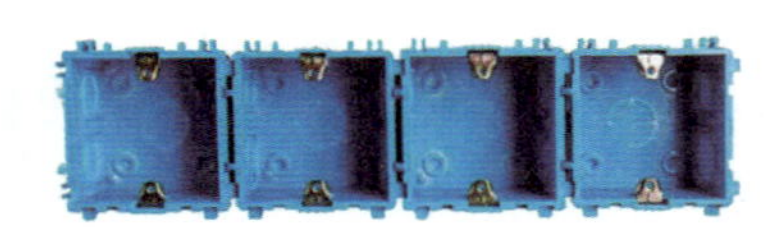

图 3–2 蓝色底盒

图 3–3 底盒的应用（一）
蓝色底盒与蓝色 PVC 电工管连接，实现弱电的连接。
红色底盒与蓝色 PVC 电工管连接，实现强电的连接。

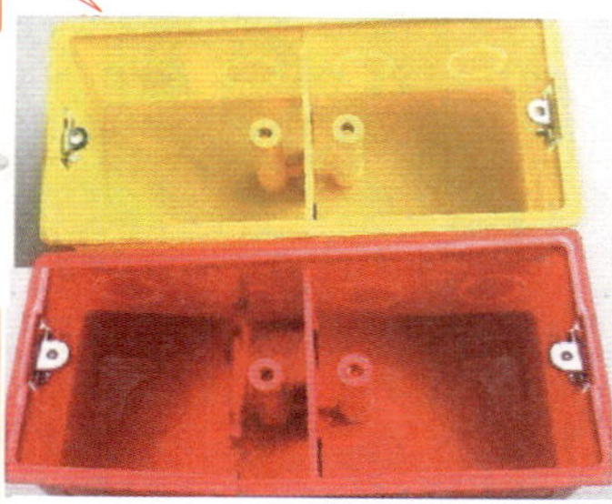

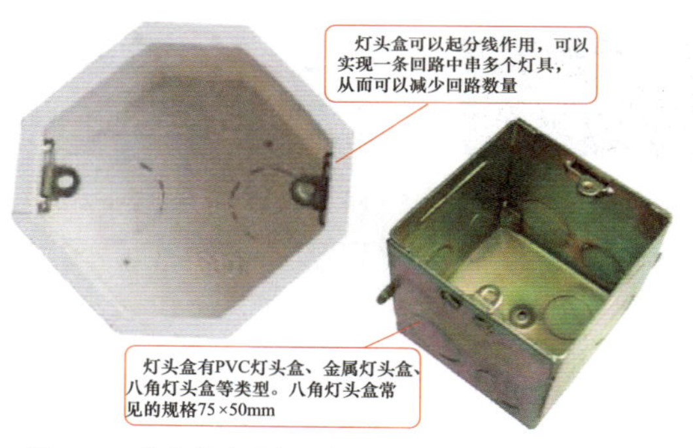

图 3-4　底盒的应用（二）

3.1.3　电源插座

电源插座是指用来接入市电提供的交流电，使相关电器通电的一种装置或者接口。电源插座一般具有插槽或凹洞的母接头，用来让有棒状或铜板状突出的电源插头插入，以便将电力经插头传导到电器。有的插座设计有非同一规格的插头无法插入的设计。

电源插座根据结构、用途的不同可以分为移动式电源插座、嵌入式电源插座、机柜电源插座、桌面电源插座、智能电源插座、功能性电源插座、工业用电源插座、电源组电源插座等。

一般没有金属外露的塑料外壳电气设备，以及双绝缘的小型电气设备，可以使用二孔插座。有金属外壳的电气设备，以及有金属外露的电气设备，需要使用带保护极的三头插头，因此，相应插座需要三孔插座（见图 3-5）。同时，安装三孔插座时，绝不能让地线形同虚设。

家装弱电电源插座一般采用墙壁 86 电源插座面板，并且是暗装的为主流。媒体弱电信息箱的电源插座往往采用的是插排（见图 3-6、图 3-7）。

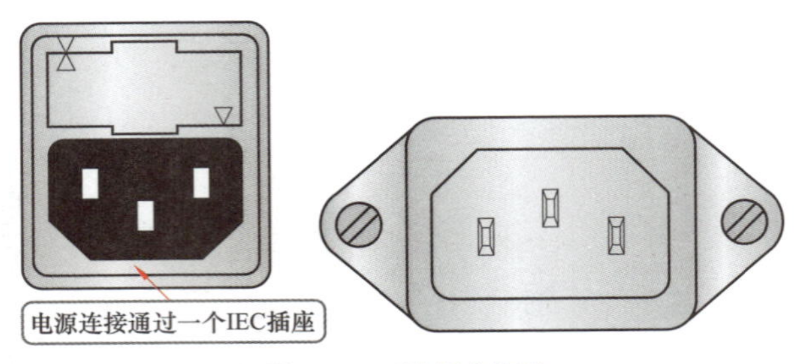

图 3–5　三孔插座外形

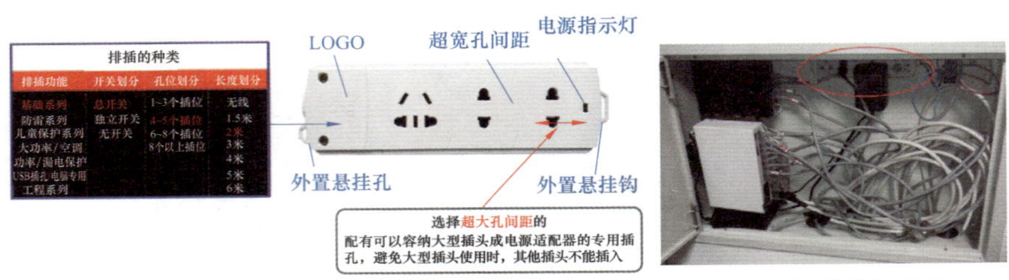

图 3–6　插排

图 3–7　插排的应用

多功能弱电电源插座面板：多功能弱电电源插座面板除了具有电源插座外，还具有其他弱电插座。例如弱电带电源插座 118 型电视电话三孔面板、118 型带四位十五孔电话插座面板等（见图 3–8、图 3–9）。

图 3–8　弱电带电源插座 118 型电视电话三孔面板

图 3–9　118 型带四位十五孔电话插座面板

3.2 插头

3.2.1　常用的视频连接插头概述

音视频设备的输出信号、输入信号可以分为音频信号、视频信号。音频信号根据阻抗的不同可以分为平衡信号、非平衡信号。音频连接插头也可以分为平衡插头、非平衡插头。非平衡插头一般为二芯结构，平衡插头一般是三芯结构。DVD 播放机、卡座、CD 播放机的输出多为非平衡信号。卡侬插头、大三芯插头或 6.3mm 三芯插头等为常用的平衡信号插头。大二芯插头、莲花插头、小三芯插头或 3.5mm 三芯插头等为常用的非平衡信号插头，如图 3–10~ 图 3–12 所示。

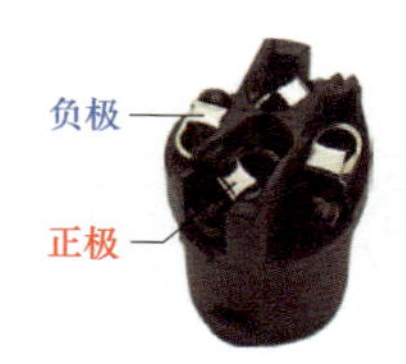

图 3–10　卡侬插头

图 3–11　音响插头

图 3–12　RCA

音频插头中还有功放与音箱连接用的专用插头，这些插头常见的为四芯、二芯、八芯等结构。

常用的视频连接插头有莲花插头（RCA）、BNC 或 Q9 插头等：

（1）莲花插头在视频系统中主要是模拟视频信号的输出、输入连接，例如 DVD 机、小型投影机。

（2）BNC 或 Q9 插头主要使用在模拟视频的输出、输入连接，例如部分视频矩阵、大型投影机、专业监视器等。

（3）视频连接插头中还有采用电脑视频信号的 VGA 插头连接。

3.2.2　弱电常见插头

弱电常见插头见表 3–2。

表 3–2　　弱电常见插头

名称	图例	名称	图例	名称	图例
音频插头——三芯插头	右声道、地、左声道	音频插头——三芯插头	外环端、中环端、芯端	电源连接器（直流）插头	负极、正极

续表

名称	图例	名称	图例	名称	图例
音频插头——三芯插头	麦克偏置 麦克输入 地	信号插头	外环端 芯端	信号插头	外弹性铜皮 芯杆
麦克风插头	麦克输入 地	信号插头	地 信号端	—	—

3.2.3 卡侬

卡侬（XLR）端口中集成了一个正极插头、一个负极插头、一个接地插头。常用于将平衡麦克风信号传输到调音台，话筒与调音台，调音台与功放，调音台主输出与周边设备，周边设备（均衡器）、分配器或音箱控制器与功放的连接等的连接。也就是说卡侬用于卡侬输出、输入设备间的连接。

卡侬插头具有输出 / 输入平衡信号，为高阻抗特性。其分为公卡侬（卡侬公头 XLR Male）、母卡侬（卡侬母头 XLR Female），其中公卡侬用于输出信号，例如可以应用于将信号输入给调音台。母卡侬用于接收信号，例如可以应用于接受话筒的信号等。

公卡侬、母卡侬的辨别：带针的为公头，带孔的为母头。有些音响设备的输入、输出端口为卡侬接口，则带针的接口为公座，带孔的接口为母座。卡侬公座与母头连接，卡侬母座与公头连接。

卡侬头有 3 芯、4 芯、5 芯、6 芯、7 芯等种类。卡侬有关结构、外形以及引脚功能如图 3-13 所示。

另外，一些设备通道联机接口可以用三芯卡侬母座（XLR-3F）来实现（见图 3-14）。例如该应用的卡侬插脚定义：1 脚为公共端，接电缆的屏蔽；2 脚为控制信号；3 脚为音频信号。卡侬母座适用于麦克风、音响器材、调音台、周边器材连接音频信号用。

3.2.4 RCA（莲花头）

RCA 俗称莲花头，多用在家用音响设备中的连接，例如 CD 机、DVD 机、音视频线、机顶盒接电视常用该种方式输出信号。RCA 针式插口的信号一般为非平

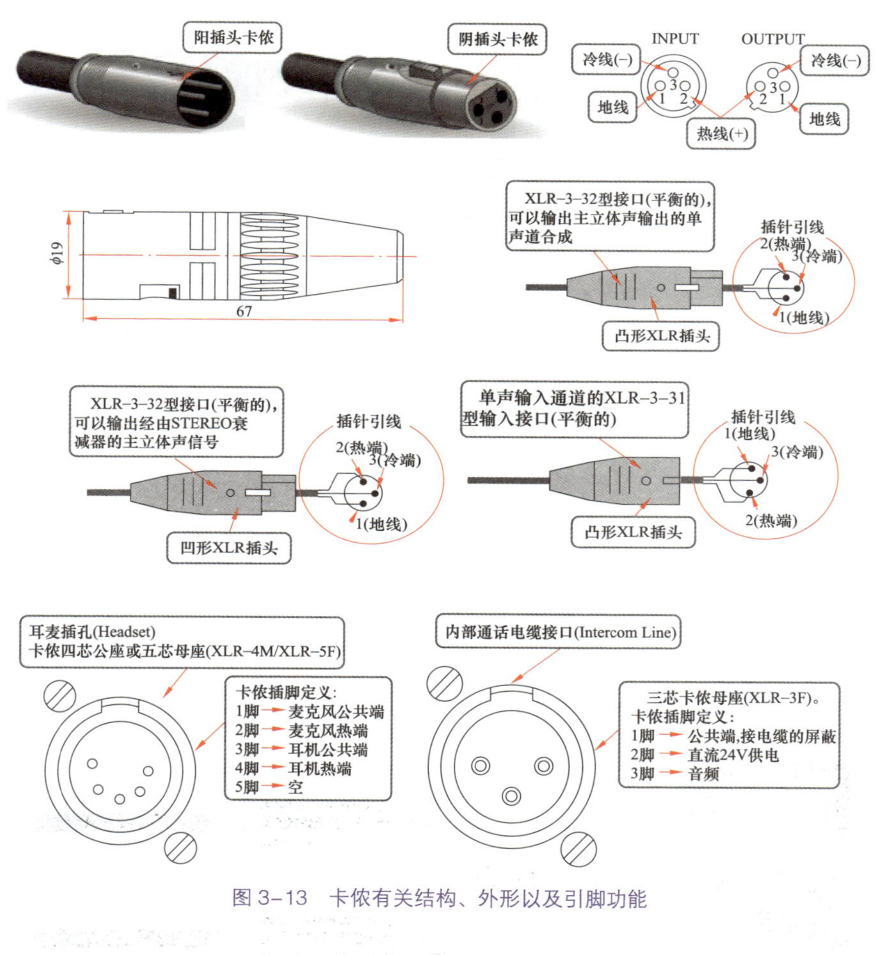

图 3-13　卡侬有关结构、外形以及引脚功能

针	功能	I/O
1	地线	GND
2	DC	PWR
3	遥控信号输入	I

图 3-14　三芯卡侬母座

衡信号。RCA 线长度有 1.8、3、5、10m 等种类。RCA（莲花头）有关结构、外形、应用如图 3-15 所示。

模拟的视频信号也有用 RCA 插头，只是用 RCA 输出的视频信号质量是要差一些，并且此时的插头、插座的颜色一般采用黄色的，如图 3-16~ 图 3-18 所示。

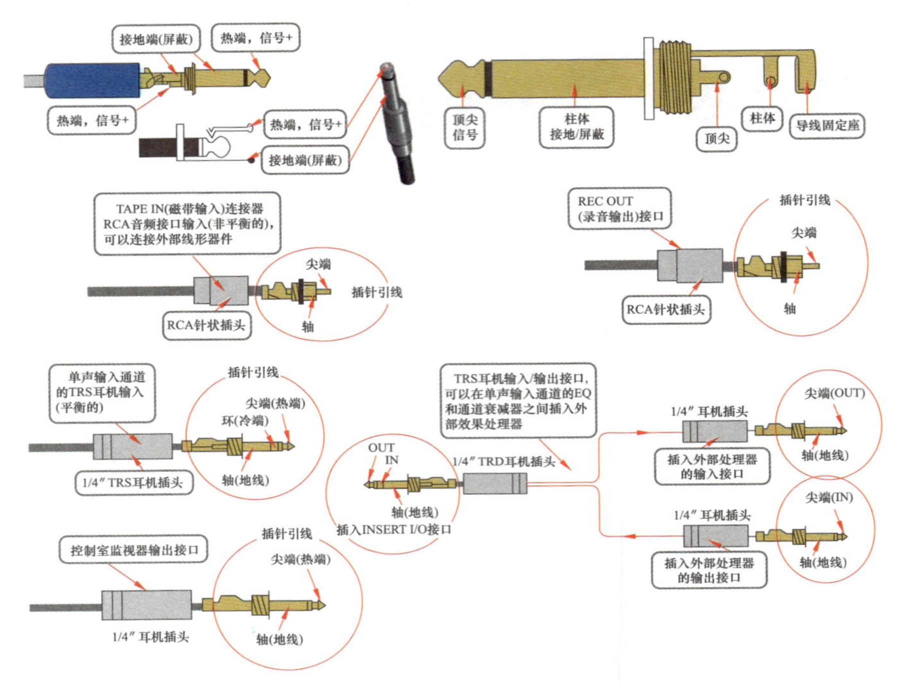

图 3-15　RCA（莲花头）有关结构、外形、应用

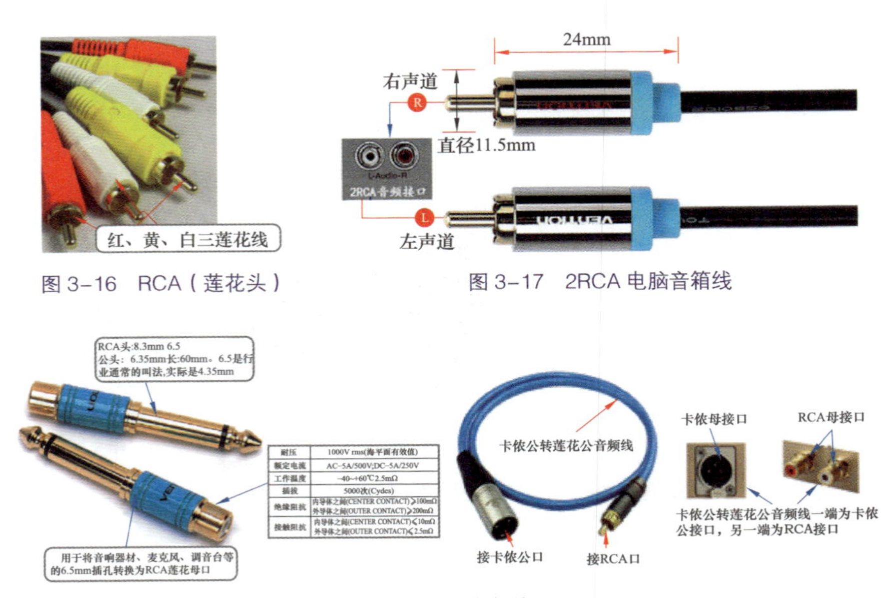

耐压	1000V rms(海平面有效值)
额定电流	AC-5A/500V;DC-5A/250V
工作温度	-40~+60℃2.5mΩ
插拔	5000次(Cydes)
绝缘阻抗	内导体之间(CENTER CONTACT)≥100mΩ 外导体之间(OUTER CONTACT)≥200mΩ
接触阻抗	内导体之间(CENTER CONTACT)≤10mΩ 外导体之间(OUTER CONTACT)≤2.5mΩ

图 3-16　RCA（莲花头）

图 3-17　2RCA 电脑音箱线

图 3-18　音频线

3.2.5 TS（大二芯）

TS 俗称大二芯，主要用于单声道信号的传输，其只能传输非平衡信号。TS 形状类似于大三芯，但是比大三芯少一个环（见图 3–19）。

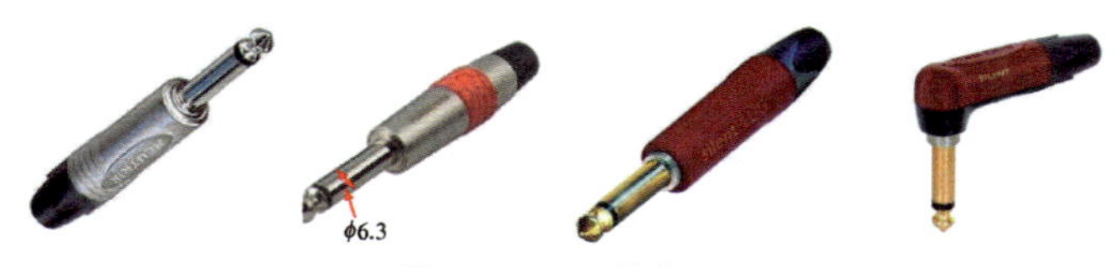

图 3–19 TS 的外形

大二芯适用于麦克风、音响器材、调音台、周边器材连接音频信号。

TS 可以直接通过芯对芯，屏蔽层对屏蔽层焊接。其可以与 RCA、BNC 等用于单声道的接头实现转换。

如果 TS（大二芯）插头使用了双芯屏蔽线，则说明它可以用于连接两路信号。莲花插头只能够用于连接一路信号。

TS 与莲花插头相连的方式，取决于连接线的用途：

（1）连接两路信号（如左、右声道信号）时，大二芯线内的红、黑两线需要分别接在插头两内芯上。红线、黑线的另一端分别接一个莲花插头的芯线，三个插头的屏蔽线全连接到一起。

（2）只需要连接一路信号时，大二芯插头一般只使用最内层及最外层，如果红线、黑线两线是单独使用的，则需要将接最内层的一根线，与莲花插头的芯线相连，屏蔽层相连，余下的线可不使用。

（3）如果大二芯与莲花头间，一边是两路信号，一边是一路信号时，需要根据输出、输入情况处理。

3.2.6 TRS（大三芯）

音频接插件包括卡侬、RCA、TS、TRS、3.5mm 立体声插头、香蕉头、接线柱等。也就是说 TRS 插头是音频接插件的一种。

TRS 俗称大三芯，TRS 是 Tip–Ring–Sleeve 的缩写。TRS 可以作为音频设备连接插头，用于平衡信号的传输（此时功能与卡农插头一样）。TRS 也可以用于不平衡的立体声信号的传输（比如耳机的应用）。TRS 的结构特点如图 3–20 所示，大三芯与小三芯的比较如图 3–21 所示。

3.2.7 6.3（6.35）大芯插头

6.3（6.35）大芯插头可以作为麦克风的插头，6.3（6.35）大芯插头可以分为 2 芯插头、3 芯插头。麦克风插头有 6.3 大三芯双音麦克风插头、6.35 大二芯单音麦克风插头。

6.3 大芯插头如图 3–22 所示，6.3mm 插座的用途如图 3–23 所示，麦克风插座及麦克风线如图 3–24、图 3–25 所示。

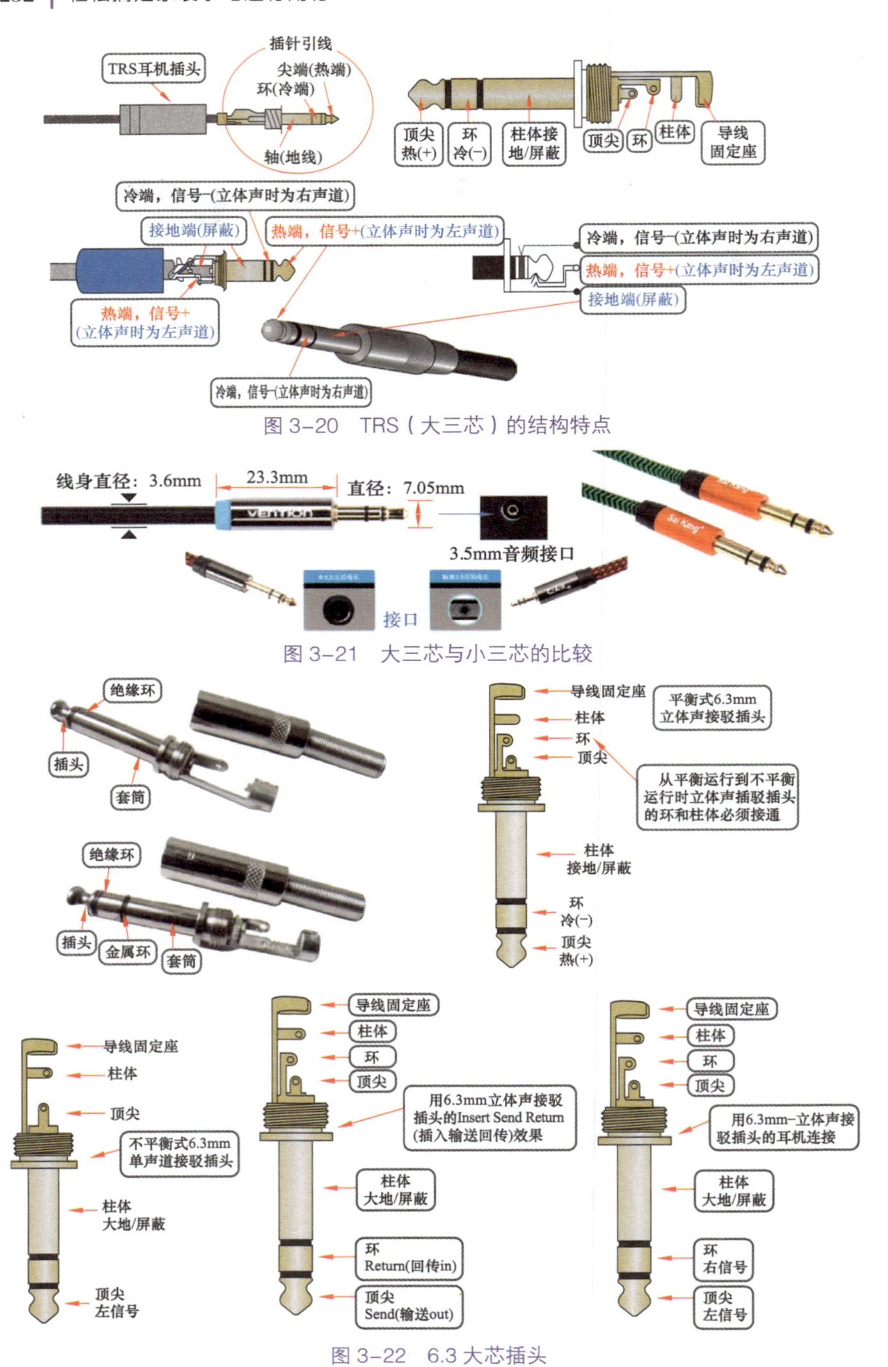

图 3-20　TRS（大三芯）的结构特点

图 3-21　大三芯与小三芯的比较

图 3-22　6.3 大芯插头

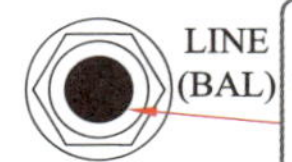

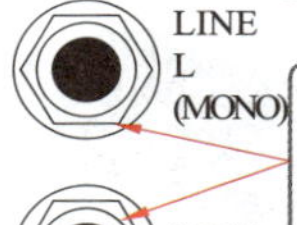

图 3-23 6.3mm 插座可以实现多种用途

图 3-24 有的麦克风插座可以兼容 6.3mm 插头插入

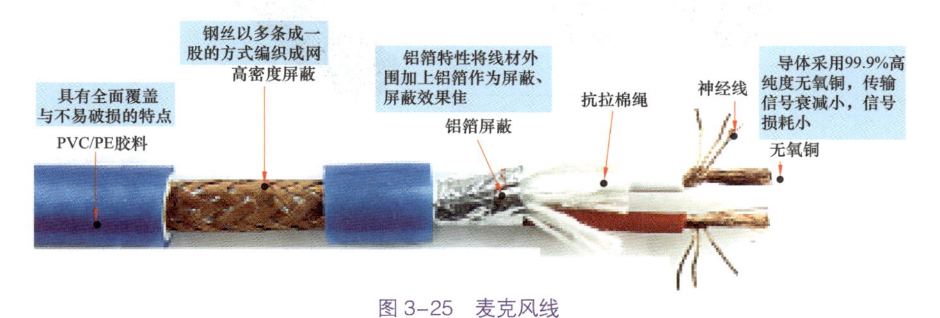

图 3-25 麦克风线

3.2.8 小三芯插头

（1）小三芯插头。小三芯插头外观与大三芯插头类似，只是小三芯插头比大三芯插头的体积要小。小三芯插头也为三芯，三芯插头一般为平衡信号插头。音响工程中小三芯插头多用于电脑、便携式音源等音频信号输出。因此，也有将小三芯插头归入非平衡信号插头的范围。

（2）3.5mm 立体声插头。3.5mm 立体声插头也就是直径为 3.5mm 的同轴音频插头（见图 3-26）。手机以及便携式音频播放设备常采用 3.5mm 的接口。3.5mm

立体声插头的接线方式与大三芯的接法一样：焊接处长片接左声道，短片接右声道，卡箍接地线。

（3）2.5mm 立体声插头。某些手机以及便携式音频播放设备采用 2.5mm 的接口，则连接线需要采用 2.5mm 立体声插头（见图 3-27）。

2.5mm 立体声插头与 3.5mm 立体声插头内部连接基本一样，只是 2.5mm 立体声插头比 3.5mm 立体声插头体积要小。

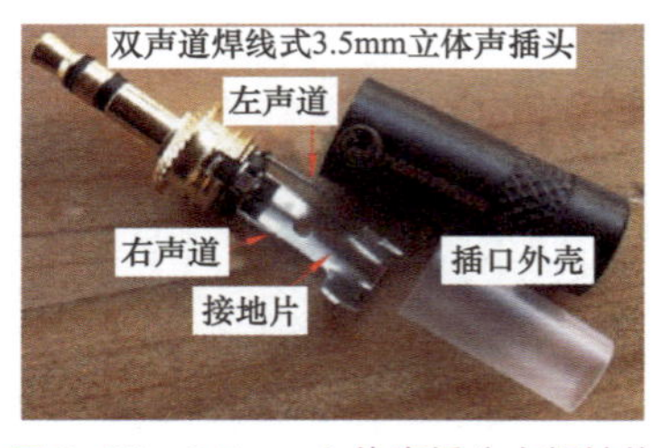

图 3-26　3.5mm 立体声插头内部结构

图 3-27　2.5mm 立体声插头外形

小三芯插头如图 3-28 所示。

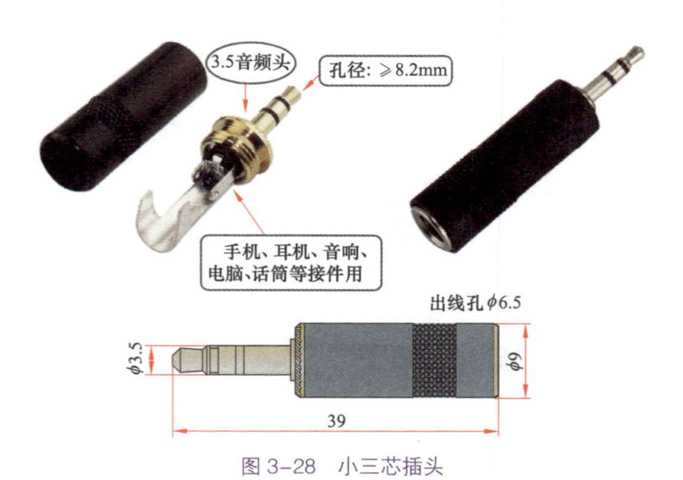

图 3-28　小三芯插头

3.2.9　Neutrik（纽垂克）音箱插头

Neutrik 插头常用的为四芯的，其也有二芯、八芯的音箱插头。它们的外观基本相同，只是尺寸大小存在差异（见图 3-29~ 图 3-31）。通常情况下音箱的接口为四芯插头，如果是八芯插头音箱后部往往会有标注。

3.2.10　插头间的配线与连接

插头间的配线与连接方法如图 3-32 所示。

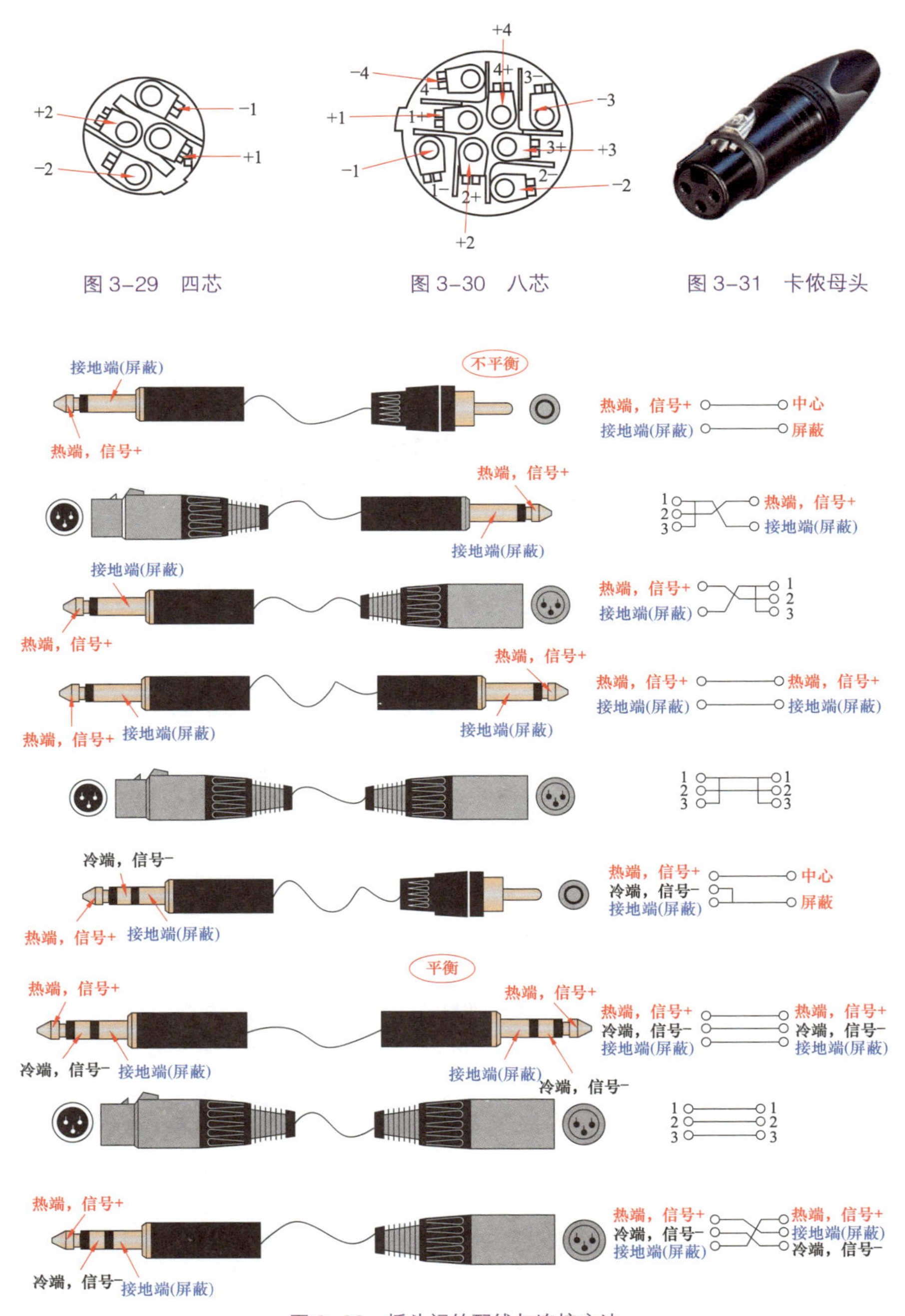

图 3-29　四芯

图 3-30　八芯

图 3-31　卡侬母头

图 3-32　插头间的配线与连接方法

3.2.11 插头氧化的处理方法

弱电工程中的插头长时间不用，其表面会氧化，进而导致接触不良。如果插头已经氧化，可以采用以下方法来处理：

（1）用硬纸板擦插头。

（2）用橡皮擦插头。

（3）用牙膏轻轻擦拭插头。

（4）用细砂纸擦插头。

（5）用纸杯盛一些稀盐酸，然后把插头泡进去，搅和一定时间再把插头拿出来擦干即可。

插头如图 3-33 所示。

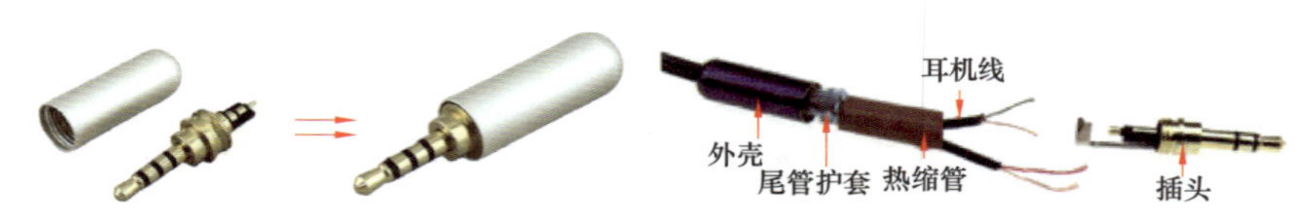

图 3-33 插头

3.2.12 耳机立体声插头与连接

常用耳机立体声插头与连接的特点见表 3-3。

表 3-3 常用耳机立体声插头与连接的特点

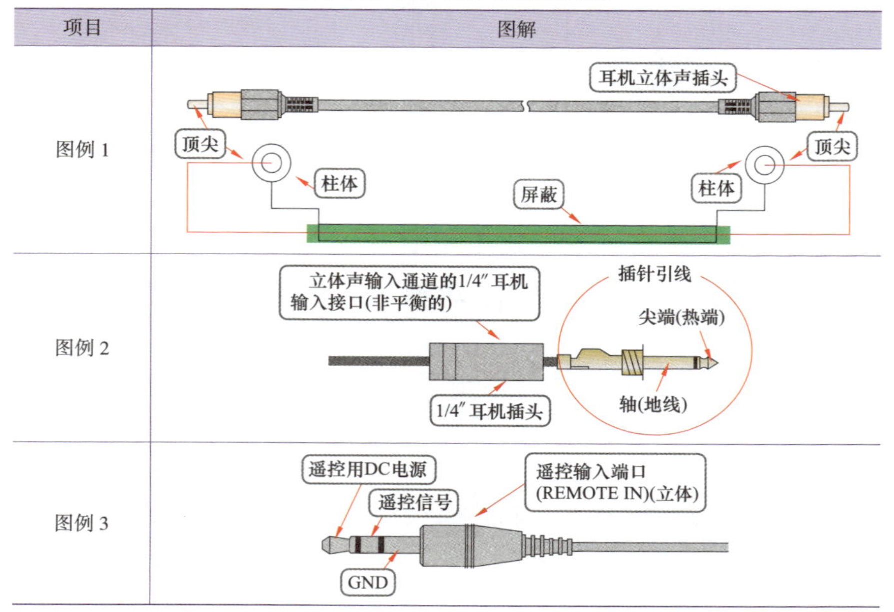

项目	图解
图例 1	
图例 2	
图例 3	

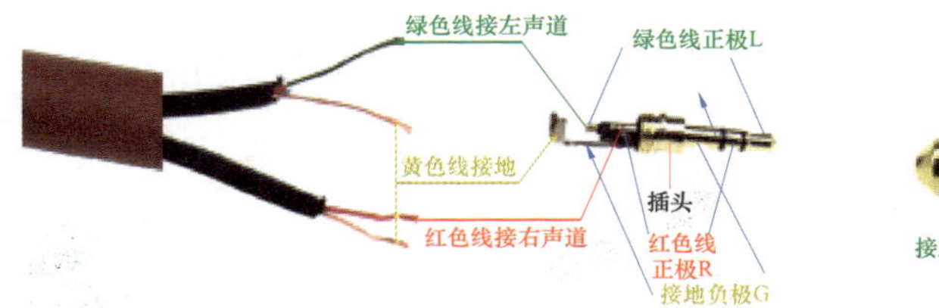

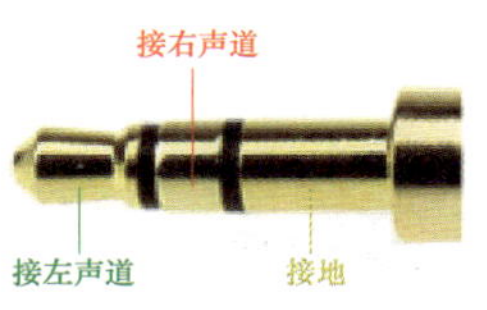

3.2.13　音响插头的连接

音响插头的连接如图 3–34 所示。

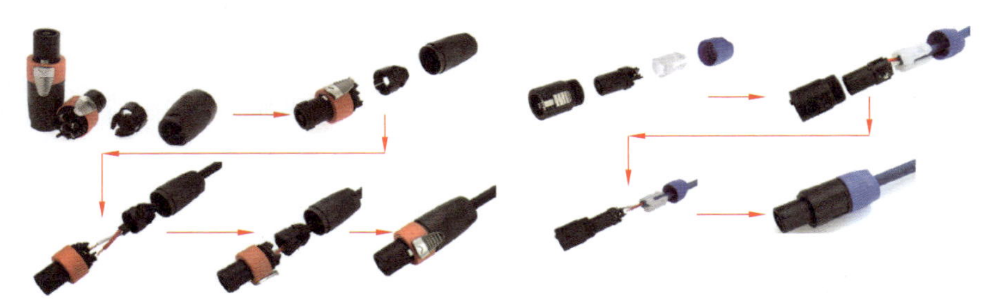

图 3–34　音响插头的连接

3.3 常用的音频线材

3.3.1　音频线概述

常用的音频线材有话筒线（音频连接线）、音频信号缆、音箱线等。音频线主要用于家庭影院中激光 CD 机、DVD 等的输出信号，以及送到背景音乐功率放大器的信号输入端子的连接。

常用线材的名称与图例见表 3–4。

表 3–4　常用线材的名称与图例

名称与图例	名称与图例	名称与图例
音响喇叭的连接喇叭线	音箱线、音响线、喇叭线、家庭影院主置音箱线 2.5mm²	VGA3+6 工程线
三平行 AV 音视频线	3.5 转 2 莲花线	摄像机三同轴电缆

续表

名称与图例	名称与图例	名称与图例
数字音频电缆	2 芯 16 讯道话筒线	双莲花音频线

说明：电视线是用于传输电视信号的线，主要是有线电视与连接天线的电视线。目前，主要有有线电视同轴电缆、数字电视同轴电缆。有线电视同轴电缆一般采用双屏蔽，用于传输数字电视信号时会有一定的损耗。数字电视电缆一般采用四屏蔽电缆，能够传输数字电视信号，也能够传输有线电视信号。

3.3.2 软电线或电缆 AVRB

软电线或电缆 AVRB 如图 3–35 所示。

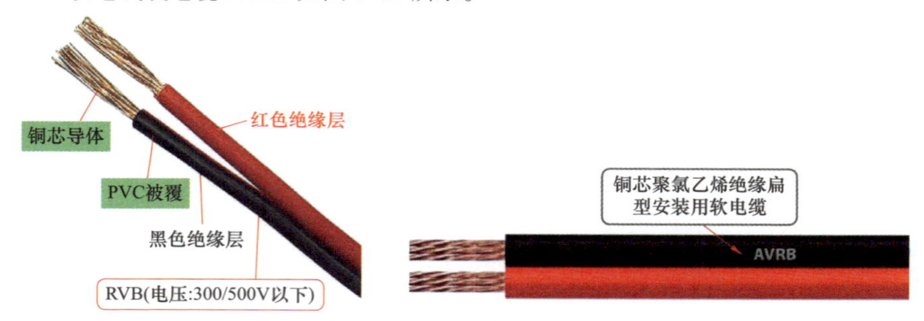

图 3–35　软电线或电缆 AVRB

红黑线、扁型无护套软电线或电缆 AVRB 常用于背景音乐和公共广播，也可做弱电供电电源线。

3.3.3 音频信号电缆

音频信号电缆是由若干根音频连接线组合在一根缆线中。其内部音频连接线的数量不同，有 4、8、12、24 等路数（见图 3–36、图 3–37）。

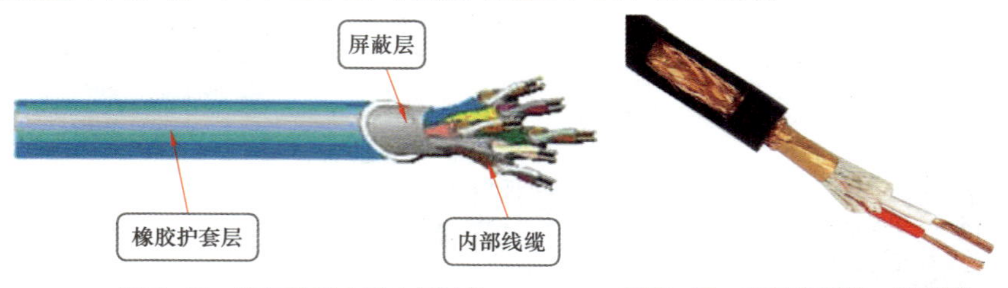

图 3–36　音频信号电缆内部结构

图 3–37　高保真咪线、话筒线、音频线、立体声线

音频信号电缆的质量较大，通常电缆的内部有一根钢丝来增加抗拉强度。音频信号电缆多用于现场演出中周边设备与功放的信号传输连接、音响工程中控制室到舞台的信号连接。

2 芯（红、白）+96 网屏蔽 + 内置抗拉棉 + 铝箔屏蔽；红白主芯 + 抗拉棉 + 铝箔全包抗干扰屏蔽 +96 网纯铜芯交织屏蔽 +PVC 外被等，适用范围专业多媒体影音布线、工程安装、汽车音响、视听室、家庭 /KTV 卡拉 OK 话筒、电脑 /DVD 音频信号传输布线、电子领域等。

3.3.4　音频连接线

音频连接线是二芯或者三芯带屏蔽结构的导线，与话筒线类似。音频连接线无棉纱填充物，因此，其抗拉强度差。也就是其用于话筒的连接比较少的原因，只是一些特殊情况下可作为短距离、临时的话筒连接线。

一些音频机柜内部的设备连接常采用音频连接线。

音频连接线的结构与应用特点如图 3–38 所示。

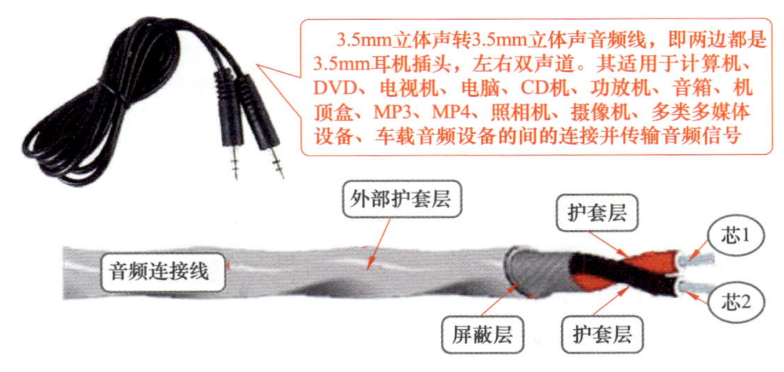

图 3–38　音频连接线的结构与应用特点

3.3.5　话筒线

话筒线分为二芯带屏蔽话筒线、四芯话筒线。话筒线每芯为若干细铜丝结构，一般由两芯、每芯的护套层、抗拉棉纱填充物、屏蔽层、外层橡胶护套层等组成。

话筒线外部橡胶护套层一般为黑色，也有红色、黄色、蓝色、绿色等不同颜色的。屏蔽层有缠绕屏蔽层、编制屏蔽层，其中缠绕屏蔽层为屏蔽层缠绕在两芯及棉纱填充物外部，编制屏蔽层为屏蔽层根据网状结构缠绕在两芯及棉纱填充物外部。编制屏蔽话筒线比缠绕屏蔽话筒线抗干扰能力要好一些。

话筒线也可作设备间的连接，只是成本较高，因此，设备间的连接可以使用音频连接线。

话筒线的结构特点如图 3–39 所示。

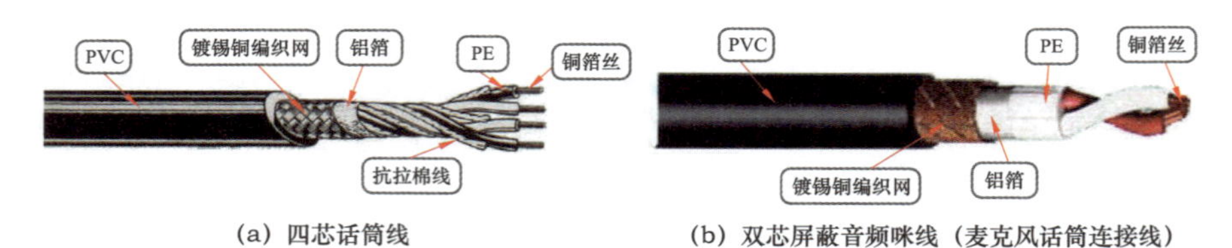

(a) 四芯话筒线　　(b) 双芯屏蔽音频咪线（麦克风话筒连接线）

图 3-39　话筒线的结构特点

说明：咪线又称话筒线，其是连接话筒与功放机间的用线。有的是成品线，有的是裸线。

3.3.6　音箱线与喇叭线

根据外观，音箱线可以分为有护套音箱线、金银线。有护套线根据外层护套与使用场合的不同又可以分为橡套音箱线、塑套音箱线等种类。金银音箱线一般是透明或半透明护套包裹金色与银色的铜质线芯。不过，也有两根芯是同一颜色的，但是一般会在一根芯的外层护套上印有文字以便区分。

音箱线根据使用要求不同，还有多芯的音箱线。另外，不同的音箱线截面可能不同，也就是音箱线的铜芯粗细不同，常见的有 1、2、$4mm^2$ 等。截面越大的音箱线，其传输信号时的功率损失越小。

常用音箱线的结构与特点如图 3-40 所示。

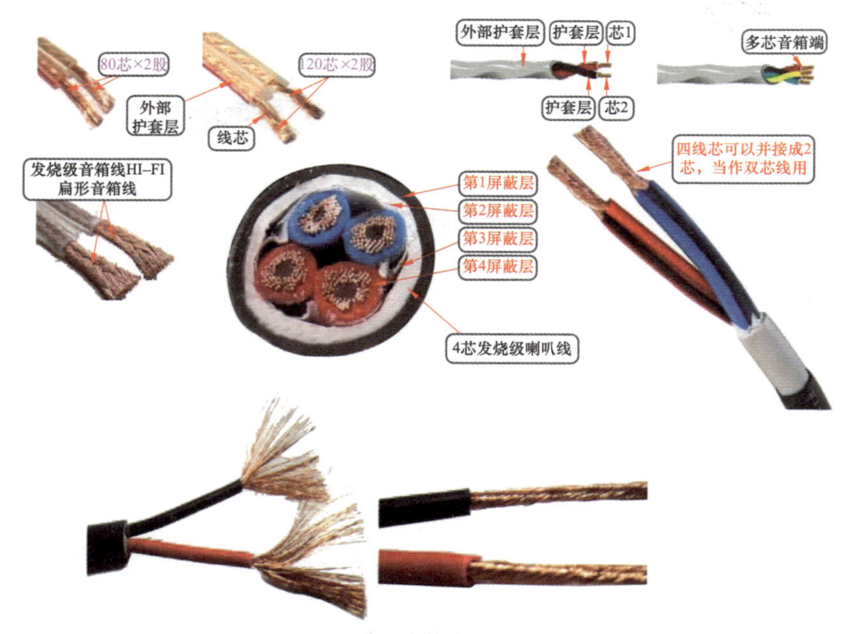

图 3-40　常用音箱线的结构与特点

音箱线采用无氧铜细丝束绞而成的线芯导体，具有使导线表面积增加，减少线身谐振以及有效减低高频信号衰减的作用（见图 3–41）。

音箱线的结构如图 3–42 所示。

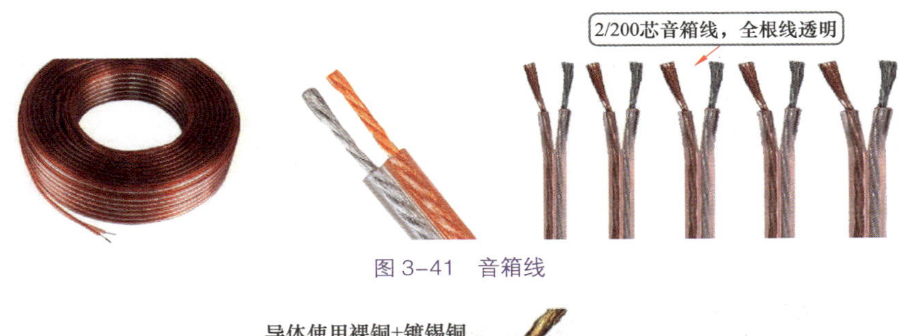

图 3–41　音箱线

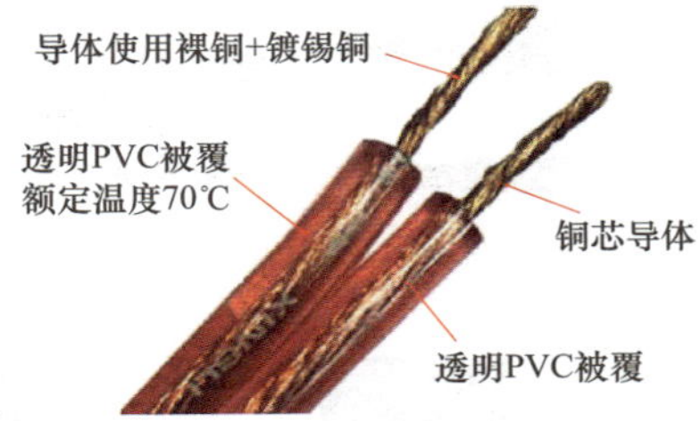

导体使用裸铜+镀锡铜

透明PVC被覆
额定温度70℃

铜芯导体

透明PVC被覆

图 3–42　音箱线的结构

金银线（音箱线）规格有 50 芯、100 芯、150 芯、200 芯等，用于功放机输出到音箱（喇叭）的接线。喇叭线也就是音响线。

3.3.7　一分二音视频转接线

一分二音视频转接线外形如图 3–43 所示，一分二音频线如图 3–44 所示。

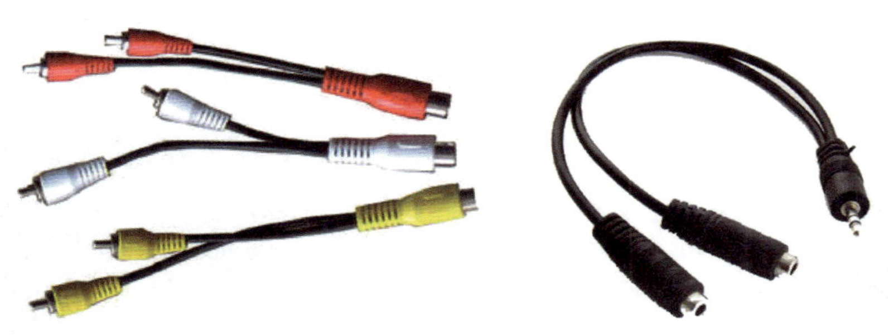

图 3–43　一分二音视频转接线外形　　图 3–44　一分二音频线

一分二音视频转接线能够提供超润频宽、超低失真信号的传输功能。其主要应用：把机顶盒或卫星信号分为 2 路，长线的 1 路把信号送到壁挂电视机上，短线的 1 路把信号送到墙壁上的插座，进而连到其他功能间。

选择一分二音视频转接线时，需要考虑的一些因素有：母头公头的数量、导线长短、颜色组合、母头与公头的类型等。

3.3.8 90° 弯壁挂电视机专用音视频线

90° 弯壁挂电视机专用音视频线的应用原因（见图 3-45）：液晶电视机采用壁挂安装后，背面与墙面距离小，电源插头、VGA 插头、AV 插头等没有空间正常插接，为了解决该问题：

（1）采用专用的加深暗盒来实现。

（2）采用壁挂液晶电视机专用连接线，也就是选择 90° 弯壁挂电视机专用音视频线。

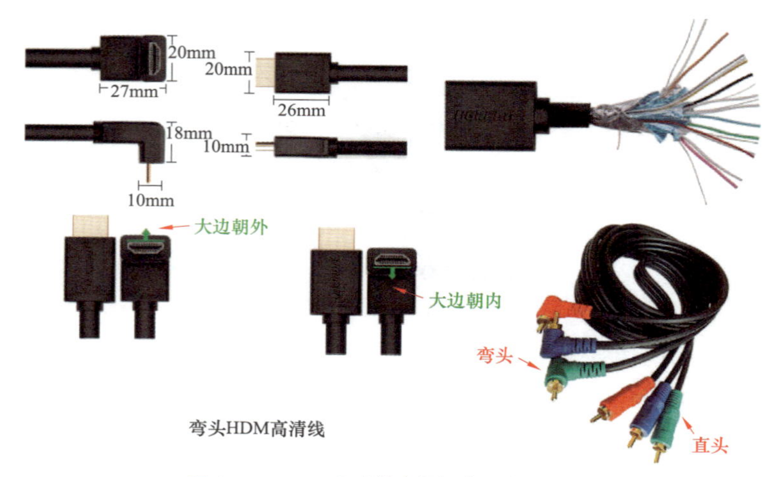

图 3-45 90° 弯壁挂电视机专用音视频线

3.3.9 电话线

电话线如图 3-46、图 3-47 所示。

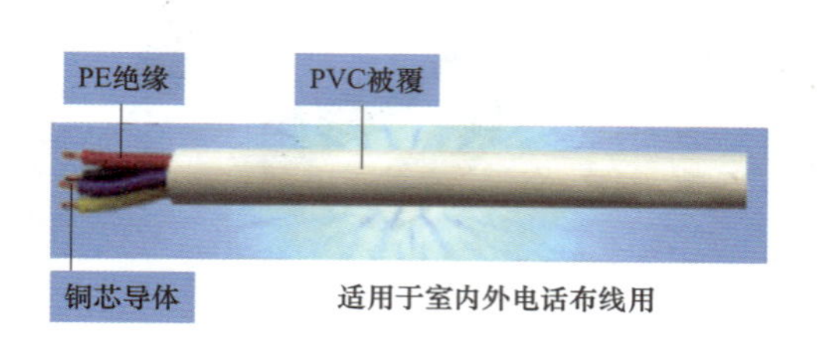

图 3-46 4×1/0.5 电话线（四芯电话线）适用于室内外电话安装用线

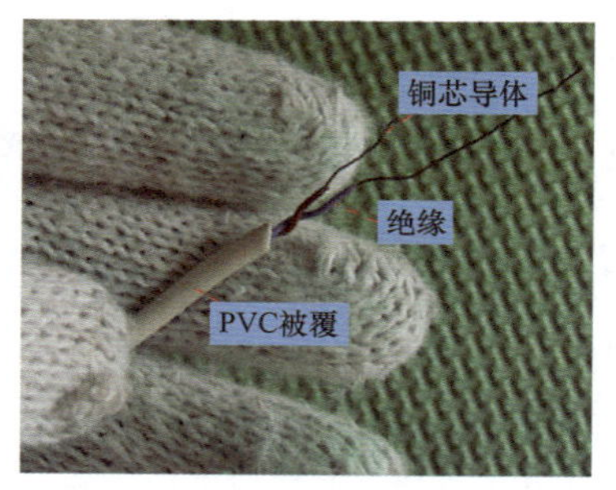

图 3-47 两芯电话线

电话线是给固定电话（座机）用的，其一般由铜芯线构成，芯数可以决定可以接电话分机的数量。电话线常见的规格有二芯、四芯。家庭装修中用二芯的一般就够了。如果需要考虑连接传真机或者电脑拨号上网，则选择四芯电话线。

另外，电话线也可以用网线来代替。

3.3.10 三色差线

三色差线（见图 3-48）：比 S 端子线质量更好的视频线，传输模拟信号，目前应该是模拟信号中最好的视频线，新近出的 DVD 机，高端电视，以及家用投影机都会带有这种接口。

图 3-48 三色差线

分量视频接口又称色差输出 / 输入接口、3RCA。分量视频接口通常采用 YPbPr、YCbCr 两种标识。分量视频接口 / 色差端子是在 S 端子的基础上，把色度（C）信号里的蓝色差（b）、红色差（r）分开发送。另外，还有 BNC 端子。

3.3.11 AV 线（又称音视频线）

AV 线如图 3-49 所示。

AV 线（又称音视频线），用于音响设备，家用影视设备音频和视频信号连接，其是传输模拟视频信号的视频线，两端是莲花头（RCA 头），目前 DVD 机及电视机都会有这种接口，装修时不需要布这种线。音频输入接口又称 AV 接口或 2RCA 接口，RCA 是莲花接口也被称为 AV 接口（复合视频接口）。立体声音频线

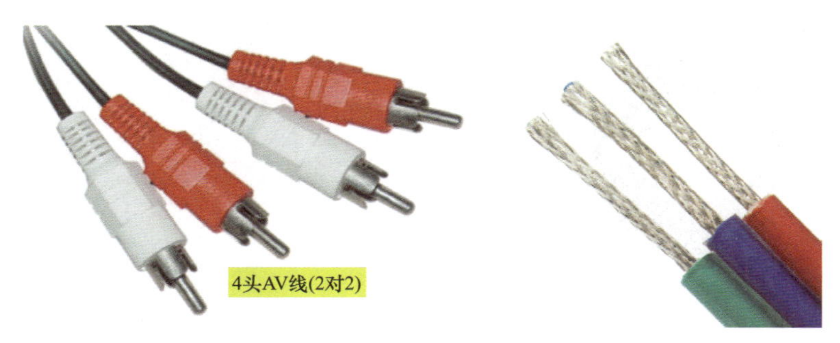

图 3-49 AV 线

都有左、右声道，每声道有一根线。

3.3.12 黄白（红）莲花头线

黄白（红）莲花头线如图 3–50 所示。

图 3–50 黄白（红）莲花头线

黄白莲花头线用于音、视频。音频接口、视频接口往往使用时只需要将带莲花头的标准 AV 线缆与其他输出设备（如放像机、影碟机）上的相应接口连接起来即可。

RCA 输入输出是最常见的音视频输入、输出接口。RCA 莲花插座通常是成对的，视频和音频信号“分开发送”，避免音 / 视频混合干扰而导致的图像质量下降。

3.3.13 光缆

光缆如图 3–51 所示。

目前最先进的网线，应属光缆。其是由许多玻璃纤维外加绝缘套组成。光缆具有抗电磁干扰性极好、保密性强、速度快、传输容量大等特点。

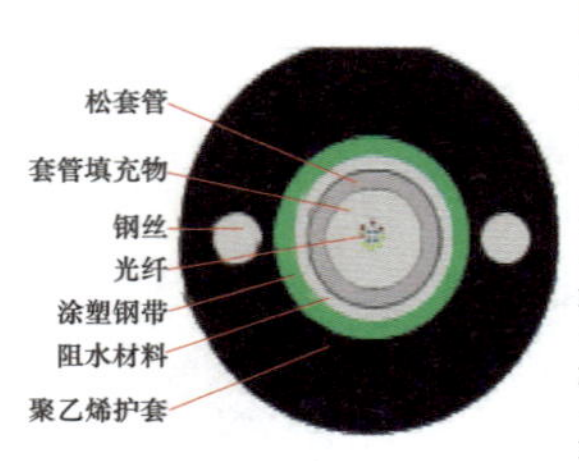

型号	芯数	光填尺寸(mm)	光填重量(kg/km)	允许拉伸力(N)		允许压扁力(N/100mm)		最小弯曲半径(mm)		适用温度范围(℃)
				长期	短暂	长期	短暂	动态	静态	
DT 1811–4A	4芯	8.3	86	600	1500	300	1000	20D	10D	–40~70
DT 1811–6A	6芯	8.3	87	600	1500	300	1000	20D	10D	
DT 1811–8A	8芯	8.3	89	600	1500	300	1000	20D	10D	
DT 1811–12A	12芯	8.3	91	600	1500	300	1000	20D	10D	
DT 1811–16A	16芯	8.5	93	600	1500	300	1000	20D	10D	
DT 1811–24A	24芯	8.5	96	600	1500	300	1000	20D	10D	
DT 1811–48A	48芯	9.0	100	600	1500	300	1000	20D	10D	

图 3–51 光缆

3.3.14 网线

电脑局域网、网络电缆——六类局部网络电缆（CAT.6）、超五类局部网络电缆（UTP CAT.5E）、五类局域网络电缆（UTP CAT.5）（见图 3-52~ 图 3-55）。

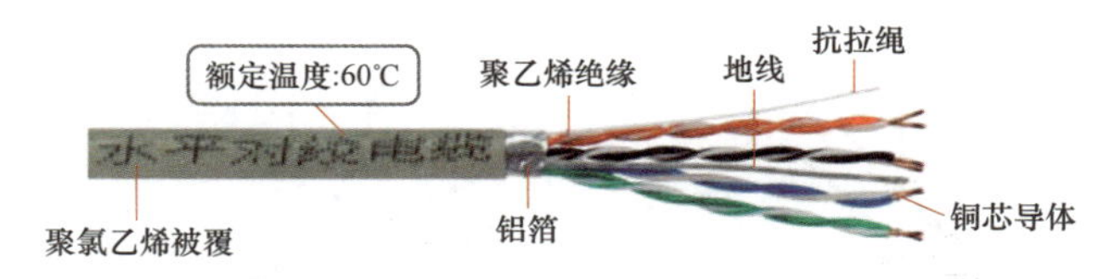

图 3-52 WDZC-STP（低烟无卤阻燃网线）

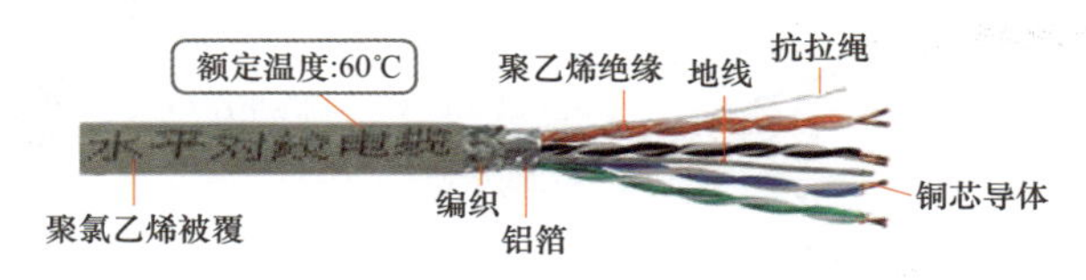

图 3-53 HB-SFTP（环保网络线缆）

局域网络电缆的结构特点是成对线按一定的绞距绞在一起，故又称双绞线。双绞线是由相互按一定的绞距绞合在一起的类似于电话线的传输媒体。

网线主要有双绞线、同轴电缆、光缆等类型。双绞线一般是由许多对线组成的数据传输线，其分为 STP、UTP 两种。STP 的双绞线内有一层金属隔离膜，在数据传输时可减少电磁干扰。常用的是 UTP，网线没有金属膜，稳定性较差。

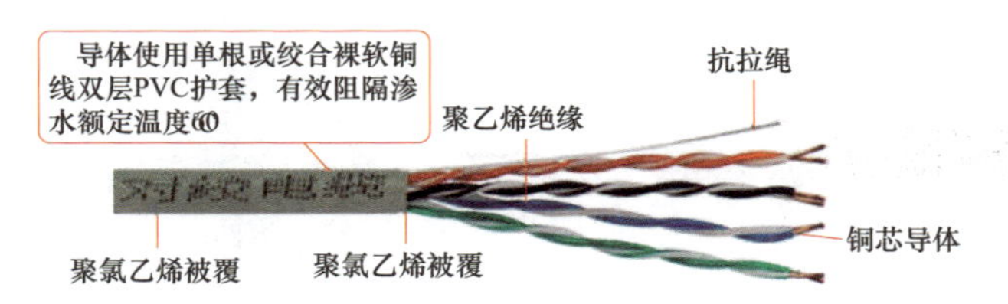

图 3-54 FS-UTP（高性能防水线缆）用于网络数据线缆

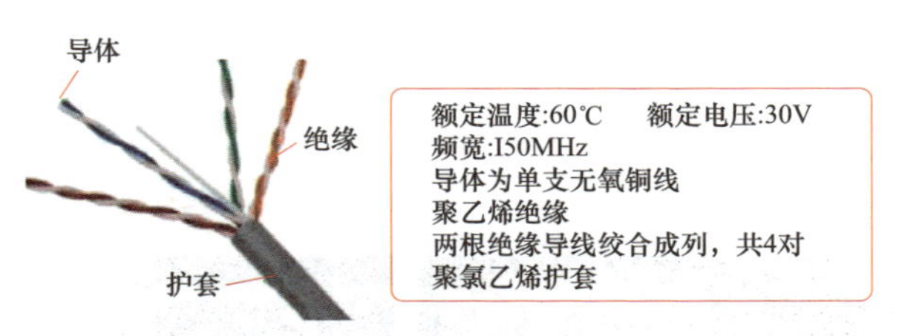

图 3-55 六类局部网络电缆（CAT.6）

说明：防盗报警信号线、远程抄表线：可以用于楼宇对讲设备、三表抄送。防盗报警信号线、远程抄表线可以用网络线、安防用多芯线来代替。

3.3.15 超五类四对非屏蔽双绞线

超五类双绞线适用于室内外架空、管道使用，主要应用于支持 10Base T、100Base T、100Base TxATM 以太网，令牌环 TP-PMD 语音、电话、多媒体等各类网络应用。超五类双绞线外形如图 3-56 所示。

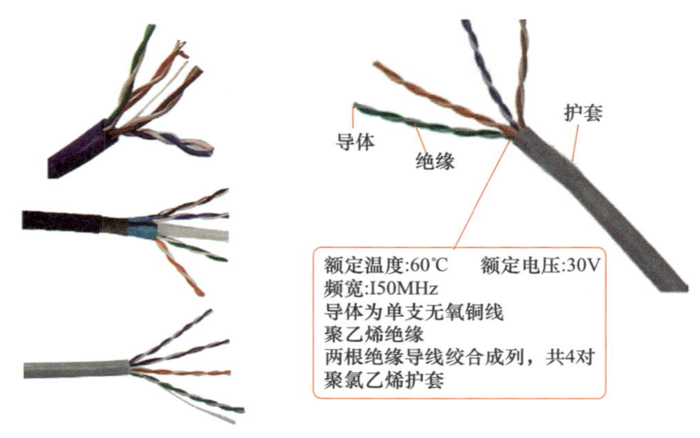

图 3-56 超五类双绞线外形

3.3.16 射频同轴电缆

射频同轴电缆如图 3-57 所示。

射频同轴电缆 [75ΩSYV 系列实芯聚乙烯绝缘聚氯乙烯护套同轴电缆（SYV）] 主要适用于传输数据、音频、视频等通信设备。例如可以用于电视视频图像传输。

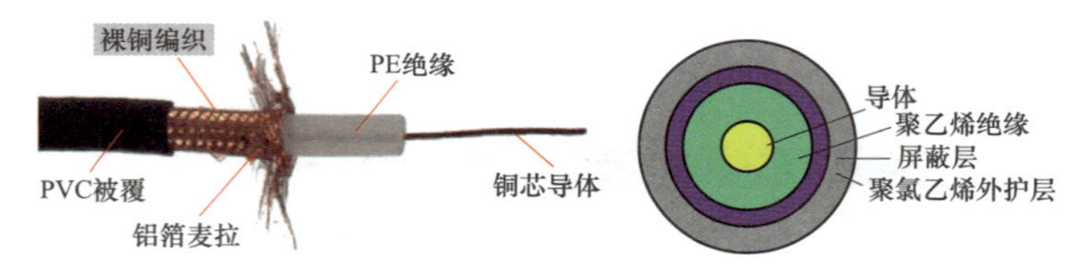

图 3-57 射频同轴电缆

3.3.17 50ΩSYV 系列实芯聚乙烯绝缘聚氯乙烯护套同轴电缆

50ΩSYV 系列实芯聚乙烯绝缘聚氯乙烯护套同轴电缆（见图 3-58）主要用于电视与广播发射系统、计算机以太网的互联。

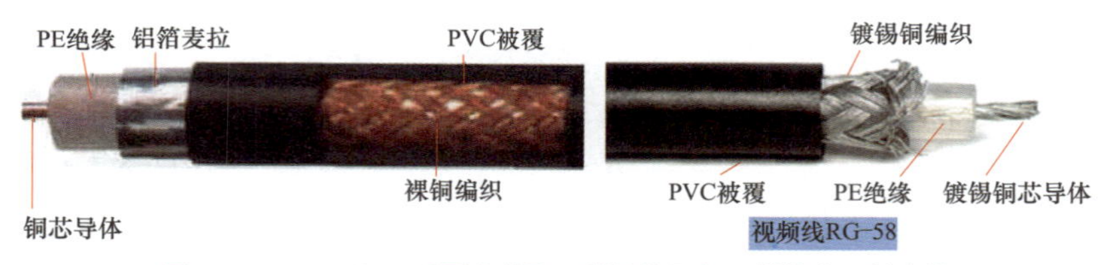

图 3-58 50ΩSYV 系列实芯聚乙烯绝缘聚氯乙烯护套同轴电缆

3.3.18　SYWV-75 系列物理发泡聚氯乙烯绝缘聚氯乙烯护套同轴电缆

SYWV-75 系列物理发泡聚氯乙烯绝缘聚氯乙烯护套同轴电缆（见图 3-59）适用于闭路电视、公用天线电视系统做天线、分支线、用户线以及其他电子装置用 75Ω 同轴电缆的射频传输。2P 为铝塑复合膜和镀锡圆铜线编织，4P 为以上重复编织，编织角度≤ 45° 。

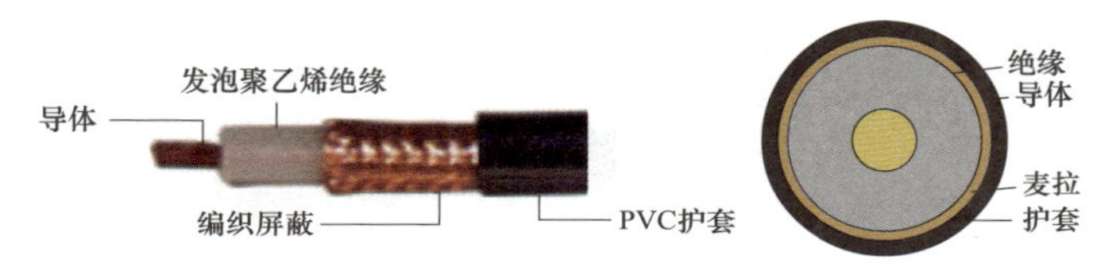

图 3-59　SYWV-75 系列物理发泡聚氯乙烯绝缘聚氯乙烯护套同轴电缆

3.3.19　50Ω 同轴电缆有粗缆（RG-8）、细缆（RG-58）两种

50Ω 同轴电缆有粗缆（RG-8）、细缆（RG-58）两种（见图 3-60）。RG-58 电视与广播发射系统及微波、卫星通信系统，也可以用于电脑网络（如以太网）的互联。

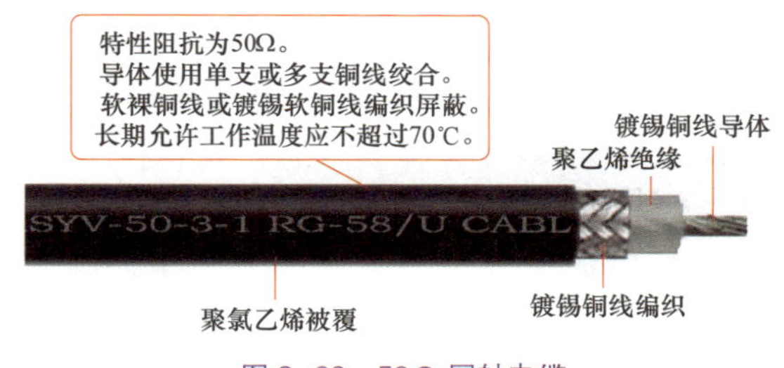

图 3-60　50Ω 同轴电缆

3.3.20　RVV（B）2X 系列铜芯聚氯乙烯绝缘扁形聚氯乙烯护套软电线

RVV（B）2X 系列铜芯聚氯乙烯绝缘扁形聚氯乙烯护套软电线（见图 3-61），适用于家用电器、小型电动工具、仪器、仪表及动力照明用线、控制电源线等。该系列有 RVV（B）2×48/0.2、RVV（B）2×49/0.25、RVV（B）2×84/0.3、RVV（B）2×56/0.3、RVV（B）2×80/0.4 等。

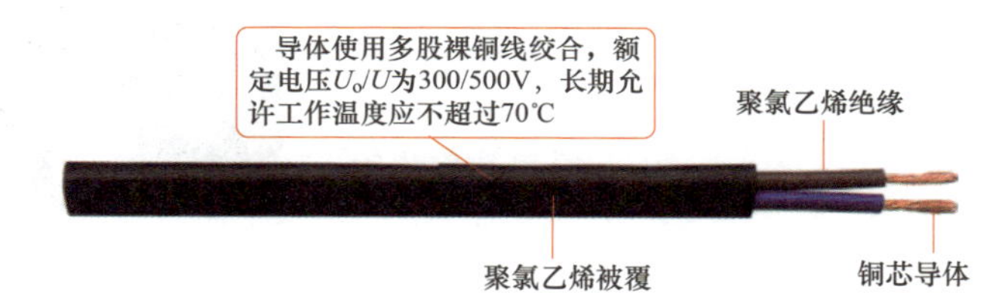

图 3-61　RVV（B）2× 系列铜芯聚氯乙烯绝缘扁形聚氯乙烯护套软电线

3.3.21 RVV 3 芯（227 IEC 52）型系列轻型聚氯乙烯护套软线

RVV 3 芯（227 IEC 52）型系列轻型聚氯乙烯护套软线（见图 3-62），适用于电器、仪器、仪表和电子设备及自动化装置用电源线、控制线及信号传输线，具体可用于防盗报警系统、楼宇对讲系统等用线。

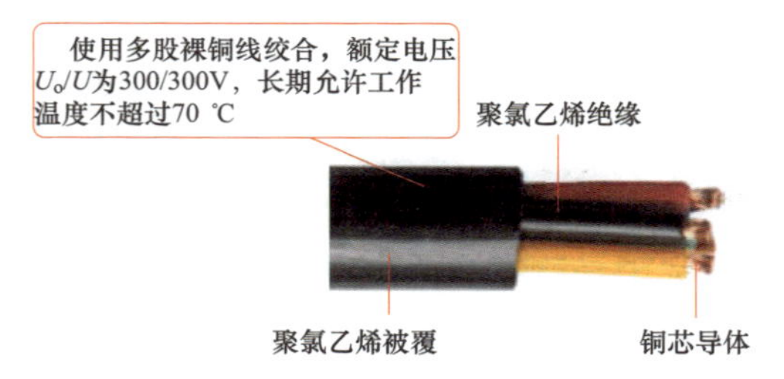

图 3-62 RVV 3 芯（227 IEC 52）型系列轻型聚氯乙烯护套软线

3.3.22 RVV 3×32/0.2

RVV 3×32/0.2（见图 3-63）防盗报警系统、楼宇对讲系统等用线。

AVVR 或 RVV 护套线通常用于弱电电源供电等。AVVR 或 RVV 圆形双绞护套线通常也用于弱电电源供电等用。

图 3-63 RVV 3×32/0.2 护套线

3.4 接口

3.4.1 VGA 与 VGA 线

VGA 线主要用于电脑、液晶电视高清的连接线。VGA 线一端为 VGA 接口（见图 3-64）。VGA 接口就是显卡上输出模拟信号的接口，VGA 是 Video Graphics Array 的缩写，其又称 D-Sub15 接口，并且有 15 针头（公头）与 15 孔座（母口）之分。

图 3-64 VGA 接口外形

VGA 接口定义及线规如图 3-65 所示。

VGA 线分为 3+2、3+4、3+6、3+8 等多种规格，其中的 3 表示三根同轴线（为粗线），一般为红色、绿色、蓝色。6 是指六根绝缘导线（为细线），一般为棕色、橙色、黑色、白色、黄色、灰色（或红色、

1 RED(红基色信号)
2 GREEN(绿基色信号)
3 BLUE(蓝基色信号)
4 标识位2或地址码
5 GND(地)或地址码
6 Red Ground(红色地)
7 Green Ground(绿色地)
8 Blue Ground(蓝色地)
9 无引脚或+5V(未使用)
10 同步数字信号地
11 标识位0或地址码
12 标识位1或SDA或地址码
13 行同步HSYNC信号
14 场同步VSYNC信号
15 串行时钟SCL或地址码

图 3–65　VGA 接口定义及线规

绿色、黑色、白色、黄色、灰色）等（见图 3–66）。不同规格的 VGA 线适用不同的用途：

（1）3+2 接线规格适用纯平显示器适用，不适用大屏液晶、电视、投影。

（2）3+4 接线规格适用多数液晶适用，不适合定位屏幕数据的类型液晶等显示设备，也不适用投影。

（3）3+6 接线规格适用绝大多数显示设备，也适用投影。

（4）各品牌设备间的差异，VGA 具体接法可能也存在差异，不过，3 基色 + 行场同步针脚一般是相同的。

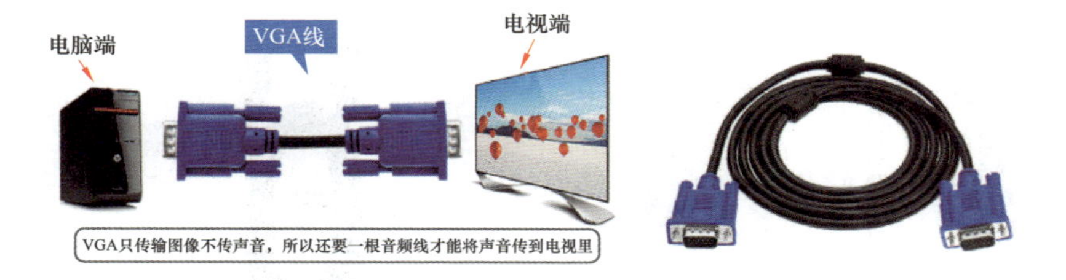

电脑连接电视示意

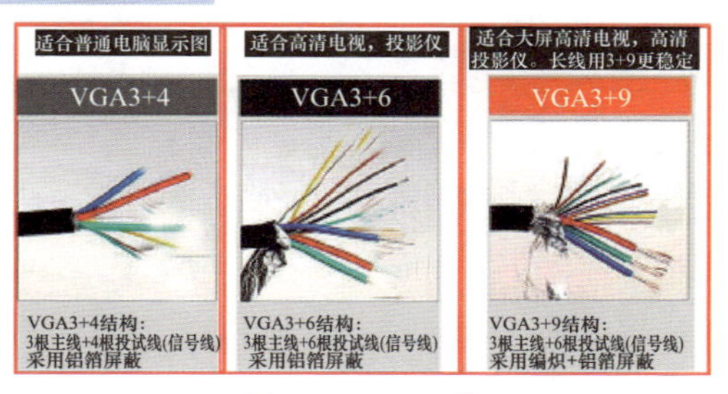

图 3–66　VGA 线

说明：VGA 线又称视频线、电脑连电视 VGA 线、投影仪连接线等。VGA 线主要用于数字机顶盒、电脑等带有 VGA 信号输出接口的设备与投影仪、数字电视机、显示器间的 VGA 信号传输。

3.4.2 HDMI 接口与 HDMI 线

HDMI 是 High Definition Multimedia 的缩写，其中文意思为高清晰度多媒体接口。HDMI1.3V 接口可以提供高达 10Gbit/s 的数据传输带宽，也可以传送无压缩的音频信号及高分辨率视频信号。同时无需在信号传送前进行数 / 模或者模 / 数转换，从而可以保证最高质量的影音信号传送。

应用 HDMI 的好处是：只需要一条 HDMI 线，便可以同时传送影音信号。

根据电气结构、物理形状，HDMI 接口可以分为 Type A、Type B、Type C 三种类型。每种类型的接口分别由用于设备端的插座与线材端的插头组成，使用 5V 低电压驱动，阻抗都是 100Ω。三种插头都可以提供 TMDS 连接：

（1）A 型是标准的 19 针 HDMI 接口。

（2）B 型接口尺寸稍大，有 29 个引脚，可以提供双 TMDS 传输通道。B 型可以支持更高的数据传输率与 Dual-Link DVI 连接。

（3）C 型接口与 A 型接口性能一致，只是 C 型接口体积较小，更适合紧凑型便携设备的使用。

HDMI 有关图例如图 3-67 所示。

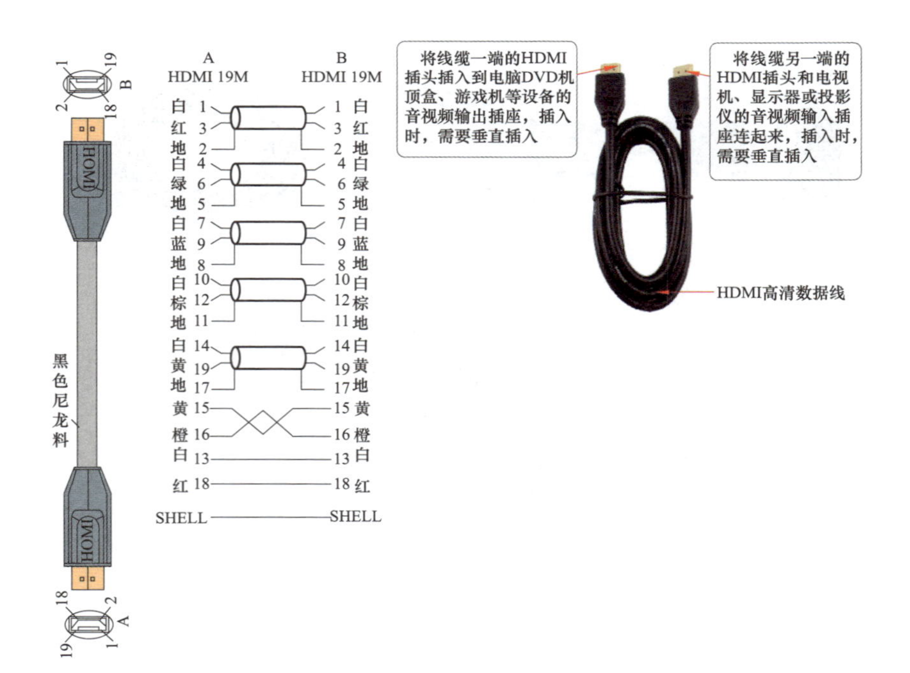

图 3-67 HDMI 有关图例

HDMI 接口功能见表 3–5，HDMI 接口与 DVI–D 的转换见表 3–6。

表 3–5 HDMI 接口功能

A 型 HDMI 接口		B 型 HDMI 接口	
针脚	信号类型定义	针脚	Signal
1	TMDS 数据 2+	1	TMDS 数据 2+
2	TMDS 数据 2 屏蔽线	2	TMDS 数据 2 屏蔽线
3	TMDS 数据 2	3	TMDS 数据 2
4	TMDS 数据 1+	4	TMDS 数据 1+
5	TMDS 数据 1 屏蔽线	5	TMDS 数据 1 屏蔽线
6	TMDS 数据 1–	6	TMDS 数据 1–
7	TMDS 数据 0+	7	TMDS 数据 0+
8	TMDS 数据 0 屏蔽线	8	TMDS 数据 0 屏蔽线
9	TMDS 数据 0–	9	TMDS 数据 0–
10	TMDS 时钟信号 +	10	TMDS 时钟信号 +
11	TMDS 时钟信号 屏蔽线	11	TMDS 时钟信号 屏蔽线
12	TMDS 时钟信号 –	12	TMDS 时钟信号 –
13	CEC	13	TMDS 数据 5+
14	保留针脚（如探测设备是否正在运行）	14	TMDS 数据 5 屏蔽线
15	SCL	15	TMDS 数据 5–
16	SDA	16	TMDS 数据 4+
17	DDC/CEC 接地	17	TMDS 数据 4 屏蔽线
18	+5V	18	TMDS 数据 4–
19	热插拔监测	19	TMDS 数据 3+
		20	TMDS 数据 3 屏蔽线
		21	TMDS 数据 3–
		22	CEC
		23	保留针脚（如探测设备是否正在运行）
		24	保留针脚（如探测设备是否正在运行）
		25	SCL
		26	SDA
		27	DDC/CEC 接地
		28	+5V
		29	热插拔监测

表 3-6 HDMI 接口与 DVI-D 的转换

A 型 HDMI 接口 DVI-D 接口				B型 HDMI 接口 DVI-D 接口			
HDMI 针脚	信号类型定义	Wire	DVI-D 针脚	HDMI 针脚	信号类型定义	Wire	DVI-D 针脚
1	TMDS 数据 2+	A	2	1	TMDS 数据 2+	A	2
2	TMDS 数据 2 屏蔽线	B	3	2	TMDS 数据 2 屏蔽线	B	3
3	TMDS 数据 2–	A	1	3	TMDS 数据 2–	A	1
4	TMDS 数据 1+	A	10	4	TMDS 数据 1+	A	10
5	TMDS 数据 1 屏蔽线	B	11	5	TMDS 数据 1 屏蔽线	B	11
6	TMDS 数据 1–	A	9	6	TMDS 数据 1–	A	9
7	TMDS 数据 +	A	18	7	TMDS 数据 0+	A	18
8	TMDS 数据 0 屏蔽线	B	19	8	TMDS 数据 0 屏蔽线	B	19
9	TMDS 数据 0–	A	17	9	TMDS 数据 0–	A	17
10	TMDS 时钟信号 +	A	A	10	TMDS 时钟信号 +	A	23
11	TMDS 时钟信号屏蔽线	B	B	11	TMDS 时钟信号屏蔽线	B	22
12	TMDS 时钟信号 –	A	A	12	TMDS 时钟信号 –	A	24
13	CEC	N.C.	N.C.	13	TMDS 数据 5+	A	21
14	保留针脚	N.C.	N.C.	14	TMDS 数据 5 屏蔽线	B	19
15	SCL	C	6	15	TMDS 数据 5–	A	20
16	DDC	C	7	16	TMDS 数据 4+	A	5
17	DDC/CEC 接地	D	15	17	TMDS 数据 4 屏蔽线	B	3
18	+5V	5V	14	18	TMDS 数据 4–	A	4
19	热插或监测	C	16	19	TMDS 数据 3+	A	13
20	不连接		4	20	TMDS 数据 3 屏蔽线	B	11
21	不连接		5	21	TMDS 数据 3–	A	12
22	不连接		12	22	CEC	N.C.	N.C.
23	不连接		13	23	保留针脚	N.C.	N.C.
24	不连接		20	24	保留针脚	N.C.	N.C.
25	不连接		21	25	SCL	C	6
26	不连接		8	26	DDC	C	7
				27	DDC/CEC 接地	D	15
				28	+5V	5V	14
				29	热插拔监测	C	16
					不连接	N.C.	8

3.4.3　RS-232 接口

RS-232 接口又称为 RS-232 口、RS-232 串口、RS-232 异步口或一个 COM（通信）口。计算机中，大量的接口是串口或异步口，但并不一定符合 RS-232 标准，但是通常也认为是 RS-232 口。

严格地说，RS-232 接口是 DTE（数据终端设备）与 DCE（数据通信设备）间的一个接口，DTE 包括计算机、终端、串口打印机等设备。DCE 通常只有调制解调器（MODEM）与某些交换机 COM 口是 DCE。

RS-232 接口标准指出 DTE 应该拥有一个插头（针输出），DCE 拥有一个插座（孔输出）。RS-232 引脚定义如图 3-68 所示。

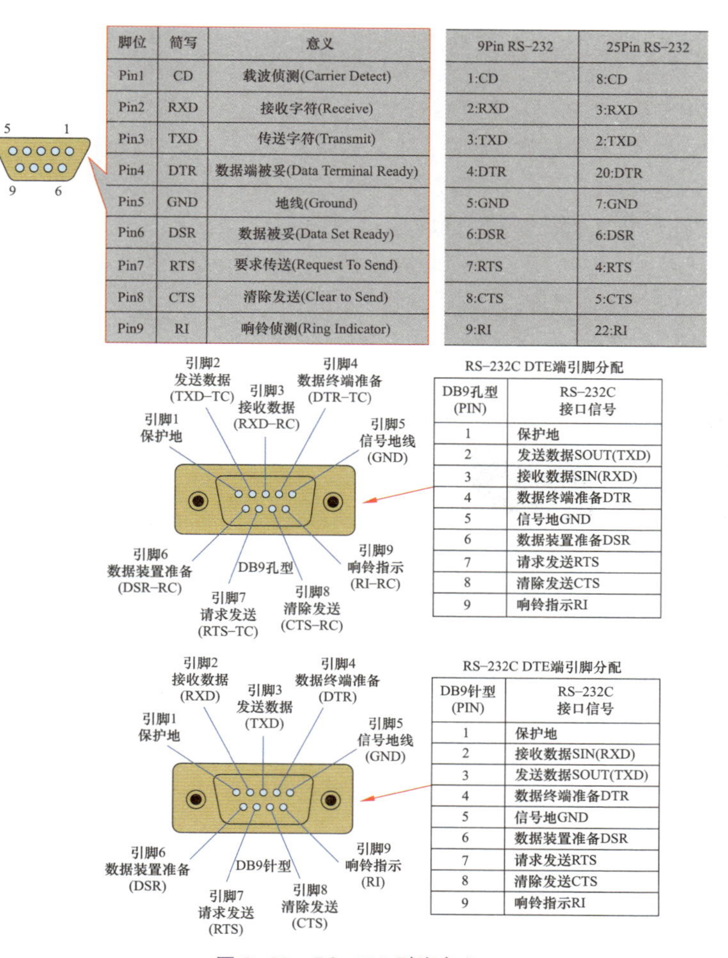

脚位	简写	意义
Pin1	CD	载波侦测(Carrier Detect)
Pin2	RXD	接收字符(Receive)
Pin3	TXD	传送字符(Transmit)
Pin4	DTR	数据端被妥(Data Terminal Ready)
Pin5	GND	地线(Ground)
Pin6	DSR	数据被妥(Data Set Ready)
Pin7	RTS	要求传送(Request To Send)
Pin8	CTS	清除发送(Clear to Send)
Pin9	RI	响铃侦测(Ring Indicator)

9Pin RS-232	25Pin RS-232
1:CD	8:CD
2:RXD	3:RXD
3:TXD	2:TXD
4:DTR	20:DTR
5:GND	7:GND
6:DSR	6:DSR
7:RTS	4:RTS
8:CTS	5:CTS
9:RI	22:RI

RS-232C DTE端引脚分配

DB9孔型(PIN)	RS-232C 接口信号
1	保护地
2	发送数据SOUT(TXD)
3	接收数据SIN(RXD)
4	数据终端准备DTR
5	信号地GND
6	数据装置准备DSR
7	请求发送RTS
8	清除发送CTS
9	响铃指示RI

RS-232C DTE端引脚分配

DB9针型(PIN)	RS-232C 接口信号
1	保护地
2	接收数据SIN(RXD)
3	发送数据SOUT(TXD)
4	数据终端准备DTR
5	信号地GND
6	数据装置准备DSR
7	请求发送RTS
8	清除发送CTS
9	响铃指示RI

图 3-68　RS-232 引脚定义

RS-232C 端口如图 3-69 所示。RS-232C 端口可以用于将计算机信号输入控制投影机。

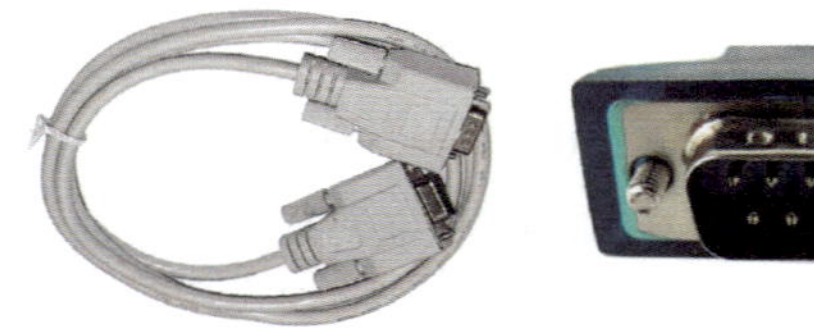

图 3-69　RS-232C 端口

3.4.4　USB 接口

USB 是 Universal Serial Bus 的缩写，其中文名称为通用串行总线。USB 接口有 USB1.1、USB2.0 等类型。两者在传输速度上有差异，USB1.1 为 12Mbit/s，USB2.0 可达 480Mbit/s。USB2.0 向下兼容 USB1.1。

USB 接口具有传输速度更快，支持热插拔以及连接多个设备的特点。USB 总线包含 4 根信号线，其中 D+ 和 D- 为信号线，Vbus 和 GND 为电源线。

USB 引脚定义如图 3-70 所示。

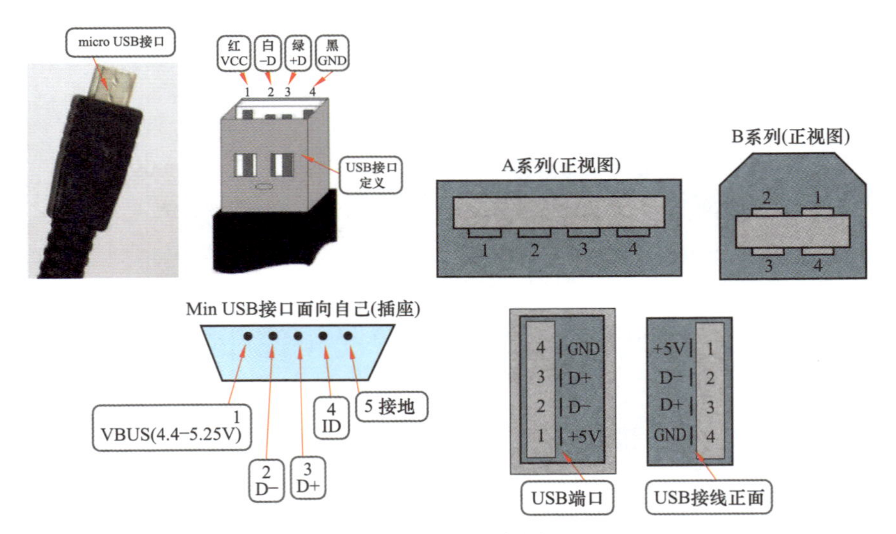

图 3-70　USB 引脚定义

3.4.5　RJ45 接口

RJ45 接头线的排序不同，有橙白、橙、绿白、蓝、蓝白、绿、棕白、棕的一种，有绿白、绿、橙白、蓝、蓝白、橙、棕白、棕的另一种。因此，使用 RJ45 接头的线也有直通线、交叉线两种。

RJ45 型网线插头又称水晶头，一共有八芯做成。另外，RJ45 插头不能插入 RJ11 插孔。

RJ45 接头引脚定义如图 3-71 所示。

图 3-71　RJ45 接头引脚定义

3.4.6　DVI 接口与 DVI 线

DVI 线是数字视频线，以无压缩技术传送全数码信号，最高传输速度是 8Gbit/s，其接口有 24+1（DVI-D），24+5（DVI-I）型（见图 3-72）。DVI-I 支持同时传输数字（DVI-D）及模拟信号（VGA 信号）。DVI-I 的接口虽然兼容 DVI-D 的接口，但 DVI-I 的插头却插不了 DVI-D 的接口。

DP 转 DVI 转接头母如图 3-73 所示。

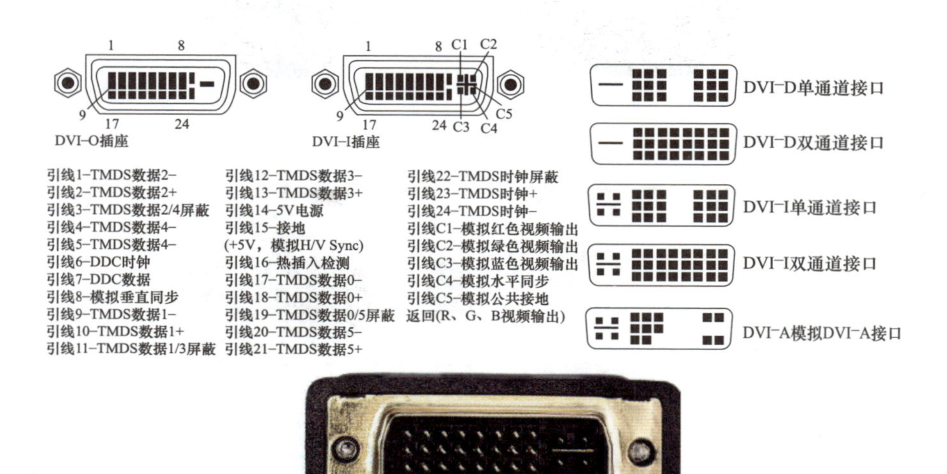

图 3-72　DVI 接口

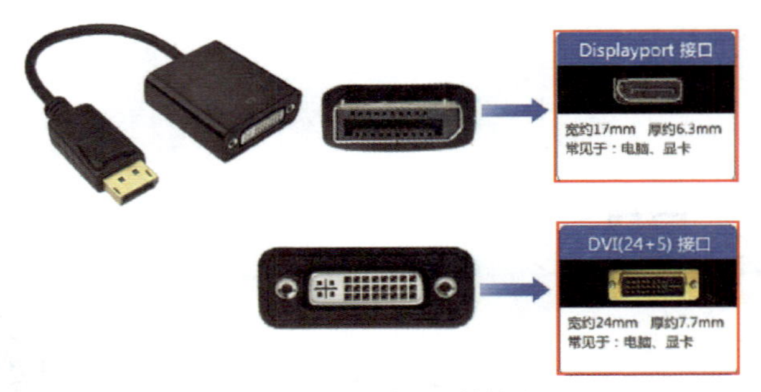

图 3–73　DP 转 DVI 转接头母

3.4.7　S 端子与 S 端子线

S 端子线是前几年出现的比 AV 线质量好一点的视频线，接口是圆形的，类似 PS2 鼠标头（见图 3–74）。7 针 S–Video 接口，向后兼容 4 针接口。

S 端子（S–Video）是应用最普遍的视频接口之一，是一种视频信号专用输出接口（见图 3–75、图 3–76）。常见的 S 端子是一个 5 芯接口，其中两路传输视频亮度信号，两路传输色 度信号，一路为公共屏蔽地线，由于省去了图像信号 Y 与色度信号 C 的综合、编码、合成以及电视机机内的输入切换、矩阵解码等步骤，可有效防止亮度、色度信号 复合输出的相互串扰，提高图像的清晰度。

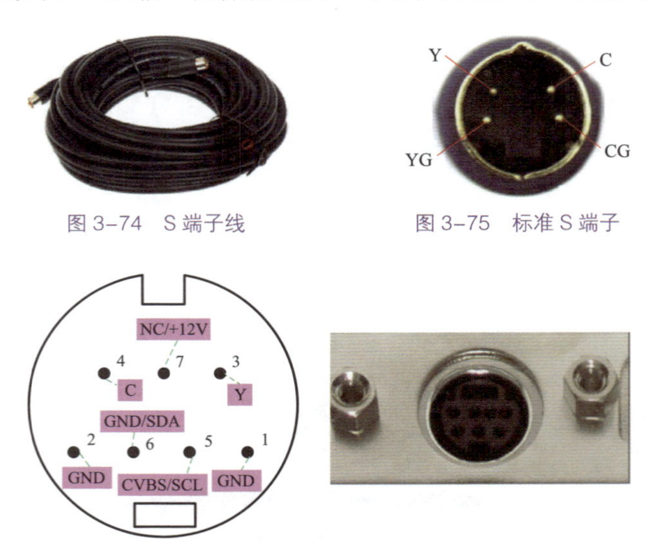

图 3–74　S 端子线

图 3–75　标准 S 端子

图 3–76　S 端子

一般 DVD、VCD、TV、PC 都具备 S 端子输出功能，投影机可通过专用的 S 端子线与这些设备的相应端子连接进行视频输入。如图 3–77、图 3–78 所示。

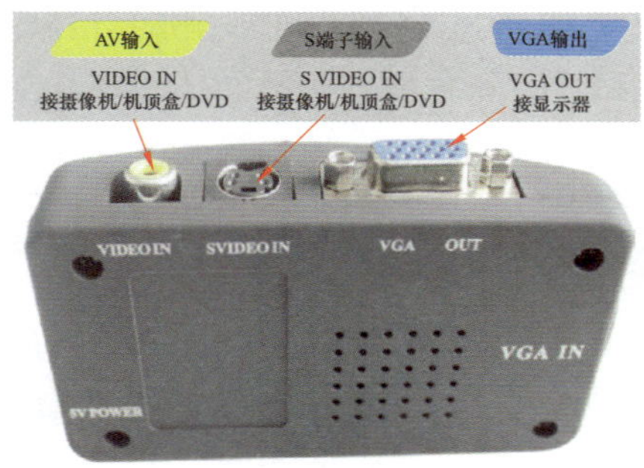

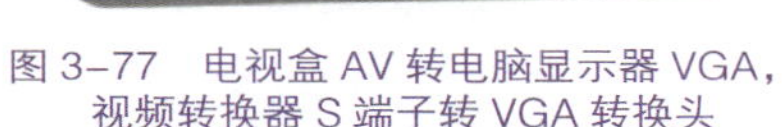

图 3–77　电视盒 AV 转电脑显示器 VGA，视频转换器 S 端子转 VGA 转换头

图 3–78　转换器

3.5 线管

3.5.1 PVC 弱线管与附件

弱电使用的线管与强电使用的一样，常用的是 PVC 线管。不过，往往与强电的 PVC 线管应在颜色上进行区分，也就是弱电 PVC 电工套管常采用蓝色的（见图 3–79）。

PVC 电工套管的特点与要求：

（1）PVC 电工套管主要作用是保护电线、电缆。

（2）PVC 电工套管的常见规格：公称外径 16、20、25、32、40、50、63mm 等。PVC 电工套管管材的长度一般为 4m。

（3）所使用的阻燃型 PVC 塑料管，其材质均应具有阻燃、耐冲击性能，其氧指数不应低于 27% 的阻燃指标，并且有合格证。

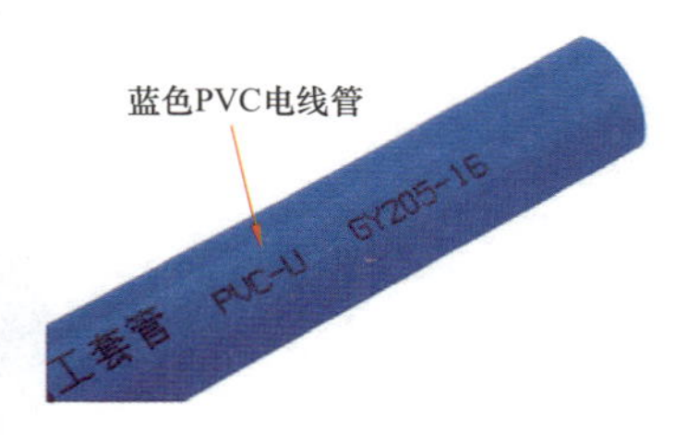

图 3–79　弱线管的选择

（4）阻燃型塑料管外壁应有间距不大于 1m 的连续阻燃标记、制造厂厂标，管子内、外壁应光滑、无凸棱、无凹陷、无针孔、无气泡，内外径的尺寸应符合国家统一标准，管壁厚度应均匀一致。

彩色线管如图 3–80 所示，明装管夹如图 3–81 所示。

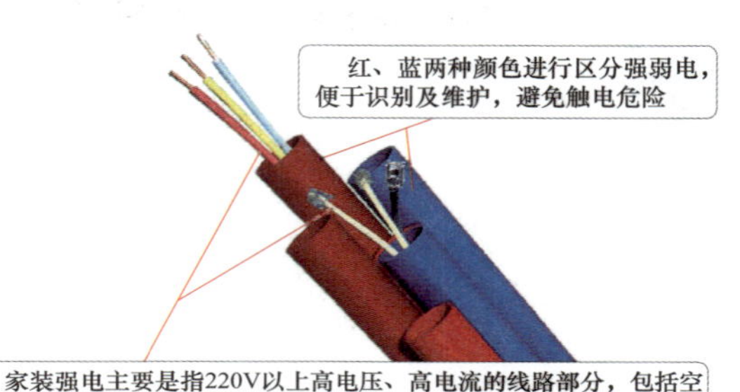

图 3–80　彩色线管

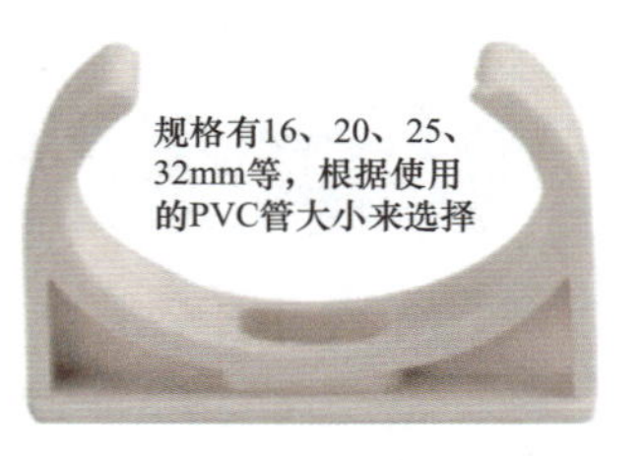

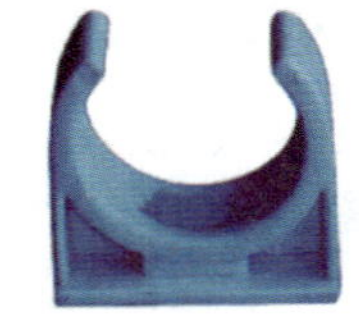

图 3–81　明装管夹

PVC 电工套管附件：

（1）阻燃型 PVC 塑料管附件及明配阻燃型 PVC 塑料制品常见的有各种灯头盒、开关盒、接线盒、插座盒、端接头、管箍等，使用时，必须采用配套的阻燃塑料制品。

（2）阻燃型 PVC 塑料灯头盒、开关盒、接线盒外观应整齐、预留孔齐全、无劈裂等损坏现象。

（3）专用胶粘剂必须适合相应的阻燃 PVC 塑料管，并且，胶粘剂必须在使用期限内使用。

入盒接头如图 3–82 所示，PVC 圆通如图 3–83 所示。

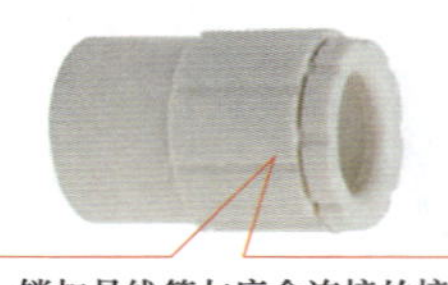

图 3–82　入盒接头（锁扣）

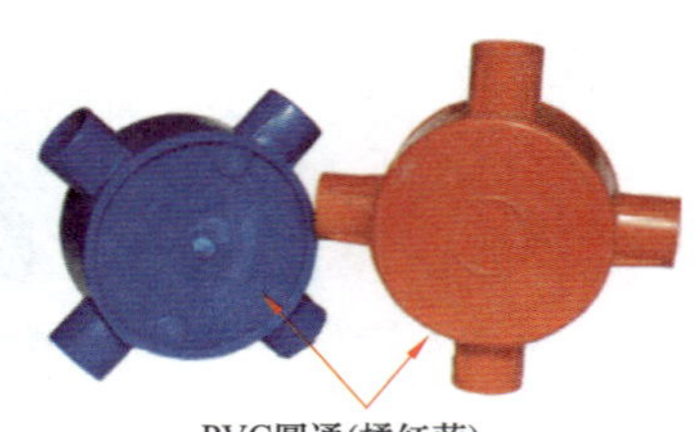

图 3–83　PVC 圆通

3.5.2 镀锌钢管

距离强电太近，弱电可以采用镀锌钢管（见图 3-84），以减少信号干扰，也就是说钢管对信号屏蔽效果比较好。因此，线路存在局部干扰源，且不能满足最小净距离要求时，可以考虑钢管穿线管。

图 3-84　镀锌钢管

3.6 其他

3.6.1 喇叭

纸盆扬声器（喇叭）由锥形纸盆、音圈、定心支片组成。纸盆由盆架与定心片支撑，音圈直接连在纸盆上。

选择吸顶平面音箱，需要根据实际情况或者设计要求来选择：安装尺寸、功率、阻抗、正面特点等。常见的尺寸有 30cm × 40cm、功率有 30W、阻抗有 8Ω。

喇叭的结构与连接如图 3-85~ 图 3-89 所示。

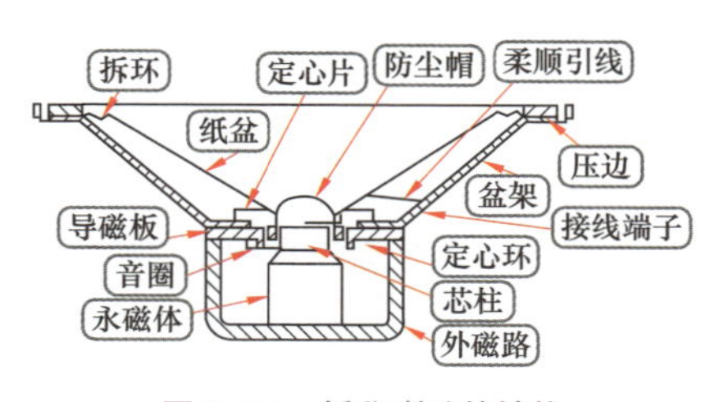

图 3-85　纸盆喇叭的结构

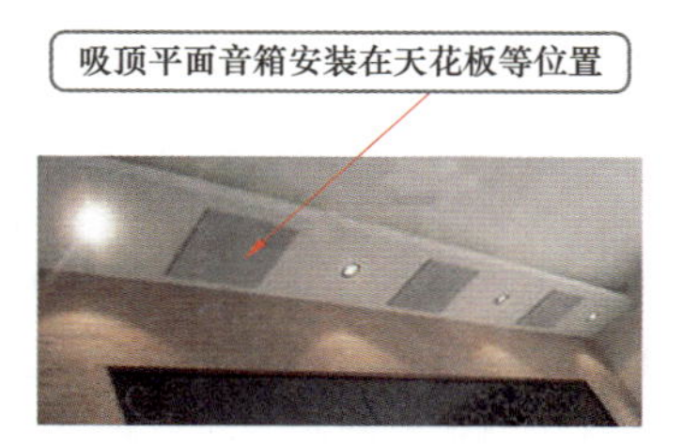

图 3-86　吸顶平面音箱的安装位置

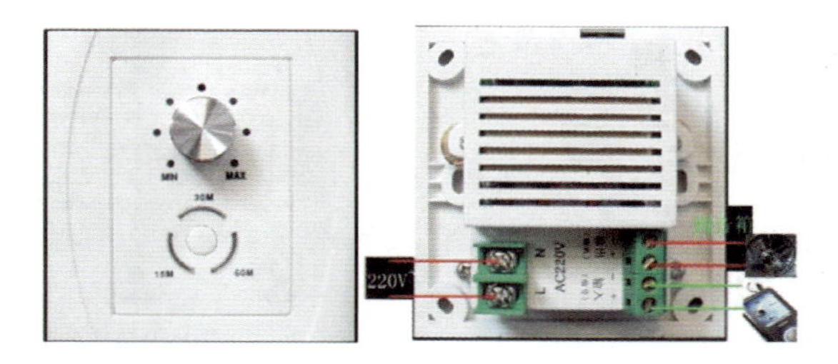

图 3-87　放大器控制板

图 3-88 有源喇叭与无源喇叭

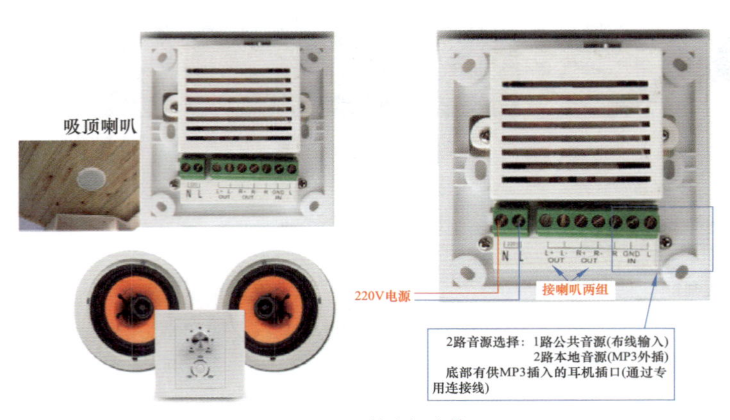

图 3-89 喇叭与连接

3.6.2 有线电视分配器与卫星功分器

有线电视分配器是有线电视传输系统中常用的器件[见图 3-90（a）]，其主要功能是将一路输入有线电视信号均等的分成几路输出。有线电视分配器的工作频率范围为 5~1000MHz。

卫星功分器的全称是卫星功率分配器，其不仅具有分配器的功能，也具有传输功率电流的功能[见图 3-90（b）]。卫星功分器的工作频率范围为 800 ~ 2500MHz。

有线电视分配器不能充当卫星功分器，但卫星功分器可以充当分配器使用，只是充当时，需要使用工作频率范围为 5~2500MHz 的功分器。

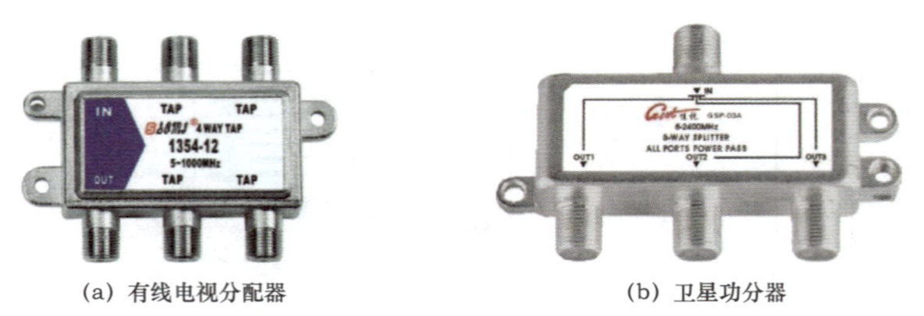

(a) 有线电视分配器　　(b) 卫星功分器

图 3-90 有线电视分配器与卫星功分器外形

3.6.3　音响插座与电视插座带分支

音响插座:一根接 + 极,一根接 – 极（见图 3–91）。音响插座有 2 头音响插座、4 头音响插座。左右的环绕音箱装修可以敷设，主音箱与中置音箱可以考虑直接从功放接出来。

电视插座带分支其实就是电视插座（见图 3–92）。

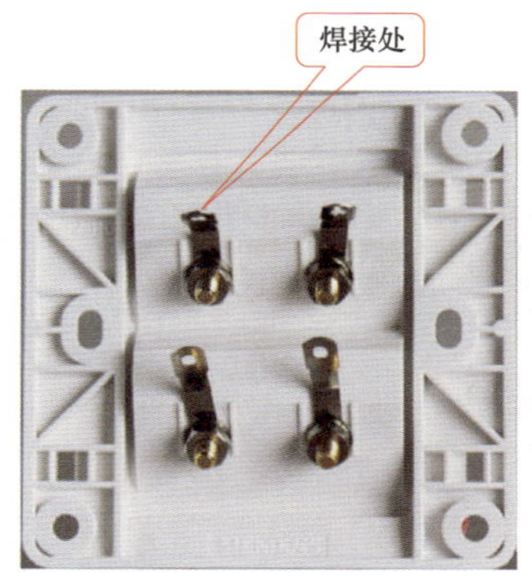

图 3–91　音响插座

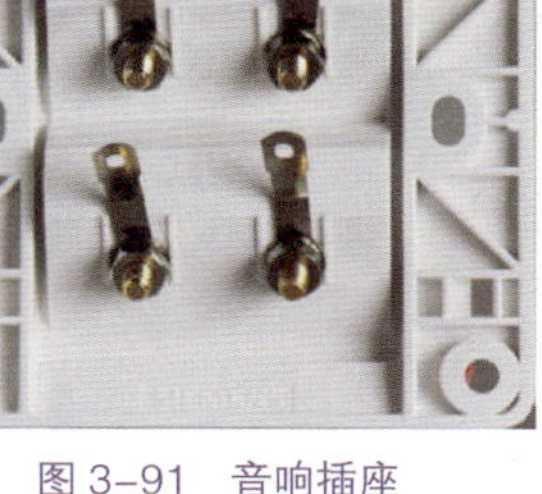

图 3–92　电视插座带分支

3.6.4　电话电脑插座与电视电脑插座

电话电脑插座就是一块面板上有电话插孔与电脑插孔（模块），其中电话插孔（模块）与电话线连接，电脑插孔（模块）与网线连接。面板分别供电话、电脑连接（见图 3–93）。

电视电脑插座就是一块面板上有电视插孔与电脑插孔（模块），其中电视插孔（模块）与电视线连接，电脑插孔（模块）与网线连接。面板分别供电视、电脑连接（见图 3–94）。

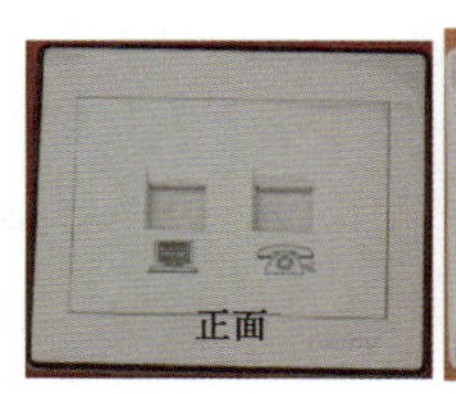

图 3–93　电话电脑插座

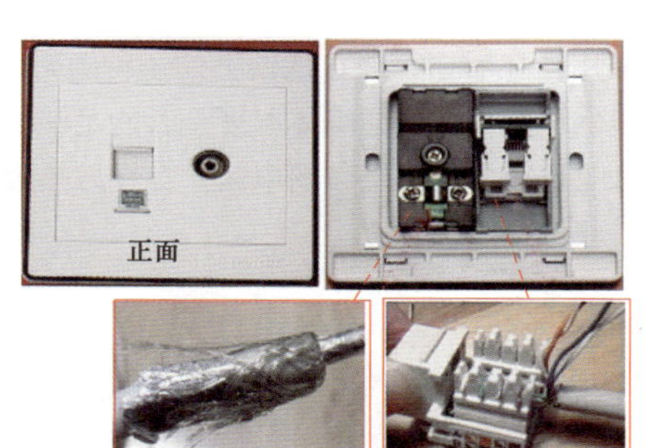

图 3–94　电视电脑插座

3.6.5 多媒体信息箱、弱电箱

多媒体信息箱也就是弱电箱（见图 3–95）。多媒体信息箱内部常见的模块有光纤盒、光纤猫架、电话模块、电视模块、电源接线板、电话模块等。其中，电话是一进 X 出，电视是一进 X 出，网络是一进 X 出，网络一般带路由器，有的带插座。

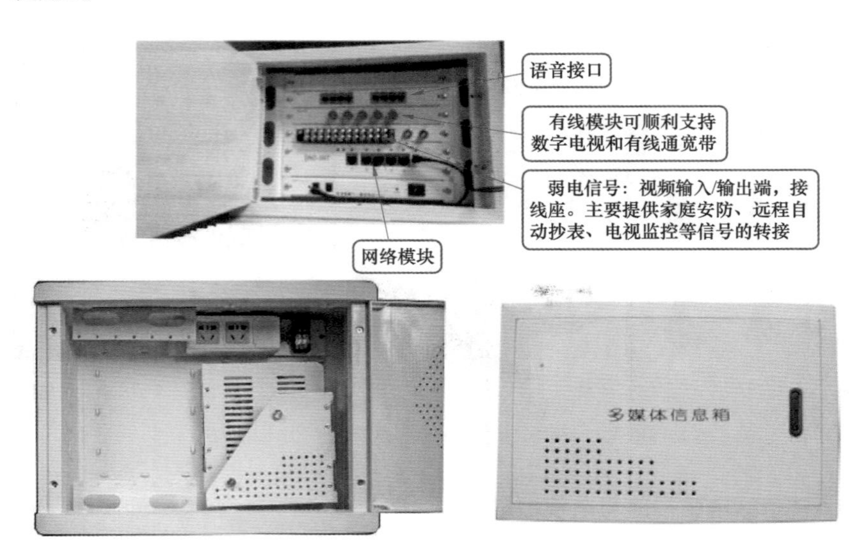

图 3–95 多媒体信息箱外形

有的多媒体信息箱外形尺寸与埋墙尺寸不同。例如有一弱电箱外形尺寸为 421mm × 335mm × 115mm（长 × 高 × 深），埋墙尺寸：400mm × 300mm × 100mm（长 × 高 × 深）。

弱电箱实现对居室内的电话、传真、电脑、电视机、安防监控设备、网络信息家电线路等进行集中的管理、控制、维护。弱电箱有明装、暗装的，明装就是采用挂在墙壁、放在地面上的一种。暗装就是需要将箱嵌入到墙体里，因此，暗装弱电箱需要考虑墙体厚度是否能足够承载箱体，暗装弱电箱装修一般是封闭的，如果路由器放在暗装弱电箱，存在散热效果不好的现象。

第4章

其他用材

4.1 建材其他用材

4.1.1 建筑概述

民用建筑如图 4–1 所示。

建筑一般是指供人居住、工作、学习、生产、经营、娱乐、储藏物品、进行其他社会活动的工程建筑。建筑根据不同的依据可以分为许多种类，例如根据用途可以分为民用建筑、工业建筑。家装就是对家庭居住空间（建筑）的装饰装修，因此，家装就是对民用建筑的装饰装修。民用建筑也可以分为许多种类，这些种类具有各自的特点，水电工程安装需要采用适应的方法，才能够满足家装的要求。

建筑分类如图 4–2 所示。

图 4–1　民用建筑

图 4–2　建筑分类

（1）根据建筑地上层数或高度分为低层住宅、多层住宅、中高层住宅、高层住宅，如图 4-3 所示。

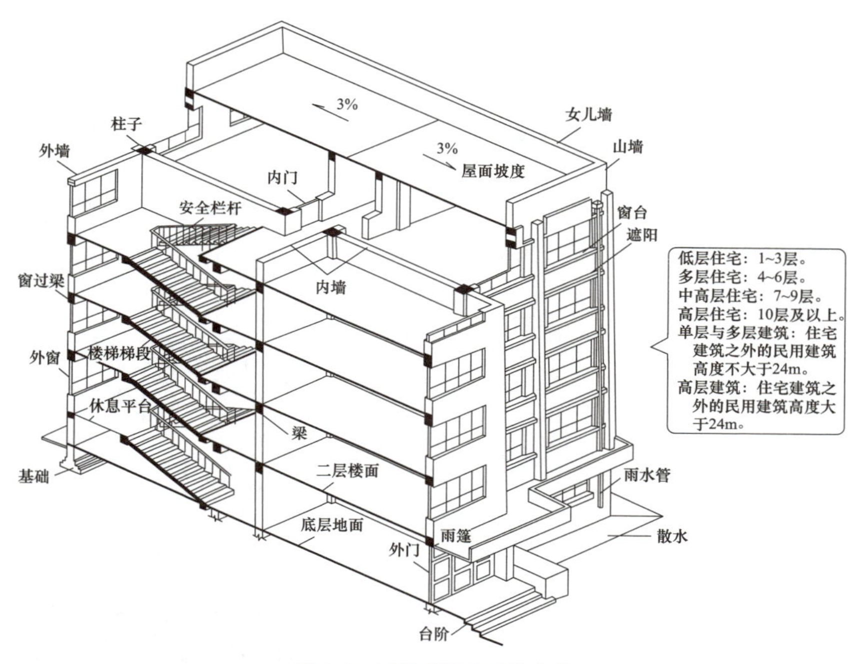

图 4-3　建筑按地上层数分类

（2）根据建筑物主要承重结构材料分为砖木结构、砖—钢筋混凝土结构（即砖混结构）、钢—钢筋混凝土结构、钢结构等。

（3）根据结构的承重方式分为墙承重结构、骨架承重结构、内骨架承重结构、空间结构等。

1）墙承重结构：用墙体支承楼板及屋顶传来的荷载。

2）骨架承重结构：用柱、梁、板组成的骨架承重，墙体只起围护作用。

3）内骨架承重结构：内部采用柱、梁、板承重，外部采用砖墙承重。

4）空间结构：采用空间网架、悬索及各种类型的壳体承受荷载。

（4）根据结构体系分为框架、剪力墙、框架—剪力墙、筒体。

（5）根据施工方法分为现浇现砌式、部分现砌部分装配式、部分现浇部分装配式、全装配式。

1）现浇现砌式：房屋的主要承重构件均在现场砌筑和浇筑而成。

2）部分现砌部分装配式：房屋的墙体采用现场砌筑，而楼板、楼梯、屋面板均在加工厂制成预制构件，这是一种既有现砌又有预制的施工方法。

3）部分现浇部分装配式：内墙采用现浇钢筋混凝土墙体，而外墙、楼板及屋面均采用预制构件。

4）全装配式：房屋的主要承重构件，如墙体、楼板、楼梯、屋面板等均为预制构件，如图 4–4 所示，在施工现场吊装、焊接、处理节点，如图 4–5 所示。

（6）根据房型分为单元式住宅、公寓式住宅、花园式住宅（别墅）、错层式住宅、复式住宅、跃层式住宅等。

（7）根据户型分类为 一居室（属典型的小户型）、两居室（常见的小户型结构）、三居室（较大户型）、多居室（典型的大户型）等。

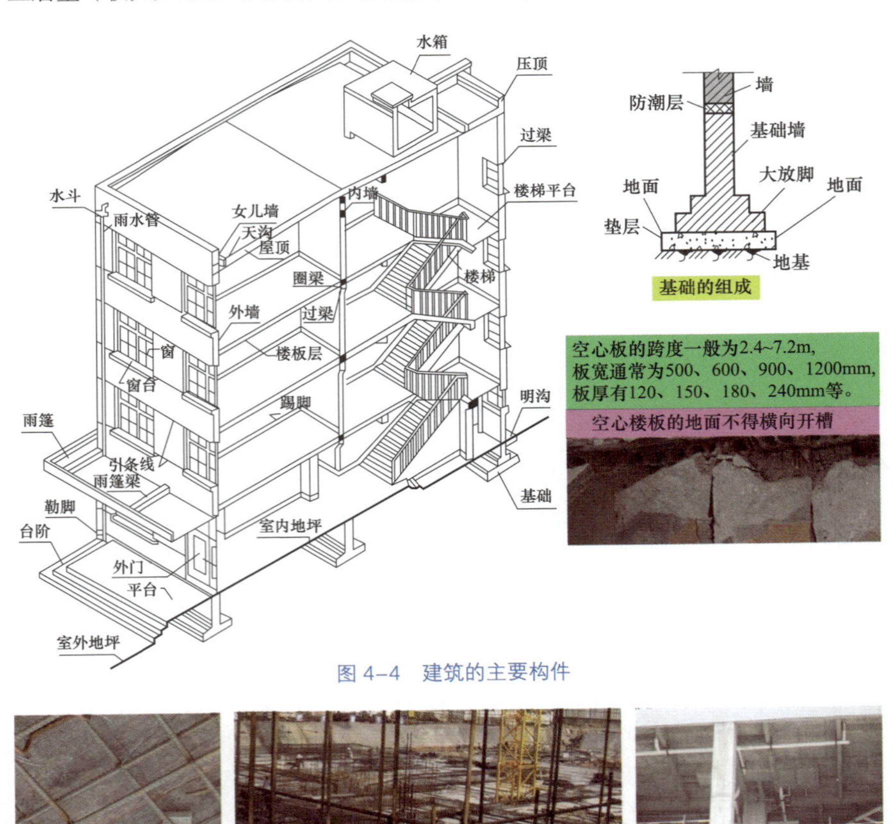

图 4–4　建筑的主要构件

图 4–5　建筑施工现场

4.1.2 建筑有关材料名称缩写

常用建筑材料名称的缩写见表 4–1。

表 4–1 常用建筑材料名称的缩写

缩写	名称
AB	丙烯腈—丁二烯塑料 acrylonitrile–butadiene plastic
ABAK	丙烯腈—丁二烯—丙烯酸酯塑料 acrylonitrile–butadiene–acrylate plastic
ABS	丙烯腈—丁二烯—苯乙烯塑料 acrylonitrile–butadiene–styrene plastic
ACS	丙烯腈 - 氯化聚乙烯 - 苯乙烯塑料 acrylonitrile–chlorinated polyethylene–styrene
AEPDS	丙烯腈—（乙烯—丙烯—二烯）—苯乙烯塑料
AMMA	丙烯腈—甲基丙烯酸甲酯塑料 acrylonitrile–methyl methacryate plastic
ASA	丙烯腈 - 苯乙烯 - 丙烯酸酯塑料 acrylonitrile–stytene–acrylate plastic
CA	乙酸纤维素 cellulose acetate
CAB	乙酸丁酸纤维素 cellulose acetate butyrate
CAP	乙酸丙酸纤维素 cellulose acetate propionate
CEF	甲醛纤维素 cellulose formaldehyde
CF	甲酚—甲醛树脂 cresol–formaldehyde resin
CMC	羧甲基纤维素 carboxymethyl cellulose
CN	硝酸纤维素 cellulose nitrate
COC	环烯烃共聚物 cycloolefin copolymer
CP	丙酸纤维素 cellulose propionate
CPS	氯化聚醚
CPVC	增强氯化聚氯乙烯
CTA	三乙酸纤维素 cellulose triacetate
CTFE	三氟氯乙烯
E/P	乙烯—丙烯塑料 ethylene–propylene plastic
EAA	乙烯—丙烯酸塑料 ethylene–acrylic acid plastic
EBAK	乙烯—丙烯酸丁酯塑料 ethylene–butyl acrylate plastic
EC	乙基纤维素 ethyl cellulose
EEAK	乙烯—丙烯酸乙酯塑料 ethylene–ethyl acrylate plastic
EMA	乙烯—甲基丙烯酸塑料 ethylene–methacrylic acid plastic
EP	环氧；环氧树脂或塑料 epoxide;epoxy resin or plastic

续表

缩写	名称
EPDM	三元乙丙橡胶
ETFE	乙烯—四氟乙烯塑料 e thylene–tetrafluoroethylene plastic
EVA	乙烯—醋酸乙烯聚物
EVAC	乙烯—乙酸乙烯酯塑料 ethylene–vinyl acetate plastic
EVOH	乙烯—乙烯醇塑料 ethylene–vinyl alcohol plastic
FEP	全氟（乙烯—丙烯）塑料 perfluoro(ethylene–propylene)plastic
FRPP	玻纤增强聚丙烯
HDPE	高密度聚乙烯
HIP	耐冲击性聚苯乙烯
LCP	液晶聚合物 liquid–crystal polymer
LDPE	低密度聚乙烯
MABS	甲基丙烯酸甲酯—丙烯腈—丁二烯—苯乙烯塑料
MBS	甲基丙烯酸甲酯—丁二烯—苯乙烯塑料
MC	甲基纤维素 methyl cellulose
MF	三聚氰胺—甲醛树脂 melamine–formaldehyde resin
MP	三聚氰胺—酚醛树脂 melamine–phenol resin
NBR	腈基丁二烯橡胶（丁腈橡胶）
NFPP–R	纳米复合三型聚丙烯
PA	共聚酰胺（尼龙）
PAA	聚丙烯酸 poly(acrylic acid)
PAEK	聚芳醚酮 polyaryletherketone
PAI	聚酰胺（酰）亚胺 polyamidimide
PAK	聚丙烯酸酯 polyarylate
PAM	高分子聚丙烯酰胺
PAN	聚丙烯腈 polyacrylonitril e
PAR	聚芳酯 polyarylate
PARA	聚芳酰胺 poly(aryl amide)
PB	聚丁烯 polybutene
PBAK	聚丙烯酸丁酯 poly(butyl acrylate)

续表

缩写	名称
PBD 1,2	聚丁二烯 1,2–polybutadiene
PBN	聚萘二甲酸丁二酯 poly(butylene naphthalate)
PBS	聚丁二酸丁二醇酯 Polybuthylenesuccinate
PBT	聚对苯二甲酸丁二酯 poly(butylene terephthalate)
PC	聚碳酸酯 polycarbonate
PCCE	亚环己基 – 二亚甲基 – 环己基二羧酸酯 poly(cyclohexylene dimethylene cyclohexanedicar– boxylate)
PCL	聚己内酯 polycaprolactone
PDAP	聚邻苯二甲酸二烯丙酯 poly(diallyl phthalate)
PDCPD	聚二环戊二烯 polydicyclopentadiene
PE	聚乙烯 polyethylene
PEEK	聚醚醚酮 polyetheretherketone
PEEST	聚醚酯 polyetherester
PE–HD	高密度聚乙烯 polyethylene, high density
PEI	聚醚（酰）亚胺 polyetherimide
PEK	聚醚酮 polyetherketone
PE–LD	低密度聚乙烯 polyethylene,low density
PE–LLD	线性低密度聚乙烯 polyethylene,linear low density
PE–MD	中密度聚乙烯 polyethylene,medium density
PEN	聚萘二甲酸乙二酯 poly(ethylene naphthalate)
PEOX	聚氧化乙烯 poly(ethylene oxide)
PE–RT	耐热聚乙烯
PES	共聚酯
PESTUR	聚酯型聚氨酯 polyesterurethane
PESU	聚醚砜 polyethersulfone
PET	聚对苯二甲酸乙二酯 poly(ethylene terephthalate)
PE–UHMW	超高分子量聚乙烯 polyethylene,ultra high molecular weight
PEUR	聚醚型聚氨酯 polyetherurethane
PE–VLD	极低密度聚乙烯 polyethylene,very low density

续表

缩写	名称
PEX	交联聚乙烯
PF	酚醛树脂 phenol-formaldehyde resin
PFA	全氟烷氧基烷树脂 perfluoro alkoxyl alkane resin
PGA	聚乙交酯 poly(glycolic acid)
PHA	聚羟基脂肪酸酯 polyhydroxyalkanoic or polyhydroxyalkanoates
PHB	聚 -3- 羟基丁酸 polyhydroxybutyric acid or polyhydroxybutyrate
PHBV	聚羟基丁酸酯戊酸酯 poly-(hydroxybutyrate-co-hydroxyvalerate
PI	聚酰亚胺 polyimide
PIB	聚异丁烯 polyisobutylene
PIR	聚异氰脲酸酯 polyisocyanurate
PK	聚酮 polyketone
PLA	聚乳酸 polylactic acid or polylactide
PMI	聚甲基丙烯酰亚胺 polymethacrylimide
PMMA	聚甲基丙烯酸甲酯 poly(methyl methacrylate)
PNBR	氯化聚醚丁腈（粉末丁腈橡胶）
PO	聚烯烃
POF	塑料光纤
POM	聚氧亚甲基；聚甲醛；聚缩醛 polyoxymethylene;polyacetal;polyformaldehyde
PP	聚丙烯 polypropylene
PPB	嵌段共聚聚丙烯
PPC	二氧化碳共聚合物 carbon dioxide copolymer
PPDO	聚对二氧环已酮
PPH	均聚聚丙烯
PP-HI	高抗冲聚丙烯 polypropylene,high impact
PPOX	聚氧化丙烯 poly(propylene oxide)
PP-R	无规共聚聚丙烯
PPS	聚苯硫醚 poly(phenylene sulfide)
PPSU	聚苯砜 poly(phenylene sulfone)
PS	聚苯乙烯 polystyrene

续表

缩写	名称
PS-E	可发聚苯乙烯 polystyrene,expandable
PS-HI	高抗冲聚苯乙烯 polystyrene,high impact
PSU	聚砜 polysulfone
PTFE	聚四氟乙烯 poly tetrafluoroethylene
PTT	聚对苯二甲酸丙二酯 poly(trimethylene terephthalate)
PUR	聚氨酯 polyurethane
PVAC	聚乙酸乙烯酯 poly(vinyl acetate)
PVAL	聚乙烯醇 poly(vinyl alcohol)
PVB	聚乙烯醇缩丁醛 poly(vinyl butyral)
PVC	聚氯乙烯 poly(vinyl chloride)
PVC-C	氯化聚氯乙烯 poly(vinyl chloride),chlorinated
PVC-U	硬聚氯乙烯（增强聚氯乙烯）
PVDC	聚偏二氯乙烯 poly(vinylidene chloride)
PVDF	聚偏二氟乙烯 poly(vinylidene fluoride)
PVF	聚氟乙烯 poly(vinyl fluoride)
PVFM	聚乙烯醇缩甲醛 poly(vinyl formal)
RPP	增强聚丙烯
UF	脲—甲醛树脂 urea-formaldehyderesin
UP	不饱和聚酯树脂 unsaturated polyester resin
XPS	多孔聚苯乙烯

4.1.3　砂

砂是水泥砂浆里面的必须材料，如果没有砂子的水泥砂浆，其凝固强度几乎为零（见图 4-6）。

建筑用砂，根据砂子的来源可以分为河砂、海砂、山砂。在建筑装饰中，严禁使用海砂。山沙具有表面粗糙、水泥附着效果好、成分复杂、多数含有泥土与其他有机杂质等特点。河砂具有表面粗糙度适中、较为干净、含杂质较少等特点。

砂子的规格可以分为细砂、中砂、粗砂。细砂的砂子粒径为 0.25~0.35mm，中砂的砂子粒径为 0.35~0.5mm，粗砂的砂子粒径为大于 0.5mm。一般家装中推荐使用中砂。

图 4-6 砂的外形

家装装修中黄沙的平均用量：

1 房 1 厅 1 厨 1 卫，大约散砂 2t 或袋装 80 包（25kg）。

2 房 2 厅 1 厨 1 卫，大约散砂 3t 或袋装 120 包（25kg）。

3 房 2 厅 1 厨 2 卫，大约散砂 3.5t 或袋装 140 包（25kg）。

注：如果客厅采用地砖则大约多加 60 包。

砂的使用如图 4-7 所示。

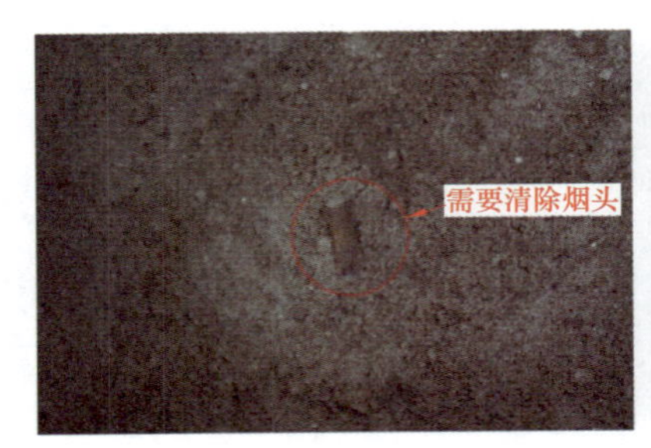

图 4-7 使用时，需要清除砂中的异常物体

4.1.4 砖

砖是以黏土、页岩以及工业废渣等为主要原料制成的小型建筑砌块。建筑用的人造小型砖分为烧结砖（主要指黏土砖）、非烧结砖（灰砂砖、粉煤灰砖等）。根据外形砖可以分为实心砖（无孔洞或孔洞小于 25% 的砖）、微孔砖、多孔砖（孔洞率等于或大于 25%）、空心砖。根据是否需要烧结可以分为免烧砖（水泥砖）、烧结砖（红砖）。

95 多孔砖在家装中被广泛应用。其表面有孔，可以减轻质量，节约材料。

砖如图 4-8 所示。

家装装修中 95 砖的大约用量：

1 房 1 厅 1 厨 1 卫，200~300 块。

2 房 2 厅 1 厨 1 卫，300~400 块。

3 房 2 厅 1 厨 2 卫，300~600 块。

(a) 95 多孔砖　　(b) 砖　　(c) 85 砖——仿古青砖

图 4-8　砖

4.1.5　水泥

水泥的种类有硅酸盐水泥、普通硅酸盐水泥、矿渣硅酸盐水泥、粉煤灰硅酸盐水泥、火山灰质硅酸盐水泥、复合硅酸盐水泥等（见图 4-9）。家庭装修常用普通硅酸盐水泥或复合硅酸盐水泥。

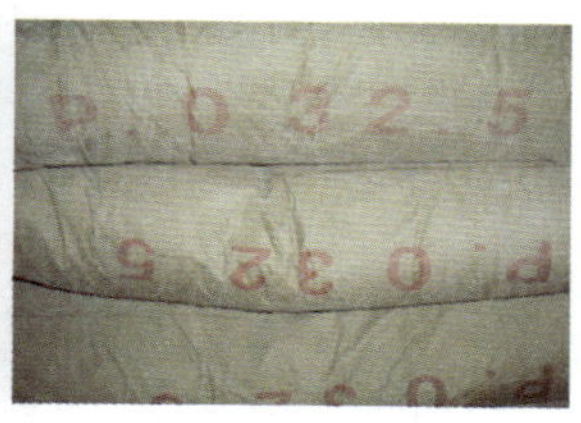

图 4-9　水泥

选择与使用水泥的注意事项：忌受潮结硬、忌暴晒速干、忌高温酷热、忌基层脏软、忌骨料不纯、忌受酸腐蚀、忌水多灰稠、忌负温受冻等。使用时，手捏应没有结块、潮湿等感觉。

家装装修中水泥的大约用量：

1 房 1 厅 1 厨 1 卫，大约 1t 或 20~30 包。

2 房 2 厅 1 厨 1 卫，大约 1.5t 或 30~40 包。

3 房 2 厅 1 厨 2 卫，大约 2t 或 40~60 包。

说明：如果客厅采用地砖则大约多加 1t 或 20 包。

水泥及其检查方法如图 4-10 所示。

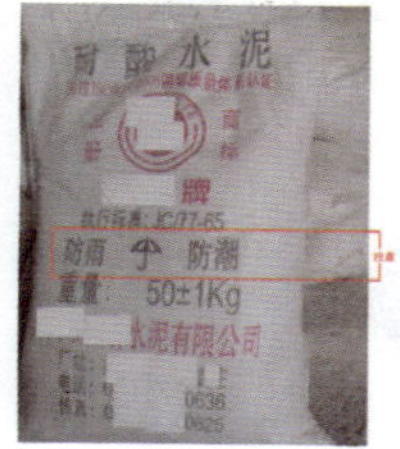

图 4-10　水泥及其检查方法

4.1.6 石膏

（1）石膏与其制品的特性。石膏膨胀系数为 0.5%~1%、石膏制品的孔隙率达到 50%~60%、二水石膏受热脱水产生水蒸气能阻碍火势蔓延。石膏制品具有质轻、保温、不燃、防火、吸音、形体饱满、表面光滑细腻、装饰性良好等特性。

（2）石膏的分类。石膏分为天然石膏、含有硫酸钙成分的化工副产品。天然石膏又可以分为二水石膏（又称生石膏、软石膏）与无水石膏（硬石膏）。二水石膏经煅烧磨细后，广泛用于生产各类石膏建材，如纸面石膏板、石膏天花板、石膏线、石膏浮雕、罗马柱等。袋装的石膏如图 4–11 所示，石膏板的吊顶如图 4–12 所示。

（3）石膏线的作用。石膏线主要安装在天花板及天花板与墙壁的夹角处，其内可穿电线，实用美观，通过制作不同的装饰花纹，起到豪华的装饰效果。

石膏线质量的判断方法。

1）看表面。表面光滑，清洁，有光泽的，说明是好的石膏产品。

2）厚薄均匀。石膏线断面整体厚度基本一致的，说明是好的石膏产品。

3）看花纹。如果花纹清晰、有立体感，说明是好的石膏产品。

4）手指甲刮。用手指甲刮一下石膏线的背面，感觉比较坚硬的，说明是好的石膏线。

5）听声音。双手托着石膏线，轻轻晃动，听是否有沙沙的响声，响声越大，说明质量越差。另外，用手指轻弹石膏线，声音清脆的说明质量好，声音浑浊的说明是劣质的。

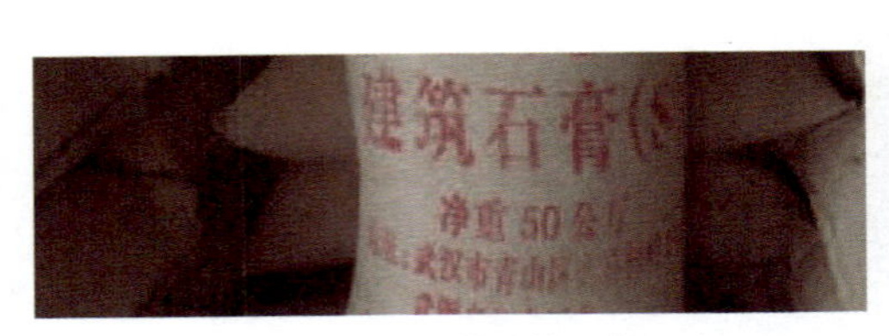

图 4–11　袋装的石膏

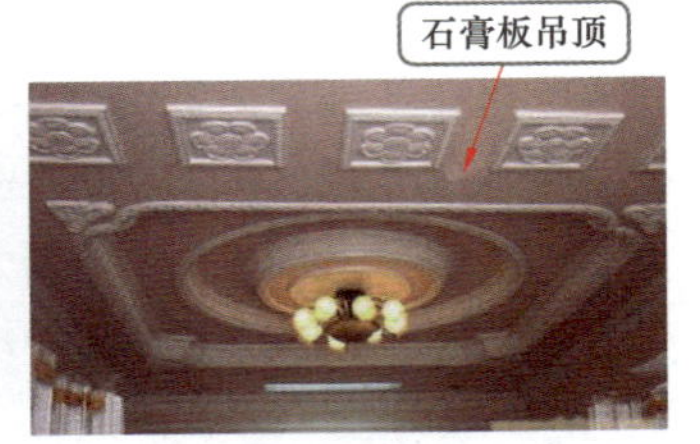

图 4–12　石膏板的吊顶

4.2 安装与辅助用材

4.2.1 常见钉子

常见钉子的特点见表 4–2。

表 4–2　常见钉子的特点

名称	解说	图例
地板钉	地板钉有的为矩形截面，钉尖为平头。有的地板钉具有螺旋槽。地板钉主要用于木地板铺装、出口木箱作业、家具制造等	
电线卡钉	电线卡钉一般采用优质 45 号中碳钢制造，主要用于电线、电缆安装工程，以及电子通信、室内装修等	
钢排钉	钢排钉一般采用碳钢制造，具有功效快、应用广泛等特点。钢排钉是水泥钉理想的换代产品。钢排钉主要用于混凝土、木条、铁板的钉合	
混凝土钢钉	混凝土钢钉具有刚性强、不易弯曲等特点。其主要用于水泥墙、地面与面层材料的连接	
卷钉	卷钉可以分为以下几类： （1）根据元钉表面处理及杆钉形状分为光钉、环牙钉、螺牙钉、镀锌钉、环牙镀锌钉、螺牙镀锌钉等。 （2）根据钉尖加工形状可以分为钻石型钉、斧头型钉、平尖型钉。 （3）根据卷钉形状可以分为屋顶型卷钉、平顶形卷钉	
码钉	码钉主要用于沙发椅、沙发布与皮、天花板、薄板、木箱业、外层薄板等	
排钉	排钉的钉杆形式有光身式、螺旋式、环纹式。其主要用于制作装修装饰装潢箱体包装	
普通圆钉	普通圆钉一般采用优质低碳钢制造。普通圆钉大的钉帽不打入部件内部。其主要用于施工结构及粗制部件	
射钉	射钉是射钉枪的专用钉，其一般采用优质中碳钢制造，主要用于家庭装修的细木制作、木质罩面工程以及装饰装潢铝合金混凝土结构的固定	
水泥钉	水泥钉材料一般是钢，具有质地比较硬、粗而短、穿凿能力强等特点	
套环钉	套环钉带有刃形边缘，能增强基层的持钉力。其主要用于纤维板、石膏板的板面	

续表

名称	解说	图例
特种钢钉	特种钢钉一般采用优质 45# 中碳钢制造，其主要适用于轻质木龙骨的连接	
图钉	图钉是端帽大身针短的一种钉子，可以把纸、布等钉在木板或墙壁上	
涂料水泥钉	涂料水泥钉一般采用优质 45 号中碳钢制造，其钉身具有涂层，能够与墙壁牢牢结合	
蚊钉	蚊钉属于无钉头的钉子，其打下后无钉痕，主要适合装潢装修的应用	
直钉	直钉主要用于装潢业的三合板、条板的装嵌等应用	
装饰钉	装饰钉的钉帽往往带有装饰造型、装饰颜色。其主要用于软包工程的紧固	
其他	 6mm塑料膨胀螺栓  8mm金属膨胀螺栓 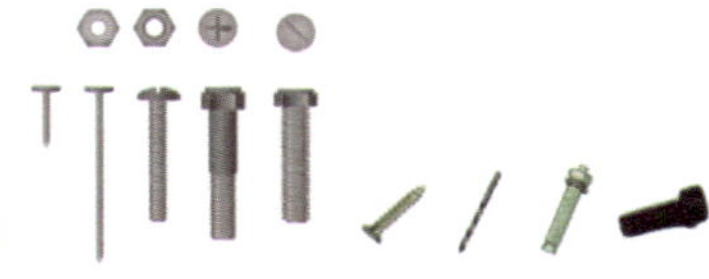   M4×25 自攻螺钉 M4×25 高强度的自攻螺钉可以配合 6mm 的塑料膨胀管使用 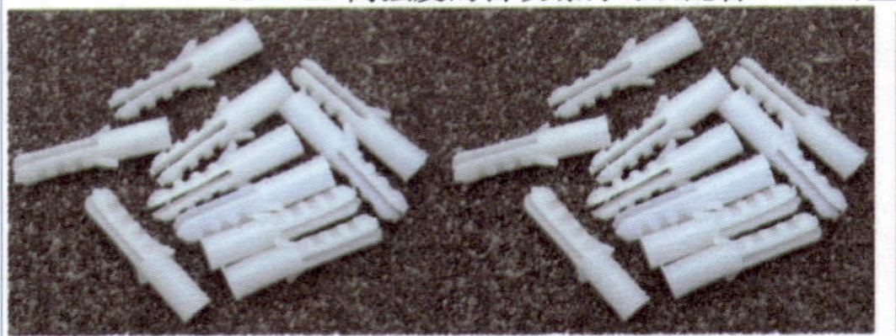 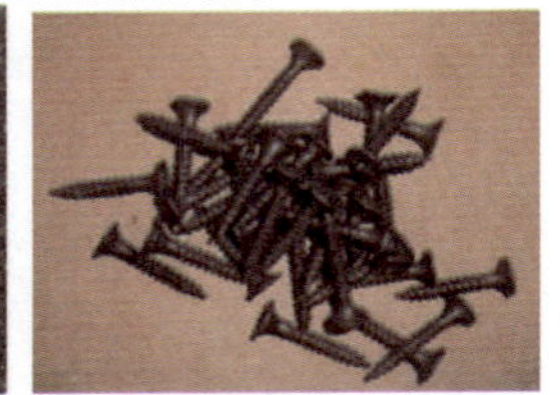 6mm 的塑料膨胀管 干壁钉 铁干壁钉尺寸有 3.5×35，适用于木板、石膏板、轻钢龙骨的专用	

4.2.2 螺钉头型花型、规格及螺纹类型

常见的螺钉头型与花型如下（见图 4–13）：

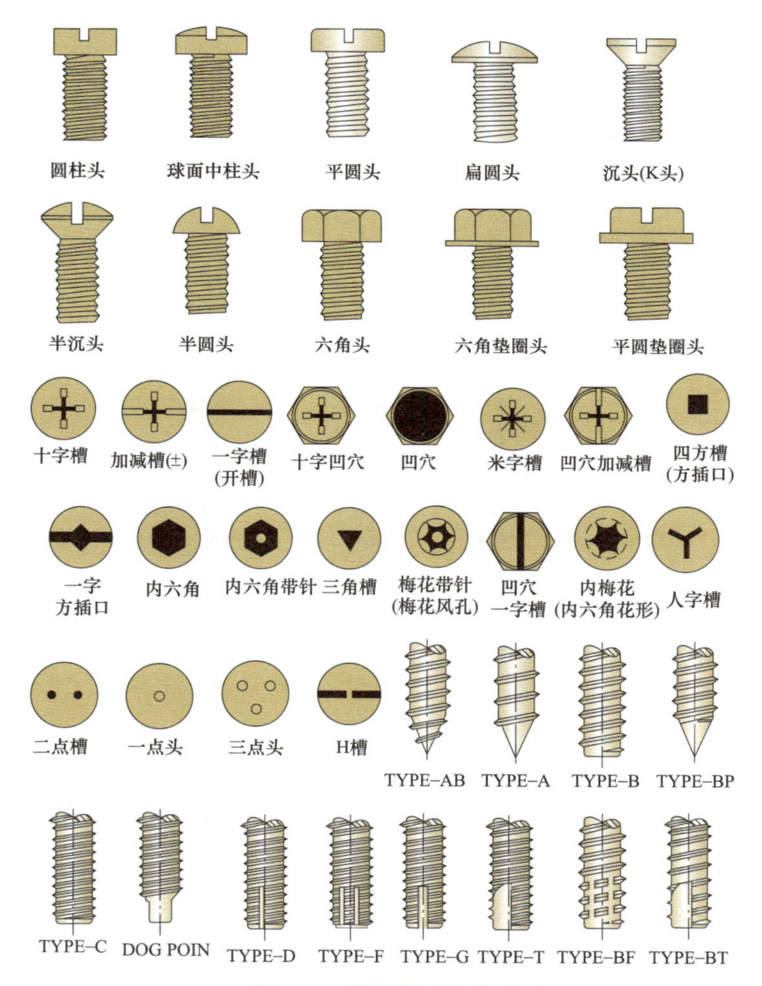

图 4–13　常见螺钉头型与花型

（1）常见头型。分为沉头螺钉头型、圆头螺钉头型、大扁头螺钉头型、半圆头螺钉头型、圆柱头螺钉头型等。

（2）扳拧花型。分为十字螺钉头型、内六角螺钉头型、外六角螺钉头型等。

常用螺钉规格见表 4–3。

表 4-3　　常用螺钉规格　　mm

类别	规格	牙距（牙数 /in）	成品外径		线径
			最大	最小	±0.02mm
国标粗牙 60°	M1.4	0.30	1.38	1.34	1.16
	M1.7	0.35	1.68	1.61	1.42
	M2.0	0.40	1.98	1.89	1.68
	M2.3	0.40	2.28	2.19	1.98
	M2.5	0.45	2.48	2.38	2.15
	M3.0	0.50	2.98	2.88	2.60
	M3.5	0.60	3.47	3.36	3.02
	M4.0	0.70	3.98	3.83	3.40
	M4.5	0.75	4.47	4.36	3.88
	M5.0	0.80	4.98	4.83	4.30
	M6.0	1.00	5.97	5.82	5.18
	M7.0	1.00	6.97	6.82	6.18
	M8.0	1.25	7.96	7.79	7.02
	M9.0	1.25	8.96	8.79	8.01
	M10	1.50	9.96	9.77	8.84
	M11	1.50	10.97	10.73	9.84
	M12	1.75	11.95	11.76	10.7
	M14	2.00	13.95	13.74	12.5
	M16	2.00	15.95	15.74	14.5
	M18	2.50	17.95	17.71	16.2
	M20	2.50	19.95	19.71	18.2
国标细牙 60°	M4.0	0.5	3.97	3.86	3.58
	M4.5	0.5	4.47	4.36	4.07
	M5.0	0.5	4.97	4.86	4.57
	M6.0	0.75	5.97	5.85	5.41
	M7.0	0.75	6.97	6.85	6.41
	M8.0	1.00	7.97	7.83	7.24
	M9.0	1.00	8.97	8.83	8.24
	M10	1.00	9.97	9.82	9.23
	M10	1.25	9.96	9.81	9.07
	M12	1.25	11.97	11.76	11.07
	M12	1.50	11.96	11.79	10.89
	M14	1.50	13.96	13.79	12.89
	M16	1.50	15.96	15.79	14.89
	M18	1.50	17.95	17.78	16.86
	M20	1.50	19.95	19.65	18.85

续表

类别	规格	牙距（牙数 /in）	成品外径		线径
			最大	最小	±0.02mm
英制粗牙 55°	1/8	40	3.145	3.030	2.70
	5/32	32	3.945	3.795	3.38
	3/16	24	4.732	4.592	4.00
	1/4	20	6.320	6.165	5.45
	5/16	18	7.905	7.737	6.94
	3/8	16	9.490	9.312	8.40
	7/16	14	11.07	10.88	9.84
	1/2	12	12.66	12.46	11.22
	9/16	12	14.25	14.04	12.81
	5/8	11	15.83	15.61	14.27
美制粗牙 60°	4#	40	2.824	2.695	2.37
	5#	40	3.154	3.026	2.69
	6#	32	3.484	3.333	2.91
	8#	32	4.142	3.991	3.57
	10#	24	4.800	4.618	4.05
	12#	24	5.461	5.279	4.70
	1/4	20	6.322	6.117	5.45
	5/16	18	7.907	7.687	6.93
	3/8	16	9.491	9.254	8.40
	7/16	14	11.08	10.82	9.83
	1/2	13	12.66	12.39	11.32
	9/16	12	14.25	13.96	12.80
	5/8	11	15.83	15.53	14.26
美制细牙 60°	4#	48	2.827	2.713	2.44
	5#	44	3.157	3.036	2.73
	6#	40	3.484	3.356	3.02
	8#	36	4.145	4.006	3.63
	10#	32	4.803	4.651	4.23
	12#	28	5.461	5.296	4.81
	1/4	28	6.324	6.160	5.68
	5/16	24	7.909	7.727	7.16
	3/8	24	9.497	9.315	8.74
	7/16	20	11.08	10.87	10.18
	1/2	20	12.67	12.46	11.76
	9/16	18	14.25	14.03	13.25
	5/8	18	15.84	15.62	14.83

续表

类别	规格	牙距（牙数 /in）	成品外径		线径
			最大	最小	±0.02mm
国标 76 60°	M3.0	1.2	3.0	2.85	2.38
	M.35	1.4	3.5	3.35	2.75
	M4.0	1.6	4.0	3.85	3.15
	M4.5	1.8	4.5	4.35	3.47
	M5.0	2.0	5.0	4.85	3.90
	M6.0	2.5	6.0	5.85	4.67
日制 A 牙铁铁钉 60°	M2.0	32	2.10	2.00	1.70
	M2.3	32	2.40	2.30	1.95
	M2.6	28	2.70	2.60	2.10
	M3.0	24	3.10	3.00	3.42
	M3.5	18	3.65	3.50	2.83
	M4.0	16	4.15	4.00	3.25
	M4.5	14	4.65	4.50	3.60
	M5.0	12	5.20	5.00	4.00
	M6.0	10	6.20	6.00	4.85
	M8.0	9	8.20	8.00	6.48
日制 AB 牙铁铁钉 60°	M2.0	40	2.00	1.90	1.65
	M2.3	32	2.30	2.20	1.85
	M2.6	28	2.60	2.50	2.10
	M3.0	24	3.00	2.90	2.40
	M3.5	20	3.50	3.40	2.83
	M4.0	18	4.00	3.85	3.25
	M4.5	16	4.50	4.35	3.60
	M5.0	16	5.00	4.85	4.03
	M6.0	14	6.00	5.85	4.95
	M8.0	12	8.00	7.85	6.70
日制木螺丝 60°	M2.7	1.2	2.77	2.63	2.10
	M3.1	1.3	3.17	3.03	2.40
	M3.5	1.4	3.60	3.40	2.75
	M3.8	1.6	3.90	3.70	3.00
	M4.1	1.8	4.20	4.00	3.20
	M4.5	2.0	4.60	4.40	3.50
	M4.8	2.1	4.92	4.68	3.70
	M5.1	2.2	5.22	4.98	3.95
	M5.5	2.4	5.62	5.38	4.30
	M5.8	2.6	5.92	5.68	4.45

续表

类别	规格	牙距（牙数 /in）	成品外径		线径
			最大	最小	±0.02mm
美制铁板 A 牙 60°	2#	32	2.23	2.13	1.78
	3#	28	2.56	2.46	2.08
	4#	24	2.89	2.79	2.28
	5#	20	3.30	3.20	2.60
	6#	18	3.58	3.45	2.78
	7#	16	4.01	3.86	3.10
	8#	15	4.26	4.11	3.30
	9#	14	4.55	4.40	3.45
	10#	12	4.92	4.77	3.75
	12#	11	5.60	5.46	4.30
	14#	10	6.45	6.29	5.05
美制铁板 AB 牙 60°	2#	32	2.23	2.08	1.78
	3#	28	2.56	2.46	2.05
	4#	24	2.89	2.74	2.28
	5#	20	3.30	3.20	2.57
	6#	20	3.53	3.43	2.80
	7#	19	3.91	3.78	3.13
	8#	18	4.21	4.04	3.38
	10#	16	4.80	4.65	3.80
	12#	14	5.46	5.31	4.38
	1/4	14	6.25	6.05	5.18
墙板钉细牙 60°	6#	17	3.60	3.40	2.70
	7#	16	4.00	3.75	3.03
	8#	15	4.30	4.05	3.20
	10#	12	4.95	4.70	3.72
墙板钉粗牙 60°	6#	9	3.90	3.65	2.65
	7#	9	4.20	3.90	2.90
	8#	9	4.60	4.30	3.20
	10#	8	5.30	4.90	3.70
德标薄板（C/B）钉 40°	M2.5	1.1	2.5	2.25	1.80
	M3.0	1.35	3.0	2.75	2.10
	M3.5	1.6	3.5	3.20	2.45
	M4.0	1.8	4.0	3.70	2.78
	M4.5	2.0	4.5	4.20	3.10
	M5.0	2.2	5.0	4.70	3.45
	M6.0	2.6	6.0	5.70	4.20

注 1in=25.4mm。

4.2.3 螺栓

螺栓如图 4–14、图 4–15 所示。

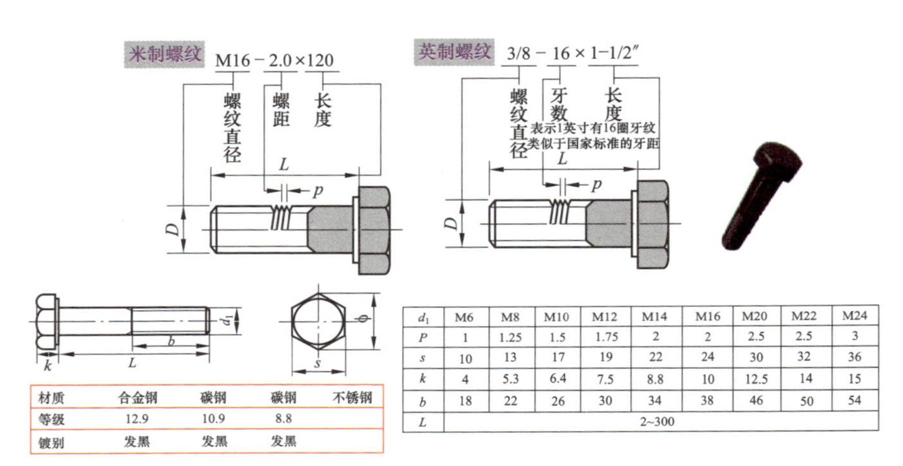

材质	合金钢	碳钢	碳钢	不锈钢
等级	12.9	10.9	8.8	
镀别	发黑	发黑	发黑	

d_1	M6	M8	M10	M12	M14	M16	M20	M22	M24
P	1	1.25	1.5	1.75	2	2	2.5	2.5	3
s	10	13	17	19	22	24	30	32	36
k	4	5.3	6.4	7.5	8.8	10	12.5	14	15
b	18	22	26	30	34	38	46	50	54
L	2~300								

图 4–14　螺栓

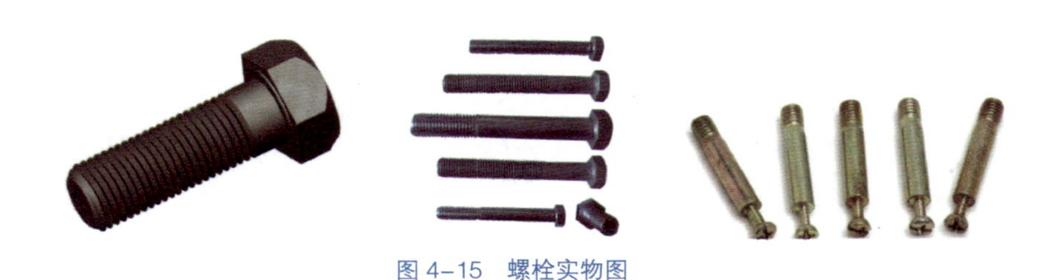

图 4–15　螺栓实物图

常用螺栓标准、规格、用途见表 4–4。

表 4–4　　常用螺栓标准、规格、用途

类别	名称	标准号	规格范围（mm）		主要用途
			d	L	
六角头	六角头螺栓（粗制）	GB/T 5—1976	10 ~ 100	20 ~ 500	应用普遍，精制的用于重要的、装配精度高的以及受较大冲击、振动等地方
	六角头螺栓	GB/T 30—1976	3 ~ 48	4 ~ 300	
	小六角头螺杆带孔螺栓	GB/T 21—1976	8 ~ 48	10 ~ 300	

续表

类别	名称	标准号	规格范围（mm）		主要用途
			d	L	
六角头	六角头带孔螺栓	GB/T 31—1976	6 ~ 48	10 ~ 300	供需要锁定时用
	小六角头带孔螺栓	GB/T 23—1976	8 ~ 48	10 ~ 300	
	六角头头部带孔螺栓	GB/T 32—1976	6 ~ 48	10 ~ 300	
	小六角头头部带孔螺栓	GB/T 25—1976	8 ~ 48	10 ~ 300	
	六角头头部带槽螺栓	GB /T29—1976	3 ~ 12	4 ~ 200	
	小六角头头导颈螺栓	GB/T 22—1976	8 ~ 36	30 ~ 300	用于对中要求较好的场合，垫圈不会偏于一边
	小六角头螺杆带孔导颈螺栓	GB/T 24—1976	8 ~ 36	30 ~ 300	
	小六角头头部带孔导颈螺栓	GB/T 26—1976	8 ~ 36	30 ~ 300	
	小六角头铰制孔用螺栓	GB/T 27—1976	6 ~ 48	22 ~ 300	能精确地固定被连接件的相互位置，并且能够承受由横向力产生的剪切相挤压。d_1 的偏差有 d4、ga 和 jc4
	小六角头螺杆带孔铰制孔用螺栓	GB/T28—1976	6 ~ 48	22 ~ 300	
方头	方头螺栓（粗制）	GB/T 8—1976	10 ~ 48	20 ~ 300	方头有较大的尺寸，便于扳手口卡住或靠住其他零件起止转作用，有时也用于 T 形槽中，常用在一些比较粗糙的结构上
	小方头螺栓	GB/T 35—1976	5 ~ 48	10 ~ 300	
沉头	沉头方颈螺栓（粗制）	GB/T 10—1976	6 ~ 20	25 ~ 200	多用于零件表面要求平坦或光滑不阻挂东西的地方（方颈或楔起止转作用）
	沉头带楔螺栓（粗制）	GB/T 11—1976	6 ~ 24	25 ~ 200	
半圆头	半圆头方颈螺栓（粗制）	GB/T 12—1976	6 ~ 20	16 ~ 200	多用于结构受限制不能用其他螺栓头或零件表面要求较光滑的地方，半圆头方颈多用于金属零件，大圆头用于木制零件，加强半圆头则用于受冲击、振动及变载荷的地方
	大半圆头方颈螺栓（粗制）	GB/T 14—1976	6 ~ 24	20 ~ 200	
	大半圆头带楔螺栓（粗制）	GB/T 15—1976	6 ~ 24	20 ~ 200	
	半圆头带楔螺栓（粗制）	GB/T 13—1976	6 ~ 24	20 ~ 200	
T 形	T 形槽用螺栓	GB/T 37—1976	5 ~ 48	25 ~ 300	多用于螺栓只能从被连接件一边进行连接的地方，此时螺栓从被连接件的 T 形孔中插入将 螺栓转动 90° ，也用于结构要求紧凑的地方
铰链用	活节螺栓（粗制）	GB/T 798—1976	4 ~ 36	20 ~ 300	多用于需经常拆开连接的地方和工装上
地脚	地脚螺栓（粗制）	GB/T 799—1976	6 ~ 48	80 ~ 1500	用于水泥基础中固定机架
	直角地脚螺栓	Q/ZB 185—1973	16 ~ 56	300 ~ 2600	
	T 形头地脚螺栓	Q/ZB 186—1973	24 ~ 64	200 ~ 1600	

续表

类别	名称		标准号	规格范围（mm）		主要用途
				d	L	
螺柱	等长双头螺柱（粗制）		GB/T 953—1976	8 ~ 48	100 ~ 2500	多用于被连接件太厚不便使用螺栓连接或因拆卸频繁不宜使用螺钉连接的地方，或使用在结构构要求比较紧凑的地方。 一般双头螺柱用于一端需拧入螺孔固定死的地方，等长双头螺柱则两端都配带螺母来连接零件
	等长双头螺柱		GB/T 901—1976	2 ~ 56	10 ~ 480	
	双头螺柱	$L_1=d$	GB/T 897—1976	5 ~ 48	16 ~ 300	
		$L_1=1.25d$	GB/T 898—1976	2 ~ 48	16 ~ 300	
		$L_1=1.5d$	GB/T 899—1976	2 ~ 48	12 ~ 300	
		$L_1=2d$	GB/T 900—1976	6 ~ 20	12 ~ 300	
	焊接单头螺柱		GB/T 902—1976	6 ~ 20	16 ~ 300	用于铜板及较薄的机件连接

说明：（1）冷镦工艺生产的小六角头螺栓具有材料利用率高、生产效率高、力学性能高等优点，但由于头部尺寸较小，不宜用于多次装拆、被连接件强度较低和易锈蚀等场合。

（2）当力学性能的分级的规定不能满足使用要求时，可按需要选用材料。对 T 形、活节等螺栓的材料在相应标准中有规定。

4.2.4 自攻螺钉

自攻螺钉的标识如图 4-16、图 4-17 所示。自攻螺钉参数见表 4-5。

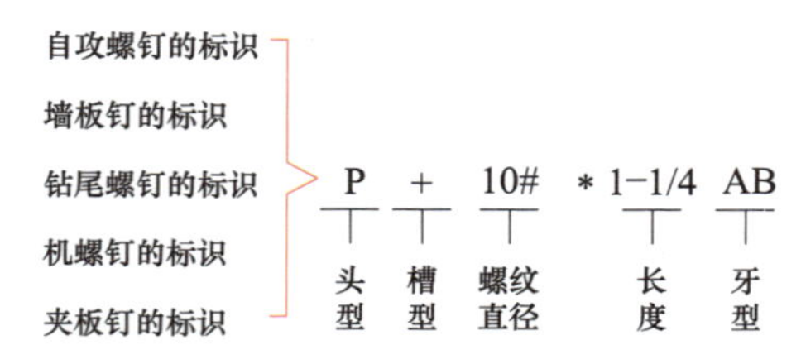

图 4-16 自攻螺钉的标识示意

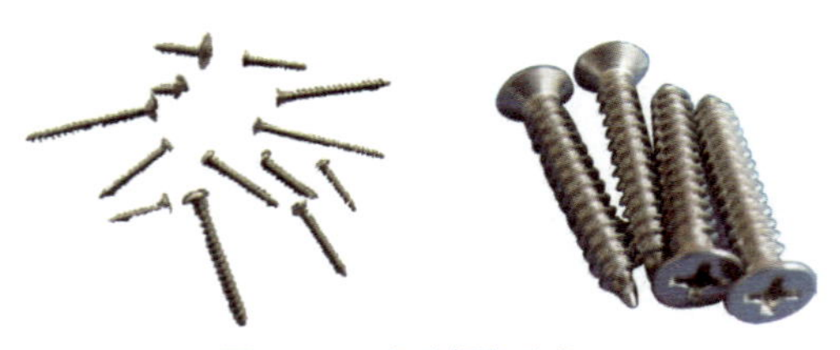

图 4-17 自攻螺钉实物图

4.2.5 螺母

螺母实物图及螺母标识如图 4-18、图 4-19 所示。六角螺母、方螺母规格见表 4-6。

表 4-5 自攻螺钉参数

自攻螺钉用螺纹规格	螺纹外径 d_1 ≤	螺距 P	头部直径 d_k（mm）≤		对边宽度 s	球面高度 f ≈	头部高度 K（mm）≤			
（mm）			盘头	沉头半沉头	（mm）		盘头		沉头半沉头	六角头
							十字槽	开槽		
ST2.2	2.24	0.8	4	3.8	3.2	0.5	1.6	1.3	1.1	1.6
ST2.9	2.90	1.1	5.6	5.5	5	0.7	2.4	1.8	1.7	2.3
ST3.5	3.53	1.3	7	7.3	5.5	0.8	2.6	2.1	2.35	2.6
ST4.2	4.22	1.4	8	8.4	7	1	3.1	2.4	2.6	3
ST4.8	4.80	1.6	9.5	9.3	8	1.2	3.7	3	2.8	3.8
ST5.5	5.46	1.8	11	10.3	8	1.3	4	3.2	3	4.1
ST6.3	6.25	1.8	12	11.3	10	1.4	4.6	3.6	3.15	4.7
ST8	8.00	2.1	16	15.8	13	2	6	4.8	4.65	6
ST9.5	9.65	2.1	20	18.3	16	2.3	7.5	6	5.25	7.5

自攻螺钉用螺纹规格（mm）	螺纹号码（参考）	十字槽号	公称长度 l（mm）				
			十字槽自攻螺钉		开槽自攻螺钉		六角头自攻螺钉
			盘头	沉头半沉头	盘头	沉头半沉头	
ST2.2	2	0	4.5~16	4.5~16	4.5~16	4.5~16	4.5~16
ST2.9	4	1	6.5~19	6.5~19	6.5~19	6.5~19	6.5~19
ST3.5	6	2	9.5~25	9.5~25	6.5~22	9.5~25/22	6.5~22
ST4.2	8	2	9.5~32	9.5~32	9.5~25	9.5~32/25	9.5~25
ST4.8	10	2	9.5~38	9.5~32	9.5~32	9.5~32	9.5~32
ST5.5	12	3	13~38	13~38	13~32	13~38/32	13~32
ST6.3	14	3	13~38	13~38	13~38	13~38	13~38
ST8	16	4	16~50	16~50	16~50	16~50	13~50
ST9.5	20	4	16~50	16~50	16~50	19~50	16~50

自攻螺钉用螺纹规格	螺纹外径 d_1 ≤	螺距 P	头部直径 d_k（mm）≤		法兰直径 d_c ≤	对边宽度 s	球面高度 f ≈	头部高度 K（mm）≤		
（mm）			盘头	沉头半沉头	（mm）			盘头	沉头半沉头	六角法兰面
ST2.9	2.90	1.1	3.5	5.5	—	—	0.7	2.4	1.7	—
ST3.5	3.53	1.3	4.1	7.3	8.3	5.5	0.8	2.6	2.35	3.45
ST4.2	4.22	1.4	4.9	8.4	8.8	7	1	3.1	2.6	4.25
ST4.8	4.80	1.6	5.6	9.3	10.5	8	1.2	3.7	2.8	4.45
ST5.5	5.46	1.8	6.3	10.3	11	8	1.3	4	3	5.45
ST6.3	6.25	1.8	7.3	11.3	13.2	10	1.4	4.6	3.15	5.45

续表

自攻螺钉用螺纹规格（mm）	十字槽号	公称长度 l（mm）			钻头直径 $d_p \approx$	钻削范围（板厚）	
		盘头	沉头 半沉头	六角 法兰面		≥	≤
					（mm）		
ST2.9	1	13~19	13~19	—	2.3	0.7	1.9
ST3.5	2	13~25	13~25	13~25	2.8	0.7	2.25
ST4.2	2	13~38	13~38	13~38	3.6	1.75	3
ST4.8	2	16~50	16~50	16~50	4.1	1.75	4.4
ST5.5	3	19~50	19~50	19~50	4.8	1.75	5.25
ST6.3	3	19~50	19~50	19~50	5.8	2	6

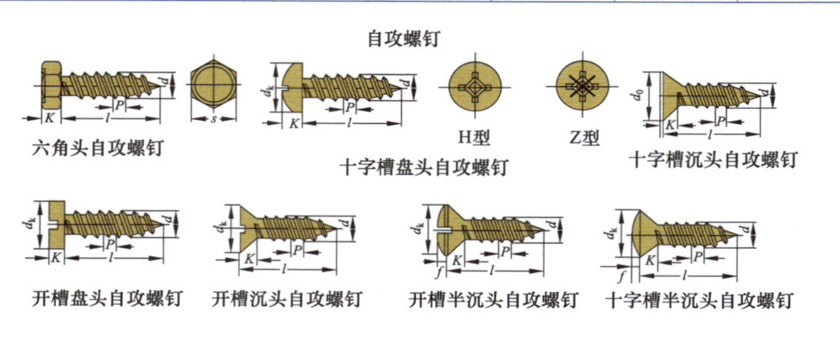

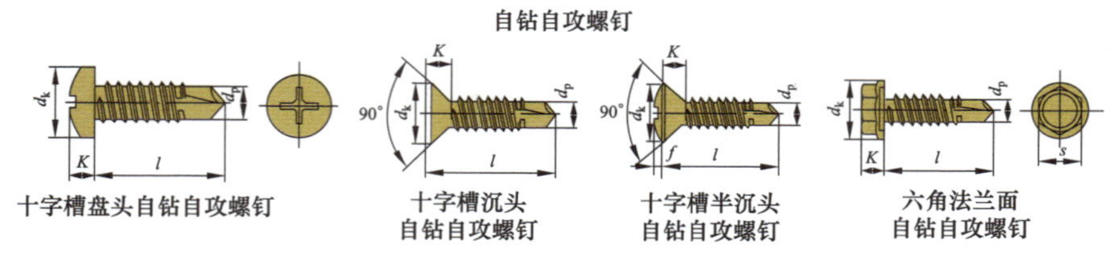

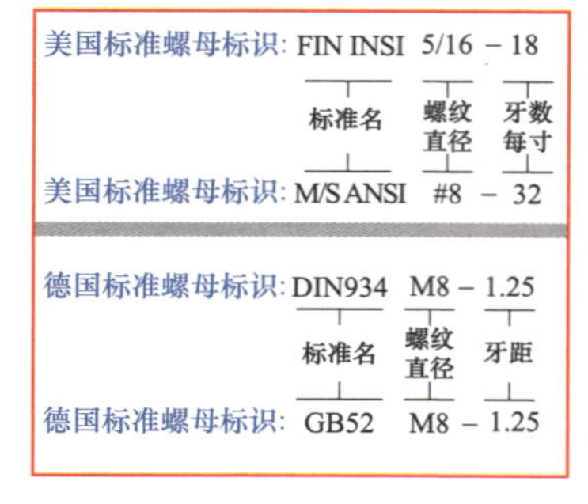

图 4–18 螺母的标志示意

图 4–19 螺母实物图

表 4-6 六角螺母、方螺母规格

d	S	D		H	质量（kg/1000 个）		d	S	D		H	质量（kg/1000 个）	
		方	六角、扁、厚、特厚	方、六角	方	六角			方	六角、扁、厚、特厚	方、六角	方	六角
1	3.2		3.7				(18)	27	38.2	31.2	14	53.51	44.19
1.2	3.2		3.7				20 ▲	30	42.4	34.6	16	75.12	61.91
1.4	3.2		3.7				(22)	32	45.2	36.9	18	90.96	75.94
1.6 ▲	3.2		3.7	1.3		0.075	24 ▲	36	50.9	41.6	19	126.6	119.9
2 ▲	4		4.6	1.6		0.119	(27)	41	57.9	47.3	22	191.7	168.0
2.5 ▲	5		5.8	2		0.220	30 ▲	46	65	53.1	24	277.2	234.2
3 ▲	5.5	7.7	6.3	2.4	0.560	0.393	36 ▲	55	77.8	63.5	28	441.5	370.9
4 ▲	7	9.9	8.1	3.2	0.857	0.844	42	65	91.9	75	32	713.4	598.6
5 ▲	8	11.3	9.2	4	1.269	1.240	48	75	106	86.5	38	1140	957.3
6 ▲	10	14.1	11.5	5	2.754	2.317	56	85		98	45		1420
8 ▲	14	19.8	16.2	6	6.682	5.674	64	95		109	51		1912
10 ▲	17	24	19.6	8	13.05	10.99	72	105		121	58		2584
12 ▲	19	26.9	21.9	10	19.40	16.32	80	115		132	64		3393
(14)	22	31.1	25.4	11	28.81	25.28	90	130		150	72		4872
16 ▲	24	33.9	27.7	13	39.44	34.12	100	145		167	80		6732

说明：（1）标记示例——粗牙普通螺纹、直径 10mm、力学性能按 5 级、不经表面处理的方螺母。
（2）带▲为优先选用系列。

4.2.6 射钉

射钉的规格及应用如图 4-20、图 4-21 所示。

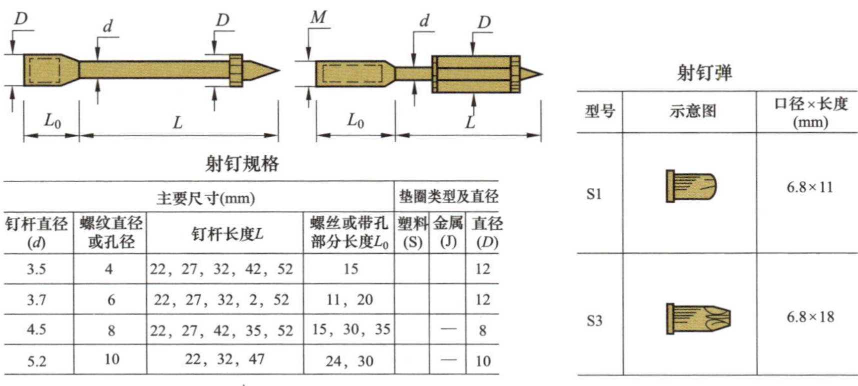

射钉规格

主要尺寸(mm)				垫圈类型及直径		
钉杆直径 (d)	螺纹直径或孔径	钉杆长度L	螺丝或带孔部分长度L_0	塑料 (S)	金属 (J)	直径 (D)
3.5	4	22，27，32，42，52	15			12
3.7	6	22，27，32，2，52	11，20			12
4.5	8	22，27，42，35，52	15，30，35		—	8
5.2	10	22，32，47	24，30		—	10

射钉弹

型号	示意图	口径×长度 (mm)
S1		6.8×11
S3		6.8×18

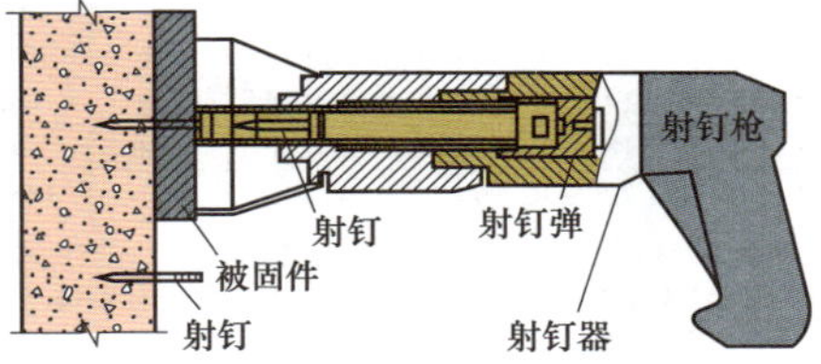

图 4-20 射钉的应用

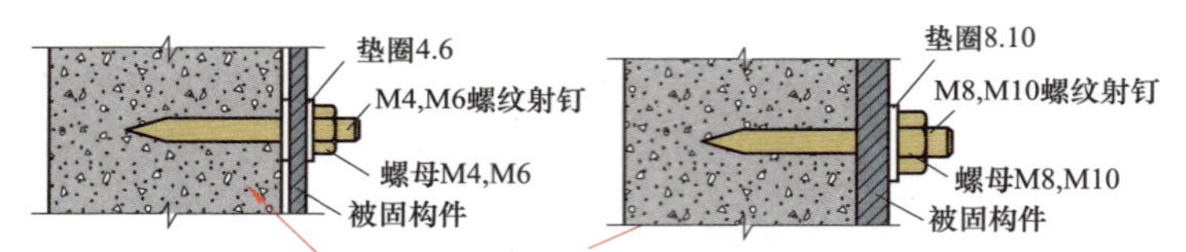

图 4-21　螺纹射钉在混泥土中的固定

4.2.7　塑料胀套

塑料胀套又称塑料膨胀管、胶塞、塑料管、尼龙胀塞、螺钉膨胀管等（见图 4-22）。

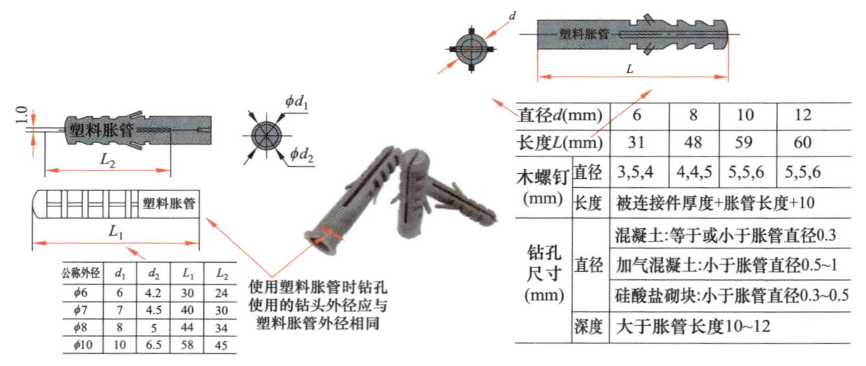

公称外径	d_1	d_2	L_1	L_2
ϕ6	6	4.2	30	24
ϕ7	7	4.5	40	30
ϕ8	8	5	44	34
ϕ10	10	6.5	58	45

直径d(mm)		6	8	10	12
长度L(mm)		31	48	59	60
木螺钉(mm)	直径	3,5,4	4,4,5	5,5,6	5,5,6
	长度	被连接件厚度+胀管长度+10			
钻孔尺寸(mm)	直径	混凝土:等于或小于胀管直径0.3			
		加气混凝土:小于胀管直径0.5~1			
		硅酸盐砌块:小于胀管直径0.3~0.5			
	深度	大于胀管长度10~12			

图 4-22　塑料胀管实物及规格

4.2.8　胀锚螺栓（膨胀螺栓）

膨胀螺栓特点与应用如图 4-23、图 4-24 所示，受力性能见表 4-7、表 4-8，规格见表 4-9、表 4-10。

螺栓规格	螺栓				胀管				钻孔		允许拉力(×9.8N)	允许剪力(×9.8N)
	D_1	D	L_1	L_2	D_2	T	L_3	L_4	深度	直径		
M6	6	10	15	10	10	1.2	35	20	40	10.5	240	180
M8	8	12	20	15	12	1.4	45	30	50	12.5	440	330
M10	10	14	25	20	14	1.6	55	35	60	14.5	700	520
M12	12	18	30	25	18	2.0	65	40	70	19	1030	740
M16	16	22	40	40	22	2.0	90	55	100	23	1940	1440

1. 适用于C15及以上混凝土及相当于C15号混凝土的砖墙上，不宜在空心砖等建筑物上使用。
2. 钻孔使用的钻头外径应与胀管外径相同，钻成的孔径与胀管外径差值不大于1mm，钻孔后应将孔内残屑清除干净

图 4-23　膨胀螺栓的特点与应用

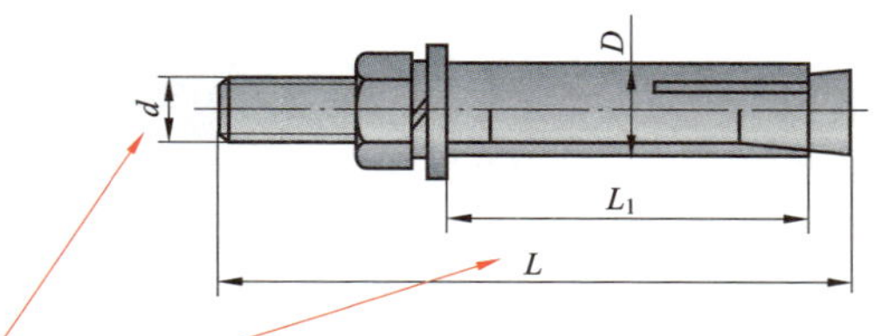

螺栓规格 d	螺栓总长 L	胀管		被连接件厚度 H	钻孔		允许承受拉(剪)力			
		外径 D	长度 L_1		直径	深度	静止状态		悬吊状态	
							拉力	剪力	拉力	剪力
mm							N			
M6	65,75,85	10	35	L–55	10.5	35	2354	1765	1667	1226
M8	80,90,100	12	45	L–65	12.5	45	4315	3236	2354	1765
M10	95,110,125,130	14	55	L–75	14.5	55	6865	5100	4315	3236
M12	110,130,150,200	18	65	L–90	19	65	10101	7257	6865	5100
M16	150,175,200 220,250,300	22	90	L–120	23	90	19125	13730	10101	7257

图 4–24 膨胀螺栓的特点与应用

表 4–7 膨胀螺栓受力性能（一）

规格（mm）	钻孔尺寸（mm）		受力性能（10N）	
	直径	深度	允许拉力	允许剪力
M6	10.5	40	240	180
M8	12.5	50	440	330
M10	14.5	60	700	520
M12	19	75	1030	740
M16	23	100	1940	1440

注 表列数据系按铺固基体为标号大于 150 号混凝土。

表 4–8 膨胀螺栓受力性能（二）

规格（mm）	埋深（mm）	不同基（砌）体时的受力性能（10N）							
		锚固在 75 号砖砌体上				锚固在 150 号混凝土上			
		拉力		剪力		拉力		剪力	
		允许值	极限值	允许值	极限值	允许值	极限值	允许值	极限值
M6 × 55	35	100	305	70	200	245	610	80	200
M8 × 70	45	225	675	105	319	540	1350	150	375
M10 × 85	55	390	1175	165	500	940	2350	235	588
M12 × 105	65	440	1325	245	734	1060	2650	345	863
M16 × 140	90	500	1500	460	1380	1250	3100	650	1625

表 4–9 膨胀螺栓规格

型号	规格（mm）	各部尺寸（mm）				安装后尺寸（mm）		质量（kg/100 件）
		L	L_1	ϕ	H	a	b	
Ⅰ型	M6 × 65	65	35	10		3	8	2.77
	M6 × 75	75	35	10		3	8	2.93
	M6 × 85	85	35	10		3	8	3.15
	M8 × 80	80	45	12		3	9	6.14
	M8 × 90	90	45	12		3	9	6.42
	M8 × 100	100	45	12		3	9	6.72
	M10 × 95	95	55	14		3	12	10
	M10 × 110	110	55	14		3	12	10.9
	M10 × 125	125	55	14		3	12	11.6
	M12 × 110	110	65	18		4	14.5	16.9
	M12 × 130	130	65	18		4	14.5	18.3
	M12 × 150	150	65	18		4	14.5	19.6
	M16 × 150	150	90	22		4	19	37.2
	M16 × 175	175	90	22		4	19	40.4
Ⅱ型	M10 × 150	150	55	14	8	3	12	13
	M10 × 175	175	55	14	8	3	12	14.2
	M10 × 200	200	55	14	8	3	12	15.4
	M12 × 150	150	65	18	10	4	14.5	20
	M12 × 200	200	65	18	10	4	14.5	23.7
	M12 × 250	250	65	18	10	4	14.5	27.4
	M16 × 200	200	90	22	13	4	19	44
	M16 × 250	250	90	22	13	4	19	60.5
	M16 × 300	300	90	22	13	4	19	67

表 4–10 膨胀螺栓规格

规格（mm）	埋深（mm）	钻孔直径（mm）	规格（mm）	埋深（mm）	钻孔直径（mm）
M5 × 45	25	8	M16 × 140	90	22
M6 × 55	35	10	M18 × 155	155	26
M8 × 70	45	12	M20 × 170	120	28
M10 × 85	55	14	M22 × 185	135	32
M12 × 105	65	16	M24 × 200	150	35
M14 × 125	75	18	M27 × 215	155	38

膨胀螺栓实物图如图 4–25 所示。

图 4–25　膨胀螺栓实物图

4.2.9　密封条

密封条又称为防撞条（见图 4–26）。门窗密封条在木门、移动门、推拉门等各种门窗上主要起防震、保护作用、隔绝室内外空气、防止蚊虫等小虫子钻到室内等作用。

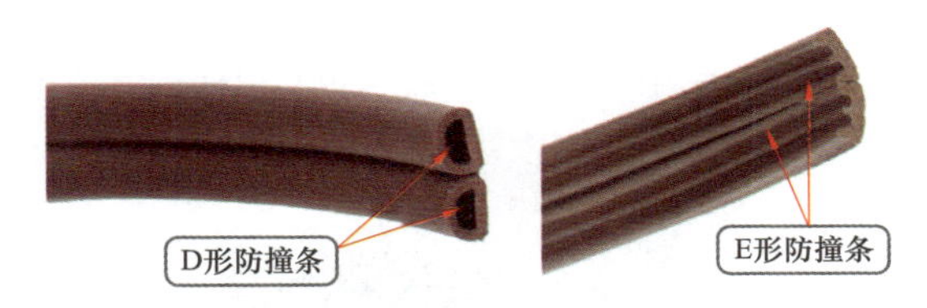

图 4–26　密封条

4.2.10　地暖电缆

有 2.9mm 地暖电缆、5mm 地暖电缆等，适用不同的功率（见图 4–27）。

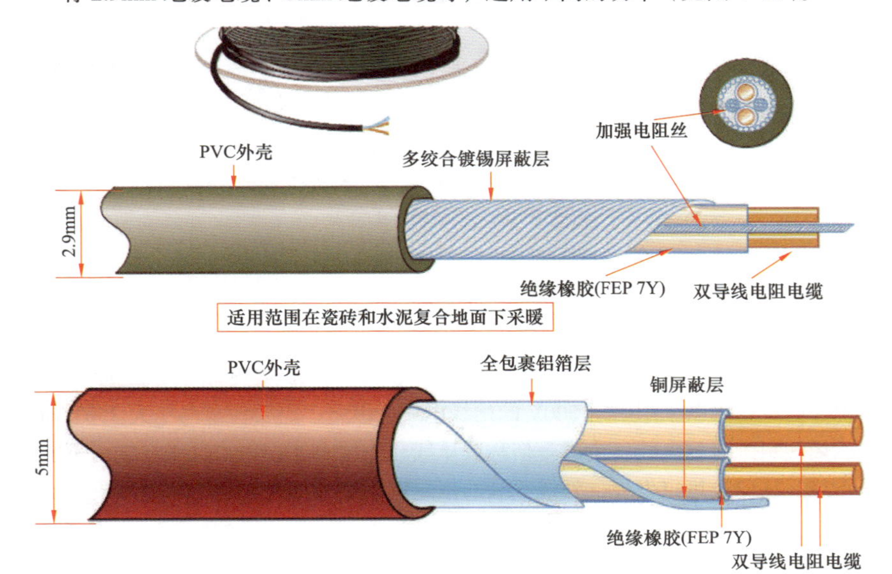

图 4–27　地暖电缆

4.2.11 电工胶带

电工胶带全名为聚氯乙烯电气绝缘胶粘带，又称为电工绝缘胶带、绝缘胶带、PVC 电气胶带、PVC 胶带等（见图 4–28）。电工胶带主要用于导线连接处的绝缘。

图 4–28　电工胶带

导线绝缘的恢复可以采用绝缘带电工胶带包扎以实现其绝缘的恢复（见图 4–29）。缠绕注意点如下：

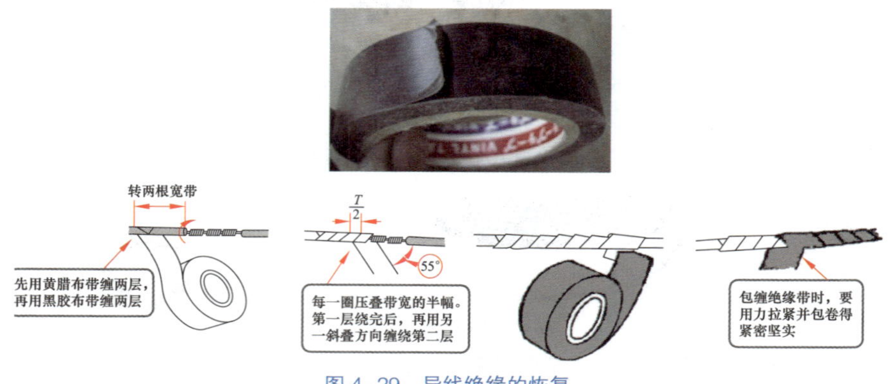

图 4–29　导线绝缘的恢复

（1）缠绕时应使每圈的重叠部分为带宽的一半。

（2）接头两端为绝缘带的 2 倍。

家装电源有单相 220V 与三相 380V。无论是 220V 供电电源，还是 380V 供电电源，电线均可以采用耐压 500V 的绝缘电线。但是，需要注意耐压为 250V 的聚氯乙烯塑料绝缘软电线，也就是俗称胶质线或花线只能用作吊灯用导线，不能用于布线。从此也可以发现，导线绝缘的恢复所采用的绝缘电工胶带耐压不得低于 500V。

[1] 阳鸿钧，等 . 家装电工现场通 [M]. 北京:中国电力出版社，2014.

[2] 阳鸿钧，等 . 电动工具使用与维修 960 问 [M]. 北京 : 机械工业出版社，2013.

[3] 阳鸿钧，等 . 装修水电工看图学招全能通 [M]. 北京 : 机械工业出版社，2014.

[4] 阳鸿钧，等 . 水电工技能全程图解 [M]. 北京 : 中国电力出版社，2014.